美国著名奥数教练蒂图·安德雷斯库系列丛书(第三辑)

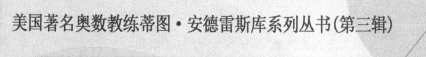

数学归纳法——一种高效而简捷的证明方法

Mathematical Induction—A powerful and elegant method of proof

[美] 蒂图·安德雷斯库(Titu Andreescu)
[罗] 弗拉德·克里桑(Vlad Crişan) 著

姚妙峰 译

U0223433

哈尔滨工业大学出版社
HARBIN INSTITUTE OF TECHNOLOGY PRESS

黑版贸登字 08-2018-106 号

内 容 提 要

本书主要讲述了数学归纳法在数学竞赛解题中的应用. 全书共分为 10 章, 前 8 章涉及函数与函数方程、不等式、数列与递归关系、数论和组合数学等方面的问题, 所汇集的问题均给出了利用数学归纳法解题的翔实解法.

本书适合参加数学竞赛的学生、奥数教练及数学爱好者参考使用.

图书在版编目(CIP)数据

数学归纳法:一种高效而简捷的证明方法/(美)蒂图·安德雷斯库(Titu Andreescu),(罗)弗拉德·克里桑著;姚妙峰译. —哈尔滨:哈尔滨工业大学出版社,2024.10

书名原文:Mathematical Induction—A powerful and elegant method of proof

ISBN 978-7-5767-1380-0

Ⅰ.①数… Ⅱ.①蒂… ②弗…… ③姚… Ⅲ.①数学归纳法 Ⅳ.①O141

中国国家版本馆 CIP 数据核字(2024)第 093038 号

SHUXUE GUINAFA:YIZHONG GAOXIAO ER JIANJIE DE ZHENGMING FANGFA

策划编辑　刘培杰　张永芹
责任编辑　关虹玲
封面设计　孙茵艾
出版发行　哈尔滨工业大学出版社
社　　址　哈尔滨市南岗区复华四道街 10 号　邮编 150006
传　　真　0451-86414749
网　　址　http://hitpress. hit. edu. cn
印　　刷　哈尔滨市颉升高印刷有限公司
开　　本　787 mm×1 092 mm　1/16　印张 18.25　字数 377 千字
版　　次　2024 年 10 月第 1 版　2024 年 10 月第 1 次印刷
书　　号　ISBN 978-7-5767-1380-0
定　　价　48.00 元

美国著名奥数教练蒂图·安德雷斯库

前　言

数学归纳法为数学家们所熟知已经有几百年的历史了,最早使用数学归纳法进行的证明可以追溯到弗朗切斯科·莫罗里科(1575),他当时证明了前 n 个奇正整数之和等于 n^2。然而,该方法一直到 19 世纪由于皮亚诺以及其他一些数学家在集合理论上的工作才正式成为关于非负整数的公理。现在,该方法是竞赛中的一个重要工具,其应用几乎已经渗透到数学的各个领域。由于该方法简捷而普及的特性,所以我们决定撰写本书,目的是提供关于该方法的详细介绍,展现其精巧而美妙的应用。本书的结构如下:

第 1 章"归纳法简述"提供了有关该主题的一个导论。我们把归纳法作为一个皮亚诺公理放在集合理论的背景下进行阐释,然后列举一些例子来展现从中推衍出来的有关非负整数的特性。随后,我们给出一些利用归纳法来解决的经典案例,并向读者提供了具体可资借鉴的解题方法。在讨论了归纳法的一些变体后,我们接下来会展示该方法最吸引人的一面——"归纳法悖论"。在这里,我们通过各种各样的例子来充分解释这些漂亮的证明背后各步骤的原因。在这些证明中,我们注重原始的陈述,使得解答过程变得更加简单。本章最后一个小节讨论了超限归纳法。

第 2 章"加和、乘积与相等"主要针对那些想要了解归纳法应用基础的读者。该章所展示的例题性质类似于在一开始的时候促使将归纳法作为一种代数工具来应用的那些算题。该章通过展示和利用归纳法(而非其他技巧)来证明等量关系的简单性,从而呈现了该方法的威力。

从第 3 章开始,我们将采用基于解决问题的方法来讨论归纳法在众多数学领域中的应用。每章都可以分为两部分:理论与例题和推荐习题。本书的设计是尽可能地独立,所以每章的开始部分会向读者介绍在理解例题和解答习题时所必需的概念。用于解释出现在具体领域中关键主题的各种精巧例题都会得到充分讨论(可参见第 6 章"数论"和第 7 章"组合数学")。为了综合尽可能多的主题,我们一共探讨了 10 个不同的数学领域,其中包括通常不会在以数学奥林匹克竞赛为导向的关于归纳法的书中出现的一些领域(比如第 3 章"函数与函数方程")。每章的第二部分由精心挑选的习题构成,这些习题加在一起共有 200 多道,分别来自超过 20 个著名的数学奥林匹克竞赛和数学杂志,以及由本书作者及其合作者所设计的原创算题。在本书的最后为每一道习题提供了充分而详细的解答。

　　我们真诚地相信,本书对于想要探索归纳法及其应用之美的读者来说可以作为一种非常好的资源和教材。这些读者包括新兴数学家、数学奥林匹克竞赛备赛学生、教授本科数学课程的教师等。我们希望在此次阅读之旅的最后,每一位读者都会同意通过本书标题所表达的观点,发现归纳法是一种高效而简捷的证明方法。

蒂图·安德雷斯库

弗拉德·克里桑

目　　录

第1章 归纳法简述

1.1 理论与例题

1.1.1 概念引介

什么是归纳法？是一个公理或者定理吗？它可以处理什么样的问题？使它成立并且可以应用它的大前提是什么？这些是我们将在本章（或者总的来说是本书）进行解答的部分问题。

我们就以下列这种非正式的方式开始我们的讨论吧。假设某个城邦决定转变成一个王国，并选定了他们的第一代皇族，我们称之为第 0 代。对于每一代，其当前皇族的第一个后代将会是王位继承人。不幸的是，所有 0 代成员都得了一种退行性疾病，该疾病必定会遗传给下一代。我们该如何证明所有将要统治该城邦的皇族都会得这种退行性疾病呢？

这似乎是一个光凭直觉就显然能知道答案的问题。我们用 $P(n)$ 表示命题"第 n 代皇族得这种退行性疾病"。已知 $P(0)$ 为真，如果 $P(n)$ 为真，那么 $P(n+1)$ 也为真。我们想要证明，$P(n)$ 对于任意非负整数 n 都成立。其实，这就是归纳法则的一般表示法。

归纳法则　如果 $P(n)$ 是一个依赖于非负整数 n 的命题，且 $P(0)$ 为真，并且 $P(n)$ 的成立意味着 $P(n+1)$ 也成立，那么 $P(n)$ 对于所有非负整数 n 都为真。

从现在开始，$\mathbb{N}$ 表示自然数集合，即非负整数集。以下是证明归纳法则的一种方法。

通过反证法假定存在一个非负整数使得命题 P 为假。令 A 表示由使得该命题不成立的所有非负整数组成的非空集合，a 表示 A 中的最小元素，即 $P(a)$ 为假，且 $P(0)$，$P(1)$，$\cdots$，$P(a-1)$ 全都为真。这表明 $a>0$ 和 $P(a-1)$ 为真，但是这样的话 $P(a)$ 就为真，显然矛盾，由此结论自然就出来了。

然而，上述论证有一个漏洞，原因如下：在证明中我们建构了一个关于 $\mathbb{N}$ 的非空集合 A，然后取 a 为 A 中最小的元素。但是，我们怎么知道是否存在这样一个 a 呢？就算可能存在一个非常复杂且难以理解的 $\mathbb{N}$ 的子集，那么我们怎么能知道 $\mathbb{N}$ 的任意非空子集有一个最小元素呢？以我们对自然数的了解，这样的问题看起来很傻。但是，在数学传统中，我们只能将最简单的"事实"当作是公理。我们应当用最小公理集来建构 $\mathbb{N}$。任何更为复杂的事实应当称为定理，即由公理推导出来的事实。

归纳法则总是被认为是探讨自然数的最简方法，所以它自身被认作是公理，且不能通过其他公理来证明。自然数的任意非空集合都有一个最小元素,这一论断被认为是有点复杂的表述。我们将证明该论断可以用归纳法则来证明,并且认为它是该法则中暗含的论断而非通过其他方式得来的。意大利数学家朱塞佩·皮亚诺(Giuseppe Peano)是第一个严肃地假设存在一个关于自然数 $\mathbb{N}$ 的公理集合的数学家。我们将以附录的形式在本小节的最后展示这些公理,并证明归纳法则暗含自然数的任意非空集合都有一个最小元素这一论断。

我们现在来看一个应用归纳法则的典型案例:请证明,对于所有正整数 n,以下等式都成立

$$1+2+\cdots+n=\frac{n(n+1)}{2}$$

证明 令 $P(n)=1+2+\cdots+n=\frac{n(n+1)}{2}$。我们需要证明 $P(n)$ 对于所有正整数 n 都为真。我们首先证明 $P(1)$ 成立。这是"基线条件",即使得上述特性成立的最小值。$P(1)$ 可简单地表示为 $1=\frac{1\cdot 2}{2}$,显然成立。

我们现在来证明,假定 $P(n)$ 对于 $n\geq 1$ 为真,那么可以得到 $P(n+1)$ 也为真。这被称为"归纳步骤",而假定 $P(n)$ 为真则被称为"归纳假设"。从我们的归纳假设,可知 $1+2+\cdots+n=\frac{n(n+1)}{2}$。所以,想要证明 $1+2+\cdots+n+n+1=\frac{(n+1)(n+2)}{2}$,只需证明 $\frac{n(n+1)}{2}+n+1=\frac{(n+1)(n+2)}{2}$ 就够了,而只要将上式左侧部分转化为公分母的形式就可以很容易地得到等量关系了。由此证明了 $P(n)\Rightarrow P(n+1)$,这样我们的证明就结束了。

备注 请注意,上述归纳法则的原始表述用的是基线条件 $n=0$,而我们的上述证明则是从 $n=1$ 开始的。尽管如此,我们还是可以从归纳法则得到以下结论:若 $P(n_0)$ 对于 $n_0\in\mathbb{N}$ 成立,且 $P(n)\Rightarrow P(n+1)$,则 $P(n)$ 对于任意 $n\geq n_0$ 都成立(提示:令 $Q(n)=P(n+n_0)$)。这个关于基线条件的发现将被应用于我们在后面将要展示的所有变体中。

我们在上题中给出的解答方法说明了用归纳法进行证明的概要。我们需要记住的最关键的点在于总是需要考察(各种)基线条件及其归纳步骤。为了明确其重要性,我们来看看以下全部为假的两个案例:

(1)对于任意非负整数 n,n^2+n+41 是质数。

(2)对于任意非负整数 n,$3n+1$ 能被 3 整除。

对于(1),我们可以证明基线条件为真,因为 n^2+n+41 对于所有 $n\in\{0,1,\cdots,39\}$ 为真。但是,我们不能证明 $P(n)\Rightarrow P(n+1)$。对于(2),假定 $P(n)$ 为真,即 $3\mid(3n+1)$,那么 $3(n+1)+1=(3n+1)+3$,所以 $P(n+1)$ 也为真。但此时,我们不能证明基线条件也成立,因为实际上 $P(n)$ 为假。

附:关于 $\mathbb{N}$ 的皮亚诺公理

在我们陈述由朱塞佩·皮亚诺引介的公理之前,有必要回顾以下定义:集合 A 和集合 B 之间的函数 f(以 $f:A\rightarrow B$ 表示)是指使得每一个元素 $a\in A$ 恰好关联某个元素 $f(a)\in B$ 的对应关系;f 的象(以 $\mathrm{Im}(f)$ 表示)就是集合 $\mathrm{Im}(f)=\{f(a)\mid a\in A\}$(请注意,$\mathrm{Im}(f)\subset B$,而这种包含关系可以是严格的,取决于不同的函数 f);如果 A 中不存在两个不同元素对应 B 中同一元素的情况,就称该函数为单射函数。想要了解更多详细解释和例子的读者可以参见本书 3.1 节。

现将皮亚诺引介的公理表述如下:

(1)存在一个特殊元素 $0\in\mathbb{N}$。

(2)存在一个单射函数(可称为继承者函数)$S:\mathbb{N}\rightarrow\mathbb{N}$ 使得 0 不在 S 的象中。

(3)若 $K\subset\mathbb{N}$ 是一个集合,$0\in K$,且对于每一个自然数 $n\in K$ 都存在 $S(n)\in K$,则 $K=\mathbb{N}$(归纳公理)。

这里所阐述的归纳公理初看起来与我们在前面所陈述的非正式版本不太相同。前面我们提到了一系列关于 $P(n)$ 的命题,现在却只有集合 K。但是,如果我们将 K 解释为使 $P(n)$ 为真的所有 n 的集合,那么这两者看上去就等价了。

皮亚诺在一开始还囊括了其他一些公理,这些公理现在普遍被认作是一阶逻辑公理,并且在当下的数学讨论中不被算作自然数公理。显而易见,一个系统会变得多么复杂啊,即使该系统只是建立在少数公理之上!我们所生存的宇宙似乎仅由四条定律所主导,即重力、电磁力、强核力与弱核力。看看外边这个宇宙吧!看看它的深邃、错综和壮丽!皮亚诺假定的上述关于自然数集合的三条定律同样主导着数论这个宇宙并解释其中的一切,从加法与乘法的运算到关于质数与任意长度质数列之间有界距离的现代数学论断。

为了尝鲜,我们可以看一下如何从皮亚诺的公理来定义通常的加法,以及如何证明其标准属性。我们通过以下归纳性的方式来定义一个函数 $+:\mathbb{N}\times\mathbb{N}\rightarrow\mathbb{N}$。

(a)对于所有 $a\in\mathbb{N}$,我们定义 $a+0=a$。

(b)对于 $b\in\mathbb{N}$,我们在定义 $a+b$ 后也就可以定义 $a+S(b)=S(a+b)$。

引理　上述加法运算是可以交换的。

证明　我们将用三个步骤来证明结论。首先,证明对于任意 $n\in\mathbb{N}$,存在 $n+0=0+n$。我们通过对 n 的归纳来证明该结论。令 $P(n)$ 表示 $n+0=0+n$。根据(a),我们得到 $0+0=0$,所以 $P(0)$ 成立。现在,假定 $P(n)$ 对于 $n\in\mathbb{N}$ 为真,那么我们就可以推导出 $P(S(n))$ 为真:$0+S(n)\overset{(b)}{=}S(0+n)\overset{P(n)}{=}S(n+0)\overset{(a)}{=}S(n)\overset{(a)}{=}S(n)+0$。所以,根据归纳法公理,$P(n)$ 对于所有 $n\in\mathbb{N}$ 成立。

我们现在来证明 $S(a)+n=S(a+n)$ 对于任意 $a,n\in\mathbb{N}$ 都成立。对于一个特定的 $a\in\mathbb{N}$,令 $P(n)$ 表示 $S(a)+n=S(a+n)$。当 $n=0$ 时,我们得到 $S(a)+0\overset{(a)}{=}S(a)\overset{(a)}{=}S(a+0)$,所

以 $P(0)$ 为真。现在,假定 $P(n)$ 对于 $n \in \mathbb{N}$ 成立,我们要证明此时 $P(S(n))$ 也成立,即 $S(a)+S(n) \overset{(b)}{=} S(S(a)+n) \overset{P(n)}{=} S(S(a+n)) \overset{(b)}{=} S(a+S(n))$。所以,$P(S(n))$ 为真。于是,根据归纳法公理,我们得到 $P(n)$ 对于所有 $n \in \mathbb{N}$ 都为真。由于 a 是任意值,所以 $S(a)+n = S(a+n)$ 对于 $\mathbb{N}$ 中的任意 a 和 n 都成立。

最后,我们证明 $a+n=n+a$ 对于任意 $a,n \in \mathbb{N}$ 都成立。对于特定的 n 值,我们通过对 a 的归纳来证明。像前面一样,我们令 $P(a)$ 为上述假定。第一步是得到 $0+n=n+0$,所以 $P(0)$ 成立;假定存在 $P(a)$,那么第二步就是得到 $S(a)+n = S(a+n) \overset{P(a)}{=} S(n+a) \overset{(b)}{=} n+S(a)$;然后就可以完成我们的第三步了。由于 n 是任意值,所以我们得到 $a+n=n+a$ 对于任意 $n \in \mathbb{N}$ 都成立,这就表明"+"运算是可以交换的,而这正是我们想要得到的。

从现在开始,我们利用 $S(0)=1$ 和 $S(n)=n+1=1+n$ 来表示。加法的另一个标准属性可以用相似的方法来证明。在加法运算的辅助下,我们可以定义 $\mathbb{N}$ 中两个元素之间通常的"$\leqslant$"排序:如果存在 $c \in \mathbb{N}$ 使得 $a+c=b$,那么就可以得到 $a \leqslant b$。现在,"$\leqslant$"的属性就从加法运算推导出来了。

到目前为止,我们已经建构起了归纳法则是什么,即是一个公理。在我们开始讨论其他的应用、变体和一般化之前,我们将根据"$\leqslant$"的定义来如约给出关于归纳法则暗含任意非空子集 $A \subset \mathbb{N}$ 具有一个最小元素这一论断的证明。根据"$\leqslant$"的定义,令 $A \subset \mathbb{N}$ 是一个不包含更小元素的子集。我们想要证明此时 A 为空集。对于所有 $0 \leqslant k \leqslant n$,令 $P(n)$ 表示 $k \notin A$。

$P(n)$ 肯定为真,否则我们将得到 $0 \in A$,而这将成为 A 的最小元素(因为不存在小于 0 的非负整数)。我们现在证明,$P(n)$ 对于 $n \geqslant 0$ 为真这一论断表明 $P(n+1)$ 也为真。若 $P(n)$ 为真而 $P(n+1)$ 为假,则 $0,1,2,\cdots,n \notin A$,但是 $n+1 \in A$,于是 $n+1$ 就是 A 中的最小元素。这显然矛盾,所以 $P(n+1)$ 为真。

根据归纳法则,可知 $P(n)$ 对于每一个 $n \in \mathbb{N}$ 都为真,所以 A 是空集。上述论证表明 $\mathbb{N}$ 中不存在最小元素的唯一子集就是空集。因此,$\mathbb{N}$ 的每一个非空子集都有一个最小元素,这就是我们想要证明的结论。

1.1.2 归纳法变体

我们已经在上面看到了什么是归纳法公理以及一个典型的归纳法证明是什么样子的。我们还看到了在一些应用中可以存在大于 0 的基线条件。接下来要讨论的话题是,在修改一些归纳步骤后我们将得到什么结果。我们先来证明以下定理。

定理 令 k 为特定正整数,$P(n)$ 的数学表述具有如下属性:

(1) $P(0),P(1),\cdots,P(k-1)$ 皆为真。

(2) 对于任意 $n \geqslant 0$,$P(n) \Rightarrow P(n+k)$。

那么,$P(n)$ 对于每一个 $n \in \mathbb{N}$ 都为真。

证明 当 $k=1$ 时,上述属性就是归纳法公理,我们没有什么是需要证明的。所以,令

$k \geq 2$，通过反证法假定存在某个 $n \in \mathbb{N}$ 使得 $P(n)$ 不成立。于是，集合 $S = \{n \in \mathbb{N} \mid P(n)$ 不成立$\}$ 为非空集合，所以存在一个最小元素 m。

令 r 为用 k 除 m 后的余数，所以我们得到 $m = qk + r$ 对于某个 $q \in \mathbb{N}$ 和 $0 \leq r \leq k-1$ 都成立。通过已知假设，我们知道 $P(r)$ 成立，所以我们不能得到 $q = 0$。这表明 $q \geq 1$，于是，$0 \leq (q-1)k + r < m$。因为 m 是 S 的最小元素，所以我们得到 $P((q-1)k+r)$ 为真，然后根据第二个假设，可知 $P((q-1)k+r+k) = P(m)$ 为真，出现矛盾。

备注　当我们应用这个变体时，重点需要注意的是：如果要证明 $P(n) \Rightarrow P(n+k)$，那么我们需要考察 k 的所有基线条件而不只是其中一个。比如说，如果 $k = 2$，那么考察 $P(0)$ 和 $P(n) \Rightarrow P(n+2)$ 为真将只能推得 $P(n)$ 在 n 为偶正整数时成立。上述变体（以及在 $k = 1$ 时所得到的归纳法公理）有一个名字——"弱归纳法则"。

例题 1.1　请证明任意正方形都可以被分割成 n 个（不必都是全等的）正方形（$n \geq 6$）。

解答　关键的发现是，任意给定的正方形都能被分割成 4 个全等的小正方形，这表明 $P(n) \Rightarrow P(n+3)$。所以，我们所需要证明的是以上表述对于 $n = 6, 7, 8$ 都成立。

当 $n = 6$ 时，我们可以将正方形分割成 9 个全等小正方形，同时还能将其中 4 个拼接成一个稍大的正方形；当 $n = 7$ 时，我们先将正方形分割成 4 个全等小正方形，然后将其中一个再分割成 4 个更小的全等正方形；当 $n = 8$ 时，我们先将正方形分割成 16 个全等小正方形，然后将其中 9 个拼接成一个稍大的正方形。

接下来的变体被认作是"强归纳法则"。

定理　令 $P(n)$ 是关于 $n \in \mathbb{N}$ 的一个命题。假定：(1) $P(0)$ 为真；(2) $\forall n \in \mathbb{N}$，若 $P(k)$ 对于 $\forall k < n$ 为真，则必定推得 $P(n)$ 为真。那么，$P(n)$ 对于所有 $n \in \mathbb{N}$ 都为真。

证明　若 $P(n)$ 为真，且对于所有 $n \in \mathbb{N}$ 来说，如果 $P(0), P(1), \cdots, P(n-1)$ 都为真，则 $P(n)$ 为真。我们需要用弱归纳法则来证明 $P(n)$ 对于所有 n 都为真。

令 $Q(n)$ 表示命题"$P(k)$ 对于 $\forall k \leq n$ 为真"。于是，从假设可知 $Q(n)$ 为真。假定 $Q(n)$ 为真，即 $P(0), P(1), \cdots, P(n)$ 都为真，那么 $P(n+1)$ 为真，于是 $Q(n+1)$ 也为真。根据弱归纳法则，可知 $Q(n)$ 对于所有 n 都为真，因此 $P(n)$ 对于所有 n 也都为真。

例题 1.2　请证明，如果 $x + \dfrac{1}{x} \in \mathbb{Z}$，那么 $x^n + \dfrac{1}{x^n} \in \mathbb{Z}$ 对于所有正整数 n 都成立。

解答　我们从基线条件 $P(1)$ 和 $P(2)$ 着手。从题中假设我们就可以知道 $P(1)$ 为真。由于 $x^2 + \dfrac{1}{x^2} = \left(x + \dfrac{1}{x}\right)^2 - 2$，所以 $P(2)$ 也为真。

现在，假定 $P(n-1)$ 和 $P(n)$ 对于某个 $n \geq 2$ 同时为真，我们会发现 $x^{n+1} + \dfrac{1}{x^{n+1}} = \left(x + \dfrac{1}{x}\right)\left(x^n + \dfrac{1}{x^n}\right) - \left(x^{n-1} + \dfrac{1}{x^{n-1}}\right) \in \mathbb{Z}$，因为 $P(1), P(n-1), P(n)$ 都成立。因此，根据强归纳法则，$P(n)$ 对于所有正整数 n 都为真。证毕。

备注 更为综合的变体如下:已知一个取决于 $n \in \mathbb{N}$ 的命题,在非空自然数集 A 中, $P(a)$ 对于 $\forall a \in A$ 都为真。将一系列运算 σ 逐一应用于 A 中各元素,从而得到非空集合 $K \subset \mathbb{N}$ 的元素。如果对于任意这种运算 σ,$P(a)$ 为真必然包含 $P(\sigma(a))$ 为真,那么根据归纳法则,我们可以证得 $P(n)$ 对于所有 $n \in K$ 为真。柯西归纳就是这类变体中一个很好的例子。通常设 $A = \{1\}$ 或者 $A = \{2\}$,我们需要证明 $P(n) \Rightarrow P(2n)$ 和 $P(n) \Rightarrow P(n-1)$。另一个很流行的案例是,已知对于某个特定值 $n \geqslant 1$ 存在 $A = \{1\}$ 和 $K = \{1, \cdots, n\}$,我们需要证明 $P(k)$ 对于 $1 \leqslant k \leqslant n$ 成立。在"不等式"这章中,对上述两个案例进行了更为详细的讨论,我们也会更加深入地应用该技巧进行解题。

1.1.3 归纳法悖论

我们即将开始讨论归纳法则中一个最吸引人的论断——"归纳法悖论"。

举个例子,假设我们想要证明命题 $1 + \dfrac{1}{2} + \dfrac{1}{4} + \cdots + \dfrac{1}{2^n} < 2$(以 $P(n)$ 表示)对于每一个正整数 n 都成立。首先,很容易证明 $P(1)$ 为真。假定 $P(n)$ 为真,我们尝试证明 $P(n+1)$ 也为真。也就是说,假定

$$1 + \frac{1}{2} + \frac{1}{4} + \cdots + \frac{1}{2^n} < 2 \tag{1}$$

成立,尝试证明 $1 + \dfrac{1}{2} + \dfrac{1}{4} + \cdots + \dfrac{1}{2^{n+1}} < 2$。但是,我们只能从式(1)推得 $1 + \dfrac{1}{2} + \dfrac{1}{4} + \cdots + \dfrac{1}{2^{n+1}} < 2 + \dfrac{1}{2^{n+1}}$,这对于我们想要得到的结论来说还是不够的。该论断初看似乎很难用归纳法进行证明,实则太容易不过!

归纳法悖论指的是,在有些时候使用归纳法反而更加容易证明一个很强的论断。我们来尝试用归纳法证明,对于每一个自然数 n,以下命题(以 $Q(N)$ 表示)成立

$$1 + \frac{1}{2} + \frac{1}{4} + \cdots + \frac{1}{2^n} = 2 - \frac{1}{2^n} \tag{2}$$

显然,$Q(n)$ 强于 $P(n)$。我们还能够很容易地证明 $Q(1)$ 为真,然后就是假定 $Q(n)$ 为真,并证明 $Q(n+1)$ 也为真,即假定式(2)为真并尝试证明 $1 + \dfrac{1}{2} + \dfrac{1}{4} + \cdots + \dfrac{1}{2^{n+1}} = 2 - \dfrac{1}{2^{n+1}}$。

将式(2)的两边都加上 $\dfrac{1}{2^{n+1}}$ 后就变得显而易见了,结论可以通过弱归纳法则得到。

对我们而言,归纳法悖论正是归纳法有趣的地方。假设我们想要证明命题 $P(n)$ 对于每一个自然数 n 都成立,但是通过归纳法无法实现,那么我们就可以考虑另一个比 $P(n)$ 更强的命题 $Q(n)$,通过归纳法证明命题 $Q(n)$ 对于每一个自然数 n 都为真。归纳法悖论背后的理念是很容易解释的,但是存在一个关键性的问题:我们如何选择这个更强的论断 $Q(n)$?在大多数情况下,更强的论断可以从我们需要展开的归纳步骤中得到

提示。我们再看一些例子来深入理解对该理念的应用。

例题 1.3　请证明,对于任意 $n \geqslant 1$,存在整数 a_n 和 b_n 使得 $\left(\dfrac{1+\sqrt{5}}{2}\right)^n = \dfrac{a_n + b_n\sqrt{5}}{2}$。

解答　我们尝试通过对 n 的归纳来证明该论断。当 $n = 1$ 时,该论断显然成立,只要取 $a_1 = 1$ 和 $b_1 = 1$ 就可以了。现在,假定该结论对于某个 $n \geqslant 1$ 成立,即 $\left(\dfrac{1+\sqrt{5}}{2}\right)^n = \dfrac{a_n + b_n\sqrt{5}}{2}$ 对于整数 a_n 和 b_n 成立,那么

$$\left(\frac{1+\sqrt{5}}{2}\right)^{n+1} = \frac{a_n + b_n\sqrt{5}}{2} \cdot \frac{1+\sqrt{5}}{2}$$

$$= \frac{a_n + b_n\sqrt{5} + a_n\sqrt{5} + 5b_n}{4}$$

$$= \frac{\dfrac{a_n + 5b_n}{2} + \dfrac{a_n + b_n}{2}\sqrt{5}}{2}$$

我们现在打算取 $a_{n+1} = \dfrac{a_n + 5b_n}{2}$ 和 $b_{n+1} = \dfrac{a_n + b_n}{2}$,但是为了使这两个值为整数,我们需要知道 a_n 和 b_n 具有相同的奇偶性。这意味着,我们也许可以证明以下更强的论断:"对于任意 $n \geqslant 1$,存在具有相同奇偶性的整数 a_n 和 b_n 使得 $\left(\dfrac{1+\sqrt{5}}{2}\right)^n = \dfrac{a_n + b_n\sqrt{5}}{2}$。"请注意,如果我们可以证明这一论断的话,那么显然也就证明了本题的结论。

当 $n = 1$ 时,我们在前面已经得到 $a_1 = b_1 = 1$,所以基线条件已经得到证明。现在,对于归纳步骤,我们可以像前面那样得到 $\left(\dfrac{1+\sqrt{5}}{2}\right)^{n+1} = \dfrac{\dfrac{a_n + 5b_n}{2} + \dfrac{a_n + b_n}{2}\sqrt{5}}{2}$。根据归纳假设可知,$a_n$ 和 b_n 具有相同的奇偶性,我们得到 $a_{n+1} = \dfrac{a_n + 5b_n}{2}$ 和 $b_{n+1} = \dfrac{a_n + b_n}{2}$ 都是整数。并且,我们已知 $a_{n+1} = b_{n+1} + 2b_n$,所以 a_{n+1} 和 b_{n+1} 也具有相同的奇偶性,归纳步骤得证。根据弱归纳法则,证明已经完成了。

例题 1.4　请证明,对于任意 $n \geqslant 3$,$n!$ 可以表示为其自身 n 个不同因数之和。

解答　我们尝试通过对 n 的归纳来证明该结论。基线条件为 $n = 3$,我们可以得到 $3! = 1 + 2 + 3$。现在,假定上述论断对于某个 n 值成立,即 $n! = d_1 + d_2 + \cdots + d_n$,其中 $d_1 < d_2 < \cdots < d_n$ 是 $n!$ 的不同因数。利用 $(n+1)! = n!(n+1)$,我们得到

$$(n+1)! = (n+1)d_1 + (n+1)d_2 + \cdots + (n+1)d_n$$

其中,$(n+1)d_1 < (n+1)d_2 < \cdots < (n+1)d_n$。

为了使归纳步骤成立,我们需要根据 $(n+1)d_1<(n+1)d_2<\cdots<(n+1)d_n$ 这 n 个因数求得 $(n+1)!$ 的 $n+1$ 个因数之和。由此,我们自然就会想到尝试将 $(n+1)d_1$ 表示为 nd_1+d_1,这将额外产生一个因数,并且我们必定会得到 $d_1|(n+1)!$,因为根据归纳假设可知 $d_1|n!$。这种思路的问题在于,即使已知 $d_1|n!$,我们可能还是不能得到 $nd_1|(n+1)!$(比如说,取 $d_1=n$,而 n 是一个质数)。但是,如果我们可以在归纳假设中对 d_1 进行约束,这就不是问题了。比如说,如果我们总是设 $d_1=1$,那么显然 nd_1 总会是 $(n+1)!$ 的因数。而且,当以 $(n+1)d_1=d_1+nd_1$ 表示时,我们在归纳步骤中也可以得到 $d_1=1$。所以,我们来尝试证明以下更强的论断吧:"对于任意 $n\geq3$,$n!$ 可以表示为其自身的 n 个不同因数之和,其中一个等于 1。"

我们通过对 n 进行归纳来证明该论断。我们在前面已经得到 $3!=1+2+3$,所以该论断在 $n=3$ 时成立。至于归纳步骤,假定 $n!=1+d_2+\cdots+d_n$,其中 $d_2<d_3<\cdots<d_n$ 是 $n!$ 的不同因数,且都大于 1。于是

$$(n+1)!=(n+1)+(n+1)d_2+\cdots+(n+1)d_n=1+n+(n+1)d_2+\cdots+(n+1)d_n$$

显然,$1|(n+1)!$,$n|(n+1)!$,并且由于 $d_k|n!$ 对于 $k=2,\cdots,n$ 成立,所以我们可以得到 $(n+1)d_k|(n+1)!$。由于 $n\geq3$ 且 $d_2,\cdots,d_n$ 大于 1,所以我们也可以知道 $1,n,(n+1)d_2,\cdots,(n+1)d_n$ 都是互不相同的。由此,本题结论的归纳步骤及其论证也就完成了。

例题 1.5 请证明,对于所有正整数 $n\geq1$,我们都可以得到 $\dfrac{1}{n+1}+\dfrac{1}{n+2}+\cdots+\dfrac{1}{2n}<\dfrac{7}{10}$。

解答 首先,我们来看一下为什么要对该不等式进行强化。我们令 $x_n=\dfrac{1}{n+1}+\dfrac{1}{n+2}+\cdots+\dfrac{1}{2n}$。理论上,我们会想设 $P(n)$ 的数学表达式为 $x_n<\dfrac{7}{10}$,然后用归纳法证明之。不幸的是,我们已知 $x_{n+1}-x_n=\dfrac{1}{2n+1}+\dfrac{1}{2n+2}-\dfrac{1}{n+1}=\dfrac{1}{(2n+1)(2n+2)}>0$,所以数列递增,于是从 $x_n<\dfrac{7}{10}$ 不能推得 $x_{n+1}<\dfrac{7}{10}$,而这是归纳步骤所必需的。因此,我们需要将题中条件强化为以下形式:$x_n+f(n)<\dfrac{7}{10}$,其中 $f:\mathbb{Z}_+\to[0,+\infty)$。该表述显然暗含我们所感兴趣的论断,因为 f 取非负值,所以 $x_n+f(n)<\dfrac{7}{10}$ 必然包含 $x_n<\dfrac{7}{10}$。

我们接下来讨论对确定 f 内容的选择有帮助的两个点。

首先,请注意,前面在直接应用归纳法时遇到的障碍是,我们的原始数列是递增的,所以如果 $y_n=x_n+f(n)$ 是非递增的,那么 $y_n<\dfrac{7}{10}$ 显然暗含 $y_{n+1}<\dfrac{7}{10}$,因为我们可以得到 $y_{n+1}\leq y_n<\dfrac{7}{10}$。于是,为了使归纳步骤成立,我们增加了条件 $y_n-y_{n+1}\geq1$,从而得到 $f(n+1)\leq f(n)-\dfrac{1}{(2n+1)(2n+2)}$。具体而言,这表明了 f 是一个递减函数。

这就是解决这类问题的关键点:我们通过强化结论来消除在一开始应用归纳法的障碍。类似地,如果对于某个常数 c 存在一个形如 $a_n > c$ 的不等式,并且 $(a_n)_{n \geq 0}$ 是一个递减数列,那么我们就可以定义一个数列 b_n,使得 b_n 是非递增的且 $a_n \geq b_n > c$。这也是经常被应用于处理数列极限分析的一种非常高效的方法。

我们将要讨论的第二点是非常具有技巧性的,可能会也可能不会出现在本类算题中。

我们知道,通过归纳法证明的另一个关键部分是基线条件,如果我们要使结果对 n = 1 成立,那么这会给出

$$\frac{1}{2} + f(1) < \frac{7}{10} \Rightarrow f(1) < \frac{1}{5}$$

然而,在这里我们有一个技术性的观察,它让我们在以下方面具有某种灵活性。

通过手动计算,我们知道 $x_n < \frac{7}{10}$ 对于 n 前面的几个值都成立(当 n = 1 时,得到 $\frac{1}{2} < \frac{7}{10}$;当 n = 2 时,得到 $\frac{1}{3} + \frac{1}{4} < \frac{7}{10}$,依此类推)。我们还知道 $y_n < \frac{7}{10}$ 必然暗含 $x_n < \frac{7}{10}$。于是,由于 y_n 是非递增的,即使令 $y_1 > \frac{7}{10}$,上述推导依然可能出现,所以,假如数列以足够快的速度递减,那么我们还是可以在某个小正整数 n_0 处得到 $y_{n_0} < \frac{7}{10}$。因此,我们不再要求上述结论从 n = 1 时就成立,而是可以从 $n = n_0$ 开始,其中 n_0 是某个正整数(在本题中 $n_0 = 4$),而从 1 到 n_0 的相应值可以通过手动计算得到。为了阐明这一点有多实用,让我们回到上述问题中。

到目前为止,我们确立了 f 是一个取非负值的函数,且对于所有正整数 n 都满足 $f(n+1) < f(n) - \frac{1}{(2n+1)(2n+2)}$。请注意,上述不等式可以表示为 $f(n) - f(n+1) > \frac{1}{2n+1} - \frac{1}{2n+2}$。现在,既取负值又以接近 $\frac{1}{n}$ 而非 $\frac{k}{n}$ 的速率递减的最佳函数是怎样的呢?

我们令 $f(n) = \frac{k}{n}$,然后求适当的 k 值。已知 $f(n+1) < f(n) - \frac{1}{(2n+1)(2n+2)} \Leftrightarrow \frac{(1-4k)n - 2k}{2n(n+1)(2n+1)} < 0$,由于第二个不等式对于任意 $n \geq 1$ 必定成立,所以得到 $k \geq \frac{1}{4}$。请注意,如果取 $k = \frac{1}{4}$,那么我们实际上可以得到 $y_1 = \frac{1}{2} + \frac{1}{4} > \frac{7}{10}$。但是,$y_4 = \frac{1}{5} + \frac{1}{6} + \frac{1}{7} + \frac{1}{8} + \frac{1}{16} < \frac{7}{10}$,由于 y_n 递减,所以上述不等式对于任意 $n \geq 4$ 的 y_n 也同样成立。因此,总的来说,我们已经提供了用归纳法证明 $y_n < \frac{7}{10}$ 对于 $n \geq 4$ 成立的所有论证。所以,$x_n < \frac{7}{10}$ 对于 $n \geq 4$ 成

立。由于 x_n 递增,所以我们显然可以得到该结论对于 n=1,2,3 也成立。证毕。

本小节的最后部分是讨论以下例题。

例题 1.6 以 F_n 表示斐波那契数,$F_0=F_1=1$,且对于 $n \geqslant 1$ 存在 $F_{n+1}=F_n+F_{n-1}$。请证明,对于任意非负整数 m,我们可以得到 $F_{2m+1}=F_{m+1}^2+F_m^2$。

解答 诚然,尽管计算过程会非常冗长且繁复,但实际上我们可以用归纳法来证明题中这种形式的结论。然而,我们接下来想要展示的是一种能使题中结论更为综合化的方法,这也会让证明变得更加简单。所以,我们尝试证明的论断变为:"对于任意 m,$n \in \mathbb{N}$,都可以得到 $F_{m+n}=F_{m+1}F_n+F_mF_{n-1}$。"

如果取 n=m+1,则上述论断就是原题中的形式。对于第二种形式的论断,我们的证明如下:对于一个特定的 m 值,用 P(n) 表示上述论断,使得 $F_{m+n+1}=F_{m+1}F_{n+1}+F_mF_n$。$P(0):F_{m+1}=F_{m+1}$ 和 $P(1):F_{m+2}=F_{m+1}+F_m$ 这两个结论是不证自明的。现在,如果 P(n) 对于 $n \leqslant k$ 为真,那么

$$F_{m+k+1}=F_{m+k}+F_{m+k-1}$$
$$=F_{m+1}F_k+F_mF_{k-1}+F_{m+1}F_{k-1}+F_mF_{k-2}$$
$$=F_{m+1}F_{k+1}+F_mF_k$$

所以 P(k+1) 也为真。因此,题中的关系式对于任意的 m 和 n 总是真的(请注意,我们在证明归纳步骤时用到了 P(k) 和 P(k-1),所以,对于基线条件 P(0) 和 P(1) 的证明是很关键的)。

备注 在下一章中,我们将看到关于上题的另一种证明方法,同时还可以学到关于斐波那契数的一些其他特点。

1.1.4 良序与超限归纳法

对于集合 X,关于 X 的偏序 ≤ 是一个满足下列特性的二元关系(即涉及两个元素):

(1)$x \leqslant x, \forall x \in X$(自反性)。

(2)对于任意 $x,y \in X$,若 $x \leqslant y$,且 $y \leqslant x$,则 x=y(反对称性)。

(3)对于任意 $x,y,z \in X$,若 $x \leqslant y$,且 $y \leqslant z$,则 $x \leqslant z$(传递性)。

示例 正如在 1.1.1 中提到的,我们可以从皮亚诺公理开始证明自然数的常序 ≤ 是一种偏序。关于 $\mathbb{N}$ 的另一种偏序是当 $a \mid b$ 时 $a \leqslant b$。(请证明!)

每一对元素都可互相比较的偏序被称为全序。在上述各例题中,我们很容易证明关于 $\mathbb{N}$ 的常序是全序,而由 $a \mid b$ 得到 $a \leqslant b$ 的偏序则不是全序。

每一对元素都可互相比较的一个子集 $Y \subset X$ 被称为链。每一个非空子集 $Y \subset X$ 都有一个最小元素的全序被称为良序。

示例 常序下的 $\mathbb{N}$ 是良序,但 $\mathbb{Z}$ 不是良序(因为偶整数的子集没有最小值)。常序下的正有理数也不是良序。

我们已经在 1.1.1 中看到,一旦定义皮亚诺所假定的那三条公理,就可以证明自然数集 $\mathbb{N}$ 满足良序集合的特性(良序原理)。但是,在尝试证明归纳法则成立时,我们会发

现一个问题,即需要假定具备常序关系的 $\mathbb{N}$ 是一个良序集合。所以,有人自然就会问这样一个问题:为什么我们不简单地将良序原理作为一条公理,从而推导出其他公理呢(包括通过它推导出归纳法原理)?

答案是,通过假定 $\mathbb{N}$ 的良序关系,我们可以推导出皮亚诺假设的前两条公理,但是不能推导出归纳法公理。部分原因在于我们在定义 $\mathbb{N}$ 中的常序 $\leq$ 的过程中实际上就已经应用了归纳法公理。我们可以通过以下步骤证明将良序原理作为公理是不够令人满意的:现在令 $\mathbb{N}$ 为一般的集合,$\leq$ 是 $\mathbb{N}$ 的良序,而 $\leq$ 使得 $\mathbb{N}$ 没有上界(即不存在 $x \in \mathbb{N}$ 使得 $y \in \mathbb{N} \Rightarrow y \leq x$)。特殊元素 $0 \in \mathbb{N}$ 可以被定义为非空子集 $\mathbb{N} \subset \mathbb{N}$ 中的最小元素。对于任意 $n \in \mathbb{N}$,n 的下一个后继自然数 $S(n)$ 可以被定义为非空子集 $A = \{y > n\} \subset \mathbb{N}$ 的最小元素。事实上,后继函数 $S:\mathbb{N} \to \mathbb{N}$ 是单射函数,且 $0 \notin Im(S)$。但是,如果 $K \subset \mathbb{N}$ 为任意集合,$0 \in K$,且对于每一个自然数 n,若 $n \in K$,则 $S(n) \in K$,那么,我们如何知道这就可以推得 $K = \mathbb{N}$ 呢?我们不知道!但是,又如何保证我们真的不知道呢?

出人意料的是,答案竟然就在任意一本字典或者电话簿中!我们来看一下具备常序 $\leq$ 的集合 $\mathbb{N}$ 和具备词典式良序 $\leq$ 的集合 $X = \mathbb{N} \times \mathbb{N}$,即若 $a_1 \leq a_2$ 或者 $a_1 = a_2$,且 $b_1 \leq b_2$,则 $(a_1, b_1) \leq (a_2, b_2)$。于是,$(0,0)$ 就是关于 $\leq$ 的 X 的最小元素,并且后继函数 $S:X \to X$ 满足 $S((a,b)) = (a,b+1)$。令 $K = \{(0,a) | a \in \mathbb{N}\} \subset X$,则 $(0,0) \in K$,且对于每一个 $x \in X$,如果 $x = (0,a) \in K$,则 $S(x) = (0,a+1) \in K$。但是,K 是 X 的一个真子集。请注意,我们们在假定存在一个像皮亚诺所假定的自然数集合时,实际上是有作弊嫌疑的。所以,如果我们还知道一些事情的话,那么就是知道我们确实不知道上述问题的答案。因此,如果我们将"具备常序 $\leq$ 的 $\mathbb{N}$ 是良序"作为公理的话,那么该公理并不能定义所有自然数。

到目前为止,我们仅仅讨论了自然数范围内的归纳法。但是,如果我们考虑一般的集合 X,那么情况会怎样呢?是否存在一个等价于 X 范围的归纳法概念呢?

请注意,如果我们考察的是一个非常大的集合,比如实数集 $\mathbb{R}$,那么我们就无法找到一个等价于 $\mathbb{N}$ 中后继函数这样的概念,因为在任意两个实数集之间存在无限多个其他集合。所以,我们不能简单地得到皮亚诺的三条公理并将其扩大到任意集合的运用中。然而,我们发现,一旦我们确立了自然数的概念并假定 $\mathbb{N}$ 为良序就可以定义 $\mathbb{N}$ 上的归纳法概念。所以,如果我们假定"任意 X 都可以被认为是良序 $\leq$",那么会发生什么情况呢?一个宇宙就会诞生。奇怪的是,上述公理等价于以下公理:已知一个指数集合 X 和集合群 $F = \{A_i | i \in X\}$,则存在一个选择函数 $f: X \to \bigcup_{i \in X} A_i$ 使得对于任意 $i \in X$ 都可以得到 $f(i) \in A_i$。通常,后者被称为"选择公理",而前者被称为"良序定理"。

我们如何去设想一个良序集合 X(尤其是一个大的良序集合)呢?我们不得不想到分形:一个分形是指具备"不管放大还是缩小,我们看到的还是同样的事物"这一特性的东西。想象 X 的元素是一条线上的点,如果我们一开始就从距离 X 非常近的位置出发,会看到由这些点构成的 $\mathbb{N}$ 的一个副本。从远处看,$\mathbb{N}$ 的副本看起来就像一个单点,我们看到的则是由这些单点构成的 $\mathbb{N}$ 的一个副本,而每一个单点实际上是 $\mathbb{N}$ 的一个副本。从非常遥远的地方看,$\mathbb{N}$ 的副本看起来也像一个单点,我们看到的则是由这些单点构成的

ℕ 的一个副本,而每一个单点实际上是由ℕ 个ℕ 的副本构成的一个副本。分形之旅是最枯燥的,因为其景观永远都不会改变。

定理(超限归纳法) 令 X 是一个具有良序关系≤的集合,P(x)是对于任意元素 x∈X 都满足以下特性的一个命题:(*)若 x∈X,且 P(y)对于每一个 y≼x 都为真,则 P(x)为真(y≼x 意味着 y≤x 且 y≠x)。那么,P(x)对于所有 x∈X 都为真。

证明 为了利用反证法,假定集合 K={x∈X|P(x)为假}是一个非空集合,x 是 K 的最小元素。那么,P(y)对于每一个 y≼x 都为真,而根据题意可知 P(x)为真,出现矛盾。所以,我们得到 P(x)对于所有 x∈X 都为真。

给定一个良序指数集合 S,其上的一个超限结构指的是,对每一个 i∈S 建构一个如下的集合群 K(i):假定对于所有 i∈S,通过所有 j<i 的集合 K(j)可以建构一个特定的集合 K(i)。那么,根据上述定理可知,我们能够建构一个对所有 i∈S 都成立的 K(i)。

我们来看一个运用该理念的精彩案例。

例题 1.7(希尔宾斯基) 平面上是否存在一个点集使得平面上的每条线都恰好包含该集合中的两个点?

上述问题的答案是肯定的。在给出该题的解答方法之前,我们需要说明一些与集合理论相关的结论。不了解我们即将使用的一些术语或者想要更深入地了解一些细节的读者可以阅读任何一本有关数论的普通课本。

我们假定两个集合 X 和 Y 有相同的基数,如果两者之间存在双射关系,那么我们就将其表示为|X|=|Y|。根据康托-施罗德-伯恩斯坦定理可知,若|X|≤|Y|且|Y|≤|X|,则|X|=|Y|。所以,基数就像通常的长度概念一样。这就允许我们将两个具有相同长度的集合或者长度有长有短的集合这些概念扩大到无限集合的情况中。与ℕ 的某子集具有相同长度的集合被认为是可数的,而与ℕ 具有相同基数的集合则被认为是可数的无限集合。可数的无限集合包括ℕ,ℤ,ℚ,而可数集合的数量远超我们一开始的设想。如果 A 为可数集合,那么 A×A 也是。事实上,任意可数集合之并集仍然是一个可数集合。拥有和ℝ 相同基数的集合被认为具有连续统基数。著名的康托定理表明ℝ 不是可数的(即ℝ 为不可数集合),所以,从这个意义上来说,ℝ“大于”ℕ。

连续统假说认为不存在大于ℕ 且小于ℝ 的基数。在接下来的解答中,我们将会默认连续统假说,尽管有些解答并不一定要求该假说成立。更确切地说,我们需要以下等价于连续统假说的论断:"我们可以令ℝ 为良序,使得对于每一个实数 r∈ℝ,如果我们建构一个由 a<r 各点组成的集合,那么该集合是可数的。"

我们来看一下这两者之间的等价关系。首先,假定连续统假说。任意选定一个在ℝ 上的良序≤。如果满足要求,那么我们就完成了。否则,对于每一个 r∈ℝ,我们来看一下≤意义上小于 r 的元素集合。该集合要么可数要么具有和ℝ 相同的基数。取使得集合 S={x∈ℝ|x<r}不可数的最小 r 值。于是,必定存在一个双射函数 f:ℝ →S。请注意,S 是关于≤的良序。如果 f(x)≤f(y),那么我们现在就可以利用 x≤y 来对ℝ 进行重新排序。由此,我们立即会在ℝ 上发现一个满足要求的良序。相反的情况也是立即可以得到

证明的,我们就将其留给读者来解决吧。

我们需要的第二个结论是 $\mathbb{R}^2$ 和 $\mathbb{R}$ 具有相同的基数。为了得到该结论,我们需要注意,给定 $(0. a_1a_2a_3\cdots, 0. b_1b_2b_3\cdots) \to 0. a_1b_1a_2b_2\cdots$(我们在这里去掉了 9 的无限数列,即 $0.099\,999\cdots = 0.1$)和 $(0,1)$ 在 $\mathbb{R}$ 上互为双射函数,那么我们可以得到一个单射函数 $(0,1) \times (0,1) \to (0,1)$。(请证明!)

我们现在已经为解答本题做好准备了。我们用 L 表示平面上的所有线条。显然,$|\mathbb{R}| \leq L \leq |\mathbb{R}^2|$,根据我们上述的说明,可知 L 具有和 $\mathbb{R}$ 相同的基数。假定连续统假说,我们可以在 L 上选取一个良序 $\leq$,使得对于每一个 $l \in L$ 都可以得到集合 $\{x \in L | x < l\}$ 可数。我们现在用超限结构建构一个集合 X。也就是说,对于每一个 $l_i \in L$,我们建构一个点集 $K(l_i) \subset \mathbb{R}^2$,使得 $K(l_i)$ 可数且其中不存在三点共线现象,每条线 $l \in L (l \leq l_i)$ 恰好包含来自 $K(l_i)$ 的两个点,并且若 $l_a < l_b$,则 $K(l_a) \subset K(l_b)$。令 l_1 为 $\leq$ 意义上 L 的最小元素,我们通过在 l_1 上任选两个点来构建 $K(l_1)$。

现在,令 l_i 为 L 中的某个元素,我们对所有 $l_j < l_i$ 构建集合 $K(l_j)$。我们来看一下集合 $S = \bigcup_{l_j < l_i} K(l_j)$。根据我们的建构,在关于任意 $l_j < l_i$ 的 $K(l_j)$ 中都不存在三个共线的点,所以 S 中也不存在三个共线的点。同样,根据建构,每一个集合 $K(l_j)$ 都是可数的,所以 S 也是可数的。如果 l_i 已经包含了两个来自 S 的点,那么我们取 $K(l_i) = S$,这满足我们的所有条件。否则,我们需要对 S 增加一到两个点(这取决于 l_i 是穿过了来自 S 的一个点还是零个点)。这些点必定位于 l_i 上且与来自 S 的其他两个点不共线。由于 S 可数,所以由 S 中的点确定的线集也可数(因为 A 可数必然包含 A×A 可数)。另一方面,l_i 上的点集是不可数的,所以我们可以从 l_i 中选取一到两个满足要求的点。于是,我们就可以设 $K(l_i)$ 为这些点的并集 S 了。

现在,令 $X = \bigcup_{l \in L} K(l)$,这样我们的证明就完成了。

1.2　推荐习题

习题 1.1　请证明,对于所有 $n \geq 1$,都存在 $\dfrac{1}{2} \cdot \dfrac{3}{4} \cdot \cdots \cdot \dfrac{2n-1}{2n} < \dfrac{1}{\sqrt{3n}}$。

习题 1.2　请证明,对于每一个正整数 $n \geq 2$,我们都可以得到 $\dfrac{1}{2^2} + \dfrac{1}{3^2} + \cdots + \dfrac{1}{n^2} < 1$。

习题 1.3(中国 2004)　请证明,除了有限几个数,每一个正整数 n 都可以表示为 2 004 个正整数之和:$n = a_1 + a_2 + \cdots + a_{2\,004}$,其中 $1 \leq a_1 < a_2 < \cdots < a_{2\,004}$,且 $a_i | a_{i+1}$ 对于所有 $1 \leq i \leq 2\,003$ 都成立。

习题 1.4　定义数列 $(a_n)_{n \geq 1}$ 为 $a_1 = \dfrac{1}{2}$,$a_{n+1} = \dfrac{2n-1}{2n+2} a_n$。请证明,$a_1 + a_2 + \cdots + a_n < 1$ 对于所有 $n \geq 1$ 都成立。

习题 1.5　设 S 为所有长度为 n 的二元数列集合。将其分为各自包含 2^{n-1} 个元素的两个集合 A 和 B。分别从 A 和 B 中抽取一个数列,如果两者只在一个位置存在差异,那么就可以构成一对"触角"。请证明,存在 2^{n-1} 对触角。

习题 1.6 令 S 为(不一定是有限的)平面上的点集。对于以 S 中各点为顶点所构成的完全图形 G,我们用两种颜色对其边缘进行着色。从很多地方都可以知道(比如通过拉姆齐定理),如果 S 和 $\mathbb{N}$ 具有相同的基数,那么我们可以求得一个完全单色子图,其顶点集合也具有和 $\mathbb{N}$ 相同的基数。如果 S 具有和 $\mathbb{R}$ 相同的基数,那么我们是否可以求得一个单色子图,其顶点集合也具有和 $\mathbb{R}$ 相同的基数呢?

第2章 加和、乘积与相等

2.1 理论与例题

第一个使用归纳法证明的数学论断是关于加和的等式,现在在某种程度上普遍用 $S(n)$(S 指的就是和)表示我们想要证明的取决于 n 的数学论断。这可能是归纳法最简单的应用,因为我们通常仅采用最基本的代数操作来证明这样一种等量关系,比如去括号或者取公分母。我们主要也只要求用弱归纳法则来解决这些问题。

我们来回顾一下本章后文将会用到的下列结论:对于正整数 n 和某整数 $0 \leqslant k \leqslant n$,我们用 $\binom{n}{k}$ 表示从一个包含 n 个元素的已知集合中选取一个由 k 个元素组成的集合的方法种数。我们可以得到以下众所周知的公式: $\binom{n}{k} = \dfrac{n!}{k! \cdot (n-k)!}$。当 $k<0$ 或者 $k>n$ 时,我们令 $\binom{n}{k} = 0$。根据上述公式,我们可以证明以下关系式(帕斯卡等式): $\binom{n+1}{k} = \binom{n}{k} + \binom{n}{k-1}$,其中 $1 \leqslant k \leqslant n$。

我们来看一些例子。

例题 2.1 请证明,对于任意正整数 n 都可以得到

$$1 \cdot 2 \cdot 3 + 2 \cdot 3 \cdot 4 + \cdots + n \cdot (n+1) \cdot (n+2) = \frac{n(n+1)(n+2)(n+3)}{4}$$

解答 我们从确立一个命题开始解答,并采用归纳法来证明该命题:令 $P(n) = 1 \cdot 2 \cdot 3 + 2 \cdot 3 \cdot 4 + \cdots + n \cdot (n+1) \cdot (n+2) = \dfrac{n(n+1)(n+2)(n+3)}{4}$。基线条件就是本题所涉及的 n 的最小值,由于我们需要证明题中等式对于所有正整数 n 都成立,所以最小值就是 $n=1$。当 $n=1$ 时,我们需要证明 $1 \cdot 2 \cdot 3 = \dfrac{1 \cdot 2 \cdot 3 \cdot 4}{4}$,该等式确实为真,所以 $P(1)$ 成立。

现在,假定 $P(n)$ 对于某个 $n \geqslant 1$ 成立,即

$$1 \cdot 2 \cdot 3 + 2 \cdot 3 \cdot 4 + \cdots + n \cdot (n+1) \cdot (n+2) = \frac{n(n+1)(n+2)(n+3)}{4} \tag{1}$$

我们需要证明 $P(n+1)$ 也为真,就是说

$$1 \cdot 2 \cdot 3 + 2 \cdot 3 \cdot 4 + \cdots + (n+1) \cdot (n+2) \cdot (n+3) = \frac{(n+1)(n+2)(n+3)(n+4)}{4}$$

为了推得该结论,我们在式(1)的两边同时加上 $(n+1) \cdot (n+2) \cdot (n+3)$,从而得到

$$1 \cdot 2 \cdot 3 + \cdots + (n+1) \cdot (n+2) \cdot (n+3) = \frac{n(n+1)(n+2)(n+3)}{4} + (n+1) \cdot (n+2) \cdot (n+3)$$

$$= (n+1)(n+2)(n+3)\left(\frac{n}{4}+1\right)$$

$$= \frac{(n+1)(n+2)(n+3)(n+4)}{4}$$

这表明 $P(n+1)$ 为真。进而,根据弱归纳法则,得到 $P(n)$ 对于所有 $n \geq 1$ 都为真,此即为我们想要证明的结论。

例题 2.2 请证明,对于任意正整数 n,我们都可以得到

$$\left(1-\frac{1}{n^2}\right)\left(1-\frac{1}{(n+1)^2}\right)\cdots\left(1-\frac{1}{(2n-1)^2}\right) = 1-\frac{1}{2n-1}$$

解答 我们将通过对 n 的归纳来证明该结论。当 $n=1$ 时,我们得到 $0=0$。当 $n=2$ 时,我们得到 $\frac{3}{4} \cdot \frac{8}{9} = \frac{2}{3}$。所以,基线条件得到证明。

现在假定等式对于某个 $n \geq 2$ 成立,即

$$\left(1-\frac{1}{n^2}\right)\left(1-\frac{1}{(n+1)^2}\right)\cdots\left(1-\frac{1}{(2n-1)^2}\right) = 1-\frac{1}{2n-1} \tag{1}$$

我们需要证明该等式对于 $n+1$ 也成立,也就是说

$$\left(1-\frac{1}{(n+1)^2}\right)\left(1-\frac{1}{(n+2)^2}\right)\cdots\left(1-\frac{1}{(2n+1)^2}\right) = 1-\frac{1}{2n+1}$$

为了得到该等式,我们将式(1)的两边同时乘以 $\left(1-\frac{1}{(2n)^2}\right)\left(1-\frac{1}{(2n+1)^2}\right)\left(1-\frac{1}{n^2}\right)^{-1}$。

请注意,为了避免被零除的情况,我们在这里必须令 $n>1$,这就是为什么要将 $n=2$ 纳入到基线条件中的原因。我们得到

$$\left(1-\frac{1}{(n+1)^2}\right)\left(1-\frac{1}{(n+2)^2}\right)\cdots\left(1-\frac{1}{(2n+1)^2}\right)$$

$$= \left(1-\frac{1}{2n-1}\right)\left(1-\frac{1}{(2n)^2}\right)\left(1-\frac{1}{(2n+1)^2}\right)\left(1-\frac{1}{n^2}\right)^{-1}$$

$$= \frac{2(n-1)}{2n-1} \cdot \frac{(2n-1)(2n+1)}{4n^2} \cdot \frac{4n(n+1)}{(2n+1)^2} \cdot \frac{n^2}{(n-1)(n+1)}$$

$$= \frac{2n}{2n+1}$$

$$= 1-\frac{1}{2n+1}$$

此即为所求。

例题 2.3 请证明,对于任意正整数 n,我们都可以得到

$$1^2 + 2^2 + \cdots + n^2 = \frac{n(n+1)(2n+1)}{6}$$

解答 令 $P(n) = 1^2 + 2^2 + \cdots + n^2 = \frac{n(n+1)(2n+1)}{6}$。$P(1) = 1^2 = \frac{1 \cdot 2 \cdot 3}{6}$,显然为真。

至于归纳步骤,我们假定 P(n) 成立,并由此得到 P(n+1) 也成立。则

$$1^2 + 2^2 + \cdots + n^2 + (n+1)^2 = \frac{n(n+1)(2n+1)}{6} + (n+1)^2$$

$$= (n+1)\left[\frac{n(2n+1)}{6} + (n+1)\right]$$

$$= (n+1)\frac{(n+2)(2n+3)}{6}$$

$$= \frac{(n+1)(n+2)(2n+3)}{6}$$

这就表明 P(n+1) 为真。于是,根据弱归纳法则,得到 P(n) 对于所有 n≥1 都成立。

备注 类似地,我们可以证明其他一些标准等量关系,比如

$$1 + 2 + \cdots + n = \frac{n(n+1)}{2}$$

$$1 + 3 + \cdots + 2n - 1 = n^2$$

$$1^3 + 2^3 + \cdots + n^3 = \left(\frac{n(n+1)}{2}\right)^2$$

这里只列举其中的一部分。对于这些等式,只要我们知道潜在的结论是什么,那么归纳法在任何时候都是一种高效的方法。因为证明 $1^2 + 2^2 + \cdots + n^2 = \frac{n(n+1)(2n+1)}{6}$,若不用归纳法,则会明显耗费更多的时间。用归纳法证明上述论断的一个缺点在于不能给读者一个有关该题背后真实情况的直观印象(此时,可以利用由伯努利数理论推得的福尔哈伯公式)。

例题 2.4(二项式定理) 请证明,对于任意正整数 n,下列关系式都成立

$$(x + y)^n = \sum_{k=0}^{n} \binom{n}{k} x^{n-k} y^k$$

解答 我们将通过对 n 的归纳来证明上述关系式。当 n=1 时,有

$$(x + y)^1 = x + y = \binom{1}{0} x^{1-0} y^0 + \binom{1}{1} x^{1-1} y^1$$

$$= \sum_{k=0}^{1} \binom{1}{k} x^{1-k} y^k$$

现在,假定上述结论对于某个 n≥1 成立,则 $(x+y)^{n+1}$ 就是

$$(x + y)^{n+1} = (x + y)(x + y)^n$$

$$= (x + y)\left(\sum_{k=0}^{n}\binom{n}{k}x^{n-k}y^k\right)$$

$$= \sum_{k=0}^{n}\binom{n}{k}x^{n+1-k}y^k + \sum_{j=0}^{n}\binom{n}{j}x^{n-j}y^{j+1}$$

$$= \sum_{k=0}^{n}\binom{n}{k}x^{n+1-k}y^k + \sum_{j=0}^{n}\binom{n}{(j+1)-1}x^{(n+1)-(j+1)}y^{j+1}$$

$$= \sum_{k=0}^{n}\binom{n}{k}x^{n+1-k}y^k + \sum_{k=1}^{n+1}\binom{n}{k-1}x^{n+1-k}y^k$$

$$= \sum_{k=0}^{n+1}\left(\binom{n}{k}x^{n+1-k}y^k\right) - \binom{n}{n+1}x^0y^{n+1} + \sum_{k=0}^{n+1}\left(\binom{n}{k-1}x^{n+1-k}y^k\right) - \binom{n}{-1}x^{n+1}y^0$$

$$= \sum_{k=0}^{n+1}\left(\binom{n}{k} + \binom{n}{k-1}\right)x^{n+1-k}y^k$$

$$= \sum_{k=0}^{n+1}\binom{n+1}{k}x^{n+1-k}y^k$$

上述最后一个等式可以用帕斯卡等式推得,这就说明了上述结论对于 n+1 也成立。证毕。

例题 2.5 请证明,$\sum_{k=0}^{n}\binom{n+k}{k}\dfrac{1}{2^k} = 2^n$。

解答 我们将通过对 n 的归纳来证明该结论。当 n = 1 时,我们要证明的是 1+1=2,而这是显然的。现在,假定题给等式对于某个正整数 n ≥ 1 成立,并且令 $f(n) = \sum_{k=0}^{n}\binom{n+k}{k}\dfrac{1}{2^k}$。根据帕斯卡等式,我们得到

$$f(n+1) = \sum_{k=0}^{n+1}\binom{n+1+k}{k}2^{-k}$$

$$= 1 + \sum_{k=1}^{n+1}\binom{n+k}{k-1}2^{-k} + \sum_{k=1}^{n+1}\binom{n+k}{k}2^{-k}$$

$$= \frac{1}{2}\sum_{i=0}^{n}\binom{n+i+1}{i}2^{-i} + \binom{2n+1}{n+1}2^{-n-1} + f(n)$$

$$= \frac{1}{2}f(n+1) + f(n)$$

由此,得到 f(n+1) = 2f(n),此即为所求。

例题 2.6 令 n 为正整数,请证明

$$\binom{n}{0}^{-1} + \binom{n}{1}^{-1} + \cdots + \binom{n}{n}^{-1} = \frac{n+1}{2^{n+1}}\left(\frac{2}{1} + \frac{2^2}{2} + \cdots + \frac{2^{n+1}}{n+1}\right)$$

解答 我们将通过对 n 的归纳来进行证明。令 a_n 表示等式的左边,b_n 表示等式的

右边。基线条件显然成立，并且我们只需要证明 a_n 和 b_n 满足相同的递归关系就足够了。

b_n 的递归关系式很简单：$b_n = \dfrac{n+1}{2n}b_{n-1}+1$，所以我们只需证明 $a_n = \dfrac{n+1}{2n}a_{n-1}+1$ 即可。已知 $\dfrac{n+1}{2n}\dbinom{n-1}{i}^{-1} = \dfrac{(n+1)i!\ (n-i-1)!}{2(n!)}$。将该等式表示为以 n 为底数的二次项系数的形式，同时用 $(i+1)+(n-i)$ 表示 $n+1$，由此我们可以得到

$$\frac{n+1}{2n}\binom{n-1}{i}^{-1} = \frac{((i+1)+(n-i))i!\ (n-i-1)!}{2(n!)} = \frac{1}{2}\binom{n}{i+1}^{-1} + \frac{1}{2}\binom{n}{i}^{-1}$$

通过将这些关系式相加，并利用 $\dbinom{n}{0} = \dbinom{n}{n} = 1$ 这一结论，我们最后得到 $a_n = \dfrac{n+1}{2n}a_{n-1}+1$。

例题 2.7　请证明，对于任意 $n \geq 1$，我们都可以得到

$$\left[\frac{1}{2}\right] + \left[\frac{2}{2}\right] + \cdots + \left[\frac{n}{2}\right] = \left[\frac{n}{2}\right] \cdot \left[\frac{n+1}{2}\right]$$

解答　我们将通过对 n 进行归纳来证明该结论。当 $n = 1$ 时，由于 $\left[\dfrac{1}{2}\right] = \left[\dfrac{1}{2}\right] \cdot \left[\dfrac{2}{2}\right] = 0$，所以上述结论成立。同样，当 $n = 2$ 时，我们得到 $\left[\dfrac{1}{2}\right] + \left[\dfrac{2}{2}\right] = 1$ 和 $\left[\dfrac{2}{2}\right] \cdot \left[\dfrac{3}{2}\right] = 1$，所以此时等式也成立。

现在，假定等式对于某个 $n \geq 1$ 成立，即 $\left[\dfrac{1}{2}\right] + \left[\dfrac{2}{2}\right] + \cdots + \left[\dfrac{n}{2}\right] = \left[\dfrac{n}{2}\right] \cdot \left[\dfrac{n+1}{2}\right]$。将 $\left[\dfrac{n+1}{2}\right] + \left[\dfrac{n+2}{2}\right]$ 分别加到等式两边，得

$$\left[\frac{1}{2}\right] + \left[\frac{2}{2}\right] + \cdots + \left[\frac{n+2}{2}\right] = \left[\frac{n}{2}\right] \cdot \left[\frac{n+1}{2}\right] + \left[\frac{n+1}{2}\right] + \left[\frac{n+2}{2}\right]$$

$$\left[\frac{n}{2}\right] \cdot \left[\frac{n+1}{2}\right] + \left[\frac{n+1}{2}\right] + \left[\frac{n+2}{2}\right] = \left[\frac{n}{2}\right] \cdot \left[\frac{n+1}{2}\right] + \left[\frac{n}{2}\right] + \left[\frac{n+1}{2}\right] + 1$$

$$= \left(\left[\frac{n}{2}\right]+1\right)\left(\left[\frac{n+1}{2}\right]+1\right)$$

$$= \left[\frac{n+2}{2}\right] \cdot \left[\frac{n+3}{2}\right]$$

因此，该结论对于 $n+1$ 也成立，证毕。

例题 2.8　请证明，对于任意 $n \geq 1$，我们可以得到

$$\sum_{k=1}^{n} \frac{(-1)^{k-1}}{k}\binom{n}{k} = 1 + \frac{1}{2} + \cdots + \frac{1}{n}$$

解答　我们将通过对 n 进行归纳来证明该等式。当 $n = 1$ 时，我们得到 $1 = 1$，于是基线条件得证。

现在,假定该结论对于某个 $n \geq 1$ 成立。要证明该结论对于 $n+1$ 也成立,只需证明

$$\frac{1}{n+1} = \sum_{k=1}^{n+1} \frac{(-1)^{k-1}}{k} \binom{n+1}{k} - \sum_{k=1}^{n} \frac{(-1)^{k-1}}{k} \binom{n}{k}$$

但是

$$\sum_{k=1}^{n+1} \frac{(-1)^{k-1}}{k} \binom{n+1}{k} - \sum_{k=1}^{n} \frac{(-1)^{k-1}}{k} \binom{n}{k} = \sum_{k=1}^{n} \frac{(-1)^{k-1}}{k} \left(\binom{n+1}{k} - \binom{n}{k} \right) + \frac{(-1)^n}{n+1}$$

利用帕斯卡等式,我们得到 $\binom{n+1}{k} - \binom{n}{k} = \binom{n}{k-1}$。而且,因为 $\binom{n}{k-1} \frac{1}{k} = \frac{1}{n+1} \binom{n+1}{k}$,

所以想要证明的等式就变成了 $\frac{1}{n+1} = \frac{1}{n+1} \left(\sum_{k=1}^{n} \binom{n+1}{k} (-1)^{k-1} + (-1)^n \right)$。但是,

由于 $(-1)^{k-1} = (-1)^{k+1}$,所以利用二次项定理可以得到

$$\sum_{k=1}^{n} \binom{n+1}{k} (-1)^{k-1} + (-1)^n$$

$$= - \left(- \binom{n+1}{1} + \binom{n+1}{2} + \cdots + (-1)^n \binom{n+1}{n} + (-1)^{n+1} \right)$$

$$= - \left(\sum_{k=0}^{n+1} (-1)^k \binom{n+1}{k} - 1 - (-1)^{n+1} + (-1)^{n+1} \right)$$

$$= - \left((1-1)^{n+1} - 1 \right)$$

$$= 1$$

此即为所求。

我们最后通过确立一些关于斐波那契数的等式来结束本章内容。令 $(F_n)_{n \geq 0}$ 为斐波那契数列,且 $F_0 = 0, F_1 = 1, F_{n+1} = F_n + F_{n-1}$ 对于 $n \geq 1$ 成立。我们还需要假设以下 2×2 矩阵的相关论断成立:若

$$A = \begin{pmatrix} a_{11} & a_{12} \\ a_{21} & a_{22} \end{pmatrix}, B = \begin{pmatrix} b_{11} & b_{12} \\ b_{21} & b_{22} \end{pmatrix}$$

则我们可以得到

$$A+B = \begin{pmatrix} a_{11}+b_{11} & a_{12}+b_{12} \\ a_{21}+b_{21} & a_{22}+b_{22} \end{pmatrix}, A \cdot B = \begin{pmatrix} a_{11}b_{11}+a_{12}b_{21} & a_{11}b_{12}+a_{12}b_{22} \\ a_{21}b_{11}+a_{22}b_{21} & a_{21}b_{12}+a_{22}b_{22} \end{pmatrix}$$

对于 $A = \begin{pmatrix} a & b \\ c & d \end{pmatrix}$,我们定义其行列式为 $\det(A) = ad - bc$。通过简单地考察,我们就可以证明两个 2×2 矩阵 A 和 B 具备以下等量关系:$\det(AB) = \det(A) \det(B)$。关于更多的细节,感兴趣的读者可以参考任意一本有关线性代数的普通课本。

例题 2.9 请证明,对于任意的 $n \geq 1$,我们可以得到 $\begin{pmatrix} F_{n+1} & F_n \\ F_n & F_{n-1} \end{pmatrix} = \begin{pmatrix} 1 & 1 \\ 1 & 0 \end{pmatrix}^n$。

解答 基线条件 $n=1$ 的情况显然成立。现在,假定 $\begin{pmatrix} F_{n+1} & F_n \\ F_n & F_{n-1} \end{pmatrix} = \begin{pmatrix} 1 & 1 \\ 1 & 0 \end{pmatrix}^n$ 对于某个

$n \geqslant 1$ 成立,则

$$
\begin{pmatrix} 1 & 1 \\ 1 & 0 \end{pmatrix}^{n+1} = \begin{pmatrix} F_{n+1} & F_n \\ F_n & F_{n-1} \end{pmatrix} \begin{pmatrix} 1 & 1 \\ 1 & 0 \end{pmatrix}
$$

$$
= \begin{pmatrix} F_{n+1}+F_n & F_{n+1} \\ F_n+F_{n-1} & F_n \end{pmatrix}
$$

$$
= \begin{pmatrix} F_{n+2} & F_{n+1} \\ F_{n+1} & F_n \end{pmatrix}
$$

此即为所求。

备注　上述等式可以让我们证明其他一些关于斐波那契数的结论。令 $\boldsymbol{A} = \begin{pmatrix} 1 & 1 \\ 1 & 0 \end{pmatrix}$,

那么上述等式就可以表示为 $\begin{pmatrix} F_{n+1} & F_n \\ F_n & F_{n-1} \end{pmatrix} = \boldsymbol{A}^n$。于是:

1. 同时取 $\begin{pmatrix} F_{n+1} & F_n \\ F_n & F_{n-1} \end{pmatrix} = \boldsymbol{A}^n$ 两边的行列式,我们得到 $F_{n+1}F_{n-1}-F_n^2 = (-1)^n$。

2. 根据 $\boldsymbol{A}^{m+n-1} = \boldsymbol{A}^m \cdot \boldsymbol{A}^{n-1}$(对任意方形矩阵都成立),可以推得 $F_{m+n} = F_{m+1}F_n+F_mF_{n-1}$,
这也被认作是卡西尼等式。关于 F_{m+n+p} 的类似等式可以通过探讨 $\boldsymbol{A}^{m+n+p-1} = \boldsymbol{A}^m \cdot \boldsymbol{A}^n \cdot \boldsymbol{A}^{p-1}$
这一条件来获得。

3. 从 $\begin{pmatrix} F_{n+1} & F_n \\ F_n & F_{n-1} \end{pmatrix} = \boldsymbol{A}^n$ 可以得到 $\boldsymbol{A}^n = F_n \cdot \boldsymbol{A} + F_{n-1} \cdot \boldsymbol{I}_2$。当 $n=2$ 时,该式为 $\boldsymbol{A}^2 = \boldsymbol{A} + \boldsymbol{I}_2$,
这进一步意味着 $\boldsymbol{A}^{n+2} = \boldsymbol{A}^{n+1} + \boldsymbol{A}^n$。现在

$$
\boldsymbol{A}^{2n} = (\boldsymbol{A}^2)^n = (\boldsymbol{A} + \boldsymbol{I}_2)^n = \sum_{k=0}^{n} \binom{n}{k} \boldsymbol{A}^k \tag{$*$}
$$

在上述等式中代入相应的值,可以推得 $F_{2n} = \sum_{k=0}^{n} \binom{n}{k} F_k$ 和 $F_{2n+1} = \sum_{k=0}^{n} \binom{n}{k} F_{k+1}$。

将式($*$)两边乘以 $\boldsymbol{A}^m$(m 是一个正整数),并在取($1,2$)值时代换相应的元素,我们
可以求得 $F_{2n+m} = \sum_{k=0}^{n} \binom{n}{k} F_{k+m}$。

4. 我们从 $\boldsymbol{A}^2 = \boldsymbol{A} + \boldsymbol{I}_2$ 可以得到 $\boldsymbol{A}^2 - \boldsymbol{A} = \boldsymbol{I}_2$,所以

$$
(\boldsymbol{A}^2 - \boldsymbol{A})^n = \sum_{k=0}^{n} \binom{n}{k} (-1)^k \boldsymbol{A}^{2(n-k)} \boldsymbol{A}^k = \sum_{k=0}^{n} \binom{n}{k} (-1)^k \boldsymbol{A}^{2n-k}
$$

同时,$(\boldsymbol{A}^2-\boldsymbol{A})^n = \boldsymbol{I}_2^n = \boldsymbol{I}_2$。所以,结合该等式与上述关系式,并且考察取($1,2$)值的情

况,我们可以得到 $\sum_{k=0}^{n} \binom{n}{k} (-1)^k F_{2n-k} = F_0 = 0$。用与前面相同的方式扩大该结论的应用

范围,我们能够得到一个更为综合的结论,即 $\sum_{k=0}^{n} \binom{n}{k} (-1)^k F_{2n-k+m} = F_m$。

5. 我们从 $A^n = F_n \cdot A + F_{n-1} \cdot I$ 可以得到

$$A^{nm} = (F_n A + F_{n-1} I)^m = \sum_{k=0}^{m} \binom{m}{k} F_n^{m-k} F_{n-1}^k \cdot A^{m-k}$$

通过分量代换,我们能够进一步得到

$$F_{nm} = \sum_{k=0}^{m} \binom{m}{k} F_n^{m-k} F_{n-1}^k F_{m-k}$$

例题 2. 10 令 $(F_n)_{n \geqslant 0}$ 为斐波那契数列,其定义同上。请证明,对于任意 $N \geqslant 1$,我们

可以得到等式 $\sum_{n=0}^{N} \dfrac{1}{F_{2^n}} = 3 - \dfrac{F_{2^N - 1}}{F_{2^N}}$。

解答 我们将对 N 进行归纳。基线条件为 $N = 1$,由此可以得到 $\dfrac{1}{F_1} + \dfrac{1}{F_2} = 3 - \dfrac{F_1}{F_2} \Leftrightarrow 1 + $

$1 = 3 - 1$,所以 $P(1)$ 为真。

现在,假定该结论对于某个 $N \geqslant 1$ 成立,则

$$\begin{aligned}
\sum_{n=0}^{N+1} \frac{1}{F_{2^n}} &= \left(\sum_{n=0}^{N+1} \frac{1}{F_{2^n}} \right) + \frac{1}{F_{2^{N+1}}} \\
&= 3 - \frac{F_{2^N - 1}}{F_{2^N}} + \frac{1}{F_{2^{N+1}}} \\
&= 3 - \frac{F_{2^N - 1} F_{2^{N+1}} - F_{2^N}}{F_{2^N} F_{2^{N+1}}}
\end{aligned}$$

现在,通过对 $F_{2^{N+1}}$ 应用卡西尼等式,我们可以得到

$$\frac{F_{2^N - 1} F_{2^{N+1}} - F_{2^N}}{F_{2^N} F_{2^{N+1}}} = \frac{F_{2^N - 1} F_{2^N} (F_{2^{N+1}} + F_{2^N - 1}) - F_{2^N}}{F_{2^N} F_{2^{N+1}}}$$

进而,根据上述判别式可知

$$\begin{aligned}
\frac{F_{2^N - 1} F_{2^N} (F_{2^{N+1}} + F_{2^N - 1}) - F_{2^N}}{F_{2^N} F_{2^{N+1}}} &= \frac{F_{2^N - 1} F_{2^{N+1}} + F_{2^N - 1}^2 - 1}{F_{2^{N+1}}} \\
&= \frac{F_{2^N}^2 + F_{2^N - 1}^2}{F_{2^{N+1}}}
\end{aligned}$$

最后,通过对 $F_{2^{N+1} - 1}$ 应用卡西尼等式,我们能够得到 $\dfrac{F_{2^N}^2 + F_{2^N - 1}^2}{F_{2^{N+1}}} = \dfrac{F_{2^{N+1} - 1}}{F_{2^{N+1}}}$。由此可知归纳步

骤成立,于是本题的结论也就成立了。

2. 2 推荐习题

习题 2. 1(GMB 1997) 求正实数数列 $a_1, a_2, \cdots$,使得对于所有正整数 k 都可以得到

$$a_1 + 2^2 a_2 + 3^2 a_3 + \cdots + k^2 a_k = \frac{k(k+1)}{2} (a_1 + a_2 + \cdots + a_k)$$

习题 2.2 请证明,对于所有正整数 n 都存在

$$1-\frac{1}{2}+\frac{1}{3}-\frac{1}{4}+\cdots+\frac{1}{2n-1}-\frac{1}{2n}=\frac{1}{n+1}+\frac{1}{n+2}+\cdots+\frac{1}{2n}$$

习题 2.3 请证明,对于任意正整数 n 都可以得到

$$(n+1)!\ =1+\frac{1!^{2}}{0!}+\frac{2!^{2}}{1!}+\cdots+\frac{n!^{2}}{(n-1)!}$$

习题 2.4 请证明,$\sum_{k=0}^{n}\binom{n-k+1}{k}=F_{n+2}$($F_{n+2}$ 为斐波那契数)对于任意非负整数 n 都成立。

习题 2.5 请证明,对于任意正整数 n 都可以得到 $\sum_{r=1}^{n}\frac{1}{r}\binom{n}{r}=\sum_{r=1}^{n}\frac{2^{r}-1}{r}$。

习题 2.6 已知伯努利数列 $(B_n)_{n\geqslant0}$ 通过以下递归关系定义:$B_0=1$ 且 $\sum_{i=0}^{m}\binom{m+1}{i}B_i=0$ 对于 $m>0$ 成立。请证明,$1^k+2^k+\cdots+(n-1)^k=\frac{1}{k+1}\sum_{i=0}^{k}\binom{k+1}{i}B_i n^{k+1-i}$ 对于所有非负整数 n 和 k 都成立。

习题 2.7 令 n 为正整数,请证明 $\sum_{i=0}^{n}(-1)^{i}\binom{n}{i}i^{k}=0$ 对于所有 $0\leqslant k\leqslant n-1$ 都成立。

第3章　函数与函数方程

3.1　理论与例题

令 A 和 B 是两个(不一定是有限的)集合。函数 $f:A \to B$ 是 A 和 B 之间的一个映射，A 中的元素恰好与 B 中的元素一一对应。集合 A 称为函数的定义域，B 称为值域。函数 f 的相(以 $\mathrm{Im}(f)$ 表示)是集合 $\mathrm{Im}(f) = \{f(a) \mid a \in A\}$。举个例子，$f:\mathbb{N} \to \mathbb{Z}$，$f(x) = -x$ 的定义域是 $\mathbb{N}$，值域是 $\mathbb{Z}$，相是 $\mathbb{Z}_{\leqslant 0}$。

若 $f:A \to B$ 是一个函数，$C \subset B$ 是一个子集，定义 C 的原相(以 $f^{-1}(C)$ 表示)为 $f^{-1}(C) = \{a \in A \mid f(a) \in C\}$。举个例子，当 $f:\mathbb{R} \to \mathbb{R}$，$f(x) = x^2$ 时，我们可以得到 $f^{-1}(\{1,4\}) = \{-2,-1,1,2\}$，而 $f^{-1}(-2) = \varnothing$。

如果无论何时 a 和 b 都是 A 的不同元素且 $f(a)$ 和 $f(b)$ 是 B 的不同元素，那么函数 $f:A \to B$ 称为单射函数。如果对于任意 $y \in B$ 存在一个元素 $x \in A$ 使得 $f(x) = y$，那么函数 $f:A \to B$ 称为满射函数。如果函数 $f:A \to B$ 既是单射函数又是满射函数，那么就称为双射函数。

我们来看一些示例。

1. 令 $A = \{1,2,3\}$，$B = \{2,3\}$。给定 $f(1) = 2$，$f(2) = 3$，$f(3) = 2$，则函数 $f:A \to B$ 是一个满射函数但不是单射函数，因为 $f(1)$ 和 $f(3)$ 取相同的值 2。

2. 令 $A = B = \mathbb{N}$，$\mathbb{N}$ 表示非负整数。由 $f(n) = n+1$ 定义的函数 $f:A \to B$ 对于任意 $n \in \mathbb{N}$ 是一个单射函数但不是满射函数，因为 A 中不存在元素 x 使得 $f(x) = 0$。但是，如果考虑 $A = B = \mathbb{Z}$ 且 $f(n) = n+1$，那么我们就可以证明 f 既是单射函数又是满射函数，也就是一个双射函数。

3. 对于 $A = B = \mathbb{R}$ 和给定 $f(x) = x^2$ 的函数 $f:A \to B$，f 不是一个单射函数，因为 $f(-1) = f(1) = 1$，并且 f 也不是一个满射函数，因为我们不能得到 $f(x) = -1$ 对于任意 $x \in A$ 都成立。

当且仅当存在一个函数 $g:B \to A$ 使得 $g(f(a)) = a$ 对于 $\forall a \in A$ 成立且 $f(g(b)) = b$ 对于 $\forall b \in B$ 成立，那么 $f:A \to B$ 可逆。我们也可以证明，当且仅当函数 $f:A \to B$ 是一个双射函数时，该函数可逆。

如果 $f(x) = f(-x)$ 对于所有 $x \in \mathbb{R}$ 都成立，则函数 $f:\mathbb{R} \to \mathbb{R}$ 是一个偶函数；如果 $f(-x) = -f(x)$ 对于所有 $x \in \mathbb{R}$ 都成立，则函数 $f:\mathbb{R} \to \mathbb{R}$ 是一个奇函数。

如果对于 $x < y$ 我们在任何时候都能得到 $f(x) \leqslant f(y)$，那么函数 f 是一个递增函数；如

果由 $x<y$ 能够得到 $f(x)<f(y)$，那么函数 f 严格递增。类似地，如果对于 $x<y$ 我们在任何时候都能得到 $f(x) \geqslant f(y)$，那么函数 f 是一个递减函数；如果由 $x<y$ 能够得到 $f(x)>f(y)$，那么函数 f 严格递减。

在解答函数等式时，有一些策略是我们一定要记住的。我们会在本章着重讨论这类重度依赖归纳法进行解答的问题。最简单的例子是我们被要求证明（或者很容易地确定）函数应当是什么样子的。我们就从这类问题开始讨论。

例题 3.1 令 $f: \mathbb{N}_+ \to \mathbb{Z}$ 是具备以下特性的一个函数：

(1) $f(2)=2$。

(2) $f(mn)=f(m)f(n)$ 对于所有 m, n 都成立。

(3) 若 $m>n$，则无论何时都存在 $f(m)>f(n)$。

请证明，$f(n)=n$ 对于所有 $n \in \mathbb{N}_+$ 都成立。

解答 我们将通过对 $n \geqslant 1$ 的归纳来证明该结论。设条件 (2) 中的 $m=1$，$n=2$，则 $f(2)=f(1) \cdot f(2)$。再结合条件 (1) 知 $f(1)=1$。如果设 $m=n=2$，我们求得 $f(4)=4$，因为 $f(2)<f(3)<f(4)$。我们从条件 (3) 得到 $2<f(3)<4$，由此必然推得 $f(3)=3$。以上内容表明，本题结论对于前几个 n 值都成立。

现在，假定该结论对于所有 $k \in \mathbb{N}_+$ 都成立，其中 $k \leqslant 2n$，$n \geqslant 2$。我们根据条件 (2) 可得 $f(2n+2)=f(2(n+1))=f(2)f(n+1)=2n+2$。并且，$f(2n)<f(2n+1)<f(2n+2)$，所以 $2n<f(2n+1)<2n+2$，于是 $f(2n+1)=2n+1$。这样归纳步骤和我们的全部证明就完成了。

如果不是限定在正整数范围内，那么事情可能会更加复杂，而我们在进行归纳的过程中也需要采用更加富有创造性的方法。以下例子阐述了一些需要我们记住的理念。

例题 3.2 令 $f: \mathbb{Q}_+ \to \mathbb{Q}_+$ 是满足以下条件的一个函数

$$f(x)+f\left(\frac{1}{x}\right)=1$$

$$f(2n)=2f(f(x))$$

请证明，$f\left(\dfrac{2\,012}{2\,013}\right)=\dfrac{2\,012}{4\,025}$。

解答 符合要求的函数只有 $f(x)=\dfrac{x}{1+x}$。要证明该函数符合上述要求是容易的，我们想要证明的是该函数是唯一的。任意正有理数 x 可以被唯一地表示为 $x=p/q$（p 和 q 为互质正整数）。定义 x 的复杂度为 $p+q$，我们将通过对 x 复杂度的归纳来证明其唯一性。

对于基线条件 $p+q=2$，即 $x=1$，请注意，将 $x=1$ 代入到第一个条件就得到了所求的 $2f(1)=1$，即 $f(1)=1/2$。

现在，假定我们已经证明了该结论对于所有复杂度小于 n 的有理数都成立的唯一性。我们需要分析两种情况。

首先，假定 $n \geqslant 4$ 为偶数，$x=p/q$（p 和 q 互质），且 $p+q=n$。由于 $n \geqslant 4$，所以我们不能

得到 $p=q$。若 $p<q$，则需要注意的是 $p/(q-p)$ 和 $2p/(q-p)$ 的复杂度都小于 n。第一个式子的复杂度显然最大为 $p+(q-p)=q<n$；第二个式子的分子和分母同为偶数，所以其复杂度最大为 $p+\dfrac{q-p}{2}=\dfrac{p+q}{2}<n$（我们在这里说"最大"是因为可能存在进一步进行约分的情况，而实际上这是不可能发生的，因为任何进一步的约分都意味着 p 和 q 有公约数，而且"最大"对于我们来说已经足够好了）。于是，将第二个条件应用于 $p/(q-p)$，再根据归纳假设，我们可以得到

$$\frac{2p}{q+p}=f\left(\frac{2p}{q-p}\right)=2f\left(f\left(\frac{p}{q-p}\right)\right)=2f\left(\frac{p}{q}\right)$$

即

$$f(x)=f\left(\frac{p}{q}\right)=\frac{p}{q+p}=\frac{x}{1+x}$$

如果 $p>q$，那么我们应用第一个条件和上述结论，可以得到

$$f(x)=f\left(\frac{p}{q}\right)=1-f\left(\frac{q}{p}\right)=1-\frac{q}{p+q}=\frac{p}{p+q}=\frac{x}{1+x}$$

此情况得证。

其次，假定 $n\geq3$ 为奇数，$x=p/q$（p 和 q 互质），且 $p+q=n$。在这种情况下，$p/(q-p)$ 的复杂度仍然小于 n，但是 $q-p$ 是奇数，所以 $2p/(q-p)$ 的复杂度为 n。于是，从第二个条件以及归纳假设，我们只能得到 $f(2p/(q-p))=2f(p/q)$。从第一个条件可以得到 $f(p/q)+f(q/p)=1$，显然 q/p 的复杂度也是 n。由此，我们虽然不能立即对 $f(x)$ 求解，但是我们可以得到一系列关于 $f(r)$ 的线性方程组对于各种有理数 r 都有相同的复杂度。我们需要证明这些方程组具有唯一解。在这里，我们给出其中的一种解法。

取一个有理数 $x_0=\dfrac{2k}{n-2k}$，其复杂度为 n，分子为偶数。于是，我们得到 $f(x_0)=f\left(\dfrac{2k}{n-2k}\right)=2f\left(\dfrac{k}{n-k}\right)$。若 k 为偶数，定义 $x_1=\dfrac{k}{n-k}$，则 $f(x_0)=2f(x_1)$。否则，$n-k$ 为偶数，我们定义 $x_1=\dfrac{n-k}{k}$。于是，根据第一个条件，我们求得 $f(x_0)=2(1-f(x_1))$。所以，我们可以将 $f(x_0)$ 与另一个复杂度为 n 且分子为偶数的有理数 x_1 的 f 值进行关联。反复应用该建构方法后，我们可以通过 $f(x_k)=c_k\pm2f(x_{k+1})$（c_k 为整数）构建出一连串这样的有理数 x_0，$x_1,x_2,\cdots$。由于 x_i 只存在有限多个可能值，所以这一连串有理数最终必定形成循环。而且，我们可以通过 x_{i+1} 来计算 x_i（若 $x_{i+1}<1$，则 $x_i=\dfrac{2x_{i+1}}{1-x_{i+1}}$；若 $x_{i+1}>1$，则 $x_i=\dfrac{2}{x_{i+1}-1}$），所以该循环必定从 x_0 开始。因此，存在某个最小整数 $r>0$ 使得 $x_r=x_0$。反复应用上述公式后，我们求得 $f(x_0)=C\pm2^rf(x_r)=C\pm2^rf(x_0)$ 对于某个 C 值以及相应符号成立。于是，我们可以得到 $f(x_0)$ 的唯一解。由于我们已经在上面看到 $f(x)=\dfrac{x}{1+x}$ 是一个解，所以必定存在

$f(x_0) = \dfrac{x_0}{1+x_0}$。根据第一个条件 $f(x)+f(1/x)=1$ 可知，上述结论对于以偶数为分母的 x 也同样成立。这样，我们的归纳证明就完成了。具体来说，我们可以得到

$$f\left(\frac{2\,012}{2\,013}\right) = \frac{2\,012}{2\,012+2\,013} = \frac{2\,012}{4\,025}$$

不同于上述两问的是，在绝大多数例子中，我们会被要求自己来确定函数的值。对于这样的算题，去熟悉一系列标准函数（例如，$f(x)=x$，$f(x)=x^2$，$f(x)=\sin x$，$f(x)=e^x$ 等）及其特性是最好的办法，从而使我们能够看出给定函数是否与这些函数中的某一个相似。这将使我们的探索过程变得更加简单。我们先来看一道比较简单的例题吧。

例题 3.3　请求出所有函数 $f:\mathbb{N}_+ \to \mathbb{N}_+$，使得对于每一个 $n \in \mathbb{N}_+$ 都可以得到 $f(f(n))+f(n)=2n$。

解答　我们会很自然地希望 $f(n)=n$ 就是本题的唯一解。令 $E(n)$ 表示关系式 $f(f(n))+f(n)=2n$ 对于所有 $n \in \mathbb{N}_+$ 都成立。我们将采用强归纳法证明 $f(n)=n$ 对于所有 $n \in \mathbb{N}_+$ 都成立。

当 $n=1$ 时，$E(1)$ 即为 $f(f(1))+f(1)=2$。由于 $f(f(1)) \geq 1$，$f(1) \geq 1$，所以取最小值就得到 $f(1)=1$，$f(f(1))=1$，基线条件成立。

现在，假定 $f(n)=n$ 对于所有 $n<k(k \geq 2)$ 都成立。当 $n=k$ 时，$E(k)$ 即为 $f(f(k))+f(k)=2k$。若 $f(k)<k$，则根据归纳假设得到 $f(f(k))=f(k)$，所以 $f(f(k))+f(k)=2f(k)<2k$，显然矛盾。若 $f(k)>k$，则 $f(f(k))=2k-f(k)<k$，所以根据 $E(f(k))$ 可以得到 $f(f(f(k)))+f(f(k))=2f(k)$。由于 $f(f(k))<k$，从归纳假设可知 $f(f(f(k)))=f(f(k))<k$，所以上述等式的左边小于 $2k$。但是，$f(k)>k$，所以等式右侧大于 $2k$，由此产生矛盾。因此，$f(k)=k$。这样，归纳证明以及本题的解答也就完成了。

例题 3.4(加拿大 MO 2015)　请求出所有函数 $f:\mathbb{N}_+ \to \mathbb{N}_+$，使得 $(n-1)^2 < f(n)f(f(n)) < n^2+n$ 对于所有 $n \in \mathbb{N}_+$ 都成立。

解答　我们将通过对 n 的归纳来证明 $f(n)=n$。基线条件为 $n=1$，我们可以从题设条件中得到一个替代关系式 $0<f(1)f(f(1))<2$，这必然包含 $f(1)=1$，所以基线条件得证。

现在，假定 $f(k)=k$ 对于所有 $k<n(n \geq 2)$ 都成立，利用反证法假定 $f(n) \neq n$，我们分成两种情况来讨论。

情况 1　若 $f(n) \leq n-1$，则根据归纳假设，我们可以得到 $f(f(n))=f(n)$ 和 $f(n)f(f(n))=f(n)^2 \leq (n-1)^2$，这与题中条件相矛盾。

情况 2　若 $f(n)=M \geq n+1$，则 $(n+1)f(M) \leq f(n)f(f(n)) < n^2+n$。所以，$f(M)<n$。于是，$f(f(M))=f(M)$，且 $f(M)f(f(M))=f(M)^2<n^2 \leq (M-1)^2$，这也是矛盾的。

由此，我们的归纳证明就结束了。如果情况更复杂一些而我们又不能直接知道函数关系式的话，一个较好的办法是计算前面的几个值（如果可行的话），然后看能否从中找出规律。

例题 3.5(AoPS)　请求出所有函数 $f:\mathbb{Z} \to \mathbb{R}$，使得 $f(1)=\dfrac{5}{2}$，且对于任意 $m,n \in \mathbb{Z}$

都可以得到 $f(m)f(n)=f(m+n)+f(m-n)$。

解答 我们计算 f 前面的几个值，得到 $f(0)=2,f(1)=2.5,f(2)=4.25,f(3)=8.125$。这表明我们的函数就是 $f(n)=2^n+2^{-n}$。请注意，我们只需要证明该结论对于 $n \geqslant 0$ 成立就足够了，因为取 $m=0$ 时我们可以得到 $2f(n)=f(n)+f(-n)$，所以该函数是一个偶函数。于是，我们继续用归纳法来证明 $f(n)=2^n+2^{-n}$ 对于所有 $n \geqslant 0$ 都成立。

前面的几个基线条件已经得证。现在，假定该结论对于所有最大值为 $n(n \geqslant 1)$ 的正整数都成立。为了证明这个关于 n 的结论，我们代入 $m=n-1$ 和 $n=1$，得到 $f(n-1)f(1)=f(n)+f(n-2)$。除 $f(n)$ 以外，其他所有的值都可以从归纳假设得到。代入 $f(n-1)=2^{n-1}+2^{-(n-1)}$，$f(1)=\dfrac{5}{2}$ 和 $f(n-2)=2^{n-2}+2^{-(n-2)}$，我们就得到了所要求的函数关系式 $f(n)=2^n+2^{-n}$。证毕。

对于一些题目，即使能够确定函数关系式，我们还是需要在利用归纳法证明我们猜想的正确性之前探讨题中给定函数的一些其他特性。下面这道题目就是一个非常著名的例子。

例题 3.6（IMO 2009） 请求出所有满足以下特性的函数 $f:\mathbb{N}_+ \to \mathbb{N}_+$。对于所有 a 和 b 都存在一个边长为 $a,f(b)$ 和 $f(b+f(a)-1)$ 的非退化三角形（如果三角形的三个顶点不共线，那么该三角形就是非退化的）。

解答 首先，请注意，如果三角形的边长为 $1,a,b$（a 和 b 为正整数），那么根据三角形不等式必定可以得到 $a=b$。当 $a=1$ 时，上述说明告诉我们 $f(b)=f(b+f(1)-1)$。

请注意，$f(1)=1$，否则 $f(1)-1>0$。于是，根据上述关系式可知，f 在每 $f(1)-1$ 个数之后就会重复一次，这意味着 f 只能取有限多个值。所以，如果我们取 a 足够大，那么 a，$f(b)$ 和 $f(b+f(a)-1)$ 就不可能构成一个三角形，因为 $a-f(b)>f(b+f(a)-1)$。

现在，取 $b=1$，我们得到 $a,1,f(f(a))$ 必是构成一个三角形的三边长。根据前述说明，我们必定可以得到 $f(f(a))=a$。

断言 $f(n)=(n-1)f(2)-(n-2)$ 对于所有 $n \geqslant 3$ 都成立。

证明 从 $f(f(a))=a$ 可知，f 是一个双射函数，所以我们现在知道 a,b 和 $f(f(a)+f(b)-1)$ 可以构成一个三角形。由此，必然推得 $f(f(a)+f(b)-1)<a+b$。如果我们取 $a=b=2$，就得到 $f(2f(2)-1)<4$，即 $f(2f(2)-1) \in \{1,2,3\}$。其中，取 1 是不可能的，因为这样的话我们将得到 $2f(2)-1=1$，即 $f(2)=1$，与 f 为双射函数这一事实相矛盾。取 2 也是不可能的，因为此时我们将得到 $2f(2)-1=f(2)$，即 $f(2)=1$，再次矛盾。所以，我们必须取 $2f(2)-1=f(3)$，从而证明基线条件 $n=3$ 成立。

至于归纳步骤，我们采用类似的论证方式，取 $a=2,b=n$，从而证得 $f(f(2)+f(n)-1)=n+1$。

于是，我们得到结论 $f(n)=(n-1)f(2)-(n-2)$。特别地，这告诉我们 f 是严格递增的。因为我们已经知道 f 是双射函数且 $f(1)=1$，所以这意味着我们必须取 $f(2)=2$。于是，该断言就变成了 $f(n)=2(n-1)-(n-2)=n$ 对于所有 $n \geqslant 3$ 都成立。这就表明 $f(n)=n$ 是唯一解，证毕。

例题 3.7（IMO 2008 候选）　对于整数 m，以 $t(m)$ 表示 $\{1,2,3\}$ 中特定的某个数，使 $m+t(m)$ 是 3 的倍数。函数 $f:\mathbb{Z}\to\mathbb{Z}$ 满足 $f(-1)=0$，$f(0)=1$，$f(1)=-1$，且 $f(2^n+m)=f(2^n-t(m))-f(m)$ 对于所有整数 $m,n\geq 0$ 都成立，其中 $2^n>m$。请证明，$f(3p)\geq 0$ 对于所有整数 $p\geq 0$ 都成立。

解答　已知用于确定 f 的条件只适用于正整数。$f(1)$，$f(2)$，$\cdots$ 符号的变化似乎是非常不规则的。但是，根据 $f(2^n-t(m))$ 的值足以直接计算任意函数值。事实上，令 $n>0$ 可以将其表示为以 2 为底的形式，即 $n=2^{a_0}+2^{a_1}+\cdots+2^{a_k}$，$a_0>a_1>\cdots>a_k\geq 0$。同时，令 $n_j=2^{a_j}+2^{a_{j+1}}+\cdots+2^{a_k}$，$j=0,\cdots,k$。多次应用题中的递归关系后表明 $f(n)$ 是 $f(2^{a_j}-t(n_{j+1}))$ 加上 $(-1)^{k+1}$ 的和（对于本题的证明而言，我们不必知道确切的关系式）。

因此，我们应当重视 $f(2^n-1)$，$f(2^n-2)$ 和 $f(2^n-3)$ 的值。共存在六种情况，即
$$t(2^{2k}-3)=2,\quad t(2^{2k}-2)=1$$
$$t(2^{2k}-1)=3,\quad t(2^{2k+1}-3)=1$$
$$t(2^{2k+1}-2)=3,\quad t(2^{2k+1}-1)=2$$

断言　对于所有整数 $k\geq 0$，以下等式成立
$$f(2^{2k+1}-3)=0,\quad f(2^{2k+1}-2)=3^k$$
$$f(2^{2k+1}-1)=-3^k,\quad f(2^{2k+2}-3)=-3^k$$
$$f(2^{2k+2}-2)=-3^k,\quad f(2^{2k+2}-1)=2\cdot 3^k$$

证明　我们从对 k 的归纳着手。基线条件 $k=0$ 可以通过求 $f(2)=-1$ 和 $f(3)=2$ 来证明，同时也需要用到 $f(-1)=0$，$f(0)=1$ 和 $f(1)=-1$。假定该断言对于 $k-1$($k\geq 1$) 成立。根据递归关系式和归纳假设可知，对于 $f(2^{k+1}-t(m))$，存在
$$f(2^{2k+1}-3)=f(2^{2k}+(2^{2k}-3))=f(2^{2k}-2)-f(2^{3k}-3)=-3^{k-1}+3^{k-1}=0$$
$$f(2^{2k+1}-2)=f(2^{2k}+(2^{2k}-2))=f(2^{2k}-1)-f(2^{2k}-2)=2\cdot 3^{k-1}+3^{k-1}=3^k$$
$$f(2^{2k+1}-1)=f(2^{2k}+(2^{2k}-1))=f(2^{2k}-3)-f(2^{2k}-1)=-3^{k-1}-2\cdot 3^{k-1}=-3^k$$
而对于 $f(2^{2k+2}-t(m))$，根据上述确立的三个等式，可知
$$f(2^{2k+2}-3)=f(2^{2k+1}+(2^{2k+1}-3))=f(2^{2k+1}-1)-f(2^{2k+1}-3)=-3^k-0=-3^k$$
$$f(2^{2k+2}-2)=f(2^{2k+1}+(2^{2k+1}-2))=f(2^{2k+1}-3)-f(2^{2k}-2)=0-3^k=-3^k$$
$$f(2^{2k+2}-1)=f(2^{2k+1}+(2^{2k+1}-1))=f(2^{2k+1}-2)-f(2^{2k+1}-1)=3^k+3^k=2\cdot 3^k$$

由此，该断言就得到了证明。

进一步考察上述六种情况，如果 $2^n-t(m)$ 能被 3 整除，那么 $f(2^n-t(m))\geq 3^{(n-1)/2}$；否则，$f(2^n-t(m))\leq 0$。另外，需要注意的是，当且仅当 2^n+m 能被 3 整除时，$2^n-t(m)$ 也能被 3 整除。所以，对于所有非负整数 m 和 n：

(1) 如果 2^n+m 能被 3 整除，那么 $f(2^n-t(m))\geq 3^{(n-1)/2}$。

(2) 如果 2^n+m 不能被 3 整除，那么 $f(2^n-t(m))\leq 0$。

该断言的一个更为直接的推论是，$|f(2^n-t(m))|\leq\dfrac{2}{3}\cdot 3^{n/2}$ 对于所有 $m,n\geq 0$ 都

成立。

上述不等式使我们可以求得 $|f(m)|$（m 小于 2 的幂）的上界。我们通过对 n 的归纳来证明 $|f(m)| \leqslant 3^{n/2}$ 对于所有整数 $m, n \geqslant 0 (2^n > m)$ 都成立。

基线条件 $n = 0$ 显然成立，因为 $f(0) = 1$。至于从 n 到 $n+1$ 的归纳步骤，我们令 m 和 n 满足 $2^{n+1} > m$。如果 $m < 2^n$，那么根据归纳假设就可以得到结论了。如果 $m \geqslant 2^n$，那么 $m = 2^n + k$，其中 $2^n > k \geqslant 0$。现在，根据 $|f(2^n - t(k))| \leqslant \dfrac{2}{3} \cdot 3^{n/2}$ 和归纳假设，可知

$$|f(m)| = |f(2^n - t(k)) - f(k)| \leqslant |f(2^n - t(k))| + |f(k)| \leqslant \frac{2}{3} \cdot 3^{n/2} + 3^{n/2} < 3^{(n+1)/2}$$

由此，归纳证明完毕。

我们继续来证明 $f(3p) \geqslant 0$ 对于所有整数 $p \geqslant 0$ 成立。由于 $3p$ 不是 2 的幂，所以其二项式扩展至少包含两个加数。于是，我们可以将其表示为 $3p = 2^a + 2^b + c$，其中 $a > b, 2^b > c \geqslant 0$。通过应用两次该递归关系式，可得

$$f(3p) = f(2^a + 2^b + c) = f(2^a - t(2^b + c)) - f(2^b - t(c)) + f(c)$$

由于 $2^a + 2^b + c$ 能被 3 整除，所以根据（1）我们可以得到 $f(2^a - t(2^b + c)) \geqslant 3^{(a-1)/2}$。由于 $2^b + c$ 不能被 3 整除，所以根据（2）我们可以得到 $f(2^b - t(c)) \leqslant 0$。最后，由于 $2^b > c \geqslant 0$，所以 $|f(c)| \leqslant 3^{b/2}, f(c) \geqslant -3^{b/2}$。因此，$f(3p) \geqslant 3^{(a-1)/2} - 3^{b/2}$，由于 $a > b$，所以上述不等式非负。

到目前为止，我们看到的例子几乎都是在最后明确求出了函数关系式。但是，关于函数及其特性的算题世界是远远超出这个范围的。在本节的最后，我们来展示一些漂亮的各色案例以及一些精妙的解题工具。

例题 3.8（加拿大 MO 1990） 令 $f: \mathbb{N}_+ \to \mathbb{R}$ 是满足以下特性的一个函数：

（1）$f(1) = 1, f(2) = 2$。

（2）$f(n+2) = f(n+2-f(n+1)) + f(n+1-f(n))$。

请证明，$0 \leqslant f(n+1) - f(n) \leqslant 1$。

解答 第一个重要发现是，由于 f 的定义域为 $\mathbb{N}_+$，根据（2）可以得到 $f(n+1-f(n))$ 是对所有 $n \in \mathbb{N}$ 进行定义的，于是得到 $n+1-f(n) \geqslant 1$。因此，$f(n) \leqslant n$ 对于所有 $n \in \mathbb{N}_+$ 都成立。而且，$n+1-f(n) \in \mathbb{N}_+$ 必然包含 $f(n) \in \mathbb{Z}$ 对于所有 $n \in \mathbb{N}_+$ 都成立。

接下来，我们根据强归纳法则证明 $f(n) > 0$ 对于所有自然数 n 都成立。关于基线条件，我们得到 $f(1) = 1$ 和 $f(2) = 2$，并且我们从（2）直接推得 $f(3) = 2 > 0$。现在，假定 $f(n) > 0$ 对于所有 $n \leqslant k (k \geqslant 3)$ 都成立。于是，$f(k+1) = f(k+1-f(k)) + f(k-f(k-1))$。但是，由于 $1 \leqslant k+1-f(k) \leqslant k$，且 $1 \leqslant k-f(k-1) \leqslant k-1$，所以，$f(k+1-f(k)) > 0, f(k-f(k-1)) > 0 \Rightarrow f(k+1) > 0$。由此归纳证明完毕。

因此，$f(n) > 0$ 对于所有 n 都成立。因为 $f(n)$ 为整数，所以我们最终得到 $f(n) \in \mathbb{N}_+$ 对于所有自然数 $n \in \mathbb{N}_+$ 都成立。

请注意，由于 $f(n) \in \mathbb{N}_+$ 对于所有 n 都成立，所以论断 $0 \leqslant f(n+1) - f(n) \leqslant 1$ 等价于

（对于所有 n 都成立的）论断 $f(n+1) \in \{f(n), f(n)+1\}$。我们通过归纳法来证明后者成立。

根据上述说明，我们可以得到 $f(2)=f(1)+1$ 和 $f(3)=f(2)$，所以基线条件得证。

现在，假定该论断对于所有 $n \leq k$ 都成立，我们会得到两种情况。

情况 1 当 $f(k)=f(k-1)$ 时，那么我们也就有 $f(k-2) \in \{f(k), f(k)-1\}$。如果令 $a=k-f(k)<k$，那么

$$f(k+1)=f(k+1-f(k))+f(k-f(k-1))$$
$$=f(k-f(k)+1)+f(k-f(k))$$
$$=f(a+1)+f(a)$$

同时

$$f(k)=f(k-f(k-1))+f(k-1-f(k-2))$$
$$=f(a)+f(k-1-f(k-2)) \in \{f(a)+f(a-1), 2f(a)\}$$

若 $f(k)=2f(a)$，则 $f(k+1)-f(k)=f(a+1)-f(a) \leq 1$，那么我们的证明就可以结束了。

若 $f(k)=f(a)+f(a-1)$（此时 $f(k-2)=f(k)$），则 $f(k+1)-f(k)=f(a+1)-f(a-1) \leq 2$。但是，如果 $f(a+1)-f(a-1)=2$，那么我们就会得到 $f(a-1)=f(a)-1$ 和 $f(a+1)=f(a)+1$。于是，可以求得 $f(k)=f(k-1)=f(k-2)=2f(a)-1$。此时，我们已知 $f(k-1)=f(k-1-f(k-2))+f(k-2-f(k-3))$，所以 $2f(a)-1=f(a-1)+f(k-2-f(k-3))$，这必然包含 $f(k-2-f(k-3))=f(a)$。然而，$f(k-2-f(k-3))$ 要么为 $f(a-1)=f(a)-1$ 要么为 $f(a-2) \leq f(a-1)$，与前述结论形成矛盾。由此，得到 $0 \leq f(a+1)-f(a-1) \leq 1$，该情形得证。

情况 2 当 $f(k)=f(k-1)+1$ 时，如果我们令 $a=k-f(k)<k$，那么就得到

$$f(k+1)=f(k+1-f(k))+f(k-f(k-1))=2f(a+1)$$

和

$$f(k)=f(k-f(k-1))+f(k-1-f(k-2))$$
$$=f(a+1)+f(k-1-f(k-2))$$
$$\in \{f(a+1)+f(a), 2f(a+1)\}$$

所以，$f(k+1)-f(k) \in \{f(a+1)-f(a), 0\}$，并且 $0 \leq f(a+1)-f(a) \leq 1$。由此，第二种情况也得到了证明。

现在，归纳法证明已经完成，所以 $0 \leq f(n+1)-f(n) \leq 1$ 对于所有自然数 n 都成立。

例题 3.9（AMM） 给定一个正整数 k，如下定义函数 $f: \mathbb{N}_+ \to \mathbb{N}_+$：若 $n \leq k+1$，则 $f(n)=1$；若 $n>k+1$，则 $f(n)=f(f(n-1))+f(n-f(n-1))$。请证明，对于每一个 $n \in \mathbb{N}_+$，原象 $f^{-1}(n)$ 是一个连续正整数的有限非空集合。

解答 我们首先通过对 n 的归纳来证明 $f(n)-f(n-1) \in \{0,1\}$ 对于所有 $n \in \mathbb{N}_+$ 都成立。基线条件 $n=1, \cdots, k+1$ 在题设中已经给出。

至于归纳步骤，假定上述论断对于所有小于 $n+1$（$n \geq k+1$）的值都成立，我们会注意到这必然包含 $f(m)<m$ 对 $2 \leq m \leq n$ 成立。若 $f(n)-f(n-1)=0$，则

$$f(n+1)-f(n)=f(f(n))+f(n+1-f(n))-f(f(n-1))-f(n-f(n-1))$$

$$=f(n-f(n)+1)-f(n-f(n))\in\{0,1\}$$

若 $f(n)-f(n-1)=1$，则

$$f(n+1)-f(n)=f(f(n))+f(n+1-f(n))-f(f(n-1))-f(n-f(n-1))$$
$$=f(f(n-1)+1)-f(f(n-1))\in\{0,1\}$$

这样，我们的归纳证明就完成了。接下来需要证明的就是原象为非空集合，这相当于证明 f 是一个无界函数。假定相反的情况，即存在 $a,b\in\mathbb{N}_+$ 使得 $f(a),f(a+1)$，$f(a+2),\cdots$ 都等于 b。设 $n=a+b$，代入题设中的关系式，得

$$f(a+b)=f(f(a+b-1))+f(a+b-f(a+b-1))=f(b)+f(a+b-b)=f(b)+b>b$$

这显然是矛盾的。证毕。

例题 3.10（USAMO 2000） 如果 $\dfrac{f(x)+f(y)}{2}\geqslant f\left(\dfrac{x+y}{2}\right)+|x-y|$ 对于所有实数 x 和 y 都成立，那么我们就称实值函数 f 非常凸。请证明，不存在非常凸的函数。

解答 我们通过对 $n\geqslant0$ 的归纳来进行证明。题中所给不等式必然包含 $\dfrac{f(x)+f(y)}{2}-f\left(\dfrac{x+y}{2}\right)\geqslant2^n|x-y|$ 对于所有 $n\geqslant0$ 都成立。这会导致一个矛盾，因为对于确定的 x 和 y，不等式右边会得到一个任意大的值，而左边的值仍旧是固定的。根据假设可知，基线条件 $n=0$ 成立。

现在，假定结论对于某个 $n\geqslant0$ 成立。对于 $a,b\in\mathbb{R}$，可得

$$\frac{f(a)+f(a+2b)}{2}\geqslant f(a+b)+2^{n+1}|b|$$

$$f(a+b)+f(a+3b)\geqslant2(f(a+2b)+2^{n+1}|b|)$$

$$\frac{f(a+2b)+f(a+4b)}{2}\geqslant f(a+3b)+2^{n+1}|b|$$

将上述三个不等式相加并去除公共项，可得

$$\frac{f(a)+f(a+4b)}{2}\geqslant f(a+2b)+2^{n+3}|b|$$

现在，设 $x=a,y=a+4b$，则

$$\frac{f(x)+f(y)}{2}\geqslant f\left(\frac{x+y}{2}\right)+2^{n+1}|x-y|$$

这样，我们的归纳证明就完成了。

3.2 推荐习题

习题 3.1 请求出同时满足下列特性的所有函数 $f:\mathbb{N}_+\to\mathbb{N}_+$：

(1) $f(m)>f(n)$ 对于所有 $m>n$ 都成立。

(2) $f(f(n))=4n+9$。

(3) $f(f(n)-n)=2n+9$。

习题 3.2（IMO 2007 候选）　请考察满足条件 $f(m+n)\geqslant f(m)+f(f(n))-1$ 对于所有 $m,n\in\mathbb{N}$ 都成立的函数 $f:\mathbb{N}_+\mapsto\mathbb{N}_+$，求出 $f(2\,007)$ 所有可能的值。

习题 3.3　令 $f:\mathbb{N}\to\mathbb{N}$ 是一个函数，$f(0)=1$，且 $f(n)=f\left(\left[\dfrac{n}{2}\right]\right)+f\left(\left[\dfrac{n}{3}\right]\right)$ 对于所有 $n\geqslant1$ 都成立。请证明 $f(n-1)<f(n)\Leftrightarrow n=2^k3^h$ 对于某个 $k,h\in\mathbb{N}$ 成立。

习题 3.4（AMM 10728）　请求出所有满足 $f(a^3+b^3+c^3)=f(a)^3+f(b)^3+f(c)^3$ 的函数 $f:\mathbb{Z}\to\mathbb{R}$，其中 $a,b,c\in\mathbb{Z}$。

习题 3.5（APMO 2008）　请考察由下列条件定义的函数 $f:\mathbb{N}\to\mathbb{N}$：

(a) $f(0)=0$。

(b) $f(2n)=2f(n)$ 对于所有 $n\in\mathbb{N}$ 都成立。

(c) $f(2n+1)=n+2f(n)$ 对于所有 $n\in\mathbb{N}$ 都成立。

(1) 求以下三个集合：$L=\{n\mid f(n)<f(n+1)\}$，$E=\{n\mid f(n)=f(n+1)\}$，$G=\{n\mid f(n)>f(n+1)\}$。

(2) 对于每一个 $k\geqslant0$，求关于 $a_k=\max\{f(n):0\leqslant n\leqslant2^k\}$ 的一个以 k 的形式表达的关系式。

习题 3.6（印度 2000）　假定 $f:\mathbb{Q}\to\{0,1\}$ 是一个具备以下特性的函数：对于 $x,y\in\mathbb{Q}$，若 $f(x)=f(y)$，则 $f(x)=f((x+y)/2)=f(y)$。若 $f(0)=0$ 且 $f(1)=1$，请证明 $f(q)=1$ 对于所有大于或等于 1 的有理数 q 都成立。

习题 3.7　请求出所有函数 $f:\mathbb{Q}_+\to\mathbb{Q}_+$，使得 $f(x)+f\left(\dfrac{1}{x}\right)=1$ 和 $f(1+2x)=\dfrac{1}{x}f(x)$ 对于任意 $x\in\mathbb{Q}_+$ 都成立。

习题 3.8　请求出所有函数 $f:[0,+\infty)\to[0,1]$，使得对于任意 $x\geqslant0$ 和 $y\geqslant0$ 都存在 $f(x)f(y)=\dfrac{1}{2}f(yf(x))$。

习题 3.9（中国 2013）　请证明，只存在一个函数 $f:\mathbb{N}_+\to\mathbb{N}_+$ 满足以下两个条件：

(1) $f(1)=f(2)=1$。

(2) $f(n)=f(f(n-1))+f(n-f(n-1))$ 对于所有 $n\geqslant3$ 都成立。

同时，对于每一个整数 $m\geqslant2$，请求出 $f(2^m)$ 的值。

习题 3.10（丝绸之路 MC）　请求出所有满足 $2f(mn)\geqslant f(m^2+n^2)-f(m)^2-f(n)^2\geqslant2f(m)f(n)$ 的函数 $f:\mathbb{N}_+\to\mathbb{N}_+$。

习题 3.11（土耳其）　请求出所有函数 $f:\mathbb{Q}_+\to\mathbb{Q}_+$，使得 $f\left(\dfrac{x}{x+1}\right)=\dfrac{f(x)}{x+1}$ 和 $f(x)=x^3f\left(\dfrac{1}{x}\right)$ 对于所有 $x\in\mathbb{Q}_+$ 都成立。

习题 3.12　请求出所有函数 $f:\mathbb{Z}\to\mathbb{Z}$，使得 $f(m+n)+f(mn-1)=f(m)f(n)+2$ 对于所有整数 m 和 n 都成立。

习题 3.13（爱沙尼亚 2000）　请求出所有函数 $f:\mathbb{N}\to\mathbb{N}$，使得 $f(f(f(n)))+f(f(n))+$

$f(n) = 3n$ 对于所有 $n \in \mathbb{N}$ 都成立。

习题 3.14 请证明存在一个特定的函数 $f: \mathbb{Q}_+ \to \mathbb{Q}_+$，使其满足以下所有条件：

（a）若 $0 < q < \dfrac{1}{2}$，则 $f(q) = 1 + f\left(\dfrac{q}{1-2q}\right)$。

（b）若 $1 < q \leqslant 2$，则 $f(q) = 1 + f(q-1)$。

（c）$f(q)f\left(\dfrac{1}{q}\right) = 1$ 对于所有 $q \in \mathbb{Q}_+$ 都成立。

第4章 不 等 式

4.1 理论与例题

在阐释通过归纳来证明一个不等式的一些具体途径之前,我们需要介绍一些关于不等式的基本概念。为了使以下其中一些定义易于理解,我们将不等式看作是一个关于一个或多个变量的函数 f,我们需要证明其相对于零的一个特定位置(大于零、小于零等)。其中,变量是受某些限制因素约束的。

比如说,不等式 $\dfrac{a}{b+c}+\dfrac{b}{c+a}+\dfrac{c}{a+b} \geqslant \dfrac{3}{2}$ 对于任意正实数 a,b,c 都成立,我们就定义 $f(a,b,c)=\dfrac{a}{b+c}+\dfrac{b}{c+a}+\dfrac{c}{a+b}-\dfrac{3}{2}$,并且必须证明 $f(a,b,c) \geqslant 0$ 在 a,b,c 为正实数时成立。

如果对于任意 $1 \leqslant i,j \leqslant n$ 都可以得到 $f(x_1,x_2,\cdots,x_i,\cdots,x_j,\cdots,x_n)=f(x_1,x_2,\cdots,x_j,\cdots,x_i,\cdots,x_n)$,也就是说,如果我们交换任意两个变量而不会改变函数本身,那么就可以称这个多变量函数 $f(x_1,x_2,\cdots,x_n)$ 为对称的。

示例 $f(a,b,c)=a^2+b^2+c^2$ 是对称的,而 $f(a,b,c)=a^3+b^2+c^3$ 不是对称的,因为 $f(a,c,b)=a^3+c^2+b^3 \neq f(a,b,c)$。

我们在处理对称不等式时,可以选择变量的任意秩。也就是说,我们可以不失一般性地假设 $a \leqslant b \leqslant c$(或者其他任意排列组合)。进而,可以得到论断:任意排列组合都可以表示为转置乘积。

若 $f(x_1,x_2,\cdots,x_{n-1},x_n)=f(x_n,x_1,x_2,\cdots,x_{n-1})$,则称该多变量函数 $f(x_1,x_2,\cdots,x_n)$ 为循环的。

示例 $f(a,b,c)=\dfrac{a}{b}+\dfrac{b}{c}+\dfrac{c}{a}$ 是循环的,而 $f(a,b,c)=\dfrac{a}{b}+\dfrac{a}{c}+\dfrac{b}{a}$ 是非循环的,因为 $f(c,a,b)=\dfrac{c}{a}+\dfrac{c}{b}+\dfrac{a}{c} \neq f(a,b,c)$。

如果给定一个循环不等式,我们可以假定一个特定的最大变量或者最小变量。但是,我们不能为所有变量选择一个特定的秩,这就与对称不等式的情况是一样的。

若只要 t 为一个实数,我们总是可以得到 $f(tx_1,tx_2,\cdots,tx_n)=t^k f(x_1,x_2,\cdots,x_n)$(其中 t 为函数 f 的阶),则称该多变量函数 $f(x_1,x_2,\cdots,x_n)$ 为同质的。

示例 $f(a,b,c)=a^2+b^2+c^2-ab-bc-ac$ 是同质的,而 $f(a,b)=a^2-b$ 是非同质的,因为

$f(ta,tb)\neq t^2f(a,b)$。

当一个不等式 $f(x_1,x_2,\cdots,x_n)\geq 0$ 为 k 秩同质时,即不失一般性地假定 $f(tx_1,tx_2,\cdots,tx_n)=t^kf(x_1,x_2,\cdots,x_n)$,我们就可以假定变量之和为常数。通常,只要符合题目框架,我们就可以考察更复杂的表达式,比如 $g(x_1,x_2,\cdots,x_n)=$ 常数,其中 $g(x_1,x_2,\cdots,x_n)$ 是一个任意秩同质表达式。

现在,我们已经确立了这些基本概念,就可以来看一些通过归纳法解不等式的例子了。

例题 4.1(伯努利不等式) 请证明,对于任意 $x\geq -1$,若 n 为正整数,则 $(1+x)^n\geq 1+nx$。

解答 我们将通过对 n 的归纳来证明结论。令 $P(n)$ 表示 $(1+x)^n\geq 1+nx$ 对于所有 $x\in\mathbb{R}$ $(x\geq -1)$ 都成立。由于 $(1+x)^1=1+1\cdot x$,所以 $P(1)$ 为真。假定 $P(n)$ 对于某个 $n\geq 1$ 为真,则我们必须证明 $P(n+1)$ 也为真。由于假定 $P(n)$ 为真,且 $1+x\geq 0$,所以

$$(1+x)^{n+1}=(1+x)^n(1+x)\geq (1+nx)(1+x)$$

现在

$$(1+nx)(1+x)=1+(n+1)x+nx^2\geq 1+(n+1)x$$

此即为所求。所以,$P(n+1)$ 为真,因此根据归纳法得到的 $P(n)$ 对于所有 $n\geq 0$ 为真。

备注 该不等式实际上来自于以下更一般的情况。

例题 4.2(伯努利不等式) 令 $x_i(i=1,2,\cdots,n)$ 为具有相同符号且大于 -1 的实数(即全都为正或者非负)。那么,我们可以得到

$$(1+x_1)(1+x_2)\cdots(1+x_n)\geq 1+x_1+x_2+\cdots+x_n$$

解答 我们将通过对 n 的归纳来证明不等式。当 $n=1$ 时,我们得到 $1+x_1\geq 1+x_1$。

现在,假定不等式对于 n 个同号的任意实数 $x_i\geq -1$ 都成立。我们来看 $n+1$ 个同号的任意实数 $x_i\geq -1(i=1,2,\cdots,n+1)$ 的情况。由于 $x_1,x_2,\cdots,x_{n+1}$ 同号,所以

$$(x_1+x_2+\cdots+x_n)x_{n+1}\geq 0 \tag{$*$}$$

于是,根据 $P(n)$ 为真的假设,有

$$(1+x_1)(1+x_2)\cdots(1+x_{n+1})\geq (1+x_1+x_2+\cdots+x_n)(1+x_{n+1})$$

但是,根据式 $(*)$ 可知

$$(1+x_1+x_2+\cdots+x_n)(1+x_{n+1})=1+x_1+\cdots+x_n+x_{n+1}+(x_1+\cdots+x_n)x_{n+1}\geq 1+x_1+\cdots+x_{n+1}$$

例题 4.3 令 $n(n\geq 3)$ 为正整数,$x_1,x_2,\cdots,x_n$ 为正实数。请证明

$$\frac{x_1}{x_1+x_2}+\frac{x_2}{x_2+x_3}+\cdots+\frac{x_n}{x_n+x_1}<n-1$$

解答 基线条件为 $n=3$,我们必须证明 $\frac{x_1}{x_1+x_2}+\frac{x_2}{x_2+x_3}+\frac{x_3}{x_3+x_1}<2$。通过左右两边均乘以 -1 并加上 3 后,该等式就等价于 $\frac{x_2}{x_1+x_2}+\frac{x_3}{x_2+x_3}+\frac{x_1}{x_1+x_3}>1$。由于 $\frac{x_2}{x_1+x_2}>\frac{x_2}{x_1+x_2+x_3}$ 以及类似的不等式,它们相加后就可以得到我们需要的不等式,所以该不等式为真。

现在,假定 $P(n)$ 对于某个 $n\geq 3$ 成立,我们想要证明 $P(n+1)$ 也成立。利用归纳假

设,我们可以尝试做一件事:删去 $x_1, x_2, \cdots, x_{n+1}$ 中的某一个,然后证明所得到的关于 n 个变量的表达式,其值至多减少1。归纳假设将帮助我们做这件事。

如果去除 x_i,那么我们就剩下 $\dfrac{x_1}{x_1+x_2}+\cdots+\dfrac{x_{i-1}}{x_{i-1}+x_{i+1}}+\dfrac{x_{i+1}}{x_{i+1}+x_{i+2}}+\cdots$。于是,该表达式减少的就是 $\dfrac{x_{i-1}}{x_{i-1}+x_i}+\dfrac{x_i}{x_{i+1}+x_i}-\dfrac{x_{i-1}}{x_{i-1}+x_{i+1}}$。所以,只要证明 $\dfrac{x_{i-1}}{x_{i-1}+x_i}+\dfrac{x_i}{x_{i+1}+x_i}-\dfrac{x_{i-1}}{x_{i-1}+x_{i+1}}\leqslant 1$ 就足够了。

请注意,若 $x_{i+1}\leqslant x_i$(这里,$x_{n+1}=x_1$),则 $\dfrac{x_{i-1}}{x_{i-1}+x_i}\leqslant\dfrac{x_{i-1}}{x_{i-1}+x_{i+1}}$ 且 $\dfrac{x_i}{x_i+x_{i+1}}<1$。于是,取 x_i 为 x_1,$x_2, \cdots, x_{n+1}$ 中最大的一个,从而确保了使归纳证明成立所需的条件。这样,我们的证明也就结束了。

例题 4.4(蒂图引理) 令 $a_1, a_2, \cdots, a_n \in \mathbb{R}$,$b_1, b_2, \cdots, b_n$ 为实数。请证明

$$\frac{a_1^2}{b_1}+\frac{a_2^2}{b_2}+\cdots+\frac{a_n^2}{b_n}\geqslant\frac{(a_1+a_2+\cdots+a_n)^2}{b_1+b_2+\cdots+b_n}$$

解答 对于本题归纳法的证明,基线条件 $n=1$ 显然成立。请注意,关于归纳步骤,我们只需证明不等式对于 $n=2$ 成立就足够了,因为由此我们会得到

$$\frac{a_1^2}{b_1}+\frac{a_2^2}{b_2}+\cdots+\frac{a_n^2}{b_n}\geqslant\frac{(a_1+a_2+\cdots+a_{n-1})^2}{b_1+b_2+\cdots+b_{n-1}}+\frac{a_n^2}{b_n}\geqslant\frac{(a_1+a_2+\cdots+a_n)^2}{b_1+b_2+\cdots+b_n}$$

所以,我们就剩下对 $n=2$ 的情况进行证明了,即 $\dfrac{a_1^2}{b_1}+\dfrac{a_2^2}{b_2}\geqslant\dfrac{(a_1+a_2)^2}{b_1+b_2}$。在上式两边同时乘以 $b_1 b_2(b_1+b_2)$ 后,就变成需要证明

$$(a_1^2 b_2+a_2^2 b_1)(b_1+b_2)\geqslant(a_1+a_2)^2 b_1 b_2$$

再进一步将括号展开后,就是

$$(a_1^2+a_2^2)b_1 b_2+a_1^2 b_2^2+a_2^2 b_1^2\geqslant(a_1^2+a_2^2)b_1 b_2+2a_1 b_1 a_2 b_2$$

通过配方可得 $a_1^2 b_2^2+a_2^2 b_1^2\geqslant 2a_1 b_1 a_2 b_2$,所以上述不等式为真。

例题 4.5 令 $a_1, a_2, \cdots, a_n\in\mathbb{R}_+$,使得 $a_1 a_2\cdots a_n=1$。请证明,$a_1+a_2+\cdots+a_n\geqslant n$。

解答 我们从对 n 的归纳着手。当 $n=1$ 时,结论显然成立。现在,假定该结论对于 n 个变量的情况成立,我们要证明其对于 $n+1$ 的情况也成立。

我们来看一下变量 $a_1, a_2, \cdots, a_{n+1}$。不失一般性,假定 a_n 是变量中最小的一个,而 a_{n+1} 为最大的一个。因为 $a_1 a_2\cdots a_n a_{n+1}=1$,这表明 $a_n\leqslant 1$ 且 $a_{n+1}\geqslant 1$,所以,$(1-a_n)(1-a_{n+1})\leqslant 0\Leftrightarrow a_n+a_{n+1}-1\geqslant a_n a_{n+1}$。我们现在利用 n 个变量的情况,设这些变量为 $a_1, a_2, \cdots, a_{n-1}$ 和 $a_n a_{n+1}$。这 n 个变量的乘积等于1,所以 $a_1+a_2\cdots a_{n-1}+a_n a_{n+1}\geqslant n$。而从前文可知 $a_n a_{n+1}\leqslant a_n+a_{n+1}-1$,这就表明 $a_1+a_2+\cdots+a_n+a_{n+1}\geqslant n+1$。由此就得到了我们想要证明的不等式。

备注 如果在上面的不等式中令 $a_1=\dfrac{x_1}{\sqrt[n]{x_1 x_2\cdots x_n}}, \cdots, a_n=\dfrac{x_n}{\sqrt[n]{x_1 x_2\cdots x_n}}$,其中 $x_1, \cdots, x_n$ 为

正实数,那么我们可以得到著名的 AM-GM 不等式,即 $\dfrac{x_1+x_2+\cdots+x_n}{n} \geqslant \sqrt[n]{x_1 x_2 \cdots x_n}$。

接下来,我们要证明一个非常强的结论——苏拉尼不等式。在证明之前,我们需要介绍一些概念。

定义 令 $a_1 \leqslant a_2 \leqslant \cdots \leqslant a_n$ 和 $b_1 \leqslant b_2 \leqslant \cdots \leqslant b_n$ 为任意实数。我们称 $S(n)=a_1 b_1 + a_2 b_2 + \cdots + a_n b_n$ 为 $a_1, a_2, \cdots, a_n, b_1, b_2, \cdots, b_n$ 的正序和,称 $R(n)=a_1 b_n + a_2 b_{n-1} + \cdots + a_n b_1$ 为倒序和。

对于 $b_1, b_2, \cdots, b_n$ 的任意排列组合 $c_1, c_2, \cdots, c_n$,我们称 $P(n)=a_1 c_1 + a_2 c_2 + \cdots + a_n c_n$ 为 $a_1, a_2, \cdots, a_n, b_1, b_2, \cdots, b_n$ 的排列和。

例题 4.6(排序不等式) 根据前面的注解,我们可以得到 $S(n) \geqslant P(n) \geqslant R(n)$。

解答 我们将通过对 n 的归纳来进行证明。当 $n=1$ 时,我们得到 $S(1)=P(1)=R(1)$。现在,假定 $S(n) \geqslant P(n)$ 对于任意实数 $a_1 \leqslant a_2 \leqslant \cdots \leqslant a_n$ 和 $b_1 \leqslant b_2 \leqslant \cdots \leqslant b_n$ 成立,我们来证明 $S(n+1) \geqslant P(n+1)$ 对于任意实数 $a_1 \leqslant a_2 \leqslant \cdots \leqslant a_{n+1}$ 和 $b_1 \leqslant b_2 \leqslant \cdots \leqslant b_{n+1}$ 也成立,其中 $n \geqslant 1$。

由于 $c_1, c_2, \cdots, c_{n+1}$ 是 $b_1, b_2, \cdots, b_{n+1}$ 的一种排列,所以存在某个 i 值使得 $b_{n+1}=c_i$,$c_{n+1}=b_j$。从序列 $a_1 \leqslant a_2 \leqslant \cdots \leqslant a_{n+1}$ 和 $b_1 \leqslant b_2 \leqslant \cdots \leqslant b_{n+1}$ 可以得到 $(a_{n+1}-a_i)(b_{n+1}-b_j) \geqslant 0$,即 $a_i b_j + a_{n+1} b_{n+1} \geqslant a_i b_{n+1} + a_{n+1} b_j$。于是,$a_i b_j + a_{n+1} b_{n+1} \geqslant a_i c_i + a_{n+1} c_{n+1}$。由此,在加和 $P(n+1)$ 中,如果将 c_i 和 c_{n+1} 互换,我们会得到一个至少与原加和一样大的新加和。但是,一旦将 c_i 和 c_{n+1} 互换,就可以将问题简化为证明 $S(n) \geqslant P(n)$,而这正是我们的归纳假设。这样,我们就确立了 $S(n+1) \geqslant P(n+1)$,因此 $S(n) \geqslant P(n)$ 对于所有 n 都成立。现在,通过用 $-b_n \leqslant -b_{n-1} \leqslant \cdots \leqslant -b_1$ 代换 $b_1 \leqslant b_2 \leqslant \cdots \leqslant b_n$ 很容易就可以由 $S(n) \geqslant P(n)$ 推得不等式 $P(n) \geqslant R(n)$。

我们还需要排序不等式的以下推论。

例题 4.7 若 $a_1 \leqslant a_2 \leqslant \cdots \leqslant a_n$ 和 $b_1 \leqslant b_2 \leqslant \cdots \leqslant b_n$ 是两个递增实数列,那么

$$\frac{a_1 b_1 + a_2 b_2 + \cdots + a_n b_n}{n} \geqslant \frac{a_1 + a_2 + \cdots + a_n}{n} \cdot \frac{b_1 + b_2 + \cdots + b_n}{n}$$

解答 通过排序不等式,我们可以得到

$$a_1 b_1 + a_2 b_2 + \cdots + a_n b_n = a_1 b_1 + a_2 b_2 + \cdots + a_n b_n$$
$$a_1 b_1 + a_2 b_2 + \cdots + a_n b_n \geqslant a_1 b_2 + a_2 b_3 + \cdots + a_n b_1$$
$$a_1 b_1 + a_2 b_2 + \cdots + a_n b_n \geqslant a_1 b_3 + a_2 b_4 + \cdots + a_n b_2$$
$$\vdots$$
$$a_1 b_1 + a_2 b_2 + \cdots + a_n b_n \geqslant a_1 b_n + a_2 b_1 + \cdots + a_n b_{n-1}$$

所需结论可以通过将上述不等式相加并除以 n^2 后得到。

我们现在已经准备好来证明一些有用的推论了。

例题 4.8(苏拉尼不等式) 请证明,对于任意正数 $a_1, a_2, \cdots, a_n$,以下不等式都成立

$$(n-1)(a_1^n + a_2^n + \cdots + a_n^n) + n a_1 a_2 \cdots a_n \geqslant (a_1 + a_2 + \cdots + a_n)(a_1^{n-1} + a_2^{n-1} + \cdots + a_n^{n-1})$$

解答 当 $n=1$ 时,我们无须证明。现在,假定不等式对于 n 个数的情况为真,我们来证明其对于 $n+1$ 个数的情况也为真。

由于不等式的对称性和同质性,我们只需证明该不等式在 $a_1 \geq a_2 \geq \cdots \geq a_{n+1}$ 和 $a_1 + a_2 + \cdots + a_n = 1$ 这两个条件下成立就够了。我们需要证明的是

$$n \sum_{i=1}^{n} a_i^{n+1} + n a_{n+1}^{n+1} + n a_{n+1} \prod_{i=1}^{n} a_i + a_{n+1} \prod_{i=1}^{n} a_i - (1 + a_{n+1})\left(\sum_{i=1}^{n} a_i^n + a_{n+1}^n \right) \geq 0$$

通过归纳假设,可得

$$(n-1)(a_1^n + a_2^n + \cdots + a_n^n) + n a_1 a_2 \cdots a_n \geq a_1^{n-1} + a_2^{n-1} + \cdots + a_n^{n-1}$$

所以

$$n a_{n+1} \prod_{i=1}^{n} a_i \geq a_{n+1} \sum_{i=1}^{n} a_i^{n-1} - (n-1) a_{n+1} \sum_{i=1}^{n} a_i^n$$

利用这个不等式,我们接下来需要证明的是

$$\left(n \sum_{i=1}^{n} a_i^{n+1} - \sum_{i=1}^{n} a_i^n \right) - a_{n+1}\left(n \sum_{i=1}^{n} a_i^n - \sum_{i=1}^{n} a_i^{n-1} \right) + a_{n+1}\left(\prod_{i=1}^{n} a_i + (n-1) a_{n+1}^n - a_{n+1}^{n-1} \right) \geq 0$$

我们将其分成

$$a_{n+1}\left(\prod_{i=1}^{n} a_i + (n-1) a_{n+1}^n - a_{n+1}^{n-1} \right) \geq 0$$

和

$$\left(n \sum_{i=1}^{n} a_i^{n+1} - \sum_{i=1}^{n} a_i^n \right) - a_{n+1}\left(n \sum_{i=1}^{n} a_i^n - \sum_{i=1}^{n} a_i^{n-1} \right) \geq 0$$

两部分。根据伯努利不等式,可得

$$\prod_{i=1}^{n} a_i = \prod_{i=1}^{n} (a_i - a_{n+1} + a_{n+1}) \geq a_{n+1}^n + a_{n+1}^{n-1} \cdot \sum_{i=1}^{n} (a_i - a_{n+1}) = a_{n+1}^{n-1} - (n-1) a_{n+1}^n$$

所以,第一个不等式是容易证明的。对于第二个不等式,我们将其转化成

$$n \sum_{i=1}^{n} a_i^{n+1} - \sum_{i=1}^{n} a_i^n \geq a_{n+1}\left(n \sum_{i=1}^{n} a_i^n - \sum_{i=1}^{n} a_i^{n-1} \right)$$

由于 $n \sum_{i=1}^{n} a_i^n - \sum_{i=1}^{n} a_i^{n-1} \geq 0$(根据切比雪夫不等式),并且由 $a_{n+1} \leq \cdots \leq a_1$ 和 $a_1 + \cdots + a_n = 1$ 可以得到 $a_{n+1} \leq \dfrac{1}{n}$,所以证明 $n \sum_{i=1}^{n} a_i^{n+1} - \sum_{i=1}^{n} a_i^n \geq \dfrac{1}{n}\left(n \sum_{i=1}^{n} a_i^n - \sum_{i=1}^{n} a_i^{n-1} \right)$ 就够了。该不等式可以从 $n a_i^{n+1} + \dfrac{1}{n} a_i^{n-1} \geq 2 a_i^n$ 对于所有 i 值都成立这一结论推得。这样,我们的归纳步骤就确立了,证明也就完成了。

我们还将通过归纳证明众所周知的 AM-GM 不等式和柯西-施瓦茨不等式。为了得到这些不等式,我们需要引介一个非常有用的归纳法则变体——柯西归纳。该方法的操作不是去证明 $P(n) \Rightarrow P(n+1)$,而是要证明 $P(n) \Rightarrow P(2n)$ 和 $P(n) \Rightarrow P(n-1)$。显然,从任意一个基线条件开始,我们都可以通过该操作得到一个任意非负整数 n,使得 $P(n)$ 对于所有 n 值都成立。

例题 4.9（柯西-施瓦茨不等式） 令 $a_1, \cdots, a_n, b_1, \cdots, b_n$ 为任意实数，那么
$$(a_1^2 + \cdots + a_n^2)(b_1^2 + \cdots + b_n^2) \geqslant (a_1 b_1 + \cdots + a_n b_n)^2$$

解答 我们利用柯西归纳。当 $n = 1$ 时，不等式显然成立。当 $n = 2$ 时，我们需要证明 $(a_1^2 + a_2^2)(b_1^2 + b_2^2) \geqslant (a_1 b_1 + a_2 b_2)^2$。通过将两边括号展开并简化，该不等式等价于
$$a_1^2 b_2^2 + a_2^2 b_1^2 \geqslant 2a_1 a_2 b_1 b_2 \Leftrightarrow (a_1 b_2 - a_2 b_1)^2 \geqslant 0$$

现在，假定不等式对于 $n \geqslant 2$ 成立，我们来证明其对于 $2n$ 也成立。我们需要证明的是
$$(a_1^2 + \cdots + a_{2n}^2)(b_1^2 + \cdots + b_{2n}^2) \geqslant (a_1 b_1 + \cdots + a_{2n} b_{2n})^2$$
令 $x_1^2 = a_1^2 + \cdots + a_n^2$（请注意，这种代换是可行的，因为 $a_1^2 + \cdots + a_n^2 \geqslant 0$），$x_2^2 = a_{n+1}^2 + \cdots + a_{2n}^2$，$y_1^2 = b_1^2 + \cdots + b_n^2$，$y_2^2 = b_{n+1}^2 + \cdots + b_{2n}^2$。于是，从两个变量的基线条件可知
$$(x_1^2 + x_2^2)(y_1^2 + y_2^2) \geqslant (x_1 y_1 + x_2 y_2)^2$$
$P(n)$ 进一步表明
$$x_1 y_1 = \sqrt{(a_1^2 + \cdots + a_n^2)(b_1^2 + \cdots + b_n^2)} \geqslant a_1 b_1 + \cdots + a_n b_n$$
类似地，有
$$x_2 y_2 \geqslant a_{n+1} b_{n+1} + \cdots + a_{2n} b_{2n}$$
所以
$$(x_1 y_1 + x_2 y_2)^2 \geqslant (a_1 b_1 + \cdots + a_{2n} b_{2n})^2$$
此即为所求。

现在，我们还需要证明 $P(n) \Rightarrow P(n-1)$。换句话说，就是假定对于任意 n 个变量都可以得到
$$(a_1^2 + \cdots + a_n^2)(b_1^2 + \cdots + b_n^2) \geqslant (a_1 b_1 + \cdots + a_n b_n)^2$$
我们需要证明，对于任意 $n-1$ 个变量都存在
$$(a_1^2 + \cdots + a_{n-1}^2)(b_1^2 + \cdots + b_{n-1}^2) \geqslant (a_1 b_1 + \cdots + a_{n-1} b_{n-1})^2$$
该不等式通过简单地代入 $a_n = b_n = 0$ 就可以由 $P(n)$ 推得。

例题 4.10（AM-GM 不等式） 令 $x_1, x_2, \cdots, x_n$ 为非负实数，则 $\dfrac{x_1 + \cdots + x_n}{n} \geqslant \sqrt[n]{x_1 x_2 \cdots x_n}$。请证明，当且仅当各数都相等时该不等式成立。

解法 1 我们的基线条件为 $n = 2$，需要证明的是 $\dfrac{x_1 + x_2}{2} \geqslant \sqrt{x_1 x_2}$。该不等式可以通过将以下差值表示为平方的形式而得到：$\dfrac{x_1 + x_2}{2} - \sqrt{x_1 x_2} = \dfrac{(\sqrt{x_1} - \sqrt{x_2})^2}{2}$。当且仅当 $x_1 = x_2$ 时，不等式取等号。

现在，假定不等式对于某个 $n \geqslant 2$ 为真，则
$$\frac{x_1 + \cdots + x_{2n}}{2n} = \frac{\dfrac{x_1 + \cdots + x_n}{n} + \dfrac{x_{n+1} + \cdots + x_{2n}}{n}}{2}$$

$$\geq \frac{\sqrt[n]{x_1 \cdots x_n} + \sqrt[n]{x_{n+1} \cdots x_{2n}}}{2}$$

$$\geq \sqrt[2n]{x_1 \cdots x_{2n}}$$

这里,我们先是应用了两次关于 n 的不等式,然后利用了 $n=2$ 时的不等式以及 $\sqrt[n]{x_1 \cdots x_n}$ 和 $\sqrt[n]{x_{n+1} \cdots x_{2n}}$ 这两个数。所以,当且仅当 $x_1 = \cdots = x_n$,$x_{n+1} = \cdots = x_{2n}$,并且它们的几何平均数也都相等时,不等式取等号,这表明 $x_1 = x_2 = \cdots = x_{2n}$。

最后,我们假定不等式对于 n 个变量的情况成立,然后证明其对于 $n-1$ 个变量的情况也成立。证明思路就是取其他各变量的算数平均数 x_n 插入到这些变量中,然后再将其约减掉。所以,设 $x_n = \frac{x_1 + \cdots + x_{n-1}}{n-1}$。通过我们所假定为真的 AM-GM 不等式对于 n 个数时的情况,得到

$$\frac{x_1 + \cdots + x_{n-1} + \dfrac{x_1 + \cdots + x_{n-1}}{n-1}}{n} \geq \sqrt[n]{x_1 x_2 \cdots x_{n-1} \cdot \frac{x_1 + \cdots + x_{n-1}}{n-1}}$$

这表明

$$\frac{x_1 + \cdots + x_{n-1}}{n-1} \geq \sqrt[n]{x_1 x_2 \cdots x_{n-1} \cdot \frac{x_1 + \cdots + x_{n-1}}{n-1}}$$

将该式提升到 n 次幂,可得

$$\left(\frac{x_1 + \cdots + x_{n-1}}{n-1} \right)^n \geq x_1 x_2 \cdots x_{n-1} \cdot \frac{x_1 + \cdots + x_{n-1}}{n-1}$$

再通过约减,可得

$$\left(\frac{x_1 + \cdots + x_{n-1}}{n-1} \right)^{n-1} \geq x_1 x_2 \cdots x_{n-1}$$

由此,必然推得所求不等式。

备注 以下是柯西归纳的一个变体:假设我们需要证明一个牵涉变量 $x_1, x_2, \cdots, x_n$ 的不等式。像前面一样,我们从证明基线条件成立开始,然后证明 $P(n) \Rightarrow P(2n)$。如果基线条件是 $n=1$ 或者 $n=2$,那么 $P(n) \Rightarrow P(2n)$ 将表明结论对于 n 为 2 的幂时成立。对于一般的 n 值,我们取足够大的 k 使得 $2^k \geq n$,然后利用 $P(2^k)$ 的论断,同时为 x_{n+1}, $x_{n+2}, \cdots, x_{2^k}$ 设定一些容易得到的特定值,这将使我们能够将结论推广到剩下的变量,即 $x_1, x_2, \cdots, x_n$ 中。关于如何应用上述变体,我们往往是通过 AM-GM 不等式的另一种证明方法来进行说明的。

解法2 该证明的第一部分与解法 1 相同,即确立基线条件 $n=2$ 以及 $P(n) \Rightarrow P(2n)$ 这一暗含关系。

接下来,在给定 n 为正整数的前提下,选取 k 值使得 $2^k > n$,然后代入 $a_{n+1} = \cdots = a_{2^k} = \frac{a_1 + a_2 + \cdots + a_n}{n}$。接着,利用 $P(2^k)$ 为真得到

$$a_1+a_2+\cdots+a_n+(2^k-n)\frac{a_1+\cdots+a_n}{n}\geqslant 2^k\sqrt[2^k]{a_1a_2\cdots a_n\left(\frac{a_1+\cdots+a_n}{n}\right)^{2^k-n}}$$

进一步简化可得 $1\geqslant a_1a_2\cdots a_n\left(\dfrac{a_1+\cdots+a_n}{n}\right)^{-n}$，而这正是所求不等式。

我们应用柯西归纳的第二种形式进行解题的例子如下。

例题 4.11（USSR 1990） 二次多项式 $f(x)=ax^2+bx+c$ 的所有系数都为正，且 $a+b+c=1$。请证明，不等式 $f(x_1)f(x_2)\cdots f(x_n)\geqslant 1$ 对于所有满足 $x_1x_2\cdots x_n=1$ 的正整数 $x_1,x_2,\cdots,x_n$ 都成立。

解答 首先，我们会发现，当 $x_1=1$ 时，可得 $f(x_1)=a+b+c=1$。我们现在来证明对于任意正实数 x 和 y 都可以得到

$$f(x)f(y)\geqslant (f(\sqrt{xy}))^2 \tag{1}$$

令 $z:=\sqrt{xy}$，于是

$$f(x)f(y)-(f(z))^2=a^2(x^2y^2-z^4)+b^2(xy-z^2)+c^2(1-1)+ab(x^2y+xy^2-2z^3)+$$
$$ac(x^2+y^2-2z^2)+bc(x+y-2z)$$
$$=ab(\sqrt{x^2y}-\sqrt{xy^2})^2+ac(x-y)^2+bc(\sqrt{x}-\sqrt{y})^2\geqslant 0$$

我们现在用归纳法来证明：当 n 是 2 的一个幂时，不等式 $f(x_1)f(x_2)\cdots f(x_n)\geqslant (f(\sqrt[n]{x_1x_2\cdots x_n}))^n$ 对于所有正实数都成立。假定该不等式对于 $n=2^k$ 成立，那么，根据归纳假设和式（1）可得

$$f(x_1)f(x_2)\cdots f(x_{2^{k+1}})=(f(x_1)f(x_2)\cdots f(x_{2^k}))(f(x_{2^k+1})f(x_{2^k+2})\cdots f(x_{2^{k+1}}))$$
$$\geqslant (f(\sqrt[2^k]{x_1x_2\cdots x_{2^k}})f(\sqrt[2^k]{x_{2^k+1}x_{2^k+2}\cdots x_{2^{k+1}}}))^{2^k}$$
$$\geqslant (f(\sqrt[2^{k+1}]{x_1x_2\cdots x_{2^{k+1}}}))^{2^{k+1}}$$

所以，该论断对于 $n=2^{k+1}$ 也为真。

现在，假定 n 为任意值，且 $x_1x_2\cdots x_n=1$。令 k 为正整数且使得 $2^{k-1}<n\leqslant 2^k$。如果需要的话，我们再加上 $x_{n+1}=x_{n+2}=\cdots=x_{2^k}=1$ 这一条件。由于 $f(x_{n+1})=f(x_{n+2})=\cdots=f(x_{2^k})=1$，所以我们可以得到

$$f(x_1)f(x_2)\cdots f(x_n)=f(x_1)f(x_2)\cdots f(x_{2^k})\geqslant (f(\sqrt[2^k]{x_1x_2\cdots x_{2^k}}))^{2^k}=1$$

证毕。

4.2 推荐习题

习题 4.1 存在 $n(n\geqslant 1)$ 个实数，将其围成一个圈后的加和是非负的。请证明，我们可以列举出这些数 $a_1,a_2,\cdots,a_n$ 使其连续排布在一个圈上，并且 $a_1\geqslant 0,a_1+a_2\geqslant 0,\cdots,a_1+a_2+\cdots+a_{n-1}\geqslant 0,a_1+a_2+\cdots+a_n\geqslant 0$。

习题 4.2 令 $a_1,a_2,\cdots,a_n$ 为正实数，请证明

$$\frac{a_1}{(1+a_1)^2}+\frac{a_2}{(1+a_1+a_2)^2}+\cdots+\frac{a_n}{(1+a_1+\cdots+a_n)^2}<\frac{a_1+a_2+\cdots+a_n}{1+a_1+\cdots+a_n}$$

习题 4.3 请证明,$2(\sqrt{n+1}-1)<1+\frac{1}{\sqrt{2}}+\cdots+\frac{1}{\sqrt{n}}<2\sqrt{n}$。

习题 4.4 令 x 为实数,请证明,对于所有正整数 n 都存在 $|\sin nx|\leqslant n|\sin x|$。

习题 4.5 令 $n>2$,请求出最小的常数 k,使得对于乘积为 1 的 $a_1,\cdots,a_n>0$ 存在

$$\frac{a_1a_2}{(a_1^2+a_2)(a_2^2+a_1)}+\frac{a_2a_3}{(a_2^2+a_3)(a_3^2+a_2)}+\cdots+\frac{a_na_1}{(a_n^2+a_1)(a_1^2+a_n)}$$

习题 4.6 令 $a_1,a_2,\cdots,a_n$ 为整数,并且非同时为零,使得 $a_1+a_2+\cdots+a_n=0$。请证明,$|a_1+2a_2+\cdots+2^{k-1}a_k|>\frac{2^k}{3}$ 对于 $k\in\{1,2,\cdots,n\}$ 成立。

习题 4.7 令 $n\geqslant2$,$a_1,a_2,\cdots,a_n\in(0,1)$,其中 $a_1a_2\cdots a_n=A^n$。请证明

$$\frac{1}{1+a_1}+\frac{1}{1+a_2}+\cdots+\frac{1}{1+a_n}\leqslant\frac{n}{1+A}$$

习题 4.8(APMO 1999) 令 $a_1,a_2,\cdots$ 是满足 $a_{i+j}\leqslant a_i+a_j(i,j=1,2,\cdots)$ 的一个实数列。请证明,$a_1+\frac{a_2}{2}+\frac{a_3}{3}+\cdots+\frac{a_n}{n}\geqslant a_n$ 对于每一个正整数 n 都成立。

习题 4.9(图伊玛达 2000) 令 $n\geqslant2$ 为正整数。同时,令 $x_1,x_2,\cdots,x_n$ 为实数,使得 $0<x_k\leqslant\frac{1}{2}$ 对于所有 $k=1,2,\cdots,n$ 都成立。请证明

$$\left(\frac{n}{x_1+x_2+\cdots+x_n}-1\right)^n\leqslant\left(\frac{1}{x_1}-1\right)\left(\frac{1}{x_2}-1\right)\cdots\left(\frac{1}{x_n}-1\right)$$

习题 4.10(中国) 令 $a_1,a_2,\cdots,a_n$ 为实数。请证明,以下两个论断是等价的:

(a)$a_i+a_j\geqslant0$ 对于所有 $i\neq j$ 都成立。

(b)若 $x_1,x_2,\cdots,x_n$ 为非负实数,其加和是 1,则 $a_1x_1+a_2x_2+\cdots+a_nx_n\geqslant a_1x_1^2+a_2x_2^2+\cdots+a_nx_n^2$。

习题 4.11(USAMO 2000) 令 $a_1,b_1,a_2,b_2,\cdots,a_n,b_n$ 为非负实数。请证明

$$\sum_{i,j=1}^{n}\min\{a_ia_j,b_ib_j\}\leqslant\sum_{i,j=1}^{n}\min\{a_ib_j,a_jb_i\}$$

习题 4.12(罗马尼亚 TST 1981) 令 $n\geqslant1$ 为正整数。同时,令 $x_1,x_2,\cdots,x_n$ 为实数,使得 $0\leqslant x_n\leqslant x_{n-1}\leqslant\cdots\leqslant x_3\leqslant x_2\leqslant x_1$。我们来看以下加和

$$s_n=x_1-x_2+\cdots+(-1)^nx_{n-1}+(-1)^{n+1}x_n$$
$$S_n=x_1^2-x_2^2+\cdots+(-1)^nx_{n-1}^2+(-1)^{n+1}x_n^2$$

请证明,$s_n^2\leqslant S_n$。

习题 4.13 令 $1=x_1\leqslant x_2\leqslant\cdots\leqslant x_{n+1}$ 为非负整数。请证明

$$\frac{\sqrt{x_2-x_1}}{x_2}+\cdots+\frac{\sqrt{x_{n+1}-x_n}}{x_{n+1}}<1+\frac{1}{2}+\cdots+\frac{1}{n^2}$$

习题 4. 14　请证明 $\sum\limits_{i=0}^{n} \left| \sin(2^i x) \right| \leqslant 1 + \dfrac{\sqrt{3}}{2}n$，其中 n 为非负整数。

习题 4. 15　请证明以下不等式

$$2(a^{2012}+1)(b^{2012}+1)(c^{2012}+1) \geqslant (1+abc)(a^{2011}+1)(b^{2011}+1)(c^{2011}+1)$$

其中 $a>0, b>0, c>0$。

习题 4. 16　请证明，对于任意 $n \in \mathbb{Z}$，$n \geqslant 14$ 和 $x \in \left(0, \dfrac{\pi}{2n}\right)$，以下不等式成立

$$\frac{\sin 2x}{\sin x} + \frac{\sin 3x}{\sin 2x} + \cdots + \frac{\sin(n+1)x}{\sin nx} < 2\cot x$$

习题 4. 17　令 $A_n = \dfrac{1}{2} + \dfrac{1}{3} + \cdots + \dfrac{1}{n}$，$n \geqslant 2$。请证明，$e^{A_n} > \sqrt[n]{n!} \geqslant 2^{A_n}$。

习题 4. 18　请证明，若 $x_1, x_2, \cdots, x_n \in (0, 1/2)$，则

$$\frac{x_1 x_2 \cdots x_n}{(x_1 + x_2 + \cdots + x_n)^n} \leqslant \frac{(1-x_1) \cdots (1-x_n)}{((1-x_1) + \cdots + (1-x_n))^n}$$

习题 4. 19（ELMO 2013 候选）　令 n 为某个特定的正整数。在一开始，有 n 个 1 写在一块黑板上。戴维每分钟从黑板上选两个数 x 和 y 删掉，然后将 $(x+y)^4$ 写在黑板上。请证明，在 $n-1$ 分钟后，写在黑板上的数字至少是 $2^{\frac{4n^2-4}{3}}$。

第5章　数列与递归关系

5.1　理论与例题

当给定一个满足特定性质(比如一个递归关系)的数列并要我们求出其闭式通项公式时,我们可以尝试通过一些途径来猜测 $a_n = f(n)$,然后用归纳法来证明我们猜测的正确性。接下来,我们会列举一些有帮助的关键性策略。

(a)从 a_1 开始,我们可以尝试计算一开始的几项 $a_1, a_2, \cdots$,直到锁定一个可能的关系式为止。

(b)可能更简单的做法是,先计算 $\dfrac{a_{n+1}}{a_n}$ $(n = 1, 2, \cdots)$ 的比值,然后猜测某个可以用归纳法证明的法则。

(c)如果我们知道数列收敛于某个值 a 的话,那么猜测可能会变得更加简单。在这种情况下,我们可以在递归关系式中用 a 代换 a_{n+1} 和 a_n,然后求 a 的值。接着,通过研究 $a_n - a$ 的值,我们也许可以锁定某个特定类型。

(d)通过计算数列的前几项,我们也许会注意到给定数列和其他一些我们已知的著名数列之间存在某种联系,比如斐波那契数列。

(e)猜测 a_n 为包含少数几个自由参数的函数形式,然后尝试解出这些参数。比如,我们可以猜测 $a_n = P(n)$ 为关于 n 的低阶多项式或者 $a_n = Cr^n$ 为幂函数。

接下来,我们会展示一些利用上述策略的例子。

例题 5.1　数列 $(a_n)_{n \geqslant 0}$ 满足 $a_{m+n} + a_{m-n} = \dfrac{1}{2}(a_{2m} + a_{2n})$(整数 $m, n \geqslant 0$,其中 $m \geqslant n$)。若 $a_1 = 1$,请求出 $a_{1\,995}$ 的值。

解答　如果代入 $m = n$,我们得到

$$a_{2m} + a_0 = \frac{1}{2}(a_{2m} + a_{2m}) \Rightarrow a_0 = 0$$

同时

$$a_{1+0} + a_{1-0} = \frac{1}{2}(a_2 + a_0) \Rightarrow a_2 = 4$$

我们现在可以用强归纳法来证明 $a_k = k^2$ 对于所有 $k \geqslant 0$ 都成立。基线条件 $k = 0, 2$ 已经得到证明,从题设中可知 $a_1 = 1$。将 $n = 0$ 和 $m = k$ 代入递归关系式,我们得到

$$a_k + a_k = \frac{1}{2}(a_{2k} + 0) \Rightarrow a_{2k} = 4a_k$$

再代入 $m = 2k$ 和 $n = 1$,同时利用上述公式,我们得到

$$a_{2k+1} + a_{2k-1} = \frac{1}{2}(a_{4k} + a_2) = \frac{1}{2}(4a_{2k} + a_2)$$

于是,$a_{2k+1} = 2a_{2k} - a_{2k-1} + 2$。

现在,假定 $a_j = j^2$ 对于所有 $2 \le j < n$ 都成立。如果 $n = 2k$ 是偶数,那么 $a_n = 4a_k = (2k)^2$;如果 $n = 2k+1$ 是奇数,那么 $a_n = 2a_{2k} - a_{2k-1} + 2 = 2(2k)^2 - (2k-1)^2 + 2 = (2k+1)^2$。因此,对于所有 n 都有 $a_n = n^2$。由此可知,$a_{1\,995} = 1\,995^2$。

例题 5.2 如下定义数列 $(x_n)_{n \ge 0}$:

(1)当且仅当 $n = 0$ 时,$x_n = 0$。

(2)$x_{n+1} = x_{\left[\frac{n+3}{2}\right]}^2 + (-1)^n x_{\left[\frac{n}{2}\right]}^2$ 对于所有 $n \ge 0$ 都成立。

请求出 x_n 的闭式解析式。

解答 代入 $n = 0$ 和 $n = 1$,求得 $x_1 = x_1^2$ 和 $x_2 = x_2^2$,于是 $x_1 = x_2 = 1$。我们根据已知条件可以得到 $x_{2n+1} = x_{n+1}^2 + x_n^2$ 和 $x_{2n} = x_{n+1}^2 - x_{n-1}^2$。将这两个关系式相减后得到 $x_{2n+1} - x_{2n} = x_n^2 + x_{n-1}^2 = x_{2n-1}$,于是

$$x_{2n+1} = x_{2n} + x_{2n-1}, \quad n \ge 1 \tag{1}$$

我们通过对 n 的归纳来证明

$$x_{2n} = x_{2n-1} + x_{2n-2}, \quad n \ge 1 \tag{2}$$

事实上,$x_2 = x_1 + x_0$。假定式(2)的真假取决于 n,那么

$$\begin{aligned}
x_{2n+2} - x_{2n} &= x_{n+2}^2 - x_n^2 - x_{n+1}^2 + x_{n-1}^2 \\
&\overset{(*)}{=} (x_{n+1} + x_n)^2 - x_n^2 - x_{n+1}^2 + (x_{n+1} - x_n)^2 \\
&= x_{n+1}^2 + x_n^2 \\
&= x_{2n+1}
\end{aligned}$$

此即为前述断言(等式($*$)成立是因为等式(1)和归纳假设)。

从关系式(1)和(2)可得 $x_{n+2} = x_{n+1} + x_n$ 对于所有 $n \ge 0$ 都成立。由于 $x_0 = 0, x_1 = 1$,所以数列 $(x_n)_{n \ge 0}$ 是斐波那契数列。因此,$x_n = \frac{1}{\sqrt{5}}\left(\left(\frac{1+\sqrt{5}}{2}\right)^n - \left(\frac{1-\sqrt{5}}{2}\right)^n\right)$。

例题 5.3 定义数列 $(a_n)_{n \ge 0}$,其中 $a_0 = 0, a_1 = 1, a_2 = 2, a_3 = 6$,且 $a_{n+4} = 2a_{n+3} + a_{n+2} - 2a_{n+1} - a_n, n \ge 0$。请证明,所有 $n(n > 0)$ 都能整除 a_n。

解答 从题设可得 $a_4 = 12, a_5 = 25, a_6 = 48$。我们已知 $\frac{a_1}{1} = \frac{a_2}{2} = 1, \frac{a_3}{3} = 2, \frac{a_4}{4} = 3, \frac{a_5}{5} = 5$,$\frac{a_6}{6} = 8$。这表明 $\frac{a_n}{n} = F_n$ 对于 $n = 1, \cdots, 6$ 都成立,其中 $(F_n)_{n \ge 1}$ 是斐波那契数列。

我们用归纳法来证明 $a_n = nF_n$ 对于所有 n 都成立。其实,假定 $a_k = kF_k$ 对于 $k \le n + 3$

成立,我们就可以得到所求结论。由此,有

$$a_{n+4} = 2(n+3)F_{n+3} + (n+2)F_{n+2} - 2(n+1)F_{n+1} - nF_n$$
$$= 2(n+3)F_{n+3} + (n+2)F_{n+2} - 2(n+1)F_{n+1} - n(F_{n+2} - F_{n+1})$$
$$= 2(n+3)F_{n+3} + 2F_{2n+2} - (n+2)F_{n+1}$$
$$= 2(n+3)F_{n+3} + 2F_{2n+2} - (n+2)(F_{n+3} - F_{n+2})$$
$$= (n+4)(F_{n+3} + F_{n+2})$$
$$= (n+4)F_{n+4}$$

例题 5.4　令数列 $(a_n)_{n \geqslant 0}$ 的定义如下: $a_0 = 0, a_1 = 1$,并且 $\dfrac{a_{n+1} - 3a_n + a_{n-1}}{2} = (-1)^n$ 对于所有整数 $n > 0$ 都成立。请证明 a_n 对于所有 $n \geqslant 0$ 都是一个完全平方数。

解答　回顾斐波那契数列的定义: $F_1 = 1, F_2 = 1$,并且 $F_{n+2} = F_{n+1} + F_n (n \geqslant 1)$。我们断定 $a_n = F_n^2$,然后通过对 $n \geqslant 0$ 的归纳来证明我们的断言。

基线条件是立即可以得到证明的: $a_0 = f_0^2 = 0, a_1 = f_1^2 = 1, a_2 = f_2^2 = 1$。

假定该论断对于 $n \geqslant 2$ 为真,我们来证明该论断对于 $n+1$ 也为真。我们已知 $\dfrac{a_{n+1} - 3a_n + a_{n-1}}{2} + \dfrac{a_n - 3a_{n-1} + a_{n-2}}{2} = (-1)^n + (-1)^{n-1} = 0$,于是, $a_{n+1} = 2a_n - 2a_{n-1} - a_{n-2}$。因此,只要证明 $F_{n+1}^2 = 2F_n^2 + 2F_{n-1}^2 - F_{n-2}^2$,即 $(F_n + F_{n-1})^2 = 2F_n^2 + 2F_{n-1}^2 - (F_n - F_{n-1})^2$ 就够了。通过展开两边的括号就可以看到该不等式显然为真。

例题 5.5　我们来考察一下 $a_n = \sqrt{2}^{\sqrt{2}^{\sqrt{2}^{\cdots}}}$ 这个由 n 个等于 $\sqrt{2}$ 的项构成的塔形数字。请证明, a_n 递增且上界为 2。

解答　我们将通过对 n 的归纳来证明 $a_n < 2$ 和 $a_n < a_{n+1}$。

当 $n = 1$ 时,得到 $\sqrt{2} < 2$ 和 $\sqrt{2}^{\sqrt{2}} > \sqrt{2}$,显然成立。

假定结论对于 $n \geqslant 1$ 成立,我们根据归纳假设得到 $a_{n+1} = \sqrt{2}^{a_n} < \sqrt{2}^2 = 2$,同时, $a_{n+1} = \sqrt{2}^{a_n} > \sqrt{2}^{a_{n-1}} = a_n$。

例题 5.6(USAMO 1997 候选)　令 $a_1 = a_2 = 97, a_{n+1} = a_n a_{n-1} + \sqrt{(a_n^2 - 1)(a_{n-1}^2 - 1)}, n > 1$。请证明:

(1) $2 + 2a_n$ 是一个完全平方数。

(2) $2 + \sqrt{2 + 2a_n}$ 是一个完全平方数。

解答　需要对题中式子 $a^2 - 1$ 和 $2 + 2a$ 进行如下代换: $a = \dfrac{1}{2}\left(b^2 + \dfrac{1}{b^2}\right)$。由等式 $\dfrac{1}{2}\left(b^2 + \dfrac{1}{b^2}\right) = 97$ 必然能够导出 $2 + 2a = \left(b + \dfrac{1}{b}\right)^2 = 196$,于是, $b + \dfrac{1}{b} = 14$。代换 $b = c^2$ 得到 $2 + \sqrt{2 + 2a} = \left(c + \dfrac{1}{c}\right)^2 = 16$,所以 $c + \dfrac{1}{c} = 4$。取 $c = 2 + \sqrt{3}$,我们用归纳法来证明 $a_n =$

$\dfrac{1}{2}\left(c^{4F_n}+\dfrac{1}{c^{4F_n}}\right),n\geq1$。其中，$F_n$ 是第 n 个斐波那契数。

该结论对于 $n=1$ 和 $n=2$ 确实为真。同时，假定 $a_k=\dfrac{1}{2}\left(c^{4F_k}+\dfrac{1}{c^{4F_k}}\right)$ $(k\leq n)$ 后必然可以得到

$$a_{n+1}=\dfrac{1}{4}\left(c^{4F_n}+\dfrac{1}{c^{4F_n}}\right)\left(c^{4F_{n-1}}+\dfrac{1}{c^{4F_{n-1}}}\right)+\dfrac{1}{4}\left(c^{4F_n}-\dfrac{1}{c^{4F_n}}\right)\left(c^{4F_{n-1}}-\dfrac{1}{c^{4F_{n-1}}}\right)$$

$$=\dfrac{1}{2}\left(c^{4F_{n+1}}+\dfrac{1}{c^{4F_{n+1}}}\right)$$

于是

$$2+2a_n=2+c^{4F_n}+\dfrac{1}{c^{4F_n}}=\left(c^{2F_n}+\dfrac{1}{c^{2F_n}}\right)^2$$

$$2+\sqrt{2+2a_n}=2+c^{2F_n}+\dfrac{1}{c^{2F_n}}=\left(c^{F_n}+\dfrac{1}{c^{F_n}}\right)^2$$

请注意，因为 $x_0=2$，$x_1=4$ 且 $x_m=4x_{m-1}-x_{m-2}$ 对于 $m\geq2$ 成立，所以 $x_m=c^m+\dfrac{1}{c^m}$ 对于所有正整数 m 都是一个整数。证毕。

例题 5.7 给定 $a_1=1$ 和 $a_{n+1}=\dfrac{1}{16}\left(1+4a_n+\sqrt{1+24a_n}\right)$，请求出数列 $(a_n)_{n\geq1}$ 的通项公式。

解答 关于本题，我们所采取的方法是，先证明该数列收敛于某个值 a，通过在递归关系中用 a 代换 a_{n+1} 和 a_n，我们可以求得 a 的值。显然，该数列只包含正数项，而我们需要证明该数列递减。要得到这个结论，只需证明 $\dfrac{1}{3}\leq a_n$ 对于所有 n 都成立就够了。因为，此时我们得到

$$a_n-a_{n+1}=\dfrac{1}{16}\left(16a_n-1-4a_n-\sqrt{1+24a_n}\right)$$

$$=\dfrac{1}{16}\left(12a_n-1-\sqrt{1+24a_n}\right)$$

现在，需要使 $12a_n-1-\sqrt{1+24a_n}\geq0$，这等价于 $12a_n-1\geq\sqrt{1+24a_n}$。由于 $a_n\geq\dfrac{1}{3}$，所以我们可以将两边平方，得到 $144a_n^2-48a_n\geq0$。当 $a_n\geq\dfrac{1}{3}$ 时，该不等式为真。

我们现在利用归纳法来证明 $a_n\geq\dfrac{1}{3}$。基线条件可由题设得到证明。至于归纳步骤，我们有

$$a_{n+1} = \frac{1}{16}(1 + 4a_n + \sqrt{1+24a_n}) \geq \frac{1}{16}\left(1 + 4\frac{1}{3} + \sqrt{1 + 24\frac{1}{3}}\right) = \frac{1}{3}$$

这样,我们的归纳就完成了。所以,a_n 递减且有下界,因此收敛于某个值 $a(a \geq 0)$。

在递归关系中用 a 代换 a_{n+1} 和 a_n,我们求得 $a = 0$ 或者 $a = \frac{1}{3}$。因为对于所有 n 都有 $a_n \geq \frac{1}{3}$,所以我们必定可以得到 $a = \frac{1}{3}$。于是

$$a_1 - \frac{1}{3} = \frac{1}{2} + \frac{1}{6}$$

$$a_2 - \frac{1}{3} = \frac{1}{2^2} + \frac{1}{3 \cdot 2^3}$$

$$a_3 - \frac{1}{3} = \frac{1}{2^3} + \frac{1}{3 \cdot 2^5}$$

$$a_4 - \frac{1}{3} = \frac{1}{2^4} + \frac{1}{3 \cdot 2^7}$$

现在,我们断定 $a_n = \frac{1}{3} + \frac{1}{2^n} + \frac{2}{3 \cdot 4^n}$,该断言显然可以通过归纳法得到证明。我们已经确立了基线条件。现在,假定该断言对于 n 成立,则

$$a_{n+1} = \frac{1}{16}\left(1 + 4\left(\frac{1}{3} + \frac{1}{2^n} + \frac{2}{3 \cdot 4^n}\right) + \sqrt{1 + 24\left(\frac{1}{3} + \frac{1}{2^n} + \frac{2}{3 \cdot 4^n}\right)}\right)$$

请注意

$$1 + 24\left(\frac{1}{3} + \frac{1}{2^n} + \frac{2}{3 \cdot 4^n}\right) = \left(3 + \frac{4}{2^n}\right)^2$$

因此,对各项进行扩展简化后,根据上述表达式就可以得到关于 a_{n+1} 的所求关系式。这样,我们的归纳证明也就完成了。

例题 5.8 考虑数列 $(u_n)_{n \geq 1}$,其定义如下:$u_1 = 3, v_1 = 2$,且 $u_{n+1} = 3u_n + 4v_n$,$v_{n+1} = 2u_n + 3v_n$,其中 $n \geq 1$。定义 $x_n = u_n + v_n$,$y_n = u_n + 2v_n (n \geq 1)$,请证明,$y_n = [x_n\sqrt{2}]$ 对于所有 $n \geq 1$ 都成立。

解答 我们用归纳法证明

$$u_n^2 - 2v_n^2 = 1, n \geq 1 \tag{1}$$

当 $n = 1$ 时,从题设可知该论断为真。假定该等式对于某个 n 值为真,则

$$u_{n+1}^2 - 2v_{n+1}^2 = (3u_n + 4v_n)^2 - 2(2u_n + 3v_n)^2 = u_n^2 - 2v_n^2 = 1$$

所以式(1)对于所有 $n \geq 1$ 都为真。我们现在来证明

$$2x_n^2 - y_n^2 = 1, n \geq 1 \tag{2}$$

事实上,根据假定可知

$$2x_n^2 - y_n^2 = 2(u_n + v_n)^2 - (u_n + 2v_n)^2 = u_n^2 - 2v_n^2 = 1$$

进而可得

$$(x_n\sqrt{2}-y_n)(x_n\sqrt{2}+y_n)=1,n\geq1$$

请注意,$x_n\sqrt{2}+y_n>1$,所以 $0<x_n\sqrt{2}-y_n<1,n\geq1$。因此,$y_n=[x_n\sqrt{2}]$,此即为所求。

例题 5.9(IMO 2013 候选) 令 n 为正整数,我们来考察正整数数列 $a_1,a_2,\cdots,a_n$。周期性地延展上述数列,使其变为一个无限数列 $a_1,a_2,\cdots$,定义 $a_{n+i}=a_i$ 对于所有 $i\geq1$ 都成立。若

$$a_1\leq a_2\leq\cdots\leq a_n\leq a_1+n \tag{1}$$

且

$$a_{a_i}\leq n+i-1,i=1,2,\cdots,n \tag{2}$$

请证明,$a_1+a_2+\cdots+a_n\leq n^2$。

解答 我们将通过对 n 的归纳来提供本题的一种解法。

我们从证明基线条件 $n=1$ 开始。此时,我们得到 $a_{a_1}\leq1$。由于数列在 $n=1$ 时为常数列,所以必然得到 $a_1=a_{a_1}\leq1$,于是也就可以证得本题的结论了。

对于一般化的情况,我们先确定一些简单的情形:$a_1=1$(此时必然存在 $a_2,a_3,\cdots,$ $a_n\leq n+1$),$a_1=n$(此时必然存在 $a_n\leq n$),或者 $a_n\leq n$,因为不等式在这些情况下成立是不证自明的。我们还发现,若 $a>n$,则 $n<a_1\leq a_{a_1}\leq n$,矛盾。所以,我们可以假定 $a_1<n<a_n$。

现在,我们令 $1\leq t\leq n-1$,使得 $a_1\leq a_2\leq\cdots\leq a_t\leq n<a_{t+1}\leq\cdots\leq a_n$。根据(2)可知 $1\leq a_1\leq n$,$a_{a_1}\leq n$,所以我们得到 $a_1\leq t$。

定义数列 $d_1,d_2,\cdots,d_{n-1}$ 为

$$d_i=\begin{cases} a_{i+1}-1,若\ i\leq t-1 \\ a_{i+1}-2,若\ i\geq t \end{cases}$$

并且周期性地将其展开为对 $n-1$ 的模。我们可以证明该数列同样也是满足题设要求的。于是,根据归纳假设可知 $d_1+d_2+\cdots+d_{n-1}\leq(n-1)^2$,这必然能够导出

$$\sum_{i=1}^{n}a_i=a_1+\sum_{i=2}^{t}(d_{i-1}+1)+\sum_{i=t+1}^{n}(d_{i-1}+2)\leq t+(t-1)+2(n-t)+(n-1)^2=n^2$$

这样,我们的归纳就完成了,于是本题的证明也就结束了。

例题 5.10(俄罗斯 2000) 实数列 $a_1,a_2,\cdots,a_{2\,000}$ 满足以下条件:$a_1^3+a_2^3+\cdots+a_n^3=$ $(a_1+a_2+\cdots+a_n)^2$ 对于所有 $1\leq n\leq2\,000$ 成立。请证明,数列的每一个元素都是整数。

解答 我们将通过对 n 的归纳来证明 a_n 为整数且 $a_1+a_2+\cdots+a_n=\dfrac{N_n(N_n+1)}{2}$ 对于非负整数 N_n 成立。将该加和的范围延伸到 $n=0$ 的情况(我们取 $N_0=0$)就是本次归纳的基线条件。

现在,假定上述论断对于 $n\geq0$ 成立,我们来证明其对于 $n+1$ 的情况也成立。由题设知 $\left(\sum_{i=1}^{n+1}a_i\right)^2=\sum_{i=1}^{n+1}a_i^3$,这等价于 $\left(\dfrac{N_n(N_n+1)}{2}+a_{n+1}\right)^2=\left(\dfrac{N_n(N_n+1)}{2}\right)^2+a_{n+1}^3$。通过对展开的

和因数分解,上述等式就变成了 $a_{n+1}(a_{n+1}-(N_n+1))(a_{n+1}+N_n)=0$。于是,得到 $a_{n+1}\in\{0, N_n+1,-N_n\}$,所以,$a_{n+1}$ 是一个整数。

为了完成归纳,我们还需要确定 N_{n+1} 的值。如果 $a_{n+1}=0$,那么我们代换 $N_{n+1}=N_n$;如果 $a_{n+1}=N_n+1$,那么

$$\sum_{i=1}^{n}a_i+a_{n+1}=\frac{N_n(N_n+1)}{2}+(N_n+1)=\frac{(N_n+2)(N_n+1)}{2}$$

于是,我们代换 $N_{n+1}=N_n+1$;最后,如果 $a_{n+1}=-N_n$,那么

$$\sum_{i=1}^{n}a_i+a_{n+1}=\frac{N_n(N_n+1)}{2}-N_n=\frac{N_n(N_n-1)}{2}$$

于是,我们代换 $N_{n+1}=N_n-1$。由此,归纳步骤以及本题的证明就完成了。

5.2 推荐习题

习题 5.1 数列 $(a_n)_{n\geqslant1}$ 的定义如下:$a_1=2$ 且 $a_{n+2}=\dfrac{2+a_n}{1-2a_n}$,$n\geqslant1$。请证明,该数列各项皆非零。

习题 5.2 令 $(a_n)_{n\geqslant0}$ 和 $(b_n)_{n\geqslant0}$ 是通过下列方式定义的数列:$a_{n+3}=a_{n+2}+2a_{n+1}+a_n$,$n=0,1,\cdots$,$a_0=1$,$a_1=2$,$a_2=3$ 和 $b_{n+3}=b_{n+2}+2b_{n+1}+b_n$,$n=0,1,\cdots$,$b_0=3$,$b_1=2$,$b_2=1$。请问,这两个数列有多少个公共整数项?

习题 5.3(印度 1996) 数列 $(a_n)_{n\geqslant1}$ 的定义如下:$a_1=1$,$a_2=2$,且 $a_{n+2}=2a_{n+1}-a_n+2$ 对于 $n\geqslant1$ 成立。请证明,对于任意 $m\geqslant1$,a_ma_{m+1} 也是该数列中的一项。

习题 5.4(俄罗斯 2000) 令 $a_1,a_2,\cdots,a_n$ 是一个元素并非全为零的非负实数列。对于 $1\leqslant k\leqslant n$,令 $m_k=\max\limits_{1\leqslant i\leqslant k}\dfrac{a_{k-i+1}+a_{k-i+2}+\cdots+a_k}{i}$。请证明,对于任意 $\alpha>0$,满足 $m_k>\alpha$ 的整数 k 的个数小于 $\dfrac{a_1+a_2+\cdots+a_n}{\alpha}$。

习题 5.5(USAMO 2003) 令 $n\neq0$。对于每一个满足 $0\leqslant a_i\leqslant i$($i=0,\cdots,n$)的整数列 A,$A=a_0,a_1,a_2,\cdots,a_n$,可以通过取 $t(a_i)$ 为数列 A 中位于 a_i 之前且不同于 a_i 的项数来定义另一个数列 $t(A)$,$t(A)=t(a_0),t(a_1),t(a_2),\cdots,t(a_n)$。请证明,从上面的任意数列 A 开始,通过少于 n 次的 t 转换可以得到一个满足 $t(B)=B$ 的数列 B。

习题 5.6(俄罗斯 2000) 令 $a_1,a_2,\cdots$ 是一个满足以下递归公式的数列:$a_1=1$;若 $a_n-2\notin\{a_1,a_2,\cdots,a_n\}$ 且 $a_n-2>0$,则 $a_{n+1}=a_n-2$;否则,$a_{n+1}=a_n+3$。请证明,对于每一个正整数 k($k>1$)和某个 n,我们可以得到 $a_n=k^2=a_{n-1}+3$。

习题 5.7 令 $(x_n)_{n\geqslant1}$ 通过如下关系式定义:$x_1=1$,且 $x_{n+1}=\dfrac{x_n}{n}+\dfrac{n}{x_n}$,$n\geqslant1$。请证明,$\lfloor x_n^2\rfloor=n$ 对于所有 $n\geqslant4$ 都成立。

习题 5.8(俄罗斯 2000)　对于任意奇整数 $a_0 > 5$,我们来考察数列 $a_0, a_1, a_2, \cdots$:对于所有 $n \geq 0$,若 a_n 为奇数,则 $a_{n+1} = a_n^2 - 5$;若 a_n 为偶数,则 $a_{n+1} = \dfrac{a_n}{2}$。请证明,该数列无界。

习题 5.9(中国 1997)　令 $(a_n)_{n \geq 1}$ 是一个满足 $a_{n+m} \leq a_n + a_m$ 对于正整数 m 和 n 都成立的非负实数列。请证明,若 $n \geq m$,则 $a_n \leq ma_1 + \left(\dfrac{n}{m} - 1\right)a_m$。

习题 5.10　令 $n \geq 2$ 为整数。请证明,存在 $n+1$ 个数 $x_1, x_2, \cdots, x_{n+1} \in \mathbb{Q} \setminus \mathbb{Z}$,使得 $\{x_1^3\} + \{x_2^3\} + \cdots + \{x_n^3\} = \{x_{n+1}^3\}$,其中 $\{x\}$ 是 x 的分数部分。

习题 5.11　令 $(a_n)_{n \geq 1}$ 是一个实数列,使得 $a_1 = a_2 = 1$,且 $a_{n+2} = a_{n+1} + \dfrac{a_n}{3^n}$ 对于 $n \geq 1$ 成立。请证明,对于任意 $n \geq 1$ 都存在 $a_n \leq 2$。

习题 5.12(IMO 1995)　正实数数列 $x_0, x_1, \cdots, x_{1\,995}$ 满足 $x_0 = x_{1\,995}$ 和 $x_{i-1} + \dfrac{2}{x_{i-1}} = 2x_i + \dfrac{1}{x_i}$($i = 1, 2, \cdots, 1\,995$)。请求出 x_0 可以取得的最大值。

习题 5.13(INMO 2010)　如下定义数列 $(a_n)_{n \geq 0}$:$a_0 = 0$,$a_1 = 1$,$a_n = 2a_{n-1} + a_{n-2}$($n \geq 2$)。

(1)对于每一个 $m > 0$ 和 $0 \leq j \leq m$,请证明 $2a_m$ 可以整除 $a_{m+j} + (-1)^j a_{m-j}$。

(2)假定 2^k 整除 n,其中 n 和 k 为自然数,请证明 2^k 可以整除 a_n。

习题 5.14(IMO 2013 候选)　令 n 为正整数,$a_1, \cdots, a_{n-1}$ 为任意实数。归纳性地定义数列 $u_0, u_1, \cdots, u_n$ 和 $v_0, v_1, \cdots, v_n$ 为:$u_0 = u_1 = v_0 = v_1 = 1$ 且 $u_{k+1} = u_k + a_k u_{k-1}$,$v_{k+1} = v_k + a_{n-k} v_{k-1}$($k = 1, 2, \cdots, n-1$)。请证明,$u_n = v_n$。

习题 5.15(IMO 2006 候选)　一个实数列 $a_0, a_1, a_2, \cdots$ 可以被定义为以下递归关系:$a_0 = -1$,$\displaystyle\sum_{k=0}^{n} \dfrac{a_{n-k}}{k+1} = 0$($n \geq 1$)。请证明,对于 $n \geq 1$,$a_n > 0$。

习题 5.16　如下定义数列 $(a_n)_{n \geq 0}$:$a_0 = a_1 = 47$ 且 $2a_{n+1} = a_n a_{n-1} + \sqrt{(a_n^2 - 4)(a_{n-1}^2 - 4)}$。请证明,$a_n + 2$ 对于任意 $n \geq 0$ 都是一个完全平方数。

习题 5.17　令 $a_0, a_1, a_2, \cdots$ 是一个非负整数递增数列,使得每一个非负整数都可以唯一地被表示为 $a_i + 2a_j + 4a_k$,其中 i, j 和 k 不要求必须相异。请求出 $a_{1\,998}$ 的值。

习题 5.18　一个整数数列 $a_1, a_2, a_3, \cdots$ 的定义如下:$a_1 = 1$;对于 $n \geq 1$,a_{n+1} 是大于 a_n 的最小整数,使得 $a_i + a_j \neq 3a_k$ 对于来自 $\{1, 2, 3, \cdots, n+1\}$ 的任意 i, j 和 k 成立,其中 i, j 和 k 不一定是不同的。请求出 $a_{1\,998}$ 的值。

习题 5.19　令 k 为正整数。数列 $a_1, a_2, a_3, \cdots$ 的定义如下:$a_1 = k+1$,且 $a_{n+1} = a_n^2 - ka_n + k$($n \geq 1$)。请证明,$a_m$ 和 a_n($m \neq n$)互质。

习题 5.20(保加利亚 TST 2011)　如下定义数列 $(x_n)_{n \geq 1}$:$x_1 = \dfrac{2}{3}$,且 $x_{n+1} = \dfrac{3x_n + 2}{3 - 2x_n}$($n \geq$

1）。请问该数列最终是否会变成一个周期数列？

习题 5.21（圣彼得堡）　令 $(x_n)_{n\geqslant 1}$ 和 $(y_n)_{n\geqslant 1}$ 是两个数列，且给定 $x_1=\dfrac{1}{10},y_1=\dfrac{1}{8}$，$x_{n+1}=x_n+x_n^2,y_{n+1}=y_n+y_n^2(n\geqslant 1)$。请证明，对于任意正整数 m 和 n，我们都不能得到 $x_n=y_m$。

习题 5.22（中国台湾 2000）　令 $f:\mathbb{N}_+\to\mathbb{N}$ 由以下递归关系定义:$f(1)=0$，且 $f(n)=\max\limits_{1\leqslant j\leqslant\lfloor\frac{n}{2}\rfloor}\{f(j)+f(n-j)+j\}(n\geqslant 2)$。请求出 $f(2\,000)$ 的值。

习题 5.23（中国台湾 1997）　令 $n>2$ 是一个整数。假定 $a_1,a_2,\cdots,a_n$ 为正实数，使得 $k_i=\dfrac{a_{i-1}+a_{i+1}}{a_i}$ 对于所有 i（这里的 $a_0=a_n$ 且 $a_{n+1}=a_1$）都是一个正整数。请证明

$$2n\leqslant k_1+k_2+\cdots+k_n\leqslant 3n$$

习题 5.24（泽肯多夫定理）　请证明，任意正整数 N 都可以唯一地被表示为斐波那契数列 $N=\sum\limits_{j=1}^{m}F_{i_j}(i_j-i_{j-1}\geqslant 2)$ 中不同的非连续项之和。

习题 5.25　令 $a>1$ 是一个实数但不是一个整数。请证明被定义为 $a_n=[a^{n+1}]-a[a^n]$ 的数列 $(a_n)_{n\geqslant 0}$ 不是一个周期函数。这里，$[x]$ 表示 x 的整数部分。

习题 5.26（中国 2004）　对于给定的实数 a 和正整数 n，请证明:

（1）恰好存在一个实数列 $x_0,x_1,\cdots,x_n,x_{n+1}$，使得

$$\begin{cases}x_0=x_{n+1}=0\\\dfrac{1}{2}(x_i+x_{i+1})=x_i+x_i^3-a^3,i=1,2,\cdots,n\end{cases}$$

（2）（1）中的数列 $x_0,x_1,\cdots,x_n,x_{n+1}$ 满足 $|x_i|\leqslant|a|$，其中 $i=0,1,\cdots,n+1$。

习题 5.27（IMO 2010 候选）　一个数列 $x_1,x_2,\cdots$ 被定义为 $x_1=1,x_{2k}=-x_k,x_{2k-1}=(-1)^{k+1}x_k(k\geqslant 1)$。请证明，对于所有 $n\geqslant 1$，我们都可以得到 $x_1+x_2+\cdots+x_n\geqslant 0$。

习题 5.28　令 a_n 是长度为 n 的字符串的数量。n 的各数位数字只包含 0 和 1，并且两个 1 之间不能相距两个数位。请求出 a_n 的闭型表达式。

习题 5.29（IMO 2009 候选）　令 n 为正整数。给定一个数列 $\varepsilon_1,\varepsilon_2,\cdots,\varepsilon_{n-1}$，其中对于 $i=1,\cdots,n-1,\varepsilon_i=0$ 或者 $\varepsilon_i=1$。数列 $a_0,a_1,\cdots,a_n$ 和 $b_0,b_1,\cdots,b_n$ 是根据以下规则建构的:$a_0=b_0=1,a_1=b_1=7$;对于每一个 $i=1,\cdots,n-1$,若 $\varepsilon_i=0$,则 $a_{i+1}=2a_{i-1}+3a_i$,若 $\varepsilon_i=1$,则 $a_{i+1}=3a_{i-1}+a_i$,对于每一个 $i=1,\cdots,n-1$,若 $\varepsilon_{n-i}=0$,则 $b_{i+1}=2b_{i-1}+3b_i$,若 $\varepsilon_{n-i}=1$,则 $b_{i+1}=3b_{i-1}+b_i$。请证明,$a_n=b_n$。

习题 5.30（IMO 2008 候选）　令 $a_0,a_1,a_2,\cdots$ 是一个正整数数列,使得任意两个连续项的最大公约数大于前一项。用符号表示就是 $\gcd(a_i,a_{i+1})>a_{i-1}$。请证明,$a_n\geqslant 2^n$ 对于所有 $n\geqslant 0$ 都成立。

第6章 数　　论

6.1　理论与例题

我们从对本章将会用到的一些基本标记法和结论进行综述开始。

给定 $a, b \in \mathbb{Z}$, $a \neq 0$, 如果存在 $c \in \mathbb{Z}$ 使得 $b = ac$, 那么我们称 a 整除 b, a 是 b 的一个因数, 或者 $a \mid b$。对于任意 b, ± 1 和 $\pm b$ 总是 b 的因数, 而其他因数则被称为真因数。

余数除法是一个定理, 其表述如下: 已知两个整数 a 和 b, 且 $b \neq 0$, 存在唯一的整数 q 和 r 使得 $a = qb + r$, 且 $0 \leqslant r < |b|$。

两个整数 a 和 b 的一个公因数指的是使 $c \mid a$ 与 $c \mid b$ 成立的一个整数 c $(c \in \mathbb{Z})$。数 a, b $(a, b \in \mathbb{N})$ 的最大公因数或者最大公约数 (简称 gcd) 指的是 a 和 b 的公约数 d $(d \in \mathbb{N})$, 且若 c 也是其中一个公因数则 $c \mid d$。我们将 a 和 b 的 gcd 表示为 $\gcd(a, b)$, 或者简化为 (a, b)。该数存在且唯一取决于 a 和 b。若 $d = \gcd(a, b)$, 则 $d \mid (ua + vb)$ 对于所有 $u, v \in \mathbb{Z}$ 都成立 (d 实际上是 a 和 b 的最小正线性组合)。贝祖定理的表述是: 若 $a, b \in \mathbb{N}$ 且 $c \in \mathbb{Z}$, 则当且仅当 $(a, b) \mid c$ 时存在 $u, v \in \mathbb{Z}$ 使得 $c = ua + vb$。欧几里得算法为计算 $\gcd(a, b)$ 提供了一套详尽的流程, 即如果我们持续地通过以下流程来拆分 a 和 b (当得到余数为零时停止)

$$a = q_1 b + r_1$$
$$b = q_2 r_1 + r_2$$
$$r_1 = q_3 r_2 + r_3$$
$$\vdots$$
$$r_{n-2} = q_n r_{n-1}$$

那么, 最大公因数就是 r_{n-1}。若 $\gcd(a, b) = 1$, 则我们称 a 和 b 互质。

如果 $p > 1$ 且 p 的因数只有 ± 1 和 $\pm p$, 那么正整数 p 就是质数。代数基础定理 (我们会进行简单的证明) 的表述是: 只能用一种方式将每一个正整数表述为质数积的形式。欧几里得证明了存在无限多个质数, 而切比雪夫定理则称: 对于任意 $n > 3$, 在 n 和 $2n - 2$ 之间总存在一个质数。对于正整数 a 和 a 的质因数 p, 我们将会频繁地使用标记法 $\nu_p(a)$ 来表示在 a 的质因数分解式中 p 的指数 (比如 $\nu_3(18) = 2$, $\nu_2(11) = 0$)。通过定义 $\nu_p\left(\dfrac{m}{n}\right) = \nu_p(m) - \nu_p(n)$, 我们可以将该标记法拓展到整个有理数领域。

对于整数 a 和 b, 以及正整数 n, 我们以 $a \equiv b \pmod{n}$ 表示 $n \mid (a - b)$。诸如 $a \equiv$

$b(\bmod n)$ 和 $c \equiv d(\bmod n)$ 的标准特性必然表明 $ac \equiv bd(\bmod n)$ 可以通过定义来得到证明。

中国余数定理 令 $(m,n)=1,a,b \in \mathbb{Z}$,则以下联立恒等式组存在一个唯一解($mn$ 的模)

$$\begin{cases} x \equiv a(\bmod m) \\ x \equiv b(\bmod n) \end{cases}$$

即存在同时满足上述两个恒等式的 x,且每个其他解都恒等于 $x(\bmod mn)$。

费马小定理 若 a 为正整数且 p 为质数,则 $a^p \equiv a(\bmod p)$。

我们将在后面的例题中证明该定理。

对于一个给定的正整数 n,我们以 $\varphi(n)$ 表示集合 $\{a \in \mathbb{N}_+ \mid a \leqslant n \text{ 且 } (a,n)=1\}$ 的基数(即小于或等于 n 且与 n 互质的正整数)。

欧拉定理 若 a 和 n 为正整数且 $(a,n)=1$,则 $a^{\varphi(n)} \equiv 1(\bmod n)$。该定理拓展了上述费马小定理的应用。

对于满足 $(a,n)=1$ 的两个正整数 a 和 n,a 对 n 模的秩就是满足 $a^k \equiv 1(\bmod n)$ 的最小正整数。请注意,欧拉定理证明了秩总是存在的,并且它可以整除 $\varphi(n)$。

给定正整数 n,如果存在整数 x 使得 $x^2 \equiv a(\bmod n)$,那么整数 a 就被称为对 n 的模的一个二次剩余。否则,a 就被称为二次非剩余。对于质数 p 和整数 a,我们定义勒让德符号函数如下:若 a 为 p 模的一个二次余数,则 $\left(\dfrac{a}{p}\right)=1$;若 a 为 p 模的一个二次非剩余,则 $\left(\dfrac{a}{p}\right)=-1$;若 $(a,p)>1$,则 $\left(\dfrac{a}{p}\right)=0$。

勒让德符号函数的标准特性可以通过模的特性得到。关于该证明以及勒让德符号函数在数论其他领域中的应用,我们鼓励读者自己去查阅关于基本数论的标准文献。

我们从余数除法定理可知,对于每一个正整数 n 和任意整数 a,存在一个唯一的整数 $b(0 \leqslant b \leqslant n-1)$ 使得 $a \equiv b(\bmod n)$。对于给定的正整数 n,由 $a \equiv b(\bmod n)$ 时的 $a \sim b$ 得到的关系式 $a \sim b$ 是一个等价关系式。根据我们所做的观察,可以选定等价类代表数为 0,$1,\cdots,n-1$。我们令 $\mathbb{Z}_n = \mathbb{Z}/n\mathbb{Z} = \{0,1,\cdots,n-1\}$ 为这些类的集合。如果对于 $a \in \mathbb{Z}$ 以 $[a] \in \mathbb{Z}_n$ 表示相应的等价类,那么我们可以以一种自然的方式将 $\mathbb{Z}_n$ 中的加法运算定义为 $c+d=[c+d]$ 对于任意 $c,d \in \mathbb{Z}_n$ 都成立(比如在 $\mathbb{Z}_4$ 中有 $2+3=1$)。如果以一种类似的方式反过来看集合 $\mathbb{Z}_n^* = (\mathbb{Z}/n\mathbb{Z})^* = \{0<a<n \mid \gcd(a,n)=1\}$,那么我们可以用 $c \cdot d = [c \cdot d]$ 定义 $\mathbb{Z}_n$ 中的乘法运算。总体而言,我们会关注 $n=p$ 为质数时的情况,得到 $\mathbb{Z}_p = \{0,1,\cdots,p-1\}$,$\mathbb{Z}_p^* = \{1,2,3,\cdots,p-1\}$。正如前面所言,$\mathbb{Z}_p$ 中定义的运算是加法,而 $\mathbb{Z}_p^*$ 中的则是乘法。

6.1.1 p 与 $\left\lfloor \dfrac{n}{p} \right\rfloor$ 技巧

在归纳法中,我们还没有遇到的一个(尤其是对数论而言)非常精彩的变体可表述如下:通过归纳法,我们不去证明 $P(0)$ 和 $P(n) \Rightarrow P(n+1)$,而是证明关于 n(不一定是不同的)的(质)因数个数 $P(n)$ 为真。其中最著名的应用如下。

例题 6.1(算数基础定理) 请证明,每一个自然数 $n(n \geq 2)$ 只能唯一地通过质数积来表示。具体而言,如果 $p_1 p_2 \cdots p_k = q_1 q_2 \cdots q_l$,其中 p_i 和 q_i 为质数但不一定是不同的,那么 $k = l$,且 $q_1, q_2, \cdots, q_l$ 是 $p_1, p_2, \cdots, p_k$ 以某种序列重排后的结果。

解答 关于本题的证明,我们需要用到以下结论:若 p 为质数且 $p \mid ab$,则 $p \mid a$ 或 $p \mid b$。该结论可以通过贝祖定理得到,我们把证明作为习题留给读者来完成。

现在,我们来证明原题结论。假定相反的状况,那么(根据良序原理)存在一个不能被表示为质数积的最小值 n。

如果 n 为质数,那么 n 为质数积。否则,可以将 n 表示为 $n = ab$,其中 $1 < a, b < n$。根据 n 的最小值特性,可知 a 和 b 都可以分别表示为质数积。所以,n 也可以,由此产生矛盾。

现在,我们对 $k+l$ 进行归纳,其中 k 和 l 如题设所言分别表示 n 的两个表达式中质因数的个数。当 $k+l=2$ 时,我们必定得到 $k=1, l=1$(否则我们就会得到两个质数之积等于 1,这是矛盾的)。此时,我们得到 $p_1 = q_1$,此即为所求。

现在,令 $p_1 p_2 \cdots p_k = q_1 q_2 \cdots q_l$,我们已知 $p_1 \mid q_1 q_2 \cdots q_l$,即 $p_1 \mid q_1 (q_2 q_3 \cdots q_l)$,所以 $p_1 \mid q_i$ 对于某个 i 值成立。不失一般性,假设 $i=1$,那么由于两者皆为质数,所以 $p_1 = q_1$。因此,$p_2 p_3 \cdots p_k = q_2 q_3 \cdots q_l$。根据对 $l+k-2$ 的归纳假设,我们就完成了证明。

例题 6.2(OMM 2002) 令 n 为正整数。则 n^2 的正约数中形如 $4k+1$ 的多还是形如 $4k-1$ 的多?

解答 用 $M(n)$ 表示 n^2 中形如 $4k-1$ 的正约数,$P(n)$ 表示 n^2 中形如 $4k+1$ 的正约数。我们用强归纳法来证明 $M(n) < P(n)$。对于 $n = 2^k$,我们可以得到 $M(2^k) = 0 < 1 = P(2^k)$。

令 p 为质数,使得 $p \nmid n, p \equiv 1 \pmod{4}$,于是 $(p^\alpha n)^2 = p^{2\alpha} n^2$ 的每一个形如 $4k-1$ 的约数是 p 的幂乘以 n^2 的一个相同形式的约数。这对于形如 $4k+1$ 的约数也是如此。于是,我们得到 $M(p^\alpha n) = (2\alpha+1) M(n)$ 和 $P(p^\alpha n) = (2\alpha+1) P(n)$,所以,$M(n) < P(n)$ 使得 $M(p^\alpha n) < P(p^\alpha n)$。

现在,考虑质数 p 使得 $p \nmid n, p \equiv -1 \pmod{4}$ 的情况。于是,$(p^\alpha n)^2 = p^{2\alpha} n^2$ 的每一个形如 $4k-1$ 的约数要么等于 p^{2r} 乘以 n^2 的一个形如 $4k-1$ 的约数(此时 $0 \leq r \leq \alpha$),要么等于 p^{2r-1} 乘以 n^2 的一个形如 $4k+1$ 的约数(此时 $1 \leq r \leq \alpha$)。而形如 $4k+1$ 的约数则相反。由此,得到 $M(p^\alpha n) = (\alpha+1) M(n) + \alpha P(n)$ 和 $P(p^\alpha n) = (\alpha+1) P(n) + \alpha M(n)$。所以,由 $M(n) < P(n)$ 再一次使得 $M(p^\alpha n) < P(p^\alpha n)$。

我们所归纳的关于 N 的因数个数不一定为质数的例子如下:

例题 6.3(圣彼得堡) 数字 N 等于 200 个不同的正整数的乘积。请证明,N 至少有 19 901 个不同的约数(包括 1 和它自身)。

解答 我们通过归纳来证明:如果 N 等于 k 个不同的正整数的乘积,那么 N 至少有 $\frac{k(k-1)}{2} + 1$ 个不同的约数。基线条件 $N = 1$ 不证自明。

关于归纳步骤，假定 $M = a_1 a_2 \cdots a_{k+1} = N \cdot a_{k+1}$。不失一般性，我们可以假设 a_{k+1} 是所有 a_i 中的最大值（否则，我们只需要重新进行排序就可以了）。根据归纳假设，$N = \dfrac{M}{a_{k+1}}$ 至少有 $\dfrac{k(k-1)}{2} + 1$ 个不同的约数。请注意，$\dfrac{N}{a_i} \cdot a_{k+1}$ 是 M 的所有约数（M 大于 N），因为 $a_{k+1} > a_i$ 对于 $i = 1, 2, \cdots, k$ 成立。因此，在总数至少为 $\dfrac{k(k-1)}{2} + 1 + k = \dfrac{(k+1)k}{2} + 1$ 的所有约束中，我们至少有 k 个新的约数。

我们现在来证明一个精彩的结论——厄多斯-金茨堡-齐弗定理。为了得到该结论，我们同样需要用归纳法来证明以下辅助结论。

例题 6.4（柯西-达文波特定理） 令 $p \geq 3$ 为质数。于是，对于 $\mathbb{Z}/p\mathbb{Z}$ 中任意两个非空子集 A 和 B，我们可以得到 $|A+B| \geq \min\{|A|+|B|-1, p\}$，其中 $A+B = \{a+b \mid a \in A, b \in B\}$。

解答 我们将通过对 $|A|$ 进行强归纳来证明该结论。对于基线条件，我们在 $|A| = 1$ 时得到了 $|A+B| = |B|$（因为 $A+B$ 就是 B 的转化），所以没有什么是需要证明的。

关于归纳步骤，令 A 为一个集合，且 $|A| > 1$。因为 $|A|$ 至少有两个元素，所以我们可以不失一般性地假定 A 包含 0，如果需要的话可以将该集合进行转化（请注意，这一操作并不影响本题的论述）。令 x 为其他非零元素之一。我们还可以假定 $1 \leq |B| < p$，否则也没有多少内容是需要证明的。因此，存在一个元素 n 使得 $nx \in B$ 而 $(n+1)x \notin B$。通过对 B 中的 $-nx$ 进行转化后，我们求得 $0 \in B$ 和 $x \notin B$。

现在，请注意，$A \cup B + A \cap B \subset A + B$。这里的关键发现是 $A \cap B$ 包含 0 但不包括 A 的全部，因为 $x \notin B$。因此，我们可以通过归纳假设来得到 $|A+B| \geq |A \cup B + A \cap B| \geq \min\{|A \cap B| + |A \cup B| - 1, p\}$。通过众所周知的等式 $|A \cap B| + |A \cup B| = |A| + |B|$，我们就可以得到结论了。

例题 6.5（厄多斯-金茨堡-齐弗定理） 请证明，我们可以从任意 $2n-1$ 个数中选取 n 个数，其和可以被 n 整除。

解答 本题可以利用对 n 的质因数的数量进行归纳来解。首先，我们来证明本题中相对简单的部分，即归纳步骤。我们来证明，如果本题结论对于 $n = a$ 和 $n = b$ 成立，那么其对于 $n = ab$ 也成立。

我们来考察 $2ab-1$ 个数的情况。选择其中的 $2a-1$ 个数，根据归纳假设，我们可以从这 $2a-1$ 个数中选取 a 个数，其和可以被 a 整除。除去这个由 a 个元素组成的数组，我们剩下 $(2b-1)a-1$ 个数。从这剩下的数中再选取 $2a-1$ 个数以相同的方式再构建一个由 a 个数组成的数组，其和可以被 a 整除。总体而言，如果选取 $k < 2b-1$ 个由 a 个数构成的其和能被 a 整除的数组，那么我们就剩下 $(2b-k)a > 2a-1$ 个数，所以我们还可以再选出一个这样的数组。因此，我们最后得到 $2b-1$ 个由 a 个数构成的其和能被 a 整除的数组。令这些数组为 $G_1, G_2, \cdots, G_{2b-1}$，其对应的和为 $aS_1, aS_2, \cdots, aS_{2b-1}$。通过对 b 的归纳假设，我

们可以求得 $1 \leqslant i_1 \leqslant \cdots \leqslant i_b \leqslant 2b-1$ 使 $S_{i_1} + S_{i_2} + \cdots + S_{i_b}$ 可以被 b 整除。因此,来自数组 G_1, $G_2, \cdots, G_{2b-1}$ 的 ab 个数的总和可以被 ab 整除,这就是我们所需要的论断。

我们现在就只剩下基线条件需要证明了,即:对于质数 p,给定任意 $2p-1$ 个数,我们可以从中选取 p 个数,其和可以被 p 整除。因为对于求和来说,我们只对 p 模的余数感兴趣,所以我们可以不失一般性地假设这 $2p-1$ 个数来自集合 $\{0, 1, \cdots, p-1\}$。以 $a_1 \leqslant a_2 \leqslant \cdots \leqslant a_{2p-1}$ 来表示这 $2p-1$ 个数,若 $a_i = a_{i+p-1}$ 对于 $i \leqslant p-1$ 成立,则我们必定可以得到 $a_i + a_{i+1} + \cdots + a_{i+p-1} = pa_i \equiv 0 \pmod{p}$。否则,我们定义 $A_i = \{a_i, a_{i+p-1}\}$ 对于 $1 \leqslant i \leqslant p-1$ 成立。通过多次应用柯西-达文波特定理,我们得到 $|A_1 + A_2 + \cdots + A_{p-1}| = p$。因此,$\mathbb{Z}_p$ 的每一个元素恰好就是数列前 $2p-2$ 个元素中 $p-1$ 个元素之和。具体而言,$-a_{2p-1}$ 就是这样的一个和,它对应 $\mathbb{Z}_p$ 中由 p 个元素组成的加和为 0 的所求子集。

6.1.2 可整除性

归纳法在数论中的另一种典型应用就是可整除性问题。我们将会考察一些出现在这类算题中的理念。

例题 6.6 请证明,对于所有 $n \in \mathbb{N}$,我们都可以得到 $17 \mid 2^{5n+3} + 5^n \cdot 3^{n+2}$。

解答 令 $P(n)$ 表示 $17 \mid 2^{5n+3} + 5^n \cdot 3^{n+2}$。我们已知 $2^3 + 5^0 \cdot 3^2 = 17$,所以 $P(0)$ 为真。假定 $P(n)$ 对于 $n \geqslant 0$ 为真,则我们必须证明 $17 \mid 2^{5n+8} + 5^{n+1} \cdot 3^{n+3}$。因此,我们进行下列代数操作

$$2^{5n+8} = 2^{5n+3} \cdot 2^5 = 2^{5n+3}(34-2) = 2^{5n+3} \cdot 34 - 2^{5n+3} \cdot 2$$
$$5^{n+1} \cdot 3^{n+3} = 5^n \cdot 3^{n+2} \cdot 15 = 5^n \cdot 3^{n+2} \cdot 17 - 5^n \cdot 3^{n+2} \cdot 2$$

所以,要证明 $P(n+1)$ 的话,只需证明 $17 \mid 2^{5n+3} \cdot 2 + 5^n \cdot 3^{n+2} \cdot 2$ 就够了,而这可以通过假定 $P(n)$ 为真推得。这样,我们根据弱归纳原理就可以得到结论了。

归纳法在可整除性问题中的一个相当精彩的应用如下。

例题 6.7(费马小定理) 令 p 为质数,则对于所有正整数 n,p 都可以整除 $n^p - n$。

解答 我们将通过对 n 的归纳来证明该结论。基线条件 $n=1$ 为真,因为 $p \mid 1^p - 1 = 0$。现在,假定该结论对于 $n \geqslant 1$ 成立,即 $p \mid n^p - n$。于是

$$(n+1)^p - (n+1) = n^p + \binom{p}{1} n^{p-1} + \cdots + \binom{p}{p-1} n + 1 - (n+1)$$
$$= n^p - n + \sum_{i=1}^{p-1} \binom{p}{i} n^{p-i}$$

现在,$\binom{p}{i} = \dfrac{p!}{(p-i)! \; i!}$,且对于 $1 \leqslant i \leqslant p-1$,$p$ 不能整除 $i!$ 或者 $(p-i)!$。所以,我们得到结论:对于 $0 < i < p$,$\binom{p}{i}$ 可以被 p 整除。根据归纳假设可知,$n^p - n$ 可以被 p 整除,所以,$p \mid (n+1)^p - (n+1)$,结论得证。

我们再来看一些例子。

例题 6.8（Kvant M2277）　请证明,对于所有正整数 n 和 k,加和 $S=1^n+2^n+\cdots+(2^k-1)^n$ 都可以被 2^{k-1} 整除。

解答　若 n 为奇数,则我们可以将该和重新表示为

$$S=(1^n+(2^k-1)^n)+(2^n+(2^k-2)^n)+\cdots+((2^{k-1}-1)^n+(2^{k-1}+1)^n)+2^{n(k-1)}$$

此时,我们显然可以看出 S 可以被 2^{k-1} 整除。

若 n 为偶数,则我们通过对 k 的归纳来进行证明。基线条件 $k=1$ 显然成立。假定该结论对于 $k\geqslant1$ 成立,我们得到 $a^n\equiv(2^{k+1}-a)^n(\bmod\ 2^k)$,所以

$$1^n+2^n+\cdots+(2^{k+1}-1)^n=(1^n+(2^{k+1}-1)^n)+\cdots+((2^k-1)^n+(2^k+1)^n)+2^{nk}$$
$$\equiv2(1^n+2^n+\cdots+(2^k-1)^n)+2^{kn}(\bmod\ 2^k)$$

根据归纳假设可知,$1^n+2^n+\cdots+(2^k-1)^n$ 可以被 2^{k-1} 整除,所以 $1^n+2^n+\cdots+(2^{k+1}-1)^n$ 必定可以被 2^k 整除。证毕。

以下更富有挑战性的算题是由爱沙尼亚设计的,并被列为第 47 届国际数学奥林匹克竞赛的候选试题。

例题 6.9（IMO 2006 候选）　对于所有正整数 n,请证明存在一个正整数 m 使得 n 可以整除 2^m+m。

解答　我们将通过对 $d\geqslant1$ 的归纳来证明:对于每一个正整数 N,存在正整数 b_0,b_1,$\cdots$,b_{d-1} 使得 $b_i>N$ 和 $2^{b_i}+b_i\equiv i\ (\bmod\ d)$ 对于每一个 $i=0,1,2,\cdots,d-1$ 都成立。请注意,当取 $m=b_0$ 时,通过上述论断就可以得到本题的结论了。

基线条件 $d=1$ 显然成立。关于归纳步骤,取 $a>1$ 并假定该结论对于所有 $d<a$ 都成立。请注意,因为 i 的值域涵盖 $\mathbb{N}$,所以 2^i 对 a 的模的各余数以某个幂 M 开始且周期性重复。令 k 为周期长度,这意味着 $2^{M+k'}\equiv2^M(\bmod\ a)$ 只对 k 的倍数 k' 成立。值得进一步注意的是,这些周期性重复的余数不可能包含所有 a 个余数,因为 0 要么被排除在外,要么是周期中唯一的余数。因此,$k<a$。

令 $d=\gcd(a,k)$,$a'=a/d$,$k'=k/d$。因为 $0<k<a$,所以我们也可以得到 $0<d<a$。根据归纳假设,存在正整数 $b_0,b_1,\cdots,b_{d-1}$ 使得 $b_i>\max\{2^M,N\}$ 且

$$2^{b_i}+b_i\equiv i(\bmod\ d),i=0,1,2,\cdots,d-1 \tag{1}$$

对于每一个 $i=0,1,\cdots,d-1$,我们来看以下数列

$$2^{b_i}+b_i,2^{b_i+k}+(b_i+k),\cdots,2^{b_i+(a'-1)k}+(b_i+(a'-1)k) \tag{2}$$

取其对 a 的模,这些数分别恒等于

$$2^{b_i}+b_i,2^{b_i}+(b_i+k),\cdots,2^{b_i}+(b_i+(a'-1)k)$$

这 d 个数列共包含 $a'd=a$ 个数。我们现在来证明,这些数中不可能同时有两个数恒等于 a 的模。

假设

$$2^{b_i}+(b_i+mk)\equiv2^{b_j}+(b_j+nk)(\bmod\ a) \tag{3}$$

对于 $i,j\in\{0,1,\cdots,d-1\}$ 和 $m,n\in\{0,1,\cdots,a'-1\}$ 的某个值都成立。由于 d 是 a 的一个

约数,所以我们也可以得到 $2^{b_i}+(b_i+mk)\equiv 2^{b_j}+(b_j+nk)\,(\bmod\ d)$。由于 d 是 k 的一个约数,所以根据式(1),我们得到 $i\equiv j\,(\bmod\ d)$。由于 $i,j\in\{0,1,\cdots,d-1\}$,这意味着 $i=j$。将该等式代入式(3)可得 $mk\equiv nk\,(\bmod\ a)$。所以,$mk'\equiv nk'\,(\bmod\ a)$,由于 a' 和 k' 互质,所以我们得到 $m\equiv n\,(\bmod\ a')$。于是,也就得到 $m=n$。

因此,式(2)中构成 d 个数列的 a 个数满足所有要求。这些数必定都大于 N,因为我们选定的每一个 $b_i>\max\{2^m,N\}$,所以该结论对于 a 成立。由此,我们就完成了归纳。

例题 6.10(TOT 2009) 用 $[n]!$ 表示所有 n 个因数的乘积

$$1\cdot 11\cdot\cdots\cdot\underbrace{11\cdots 1}_{n\uparrow}$$

请证明,$[n+m]!$ 可以被 $[n]!\,[m]!$ 整除。

解答 定义 $f(n)=1\cdot 11\cdot\cdots\cdot\underbrace{11\cdots 1}_{n\uparrow}$,$f(0)=1$,所以 $[0]!=1$。同时,定义

$$\begin{bmatrix}n\\k\end{bmatrix}=\frac{[n]!}{[k]!\,[n-k]!}$$

对于 $0\leqslant k\leqslant n$ 成立。

我们通过对 n 的归纳来证明 $\begin{bmatrix}n\\k\end{bmatrix}$ 对于所有 $n\geqslant 1$ 总是一个正整数。当 $n=0$ 时,我们得到

$$\begin{bmatrix}0\\0\end{bmatrix}=\frac{[0]!}{[0]!\,[0]!}=1$$

现在,假定该结论对于 $n\geqslant 0$ 成立。于是,对于 $n+1$,我们得到

$$\begin{bmatrix}n+1\\k\end{bmatrix}=\frac{[n+1]!}{[k]!\,[n+1-k]!}$$

$$=\frac{[n]!\,f(n+1)}{[k]!\,[n+1-k]!}$$

$$=\frac{[n]!\,f(n+1-k)10^k}{[k]!\,[n-k]!\,f(n+1-k)}+\frac{[n]!\,f(k)}{[k-1]!\,[n+1-k]!}$$

$$=10^k\begin{bmatrix}n\\k\end{bmatrix}+\begin{bmatrix}n\\k-1\end{bmatrix}$$

上述和中的两项都为整数,所以我们的归纳证明就完成了。这进一步表明,对于任意整数 m 和 n

$$\begin{bmatrix}m+n\\n\end{bmatrix}=\frac{[m+n]!}{[m]!\,[n]!}$$

是一个正整数。因此,$[m+n]!$ 可以被 $[m]!\,[n]!$ 整除,此即为所求。

例题 6.11 令 a,b 为正整数,且 $a-b>1$。请证明,存在无穷多个正整数 n 使得 $n^2\mid a^n-b^n$。

解答 我们通过直接建构一个由无穷多个满足要求的正整数组成的数列 $(n_k)_{k\geqslant 1}$ 来

证明该结论。令 $n_1 = 1$，对于 $k \geqslant 1$，设 $n_{k+1} = \dfrac{a^{n_k} - b^{n_k}}{n_k}$，我们对 $k \geqslant 1$ 来证明 $n_k \in \mathbb{N}$ 和 $n_k^2 \mid a^{n_k} - b^{n_k}$。

当 $k = 1$ 时，结论显然成立，因为 $n_1 = 1$ 且 $1 \mid a - b$。

至于归纳步骤，假定该结论对于 $k \geqslant 1$ 成立，我们来证明其对于 $k+1$ 也成立。根据归纳假设 $n_k^2 \mid a^{n_k} - b^{n_k}$，可得 $n_{k+1} = \dfrac{a^{n_k} - b^{n_k}}{n_k} \in \mathbb{N}$ 和 $n_k \mid n_{k+1}$。令 $n_{k+1} = n_k \cdot m_k$，其中 $m_k \in \mathbb{Z}_+$。于是

$$
\begin{aligned}
a^{n_{k+1}} - b^{n_{k+1}} &= a^{n_k \cdot m_k} - b^{n_k \cdot m_k} \\
&= (a^{n_k} - b^{n_k})((a^{n_k})^{m_k-1} + (a^{n_k})^{m_k-2} b^{n_k} + \cdots + (b^{n_k})^{m_k-1}) \\
&= n_k n_{k+1}((a^{n_k})^{m_k-1} - (b^{n_k})^{m_k-1} + ((a^{n_k})^{m_k-2} - (b^{n_k})^{m_k-2})b^{n_k} + \cdots + m_k(b^{n_k})^{m_k-1}) \\
&= n_k n_{k+1}((a^{n_k} - b^{n_k})c + m_k(b^{n_k})^{m_k-1}) \\
&= n_k n_{k+1}(n_k n_{k+1} c + m_k(b^{n_k})^{m_k-1}) \\
&= n_{k+1}^2 \cdot d
\end{aligned}
$$

其中，c 和 d 是整数。因此，$n_{k+1}^2 \mid a^{n_{k+1}} - b^{n_{k+1}}$。这样，我们的归纳证明就完成了。

最后，我们来证明数列 (n_k) 递增。请注意

$$
\begin{aligned}
n_{k+1} &= \frac{a^{n_k} - b^{n_k}}{n_k} \\
&= \frac{(a-b)(a^{n_k-1} + a^{n_k-2}b + \cdots + b^{n_k-1})}{n_k} \\
&\geqslant \frac{2(3^{n_k-1} + 3^{n_k-2} + \cdots + 1)}{n_k} \\
&\geqslant \frac{2(n_k + n_k - 1 + \cdots + 1)}{n_k} \\
&= n_k + 1 > n_k
\end{aligned}
$$

其中，我们利用了 $3^0 < 3^1 < \cdots < 3^{n-1}$ 和 $3^{n-1} \geqslant n$ 对于 $n \geqslant 1$ 成立这两个论断。因此，得到 $n_{k+1} > n_k$。我们的解答到此结束。

例题 6.12（AMM）　令 d, k, q 为正整数，且 k 为奇数。请求出 $\displaystyle\sum_{n=1}^{2^d k} n^q$ 的分解因式中 2 的幂。

解答　我们来证明，若 q 为偶数或者 $q = 1$，则答案是 $d - 1$，否则答案是 $2(d-1)$。我们将通过对 d 进行归纳来求解。当 $q = 1$ 时，通过直接计算就可以立即得到结论。并且，若 $d = 1$，则我们会发现总和为奇数，这表明指数必定为 0。这就是我们用归纳法证明的基线条件。

现在，假定 $d > 1$，我们可以将题中的加和表示为

$$
(2^d k)^q - (2^{d-1} k)^q + \sum_{j=1}^{2^{d-1}k}(j^q + (2^d k - j)^q)
$$

若 q 为偶数,我们取和为对于 2^d 的模,则

$$\sum_{n=1}^{2^d k} n^q \equiv 2 \sum_{n=1}^{2^{d-1} k} n^q (\bmod 2^d)$$

根据归纳假设,我们知道 $\sum_{n=1}^{2^{d-1} k} n^q \equiv 2^{d-2} (\bmod 2^{d-1})$,所以

$$\sum_{n=1}^{2^d k} n^q \equiv 2^{d-1} (\bmod 2^d)$$

此即为所求。

如果 $q \geq 3$ 为奇数,根据二项式定理,可得

$$n^q + (2^d k - n)^q \equiv 2^d q k n^{q-1} (\bmod 2^{2d-1})$$

所以

$$\sum_{n=1}^{2^d k} n^q \equiv 2^d q k \sum_{n=1}^{2^{d-1} k} n^{q-1} (\bmod 2^{2d-1})$$

由于 $q-1 \geq 2$ 是偶数,所以我们可以利用上面刚刚证明的结论,得到

$$\sum_{n=1}^{2^{d-1} k} n^{q-1} \equiv 2^{d-2} (\bmod 2^{d-1})$$

因此

$$\sum_{n=1}^{2^d k} n^q \equiv 2^{2d-2} (\bmod 2^{2d-1})$$

证毕。

6.1.3 数学表示

数论中应用归纳法的另一个非常流行的题型是要求证明某个数或者数列可以被表示成某种特定的形式。我们接下来从下面这个相对简单的例子开始来说明这个主题。

例题 6.13 请证明,介于 1 和 $n!$ 之间的任意数都可以被表示为 $n!$ 的约数中最多 n 个不同约数之和。

解答 我们从关于 n 的归纳着手。当 $n=3$ 时,该论断为真。假定题中结论对于 $n-1$ 为真。令 $1 < k < n!$,且 k' 和 q 分别为 n 除以 k 时的商和余数。所以,$k = k'n + q$, $0 \leq q < n$,且 $0 \leq k' < \dfrac{k}{n} < \dfrac{n!}{n} = (n-1)!$。根据归纳假设,存在整数 $d'_1 < d'_2 < \cdots < d'_s$ 和 $s \leq n-1$,使得 $d'_i \mid (n-1)!$, $i = 1, 2, \cdots, s$, $k' = d'_1 + d'_2 + \cdots + d'_s$。因此,$k = nd'_1 + nd'_2 + \cdots + nd'_s + q$。

现在,若 $q = 0$,则 $k = d_1 + d_2 + \cdots + d_s$,其中 $d_i = nd'_i (i = 1, 2, \cdots, s)$ 分别是 $n!$ 的不同约数。

若 $q \neq 0$,则 $k = d_1 + d_2 + \cdots + d_{s+1}$,其中 $d_i = nd'_i$, $i = 1, 2, \cdots, s$, $d_{s+1} = q$。显然,我们可以得到 $d_i \mid n!$ 对于 $i = 1, 2, \cdots, s$ 成立,并且由于 $q < n$,所以 $d_{s+1} \mid n!$。另外,因为 $d_{s+1} = q < n \leq nd'_1 = d_1$,所以 $d_{s+1} < d_1 < d_2 < \cdots < d_s$。因此,如题中所言,$k$ 可以被表示为 $n!$ 的约数中最多 n 个不同约数之和。

例题 6.14 若每一个满足 $1 \leqslant m \leqslant c_1 + c_2 + \cdots + c_n$ 的自然数 m 可以被表示为 $m = \dfrac{c_1}{a_1} + \dfrac{c_2}{a_2} + \cdots + \dfrac{c_n}{a_n}$（其中，$a_1, a_2, \cdots, a_n$ 为自然数），则数列 $c_1, c_2, \cdots$ 被称为"完美数列"。请求出，一个完美数列中 c_n 的最大值。

解答 令 $b_1, b_2, \cdots, b_n$ 是 $c_1, c_2, \cdots, c_n$ 的一个按递增顺序重新排列的数列。我们根据题设知，$b_k + b_{k+1} + \cdots + b_n$ 可以被表示为

$$b_k + b_{k+1} + \cdots + b_n = \sum_{i=1}^{n} \frac{b_i}{a_i}$$

我们不可能得到 $a_k = a_{k+1} = \cdots = a_n = 1$。于是，令 $j \geqslant k$ 为使 $a_j > 2$ 的最大数，由此我们可以推得

$$b_k + b_{k+1} + \cdots + b_n \leqslant b_1 + b_2 + \cdots + b_{j-1} + \frac{b_j}{2} + b_{j+1} + \cdots + b_n$$

所以，$b_j \leqslant 2(b_1 + b_2 + \cdots + b_{k-1})$。我们得到关系式 $b_k \leqslant 2(b_1 + b_2 + \cdots + b_{k-1})$。然而，$b_1 \leqslant 2$（否则，$b_1 + b_2 + \cdots + b_n - 1$ 不能被表示为 $\dfrac{b_1}{a_1} + \dfrac{b_2}{a_2} + \cdots + \dfrac{b_n}{a_n}$）。因此，$b_2 \leqslant 2b_1 \leqslant 4$，$b_3 \leqslant 2(b_2 + b_1) = 12, \cdots$

现在，我们利用归纳法来证明 $b_k \leqslant 4 \cdot 3^{k-2}$ 对于 $k \geqslant 2$ 成立。根据上面的论述可知，基线条件为真。则归纳步骤可由以下论断推得

$$b_k \leqslant 2(b_1 + b_2 + \cdots + b_{k-1}) = 2(2 + 4 + \cdots + 4 \cdot 3^{k-3}) = 4 \cdot 3^{k-2}$$

所以，$c_k \leqslant b_k \leqslant 4 \cdot 3^{k-2}$。最后，我们还需要证明通过下列方式定义的数列是一个完美数列：$c_1 = 2, c_k = 4 \cdot 3^{k-2}(k > 1)$。

我们通过对 k 的归纳来进行证明，若 $m \leqslant c_1 + c_2 + \cdots + c_k = 2 \cdot 3^{k-1}$，则可以将 m 表示为 $\sum_{i=1}^{m} \dfrac{c_i}{a_i}$。基线条件显然成立，所以我们想要证明的是在假定该结论对于 k 成立的基础上其对于 $k+1$ 也成立。若 $m = 1$，我们取 $a_i = 2 \cdot 3^{k-1}$；若 $1 < m \leqslant 2 \cdot 3^{k-1} + 1$，则我们可以取 $a_k = c_k$，同时利用归纳假设对于 $m - 2 \cdot 3^{k-1}$ 的结论；若 $4 \cdot 3^{k-1} < m$，则我们取 $a_k = 1$，同时利用归纳假设对于 $m - 4 \cdot 3^{k-1}$ 的结论。

例题 6.15 请证明，每一个正有理数 r 都可以被表示为 $r = \dfrac{1}{q_1} + \dfrac{1}{q_2} + \cdots + \dfrac{1}{q_m}$，其中，$q_1, q_2, \cdots, q_m$ 是互不相同的整数。而且，若 $r < 1$，则我们可以假定 $q_1 \mid q_2, q_2 \mid q_3, \cdots, q_{m-1} \mid q_m$。

解答 我们从证明第二个论断（对于 $r < 1$）成立开始。令 $r = \dfrac{p}{q}$ 为最简分数。我们通过对 p 的归纳来证明该论断，其中基线条件 $p = 1$ 是显然成立的。

对于 $p > 1$，通过定义 r 的方式，我们得到 $p \nmid q$。令 $k = 1 + \left[\dfrac{q}{p}\right]$，得到 $0 < kp - q < p < q$。于

是,根据归纳假设,$k\left(\dfrac{p}{q}-\dfrac{1}{k}\right)=\dfrac{kp-q}{q}$可以被表示为$\dfrac{1}{q_1}+\dfrac{1}{q_2}+\cdots+\dfrac{1}{q_m}$,其中$q_i\,|\,q_{i+1}$。由此,我们可以得到

$$\frac{p}{q}=\frac{1}{k}+\frac{kp-q}{kq}=\frac{1}{k}+\frac{1}{kq_1}+\frac{1}{kq_2}+\cdots+\frac{1}{kq_m}$$

此即为所求表达式。

对于一般化的情况,由于数列$S(n)=1+\dfrac{1}{2}+\cdots+\dfrac{1}{n}$发散,所以我们可以求得一个满足$1+\dfrac{1}{2}+\cdots+\dfrac{1}{n}\leqslant r<1+\dfrac{1}{2}+\cdots+\dfrac{1}{n}+\dfrac{1}{n+1}$的$n$值。因此,如果令$s=r-1-\dfrac{1}{2}-\cdots-\dfrac{1}{n}$,那么我们就能够得到$0\leqslant s<\dfrac{1}{n+1}$。通过将上述第一部分刚刚确立的结论应用于$(n+1)s$,我们可以求得互不相同的$q_1,q_2,\cdots,q_m$使得

$$(n+1)s=\frac{1}{q_1}+\frac{1}{q_2}+\cdots+\frac{1}{q_m}$$

因此

$$r=1+\frac{1}{2}+\frac{1}{3}+\cdots+\frac{1}{n}+\frac{1}{(n+1)q_1}+\cdots+\frac{1}{(n+1)q_m}$$

显然,上述所有分数都各不相同。由此,我们的证明就结束了。

例题6.16 请证明,每一个正有理数都可以被表示为(不一定是互异的)质数阶乘的一个商,并且这种表示形式唯一地取决于对公因子的重排和消除。

解答 给定正有理数r,我们可以根据$\nu_p(r)\neq 0$这一特性通过对最大质数p的归纳来证明存在性和唯一性。基线条件$r=2^k$对于整数$k\in\mathbb{Z}$成立,此时$r=(2!)^k$。

关于归纳步骤,若$p>2$且$k=\nu_p(r)$,则$\dfrac{r}{(p!)^k}$是一个有理数,其所有的质因数都小于p,所以根据归纳该数可以被表示为所求的形式。由此就证明了存在性。

至于唯一性,假定$r=\prod\limits_{j=1}^{s}(p_j!)^{k_j}$对于质数$p_1<p_2<\cdots<p_s$和非零整数$k_j$成立,那么我们会发现$\nu_{p_s}(r)=k_s\neq 0$。于是,我们可以得到$p_s=p$和$k_s=\nu_p(r)$,根据归纳可知,$\prod\limits_{j=1}^{s-1}(p_j!)^{k_j}$是$\dfrac{r}{(p!)^k}$的唯一表达式。

例题6.17(莫斯科2014) 请证明,对于所有的正整数n,存在一个正整数k_n使得k_n^2的十进制展开式以n个1开始,并以n个仅由1和2组成的一串数字结尾。

解答 我们首先通过对n的归纳来证明存在十进制展开式以1结尾的整数m_n和十进制展开式以n个仅由1和2组成的一串数字结尾的m_n^2。对于基线条件$n=1$,我们可以简单地取$m_1=1$。

现在,假定结论对于$n\geqslant 1$成立,并且m_n就是所要求的数。定义$p_a=m_n+a10^n$对于后

面待定的某个 $1 \leq a \leq 9$ 成立。请注意，p_a 的最后一位数也是 1。于是，我们可以得到 $p_a^2 = m_n^2 + 2am_n 10^n + a^2 10^{2n}$。其中，$m_n^2$ 以 n 个由 1 和 2 组成的一连串数字结尾，$2am_n 10^n$ 以 n 个零结尾，而 $a^2 10^{2n}$ 以 $2n$ 个零结尾。令 m_n^2 的（从右到左）第 $n+1$ 位数字为 b，由于 m_n 以 1 结尾，所以 $2a10^n$ 的第 $n+1$ 位数字就是 $2a \pmod{10}$。所以，p_a^2 的第 $n+1$ 位数字就是 $b+2a \pmod{10}$。若 b 为奇数，我们取 a 满足 $b+2a \equiv 1 \pmod{10}$；否则，就取 a 满足 $b+2a \equiv 2 \pmod{10}$。我们通过取 $m_{n+1} = p_a$ 来完成归纳步骤的证明。

现在取 $c_n = \underbrace{11 \cdots 1}_{n \uparrow} \cdot 10^{4n}$ 和 $d_n = c_n + 10^{4n}$，我们得到

$$\sqrt{d_n} - \sqrt{c_n} = \frac{d_n - c_n}{\sqrt{d_n} + \sqrt{c_n}} = \frac{10^{4n}}{\sqrt{d_n} + \sqrt{c_n}} > \frac{10^{4n}}{2 \cdot 10^{3n}} > 1$$

所以，区间 $(\sqrt{c_n}, \sqrt{d_n})$ 内存在一个整数 u_n，其平方后的数以 n 个 1 开头。我们现在取 l 大于 $2u_n m_n$ 和 m_n^2 的数位个数，然后来考察数字 $k_n = u_n \cdot 10^l + m_n$。我们会发现 k_n^2 满足本题要求。

例题 6.18（圣彼得堡） 请证明，对于任意 $n \geq 1$，$n!$ 具有如下特性：我们可以将 $n!$ 的任意一个除 $n!$ 以外的约数与 $n!$ 的另一个约数相加，使得到的和仍旧是 $n!$ 的一个约数。

解答 我们从对 n 的归纳来着手。基线条件 $n = 1$ 和 $n = 2$ 是显然的。

我们现在来证明从 n 到 $n+1$ 的归纳步骤。若 $k \mid (n+1)!$，则我们将 k 表示为 $k = ab$，其中 $a \mid n!$，且 $b \mid n+1$。若 $a \neq n!$，则根据归纳假设可知，存在满足 $d \mid n!$ 和 $(a+d) \mid n!$ 的 d。于是，bd 和 $k + bd = (a+d)b$ 是 $(n+1)!$ 的约数。

若 $a = n!$，则 $b \neq n+1$。如果 $n+1$ 是合数，则 $n+1 = bc$ 对于某个 b 和 c 成立，并且我们也可以将 k 表示为 $k = (n+1)a'$，其中 $a' = \frac{n!}{c}$。对于这样的表示形式，上述论证是有效的。

最后，若 $n+1$ 是质数，则我们必定会得到 $b = 1$ 和 $k = n!$。于是，就有 $n! + (n-1)! = (n+1)(n-1)!$。证毕。

例题 6.19（IMO 1998） 对于任意正整数 n，用 $\tau(n)$ 表示其正约数的个数（包括 1 和它自身）。请求出所有正整数 m，使得正整数 n 满足 $\frac{\tau(n^2)}{\tau(n)} = m$。

解答 若 $n = p_1^{a_1} p_2^{a_2} \cdots p_k^{a_k}$，则 $\tau(n) = (a_1 + 1)(a_2 + 1) \cdots (a_k + 1)$。所以，本题问的是什么样的整数 n 可以被表示为

$$\frac{(2a_1 + 1)(2a_2 + 1) \cdots (2a_k + 1)}{(a_1 + 1)(a_2 + 1) \cdots (a_k + 1)}$$

（$a_1, a_2, \cdots, a_k$ 为正整数）。

因为 $(2a_1 + 1)(2a_2 + 1) \cdots (2a_k + 1)$ 是奇数，所以任意符合要求的 n 都是奇数。现在，我们通过对 n 的强归纳来证明每一个奇数 n 都可以用这种形式来表示。如果我们能找到一个 $m(m < n)$ 使得

$$\frac{n}{m}=\frac{(2x_1+1)(2x_2+1)\cdots(2x_k+1)}{(x_1+1)(x_2+1)\cdots(x_k+1)}$$

那么归纳步骤就完成了,因为我们可以将归纳假设应用于 m。现在,如果选定 $x_{i+1}=2x_i$,那么我们能够得到

$$\frac{(2x_1+1)(2x_2+1)\cdots(2x_k+1)}{(x_1+1)(2x_1+1)(2x_2+1)\cdots(2x_{k-1}+1)}=\frac{2x_k+1}{x_1+1}=\frac{2^k x_1+1}{x_1+1}$$

所以,如果我们能够求出一个奇数 $m(m<n)$ 使得 $\dfrac{m}{n}=\dfrac{t+1}{2^k t+1}$ 对于 $k\in\mathbb{N}$ 成立,那么归纳步骤

的证明就完成了。由于 m 应当为奇数,由此我们得到 $t=2s$,所以只需得到 $\dfrac{2s+1}{2^{k+1}s+1}n\in\mathbb{N}$

对于 $s,k\in\mathbb{N}$ 成立就够了。因此,n 必定有一个形如 $\dfrac{2^{k+1}s+1}{(2^{k+1}s+1,2s+1)}$ 的因数。由于

$$(2^{k+1}s+1,2s+1)\mid 2^k(2s+1)-(2^{k+1}s+1)=2^k-1$$

所以,如果设 $2s+1=(2m+1)(2^k-1)$,即 $s=2^{k-1}(2m+1)-m-1$,那么

$$\frac{2^{k+1}s+1}{(2^{k+1}s+1,2s+1)}=\frac{2^{k+1}s+1}{2^k-1}=2s+2m+1=2^k(2m+1)-1$$

这是我们所期望的突破,因为如果表示 $n+1=2^k(2m+1)$,就会有 $2^k(2m+1)-1=n$。基于上述论证,我们可以证明归纳步骤。显然

$$n=\frac{4s+1}{2s+1}\cdot\frac{8s+1}{4s+1}\cdot\cdots\cdot\frac{2^{k+1}s+1}{2^k s+1}(2m+1)$$

其中 $s=2^{k-1}(2m+1)-m-1$ 对于满足 $n+1=2^k(2m+1)$ 的 m 和 k 成立。因此,通过应用对 $2m+1$ 的归纳假设,我们就可以得到结论。

6.2 推荐习题

习题 6.1 请证明,对于任意正整数 n,3^n 能整除 $\underbrace{11\cdots11}_{3^n\text{个}}$。

习题 6.2 请证明,对于任意两个正整数 a 和 m,数列 $a,a^a,a^{a^a},\cdots$ 对 m 的模最终为常数。

习题 6.3(波兰 1998) 令 x 和 y 为实数,使得 $x+y,x^2+y^2,x^3+y^3$ 和 x^4+y^4 都为整数。请证明,对于所有正整数 n,x^n+y^n 都为整数。

习题 6.4 令 x 和 y 为整数,使得 $a-b+c-d$ 为奇数且能整除 $a^2-b^2+c^2-d^2$。请证明,对于每一个正整数 n,$a-b+c-d$ 都能整除 $a^n-b^n+c^n-d^n$。

习题 6.5(AoPS) 令 m 和 n 为正整数,且 $\gcd(m,n)=1$。请计算 $\gcd(5^m+7^m,5^n+7^n)$ 的值。

习题 6.6 令 n 为非负整数。请证明,$0,1,2,\cdots,n$ 可以被重新排列成数列 $a_0,$

$a_1,\cdots,a_n$，使得对于所有 $0 \le i \le n, a_i+i$ 都是一个完全平方数。

习题 6.7　如果一个整数 n 可以被表示为 $n=\dfrac{a(a+1)}{2}$，其中 a 为正整数，那么我们就称其为三角数。请证明 $11\cdots1_9$ 是三角数，其中的角标意味着用以 9 为底的形式表示 $11\cdots1$。

习题 6.8　令 a,b,m 为正整数，使得 $\gcd(b,m)=1$。请证明，集合 $\{a^n+bn \mid n=1,2,\cdots,m^2\}$ 包含一个对 m 的模的全部余数的集合。

习题 6.9（克玛尔定理）　令 a 和 n 为两个正整数，使得 a^n-1 可以被 n 整除。请证明，$a+1,a^2+2,\cdots,a^n+n$ 对 n 的模各不相同。

习题 6.10　令 $f:\mathbb{R} \to \mathbb{R}$ 被定义为 $f(x)=ax^2+bx+c$，其中 a,b,c 为正整数。令 n 为给定的正整数。请证明，对于任意正整数 m，存在 n 个连续整数 $\alpha_1,\alpha_2,\cdots,\alpha_n$，使得 $f(\alpha_1),f(\alpha_2),\cdots,f(\alpha_n)$ 中的每一个数都至少有 m 个不同的质因数。

习题 6.11（伊朗 2005）　请求出所有 $f:\mathbb{N}_+ \to \mathbb{N}_+$，使得对于每一个 $m,n \in \mathbb{N}_+$ 都存在 $f(m)+f(n) \mid m+n$。

习题 6.12（Kvant M2252）　请证明，$1+3^3+5^5+\cdots+(2^n-1)^{2^n-1} \equiv 2^n \pmod{2^{n+1}}$ 对于 $n \ge 2$ 成立。

习题 6.13（GMA 2013）　请证明，对于任意正整数 n 和任意质数 p，总和

$$S_n = \sum_{k=0}^{\lfloor \frac{n}{p} \rfloor} (-1)^k \binom{n}{kp}$$

可以被 $p^{\lfloor \frac{n-1}{p-1} \rfloor}$ 整除。

习题 6.14（保加利亚 1996）　令 $k \ge 3$ 为整数。请证明，存在正奇数 x 和 y 使得 $2^k=7x^2+y^2$。

习题 6.15（USAMO 1998）　请证明，对于每一个 $n(n \ge 2)$ 都存在一个由 n 个整数构成的集合 S，使得对于每一对不同的 $a,b \in S$，$(a-b)^2$ 都可以整除 ab。

习题 6.16（巴西 2011）　请证明，存在正整数 $a_1<a_2<\cdots<a_{2\,011}$，使得对于所有 $1 \le i < j \le 2\,011$ 都存在 $\gcd(a_i,a_j)=a_j-a_i$。

习题 6.17（保加利亚 TST）　令 $a,m \ge 2,\mathrm{ord}_m^a=k$（即 $a^k \equiv 1 \pmod m$ 且 $a^s \not\equiv 1 \pmod m$ 对于任意 $0<s<k$ 都成立）。请证明，如果 t 是一个奇数，使得每一个可以整除 t 的质数也能整除 m，且 $\gcd\left(t,\dfrac{a^k-1}{m}\right)=1$，则 $\mathrm{ord}_{mt}^a=kt$。

习题 6.18（中国 TST）　请证明，对于所有正整数 m 和 n，存在一个整数 k 使得 2^k-m 至少有 n 个不同的质因数。

习题 6.19（塞尔维亚）　请证明，对于所有正整数 m，存在一个正整数 $k \ge 2$ 使得 3^k-2^k-k 可以被 m 整除。

习题 6.20　令 k 为正整数。请证明，对于所有非负整数 m，存在一个至少有 m 个质

因数的正整数 n（不一定是不同的）使得 $2^{kn^2}+3^{kn^2}$ 可以被 n^3 整除。

习题 6.21　请证明，对于所有正整数 k，存在一个恰好有 k 个质因数的整数 n，且 $n^3\mid 2^{n^2}+1$。

习题 6.22（波兰训练营）　令 k 为正整数。数列 $(a_n)_{n\geqslant 1}$ 被定义为

$$\sum_{d\mid n}da_d=k^n,n\geqslant 1$$

请证明，数列的每一项都是整数。

习题 6.23　请证明，存在 $(1,2,3,\cdots,n)$ 的一个排列 $(a_1,a_2,\cdots,a_n)$，使得 $a_1,a_1+a_2,\cdots,a_1+a_2+\cdots+a_{n-1}$ 中没有一个数是完全平方数。

习题 6.24　请证明，对于一个合适的 t 以及适当的 ± 号选择，任意整数都可以有无限多种方法被表示为 $\pm 1^2\pm 2^2\pm 3^2\pm\cdots\pm t^2$。

习题 6.25（罗马尼亚 TST 2013）　请求出所有可以被表示为 $n=\dfrac{(a_1^2+a_1-1)(a_2^2+a_2-1)\cdots(a_k^2+a_k-1)}{(b_1^2+b_1-1)(b_2^2+b_2-1)\cdots(b_k^2+b_k-1)}$ 的正整数 n。其中，正整数 $a_i,b_i\in\mathbb{N}_+$ 且 $k\in\mathbb{N}_+$。

习题 6.26（美国 TST 2006）　令 n 为正整数。请求出并证明不能被表示为 $\sum_{i=1}^{n}(-1)^{a_i}2^{b_i}$ 这一形式的最小正整数 d_n。其中，a_i 和 b_i 对于每个 i 都是非负整数。

习题 6.27（USAMO 2003）　请证明，对于每一个正整数 n 都存在一个可以被 5^n 整除的 n 位数，其所有数位数字都为奇数。

习题 6.28（IMO 2004）　我们称一个正整数是"交替的"。如果它在十进制表达式中每两个连续数位都具有不同的奇偶性，请求出所有正整数 n 使得 n 有一个交替的倍数。

习题 6.29（IMO 2000 候选）　是否存在一个正整数 n 使得 n 恰好有 2 000 个质因数且 n 可以整除 2^n+1？

习题 6.30（IMO 2002 候选）　令 $p_1,p_2,\cdots,p_n$ 为大于 3 的不同质数。请证明，$2^{p_1p_2\cdots p_n}+1$ 至少有 4^n 个约数。

习题 6.31（IMO 1988）　请证明，如果 a,b 和 $q=\dfrac{a^2+b^2}{ab+1}$ 为非负整数，那么 $q=\gcd(a,b)^2$。

习题 6.32（IMO 1999 候选）　请证明，存在两个严格的递增数列 (a_n) 和 (b_n)，使得对于每一个自然数 n，$a_n(a_n+1)$ 都可以整除 b_n^2+1。

习题 6.33　请证明，对于任意两个正整数 n 和 m，我们都可以得到 $\gcd(F_n,F_m)=F_{\gcd(n,m)}$。

习题 6.34　令 n 是一个不能被 3 整除的正整数。请证明，$x^3+y^3=z^n$ 至少有一个解 (x,y,z)，其中，x,y,z 为正整数。

习题 6.35　令 n 为正整数。从集合 $A=\{1,2,\cdots,2n\}$ 中选出元素使得任意两个选定的数字之和是一个合数。请问我们可以选出的元素个数最大是多少？

习题 6.36（保加利亚 1999）　请求出正整数 n 的个数。其中，$4\leqslant n\leqslant 2^k-1$，且 n 的二

进制表达式不包含三个连续的相等数字。

习题 6. 37 请证明，每一个正整数都是一个或者多个形如 2^r3^s 的数之和（例如，23 = 9+8+6）。其中，r 和 s 为非负整数，且所有加数都不能互相整除。

习题 6. 38 令 $p \geq 3$ 为质数。同时，令 $a_1, a_2, \cdots, a_{p-2}$ 是一个正整数数列，使得 p 不能整除 a_k 或者 $a_k^k - 1 (k = 1, 2, \cdots, p-2)$。请证明，该数列部分元素之积恒等于 2 对 p 的模。

习题 6. 39 令 n 为正整数。请证明，n 的互素正质因数有序数对 (a,b) 的个数等于 n^2 约数的个数。

习题 6. 40 请证明，对于每一个整数 $n(n \geq 3)$，存在 n 个成对的不同正整数使得每一个都能整除剩下的 $n-1$ 个数之和。

习题 6. 41（USAMO 2008） 请证明，对于所有正整数 n，我们都能求得不同的正整数 $a_1, a_2, \cdots, a_n$ 使得 $a_1 a_2 \cdots a_n - 1$ 为两个连续整数的乘积。

习题 6. 42 我们从正实数 $a, b, c (a \leq b \leq c)$ 的一个三联数组 (a,b,c) 开始，每一步都进行一次下列转换：$(x,y,z) \rightarrow (|x-y|, |y-z|, |z-x|)$。请证明，当且仅当存在正整数 $n \geq k \geq 0$ 使得 $nb = ka + (n-k)c$ 时，我们最终取得的三联数组中会有一个数为 0。

习题 6. 43（波兰 2000） 一个质数列 $p_1, p_2, \cdots$ 满足下列条件：对于 $n \geq 3, p_n$ 是 $p_{n-1} + p_{n-2} + 2\,000$ 的最大质因数。请证明，该数列有界。

习题 6. 44 请证明，对于所有正整数 m，存在一个整数 n 使得 $\varphi(n) = m!$。

习题 6. 45（保加利亚 2012） 令 p 为奇质数。同时，令 $a_1, \cdots, a_{2p-1}$ 是位于区间 $[1, p^2]$ 内的不同整数，使其和可以被 p 整除。请证明，存在全部都不能被 p 整除的正整数 $b_1, \cdots, b_{2p-1}$，使得它们的 p 进制表达式只包含 1 和 0，并且 $\sum_{j=1}^{2p-1} a_j b_j$ 能被 $p^{2\,012}$ 整除。

习题 6. 46（波兰 2010） 请证明，存在一个包含 2\,010 个正整数的集合 A，使得对于任意非空子集 $B \subset A$，B 中元素之和是一个大于 1 的累乘数。

习题 6. 47（AMM） 对于一个正整数 m，我们令 $\sigma(m)$ 为加和

$$\sigma(m) = \sum_{\substack{1 \leq d < m \\ d \mid m}} d$$

请证明，对于每一个整数 $t \geq 1$ 都存在一个 m，使得 $m < \sigma(m) < \sigma(\sigma(m)) < \cdots < \sigma^t(m)$，其中 $\sigma^k = \underbrace{\sigma \circ \sigma \circ \cdots \circ \sigma}_{k\text{项}}$。

习题 6. 48（莫斯科 2013） 对于一个正整数 m，我们以 $S(m)$ 表示 m 各数位数字之和。请证明，对于任意正整数 n，存在一个整数 k，使得 $S(k) = n, S(k^2) = n^2, S(k^3) = n^3$。

习题 6. 49 请证明，是否存在正整数 $a_1 < a_2 < \cdots < a_n < \cdots$，使得数列 $a_1^2, a_1^2 + a_2^2, \cdots, a_1^2 + a_2^2 + \cdots + a_n^2 \cdots$ 中的每一个数都是正整数的平方？

习题 6. 50 哪对正整数 (a,b) 可以保证只存在有限多个正整数 n 使得 $n^2 \mid a^n + b^n$？

第7章 组合数学

7.1 理论与例题

组合数学在数学竞赛中是最流行的话题之一。很多应用归纳法解题的奥林匹克组合数学题不出意料地会出现在本章中。为了更好地阐释一些出现在组合数学中的主题并使用归纳法,我们将本章分成三个独立的部分——分割与配置、图论和组合几何。

7.1.1 分割与配置

我们来回顾一些我们在考察分割问题时会遇到的基本定义。

以 n 为秩的排列是一个从集合 $\{1,2,\cdots,n\}$ 到它自身的双射函数。以 n 为秩的排列个数为 $n!$。

以 n 除以 k 为秩的组合是 $\{1,2,\cdots,n\}$ 的一个 k 元子集。对于 $0 \le k \le n$,这样的组合个数可由以下公式得到

$$\binom{n}{k} = \frac{n!}{(n-k)! \ k!}$$

现在,我们利用归纳法来证明著名的鸽笼原理。

例题 7.1(鸽笼原理) 令 n 和 k 为正整数。若由 $nk+1$ 个不同元素构成的集合被分割成 n 个互不相交的子集,那么至少存在一个子集包含至少 $k+1$ 个元素。

解答 我们将通过对 $n \ge 1$ 的归纳来证明该结论。对于基线条件 $n=1$,一切都很明显,因为我们只有一个包含 $k+1$ 个元素的集合。

现在,假定该结论对于 $n \ge 1$ 成立,我们来看一下分布在 $n+1$ 个互不相交子集中的 $(n+1)k+1$ 个元素。我们把这些子集记为 $A_1, A_2, \cdots, A_{n+1}$。如果 A_{n+1} 至少包含 $k+1$ 个元素,那么证明就结束了。否则,A_{n+1} 中最多存在 k 个元素,于是子集 $A_1, A_2, \cdots, A_n$ 至少包含 $(n+1)k+1-k=nk+1$ 个元素。根据归纳假设可知,$A_1, A_2, \cdots, A_n$ 中至少有一个必定包含 $k+1$ 个元素,所以我们的证明就完成了。

备注 上述原理还有另一个更直接的证明方法——反证法。

我们在研讨集合分割过程中需要学习的另一个基本定理如下:

例题 7.2(容斥原理) 若 $A_1, A_2, \cdots, A_n$ 为集合,则

$$|A_1 \cup A_2 \cup \cdots \cup A_n| = \sum_{i=1}^{n} |A_i| - \sum_{1 \le i < j \le n} |A_i \cap A_j| + \cdots +$$

$$(-1)^{k-1} \sum_{1 \leq i_1 < i_2 < \cdots < i_k \leq n} |A_{i_1} \cap A_{i_2} \cap \cdots \cap A_{i_k}| + \cdots +$$

$$(-1)^{n-1} |A_1 \cap A_2 \cap \cdots \cap A_n|$$

解答 令 $P(n)$ 为以下论断：对于任意集合 $A_1, \cdots, A_n$，我们可以得到

$$|A_1 \cup A_2 \cup \cdots \cup A_n| = \sum_i |A_i| - \sum_{i<j} |A_i \cap A_j| + \cdots \pm |A_1 \cap A_2 \cap \cdots \cap A_n|$$

$P(1)$ 为真是不证自明的，$P(2)$ 也为真是因为根据集合的基本特性可以得到

$$|A_1 \cup A_2| = |A_1| + |A_2| = |A_1 \cap A_2|$$

现在，我们假定该结论对于所有小于或等于 $n(n \geq 2)$ 的正整数成立。已知 $A_1, \cdots, A_{n+1}$，令 $B_i = A_i \cap A_{n+1}$ 对于 $1 \leq i \leq n$ 成立，我们会发现 $B_i \cap B_j = A_i \cap A_j \cap A_{n+1}$。类似地，$B_i \cap B_j \cap B_k = A_i \cap A_j \cap A_k \cap A_{n+1}$。将归纳假设分别应用于 2 个集合和 n 个集合，我们得到

$$
\begin{aligned}
|A_1 \cup A_2 \cup \cdots \cup A_{n+1}| &= |A_1 \cup A_2 \cup \cdots \cup A_n| + |A_{n+1}| - |(A_1 \cup A_2 \cup \cdots \cup A_n) \cap A_{n+1}| \\
&= |A_1 \cup A_2 \cup \cdots \cup A_n| + |A_{n+1}| - |B_1 \cup B_2 \cup \cdots \cup B_n| \\
&= \sum_{i \leq n} |A_i| - \sum_{i < j \leq n} |A_i \cap A_j| + \cdots + |A_{n+1}| - \sum_{i \leq n} |B_i| + \\
&\quad \sum_{i < j \leq n} |B_i \cap B_j| - \cdots
\end{aligned}
\tag{1}
$$

请注意，$\sum_{i \leq n} |B_i| = \sum_{i \leq n} |A_i \cap A_{n+1}|$，于是，得到

$$\sum_{i<j\leq n} |A_i \cap A_j| + \sum_{i \leq n} |B_i| = \sum_{i<j \leq n+1} |A_i \cap A_j|$$

更高阶的交集亦如此。将该式代回到式(1)中，我们得到

$$|A_1 \cup A_2 \cup \cdots \cup A_{n+1}| = \sum_{i \leq n+1} |A_i| - \sum_{i < j \leq n+1} |A_i \cap A_j| + \cdots$$

这表明 $P(n+1)$ 也成立。这样，归纳步骤和本题结论的证明就完成了。

组合数学中一个普遍的主题就是每道题目都可以自己构建一个世界，所以，我们若想掌握这类题目，最佳的方法就是去考察大量包含各种理念的不同问题。接下来，我们将展示一系列不同难度的这类问题。

例题 7.3（圣彼得堡） 已知平面上有 100×100 的点阵，我们可以用线来联结除最左下角的点之外的其余所有点。请问最少需要多少根这样的线？

解答 答案是 198。我们可以用 99 根垂直线和 99 根水平线来联结除最左下角的点之外的其余所有点。

我们来证明更为一般化的结论，对于一个 $m \times n$ 点阵，需要 $m+n-2$ 根线。归纳证明如下：

基线条件是 m 或者 n 等于 1 的时候。在这种情况下，我们有 $n-1$ 个共线点需要涵盖，但我们不能画一根同时联结其中任意两个点的线，因为这样的话必定会经过禁止涵盖的那个点。所以，最小值为 $n-1$。

现在，如果 $m>1$ 且 $n>1$，假定该结论对于所有小于 $m \times n$ 的点阵都成立，我们来看一下非禁止涵盖点阵（共有 $2m+2n-5$ 个点）的边缘。如果某条线穿过边缘某条边上的所有

点,那么通过除去这条(边)线(即 $m \to m-1$ 或者 $n \to n-1$),剩下的用归纳法很容易就能得到结论。否则,任意线条最多只能联结边缘上的两个点,于是我们必定至少得到 $\lfloor \frac{2m+2n-5}{2} \rfloor + 1 = m+n-2$ 条线。由此,我们的证明就结束了。

例题 7.4 令 n 是一个大于 1 的整数。请求出车的最少数量,使得在一个 $n \times n$ 棋盘上无论怎么摆放这些车,总存在不能相互攻击的两个车,而它们又同时承受第三个车的攻击。

解答 我们来证明车的数量至少为 $2n-1$。对 $n \times n$ 棋盘上的方格进行标记,于是左下角的方格为 $a_{1,1}$,右上角的方格为 $a_{n,n}$。首先,请注意,通过将车放在 $a_{1,2}, a_{1,3}, \cdots, a_{1,n}$,$a_{2,1}, a_{3,1}, \cdots, a_{n,1}$ 上,我们发现 $2n-2$ 个车是不够的。我们将通过对 n 的归纳来证明 $2n-1$ 个车是足够的。当 $n=2$ 时,结论显然成立。

现在,我们假定该结论对于 $n = k \geqslant 1$ 为真。通过将 $2k+1$ 个车放在 $(k+1) \times (k+1)$ 的棋盘上可知,至少有一行包含一个车或者没有车。否则,车的总数将大于或等于 $2k+2$,而这是不可能的。类似地,至少有一列包含一个车或者没有车。任意选择这样的行和列,然后把它们从 $(k+1) \times (k+1)$ 棋盘上删去。

我们将 $(k+1) \times (k+1)$ 棋盘上未删去的部分合并得到一个至少包含 $2k-1$ 个车的 $k \times k$ 棋盘。选择任意 $2k-1$ 个车,根据归纳假设,这些车是足够的。进而可得,$2k+1$ 个车对于 $(k+1) \times (k+1)$ 棋盘来说是足够的。解答完毕。

例题 7.5 在一条环形路上,存在 n 辆相同的小车。它们所装的汽油总量足够让一辆汽车行驶一整圈。请证明,存在一辆车在取走它所遇到的车子上的汽油后能够行驶完一整圈。

解答 我们将通过对 n 的归纳来证明该结论。当 $n=1$ 时,结论显然为真。

假定该结论对于 n 成立,我们来证明其对于 $n+1$ 也成立。显然,其中一辆车(记为 A)有足够的汽油行驶到下一辆车(记为 B)的位置。

现在,假定一种新的配置:所有车仍旧停在原来的位置上并拥有等量的汽油,只是将 B 移除,而 A 仍旧在原来的位置上,并获得 B 的汽油。

根据归纳假设,有一辆车能够行驶完一整圈。我们认为,在具有 $n+1$ 辆车的配置下,同样也有一辆车能够行驶完一整圈。

其实,两种配置下各位置的汽油量是相等的,除了在 A 和 B 之间的这段路。但是,我们可以选定 A 使其拥有足够的汽油从 A 行驶到 B,所以汽车不会在 A 和 B 之间停留。结论得证。

例题 7.6(TOT 2002) 现在有一大堆卡片,每张卡片上写有 $1, 2, \cdots, n$ 中的一个数字。我们已知卡片上所有数字的和等于 $k \cdot n!$,其中 k 为整数。请证明,可以将这堆卡片分成 k 堆使得每堆卡片的各数字之和等于 $n!$。

解答 我们从证明一个小的引理开始。

引理 我们可以从包含 n 个整数的集合 $\{a_1, a_2, \cdots, a_n\}$ 中选取一个或者几个数,使得

它们的和能被 n 整除。

证明 我们假定这些数中没有一个可以被 n 整除。现在来看一下 $b_1 = a_1, b_2 = a_1 + a_2, \cdots,$ $b_n = a_1 + a_2 + \cdots + a_n$。如果这些数中没有一个数可以被 n 整除，那么其中至少有两个数 b_j 和 $b_l(j<l)$ 在除以 n 后具有相同的余数。于是，它们的差 $a_{j+1} + \cdots + a_l$ 可以被 n 整除。

假定我们所确立的结论对于 $n \geq 1$ 成立，即如果所有卡片上的数字之和为 $k \cdot n!$，那么，可以将这堆卡片分成 k 堆使得每堆卡片的各数字之和等于 $n!$。

我们将和为 $l \cdot (n+1)(l=1,2,\cdots,n)$ 的任意一组卡片称为"超级卡片"，其中 l 被称为"超级卡片值"。任意一张标有 $n+1$ 的卡片是一张值为 1 的超级卡片。从剩下的标有数字 $1,2,\cdots,n$ 的卡片中，我们按照以下方式构建超级卡片：选定任意 $n+1$ 张卡片，然后根据上述引理选出其中几张使其和能被 $n+1$ 整除，根据定义这些卡片将构成一组超级卡片。当还剩下 $n+1$ 张卡片时，上述操作就停止。现在，剩余卡片上的各数之和也必定能被 $n+1$ 整除，因为所有卡片上的数字总和以及每堆卡片上的各数之和都必定能被 $n+1$ 整除。这意味着，它们自身也构成一组超级卡片，其和不超过 $n(n+1)$。

于是，我们就有了一堆值为 $1,2,\cdots,n$ 的超级卡片，这些值的总和等于 $\dfrac{k \cdot (n+1)!}{n+1} = k \cdot n!$。现在，根据归纳假设，我们可以将这些超级卡片分成 k 堆使得每堆卡片的各数字之和等于 $n!$。因此，各堆卡片上的各数之和为 $n! \cdot (n+1) = (n+1)!$，此即为所求。

例题 7.7（圣彼得堡） 圣诞老人有 $n(n \geq 2)$ 件不同的礼物和一些相同的袋子。每个袋子恰好可以装两个物品：要么是两个袋子；要么是一个袋子和一件礼物；要么是两件礼物。具体而言，圣诞老人的大礼物袋中装有两个物品。请问，有多少种方法可以将这些礼物分装到袋子中？

解答 我们将通过对 n 的归纳来证明分装方法的数量为 $(2n-3)!! := 1 \cdot 3 \cdot 5 \cdot \cdots \cdot (2n-3)$，并且所需要的袋子数量为 $n-1$。

关于归纳步骤，我们假定有 $n+1$ 件礼物。第 $n+1$ 件礼物在某个袋子中，要么和另一个袋子在一起，要么和另一件礼物在一起。如果我们去掉第 $n+1$ 件礼物及相应的袋子（只是袋子而不是里面的物品），那么剩下的"配置"就是这些礼物的一个有效分配。反过来，给定 n 件礼物的一个有效分配，如果想要得到 $n+1$ 件礼物的一个有效分配，只需要将第 $n+1$ 件礼物和任意一个已有物品（这个物品可以是一个袋子或者一件礼物）"加"（绑）在一起并将两者装入一个新袋子中就够了。

根据归纳，对于 n 件礼物我们用到了 $2n-1$ 个物品：n 件礼物和 $n-1$ 个袋子，所以，我们在现有物品中有 $2n-1$ 个选项可以和一个新物品加在一起。我们很容易就能看出 n 件礼物的不同配置（根据归纳假设有 $(2n-3)!!$ 种方式），以及我们将现有 $2n-1$ 个物品和一个新物品加在一起的不同选项（对应于 $n+1$ 个物品的不同配置），所以对应于 $n+1$ 件礼物的答案就是 $(2n-1)!!$ 种。

例题 7.8 我们来看一个 $m \times n$ 矩阵，其所有元素皆为整数，其中 $m(m>1)$ 和 $n(n>1)$ 是正整数。我们知道，如果同一行上的两个整数之差大于 1，那么该行包含一个数大于两者中的一个数且小于另外一个数。请证明,该矩阵的每一行或者每一列都包含一个相同的数。

解答 我们从证明以下结论开始。

引理 我们来看一个有限整数列:若其元素中有两个元素之差大于 1,则存在一个整数大于两者中的一个且小于另一个,该整数仍然是该数列的一个元素。那么,大于上述这些数中的一个且小于另一个的任意整数都是该数列的元素。

证明 令 $a>b$ 是这个数列中的两个整数,使得 $a-b>1$,同时令 c 满足 $b<c<a$。现在,我们通过对 $a-b$ 的归纳来证明 c 也是该数列的一个元素。基线条件 $a-b=2$ 可以立即由题设得到。

假定该结论在 $a-b=2,3,\cdots,k,k\in\mathbb{Z}$,$k\geqslant 2$ 时成立,我们来证明其对于 $a-b=k+1$ 也成立。根据题设,存在一个数 c 使得 $b<c<a$,那么 $a-c\leqslant k$ 且 $c-b\leqslant k$。所以,根据归纳假设,取所有介于 b 和 c 之间的数和所有介于 c 和 a 之间的数就可以确立该结论对于 $k+1$ 成立。

我们现在继续原题结论的证明。首先来看一下由矩阵每一列中最小数构成的集合 A,令 k 为 A 中的最大元素。

如果 k 出现在矩阵的每一列中,那么结论得证。

如果 k 在某一列中不出现,那么我们将该列与其他包含 k 的某一列放在一起考察。现在选择任意一行,如果 k 不在这一行中,那么根据引理和 k 的选择可知,在该行与选定的两列相交之公共方格内,其中一格内的数大于 k,而另一格内的数则小于 k。再次根据引理,我们得到 k 必定出现在选定的那一行中。因此,k 出现在每一行中。由此,结论得到确立。

例题 7.9 令 S 是一个包含 2 002 个元素的集合,令 N 为满足 $0\leqslant N\leqslant 2^{2\,002}$ 的整数。请证明,可以将 S 的子集用黑色和白色标记,使其满足以下要求:

(1)任意两个白色集合的并集仍然是一个白色集合。

(2)任意两个黑色集合的并集仍然是一个黑色集合。

(3)正好存在 N 个白色集合。

解答 用 n 代替 2 002,我们将通过对 n 的归纳来证明该结论。基线条件显然成立。

假定该结论对于所有小于 $n(n\geqslant 0)$ 的整数都成立,我们来证明其对于 n 也成立。为了得到该结论,我们在归纳假设中增加另外一个条件,即空集为白色(如果 $N=0$,则该条件不可能成立,但这种情况是非常简单的,我们会在下面将其排除在外)。

若 $\left[\dfrac{N+1}{2}\right]=k$,则 $1\leqslant k\leqslant 2^n$。如果 $S=\{1,2,\cdots,n\}$,那么正如题设所言,我们可以将 $\{1,2,\cdots,n-1\}$ 的幂集合分割成黑色子集和白色子集,从而得到 k 个白色子集 $S_1,S_2,\cdots,S_k$。当 $n=2k$ 时,我们可以标记子集 $S_1,S_1\cup\{n\},S_2,S_2\cup\{n\},\cdots,S_k,S_k\cup\{n\}$ 为白色,其余为黑色。这种标记方法满足题中条件要求:若 $S_i\cup S_j=S_k$,则 $(S_i\cup\{n\})\cup(S_j\cup\{n\})=S_k\cup\{n\}$;第二种情况也是类似的。根据相同的原理,也可以得到两个黑色子集的并集为

黑色。当 $n=2k-1$ 时，根据归纳步骤可知，空集在 $S_1,S_2,\cdots,S_k$ 中，所以 $\{n\}$ 在 $S_1,S_1\cup\{n\},S_2,S_2\cup\{n\},\cdots,S_k,S_k\cup\{n\}$ 中。将 $\{n\}$ 重新标记为黑色，根据上述相同原理很容易看到此时条件(1)和(2)依然成立。显然，在这两种情况下，空集都为白色集合。

例题 7.10 对于由 $n\times n$ 网格中的单位方格组成的集合 M，如果该网格中的每行每列都至少包含两个属于该集合的方格，那么我们就称该集合为"合宜的"。对于每一个 $n\geqslant 5$，存在一个由 $m\in\mathbb{Z}$ 个方格组成的集合 M，使得一旦从 M 中去掉任何一个方格都会使剩下的集合变成不合宜集合。请求出 m 的最大值。

解答 我们从证明 $m\leqslant 4n-8$ 开始。我们用一个"十字交界"来表示 $n\times n$ 网格中某行某列的并集，使得该行和该列都至少包含 3 个来自给定合宜集合 M 的单位方格，并且其相交处也是来自 M 的一个方格(图 7.1)。

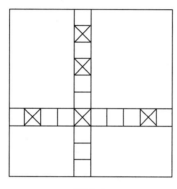

图 7.1

M 的上界可由以下断言得到。

断言 如果某个集合 M 包含 $n\times n$ 网格中的 $m(m\geqslant 4n-7)$ 个方格，那么该网格中至少存在一个这样的十字交界。

我们通过对 n 的归纳来证明该断言。首先是证明当 $n=5,6,7$ 时的情况：我们来看某网格中的一行或者一列，该网格的所有行列中最多包含 k 个来自 M 的方格。请注意，$k\geqslant 3$。不失一般性，我们可以假定这 k 个方格位于最左列的顶端。

假定顶端 k 行中的任意一行最多包含两个来自 M 的方格，否则上述断言得证。于是，在顶端 k 行中来自 M 的方格总数最多为 $2k$，剩下的 $n-k$ 行最多包含 $k(n-k)$ 个方格。所以，$4n-7\leqslant m\leqslant 2k+k(n-k)$，即 $k^2-(n+2)k+4n-7\leqslant 0$。但是，上式的判别式 $D=(n+2)^2-4(4n-7)=(n-4)(n-8)<0$ 对于 $n=5,6,7$ 成立。于是，得到 $k^2-(n+2)k+4n-7>0$，产生矛盾。

关于归纳步骤，我们来证明，如果该结论在 $n\leqslant k(k\geqslant 7)$ 时成立，那么其在 $n=k+3$ 时也成立。请注意，网格中存在某一行至少包含 3 个来自给定集合 M 的方格(否则 $m\leqslant 2n$)。类似地，也存在某一列至少包含 3 个来自 M 的方格。我们来考察这样的行和列。不失一般性，我们可以假定该列位于网格最左侧，其所包含的来 M 的方格位于该列的最顶端。我们对某一行也做相应的假设(图 7.2)。

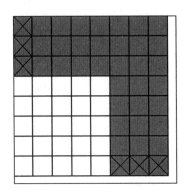

图7.2

我们来看顶端3行中的一行。如果该行至少包含3个来自 M 的方格,那么该行与最左列就构成了所需的十字交界。于是,我们可以假定,最顶端三行中的任意一行和最右侧三列中的任意一列最多包含两个来自 M 的方格。所以,我们在阴影区域最多有12个来自 M 的方格。由于 $m \geqslant 4n-7 = 4(k+3)-7 = 4k-7+12$,所以我们断定剩下的 $k \times k$ 网格至少包含 $4k-7$ 个来自 M 的方格。因此,根据归纳假设,这 $k \times k$ 网格包含一个十字交界,而这个交界也是最初 $n \times n$ 网格中的交界。由此,该断言的证明就完成了。

为了完成本题的解答,我们对 $m=4n-8$ 时的情况解答如下(图7.3):

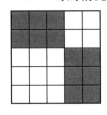

图7.3

7.1.2 图论

一个图形指的是一个有序对 $G=(V,E)$,其中 V 是顶点集(其元素为图形中的顶点或节点),E 是边集(其元素是图形中顶点的联结,被称为边)。图形的秩是顶点数 $|V|$;图形的长度是边数 $|E|$。不证自明的图形是 $|V|=1$ 且 $|E|=0$ 的图形。对于图形 $G=(V,E)$ 和 $G'=(V',E')$,如果 $V' \subset V$ 且 $E' \subset E$,我们就称 G' 是 G 的子图。

一个非定向图形指的是所有边都是双向的图形。对照而言,为边指定某一个方向的图形被称为定向图形。对于 $u,v \in V$,我们用 (u,v) 表示从 x 指向 y 的弧。当图形为非定向时,我们通常以 $\{u,v\}$ 来表示介于 u 和 v 之间的边。

图形理念可以进行调适,从而延伸出其他特点。对于本小节而言,考虑只有边能联结两个不同的顶点且最多只有一条边来联结一对顶点就够了。这样的图形被称为简单图形。

以 $\deg(v)$ 表示的一个节点的度指的是关联该节点的边数。

对于 $u, v \in V$，一个 u-v 通道指的是从 u 开始到 v 结束的一系列顶点，该系列点中的两个连续顶点由来自 E 的一条边相联结（也就是说两者相邻）。通道的长度被定义为该通道中所用到的边数。一条轨迹指的是一个没有重复边的 u-v 通道。一条回路指的是 $u = v$ 的一条轨迹（一系列点中的起点和终点相同）。一条路径指的是一个没有重复顶点的 u-v 通道。一个闭环指的是 $u = v$ 且没有重复顶点的一个通道。一个汉密尔顿闭环指的是恰好将图形中的每个节点都使用一次的一个闭环。一条欧拉回路指的是恰好将图形中的每条边都使用一次的一条回路。如果存在一条 u-v 路径，我们就说 $u, v \in V$ 相联结。如果一个图形中任意 $u, v \in V$ 都相联结，那么这个图形就是相连的。

如果一个非定向图形中任意两个顶点恰好通过一条路径相联结，那么这个非定向图形被称为一棵树。等价地，如果一棵树是连通的且没有闭环，那么这棵树就是一个非定向图形。一个森林是树之间的互不相交并集。

一个完全图形指的是所有顶点都分别被一条边两两相连的一个图形。满足 $|V| = n$ 的一个完全图形可以用 K_n 表示。

一个二部图是一个图形 $G = (V, E)$，其顶点集 V 可以被分割成两个互不相交的集合 A 和 B，使每一条边 $e \in E$ 的端点一个在 A 上另一个在 B 上。集合 A 通常被称为输入集合，集合 B 则被称为输出集合。一个二部图 G 上的完美匹配是一个单射 $f : A \to B$，使得对于每一个 $x \in A$ 都存在一条端点分别为 x 和 $f(x)$ 的边 $e \in E$。对于任意子集 $X \subset A$，定义 $N(X)$ 为所有顶点 $y \in B$ 的集合，其中 B 由其中一个端点在 X 上的所有边的端点构成。

例题 7.11（霍尔匹配定理） 令 $G = (V, E)$ 为以 A 为输入集合、以 B 为输出集合的二部图。当且仅当对于每一个子集 $X \subset A$ 都可以得到

$$|N(X)| \geqslant |X| \tag{1}$$

时，存在一个完美匹配 $f : A \to B$。

解答 我们将通过对 $|A|$ 的归纳来证明该结论。基线条件为 $|A| = 1$，此时结论显然成立。

假定该结论对于 $|A| \leqslant n (n \geqslant 1)$ 成立，我们来看输入集合 A 有 $n + 1$ 个元素的一个二部图形 G。我们分两种情况来讨论。

情况 1 对于每一个真子集 $X \subset A$，我们得到 $|N(X)| \geqslant |X| + 1$。于是，我们选定任意 $x \in A$ 和 $y \in N(\{x\})$（请注意，根据归纳假设可知 $N(\{x\})$ 至少有一个元素）。令 G^* 为以 $A^* = A \backslash \{x\}$ 为输入集合、以 $B^* = B \backslash y$ 为输出集合的二部图形。除了那些关联 x 或 y 的边被删除，它的其余边和 G 的边相同。

所以，二部图形 G^* 满足条件 (1)，并且根据归纳假设可知 G^* 中存在完美匹配。通过设 $f(x) = y$，该完美匹配可以延展到初始图形 G 中的完美匹配。

情况 2 存在一个真子集 $X \subset A$，使得 $N(X) = |X|$。于是，对于这样的一个真子集 X，我们建构二部图形 G^* 和 G^{**}，它们的输入集合分别为 $A^* = X$ 和 $A^{**} = A \backslash X$，输出集合分别为 $B^* = N(X)$ 和 $B^{**} = B \backslash N(X)$，并且它们的边也继承于初始图形 G。我们将通过归纳假设来证明在每一个 G^* 和 G^{**} 中都存在一个完美匹配。将这两个匹配相结合，可以得

到一个对于 G 的完美匹配。

请注意,由于 $X=A^*$ 是 A 的一个真子集,所以 A^* 和 A^{**} 的基数没有一个大于 n。所以,证明条件(1)对于 G^* 和 G^{**} 都成立就足够了。对于图形 G^* 来说是容易证明的,因为对于任意子集 $Y\subset X=A^*$,在 G^* 和 G 中对应的集合 $N(Y)$ 是相同的。

对于图形 G^{**},如果存在一个子集 $Y\subset A^{**}=A\backslash X$,其在 G^{**} 中对应的集合 $N^{**}(Y)$ 包含少于 $|Y|$ 个元素,那么在图形 G 中,集合 $N(Y\cup X)$ 将最多包含 $|Y\cup X|-1$ 个元素,因为 $N(Y\cup X)=N^{**}(Y)\cup N(X)$。这是可能的,因为图形 G 满足条件(1)。因此,G^{**} 也满足条件(1)。证毕。

一个平面图形是指一个图形 G 被画在平面上,此时各边在除了公共端点的地方不会相交。一个平面图形的边将平面分割成不同区域,这些区域被称为面。其中一个面延伸到无限远而被称为无界的面,剩下的就是有界的。

例题 7.12(欧拉定理) 在一个连通的平面图形中,其 V 个顶点、F 个面和 E 条边满足 $V+F=E+2$。

解答 我们将通过对边数 E 的归纳来证明该结论。如果连通的平面图形 G 没有边,那么它就是一个孤顶点,且 $V+F-E=1+1-0=2$。这就是基线条件。

关于归纳步骤,假定该结论对于一切具有小于 E 条边的图形都成立,我们来证明该结论对于具有 E 条边的图形也成立。选定任意一条边 e,边 e 的任意一侧都构成一个面的边界。如果它们是不同的面,那么跟随任意面其余的边就可以在 e 的两个端点之间得到一条路径。所以,我们可以去掉 e 而不会让图形不相连。这会让以 e 为边的两个面融合到一起,所以去掉 e 会让 E 和 F 减少一度。由此,根据归纳假设就可以得到结论。

假定 e 的两侧构成同一个面的边界,那么我们可以画一条穿过 e 的短线段并用该面内的一条曲线联结 e 的端点。这样就得到了一条正好穿过 e 一次而没有穿过 G 其他边的简单闭合曲线。所以,删掉 e 将会把 G 分割成两部分,一部分在曲线内,一部分在曲线外(必定会有两部分,因为 e 的一个端点在曲线内一个端点在曲线外,但最多只可能有两部分,因为每部分必定包含 e 的一个端点)。假定这些部分有 V_i 个顶点、E_i 条边和 F_i 个面($i=1,2$)。由于每部分的边数都少于 E,所以根据归纳假设可知,$V_i-E_i+F_i=2$ 对于 $i=1$,2 成立。由于没有增加或者丢失顶点,所以 $V=V_1+V_2$。由于只有 e 被删除,所以 $E=E_1+E_2+1$。由于这两部分有 F_i-1 个内部面和一个(共享的)外侧面,所以 $F=F_1+F_2-1$。因此,将欧拉公式加到这两个部分中,就得到 $V-(E-1)+(F+1)=4$,即 $V-E+F=2$。这样,归纳步骤和本题证明就完成了。

例题 7.13(拉姆齐定理) 令 $k(k\geq 2)$ 为正整数,$n_1,n_2,\cdots,n_k$ 为任意正整数。于是,存在一个数 $R(n_1,\cdots,n_k)$,如果用 k 种不同颜色对一个 $R(n_1,\cdots,n_k)$ 阶完全图形的边上色,那么该图形包含一个各边都以颜色 $i(i=1,2,\cdots,k)$ 上色的 n_i 阶完全子图($R(n_1,\cdots,n_k)$ 的最小值被称为 $n_1,\cdots,n_k$ 的拉姆齐数)。

解答 我们首先通过对 n_1+n_2 的归纳来证明 $k=2$ 时的结论。请注意,对于任意 $n_1\geq 1$ 都存在 $R(n_1,1)=R(1,n_2)=1$,因为只有一个节点的完全图形没有边。由此,基线条件就得到了确立。

关于归纳步骤，我们假定 $R(n_1-1,n_2)$ 和 $R(n_1,n_2-1)$ 都存在，其中 n_1 和 n_2 为正整数，我们来证明存在 $R(n_1,n_2)$。我们需要证明以下论断

$$R(n_1,n_2) \le R(n_1-1,n_2) + R(n_1,n_2-1)$$

为了证明该不等式，我们考察拥有 $R(n_1-1,n_2)+R(n_1,n_2-1)$ 个顶点的一个完全图形 G。令 v 为该图形的一个顶点，并将 $G\backslash\{v\}$ 分割成集合 A 和 B，使得对于所有 $w \in G\backslash\{v\}$，若 $\{v,w\}$ 的颜色为 1 则得到 $w \in A$，若 $\{v,w\}$ 的颜色为 2 则得到 $w \in B$。

请注意，G 有 $|A|+|B|+1$ 个顶点，所以，要么 $|A| \ge R(n_1-1,n_2)$，要么 $|B| \ge R(n_1,n_2-1)$。不失一般性，假定 $|A| \ge R(n_1-1,n_2)$。如果 A 有一个全部以颜色 2 上色的 K_{n_2}，那么 G 也一样，由此证明就可以结束了；否则，A 有一个全部以颜色 1 上色的 K_{n_1-1}，那么 $A \cup \{v\}$ 有一个以颜色 1 上色的子图 K_{n_1}，我们用这种方式定义了 A。由此，我们对于 $k=2$ 这一情况的归纳就完成了。

对于一般的情况，我们对颜色的数量 k 进行归纳。基线条件 $k=2$ 的情况已经在前面进行了证明（还需要注意的是，我们可以考察 $k=1$ 时的情况，但此时结论是显然成立的）。现在，假定 $k>2$ 且结论对于所有小于 k 的整数都成立。我们来证明

$$R(n_1,\cdots,n_k) \le R(n_1,\cdots,n_{k-2},R(n_{k-1},n_k))$$

令 G 为关于 $R(n_1,\cdots,n_{k-2},R(n_{k-1},n_k))$ 个顶点的完全图形，其各边用 k 种颜色上色。关键的一步是发现以下技巧：

假定此时颜色 $k-1$ 和 k 相同，所以 G 现在仅由 $k-1$ 种颜色上色。根据归纳假设可知，G 要么有一个全部以颜色 $i(1 \le i \le k-2)$ 上色的子图 K_{n_i}，要么有一个全部以颜色 $k-1$（此时和颜色 k 相同）上色的子图 $K_{R(n_{k-1},n_k)}$。在前一种情况下，我们关于颜色 $k-1$ 和颜色 k 的假设没有用上，所以我们的证明就可以结束了；在后一种情况下，我们移除了关于颜色 $k-1$ 和颜色 k 的假设，并且定义了 $R(n_{k-1},n_k)$，所以得到 $K_{R(n_{k-1},n_k)}$ 包含一个以颜色 $k-1$ 上色的 $K_{n_{k-1}}$ 或者一个以颜色 k 上色的 K_{n_k}。这样，我们的证明就完成了。

图形 G 中的一个 k-团是一个由 k 个顶点组成的集合，其中任意一对顶点都通过一条边相联结。等价地，一个 k-团是具有 k 个顶点的完全图形 K_k 的一个子图副本。

例题 7.14（图兰定理） 若 $G(V,E)$ 是在没有 k-团的 n 个顶点上的一个图形，则

$$|E| \le \frac{(k-2)n^2}{2(k-1)}$$

解答 我们将通过对 n 的归纳来证明该结论。通过取 n 的较小值得到的基线条件立即可以得到确认。

令 G 是在没有 k-团的 $V=\{1,\cdots,n\}$ 个顶点上的一个图形，且具有最大数量的边。因此，G 必定包含 $(k-1)$-团，否则我们很容易就可以增加一条边。于是，令 A 为 $(k-1)$-团，$B=V\backslash A$，从而得到 $|B|=n-k+1$。我们已知 A 包含 $\binom{k-1}{2}$ 条边，将 B 的边数算作 e_B，A 和 B

之间的边数算作 e_{AB}。根据归纳假设,我们得到 $e_B \leqslant \dfrac{(k-2)(n-k+1)^2}{2(k-1)}$。由于 G 没有 k-团,所以 B 的每个顶点都必定最多与 A 的 $k-2$ 个顶点相邻。于是,我们得到 $e_{AB} \leqslant (k-2)(n-k+1)$。将上述所得不等式相加,我们就得到

$$|E| \leqslant \binom{k-1}{2} + \frac{(k-2)(n-k+1)^2}{2(k-1)} + (k-2)(n-k+1) = \frac{(k-2)n^2}{2(k-1)}$$

备注 定理中给定的上界可以在一个包含 $n = q(k-1)$ 个顶点的图形 G 中达到。图形中的这些顶点可以被分为 $k-1$ 组,每组长度为 q,当且仅当两个顶点分别在不同组中时,这两个顶点才可以通过一条边相联结。若 n 不是 $k-1$ 的倍数,则上界是不会非常尖锐的。对基线条件稍加研究后,我们可以证明对于一般的 n,没有 k-团而有最大边数的图形可以通过以下方式来建立:将顶点分成 $k-1$ 组,每组包含 $\left\lfloor \dfrac{n}{k-1} \right\rfloor$ 或 $\left\lfloor \dfrac{n}{k-1} \right\rfloor + 1$ 个元素,当且仅当两个顶点分别属于不同的组时,将两个顶点用一条边联结。

例题 7.15(圣彼得堡) 是否可能在空间中选择一些点并用线段将其中一些点联结起来,使得每个顶点正好是 3 条线段的端点且任意一条闭合路径的长度至少是 30?

解答 可能。利用图论的语言,我们通过归纳来证明存在一个图形,该图形中每个顶点的度正好为 3,且每个闭环的长度至少是 n。

基线条件 $n = 3$ 是显然成立的,考虑一个四面体就可以了。

现在,假定该结论对于 $n \geqslant 3$ 成立,我们来看一下该图形对于 n 的情况。假定该图形有 m 条边,将这些边从 1 到 m 进行编号。在每条边 k 的一个端点旁标记上数字 2^k。令 M 是一个很大的数,可以表示为 $M > n \cdot 2^m$。用 M 个新顶点取代原来的每一个顶点,从 0 到 $M-1$ 进行标记。

对于原图形中的每一条边,按照以下规则在新图形中画 M 条边:假定边 k 联结 a 和 b,a 的附近标记有 2^k。令 A 和 B 分别是对应 a 和 b 的 M 个新顶点群。对于每一个 $i = 0, \cdots, M-1$,联结来自 A 的顶点 i 和 B 中的顶点 $i + 2^k$(指数为 M 的模)。请注意,B 群中的顶点 i 将与 A 群中的顶点 $i - 2^k$ 相联结。

显然,新图形中的每一个顶点都恰好与其他 3 个顶点相联结(对应于初始图形中 3 条边的 3 个群中各一个点)。我们还需要证明新图形中任意闭环的长度至少为 $n+1$。假定相反的情况,令 $a_1 a_2 \cdots a_\ell$ 是长度为 $\ell \leqslant n$ 的一个闭环。考察对应于这些顶点的群后可以在初始图形中得到一个闭环 $b_1 b_2 \cdots b_\ell$(可以是自交的)。请注意,这些闭环不能在同一组内使用同一条边两次,因为在新图形中任意顶点的相邻边属于不同的群。所以我们可以从 $b_1 b_2 \cdots b_\ell$ 中得到一个简单闭环。由于在初始图形中每一个闭环的长度大于或等于 n,所以我们必定可以得到 $\ell = n$,且 $b_1 b_2 \cdots b_\ell$ 自身是一个简单的闭环。

请注意,a_{i+1} 与 a_i 的数量差为 $\pm 2^{k_i} (\bmod M)$,其中 k_i 是初始图形中边 $a_i' a_{i+1}'$ 的数量。所以,$\pm 2^{k_1} \pm \cdots \pm 2^{k_\ell} \equiv 0 (\bmod M)$ 对于某种"$\pm$"选择成立。由于 $M > n \cdot 2^m$,所以得到上述表达式的左侧必定等于 0。由于所有的 k_i 值都各不相同,所以这是不可能出现的。至此,我

们的证明就完成了。

例题 7. 16 请证明,如果一个包含 n 个顶点的图形 G 是一棵树(连通且不包含闭环),那么该图形恰好有 $n-1$ 条边。

解答 关键的发现如下:假定我们选择 G 的一个顶点并从该顶点开始"通行",形成一条痕迹 $v_1, v_2, \cdots$。该痕迹不可能自我相交,否则就会出现一个闭环,这样该图形不会是一棵树。因此,该通道最终将在某个度数为 1 的顶点上。

我们现在通过对 n 的归纳来证明该结论。基线条件 $n=1$ 的情况是显然成立的。

现在,假定我们已经证明该结论对于包含 $n \geq 1$ 个顶点的树成立,我们来看包含 $n+1$ 个顶点的树,并通过上述说明求得一个度数为 1 的顶点。移除这个顶点及其邻边后,剩下的图形就是一棵树(该图形没有闭环但仍然连通,因为没有路径可以通过被移除的顶点),并且具有 n 个顶点。于是,我们可以应用归纳法。我们得到包含 n 个顶点的图形中的 $n-1$ 条边,这些边和被移除的边一起构成了包含 $n+1$ 个顶点的图形中的 n 条边。

例题 7. 17 令 G 为连通的图形,该图形包含偶数个顶点。请证明,我们可以选取 G 中边的一个子集使得每个顶点都关联奇数条选定的边。

解答 所有连通图形都有一棵树作为延展的子图,所以本题只需证明树的情况就够了。我们通过对顶点数量的归纳来证明该结论。基线条件显然成立。

假定该结论对于小于 n(n 为偶数)的偶数为真。在包含 n 个顶点的一棵树 T 中,任选一个度数为 $d>1$ 的顶点 v,那么将 v 从 T 中删除将得到由 d 棵树构成的一片森林 T_1, $T_2, \cdots, T_d$。令若 $|V(T_i)|$ 为偶数,则 $U_i = T_i$,否则 $U_i = T_i \cup \{v\}$。请注意,由于 T 有偶数个顶点,$T-\{v\}$ 有奇数个顶点,所以奇数个 T_i 有奇数个顶点,奇数个 U_i 包含 v。每个 U_i 都是一棵包含偶数个顶点的树,所以可以将归纳假设应用于其中的每一棵树。对应于不同 U_i 的边永远都不会重合,并且如果我们将所有选定的边连接到一起,唯一不可能是公共顶点的就是 v。但是,由于 v 包含于奇数个 U_i 中,并且奇数个奇数之和为奇数,所以将会有奇数条边与之相邻。因此,这种选择方法可行。至此,也就完成了归纳。

例题 7. 18 令 G 为包含 $2n+1$ 个顶点和至少 $3n+1$ 条边的一个简单图形。请证明,存在一个具有偶数条边的一个闭环。

解答 我们将从对图形中顶点数的归纳开始证明,当我们有 $f(n) = \left\lceil \dfrac{3(n-1)}{2} \right\rceil + 1$ 条边时,存在一个偶数闭环。基线条件 $n=1$ 显然成立。

假定我们已经证明了该结论对于最多 $n-1$ 个顶点成立,其中 $n \geq 2$。设图形 G 有 n 个顶点和 $f(n)$ 条边。请注意,如果我们可以求出一个顶点 v 使得 $\deg(v) \in \{0, 1\}$,那么根据归纳假设可知,$G \backslash \{v\}$ 就具有一个偶数闭环。

假定我们可以找到度数为 2 的相邻顶点 u 和 v,比如 u 与 u_1 和 v 相邻,v 与 u 和 v_1 相邻。如果存在一条从 u_1 到 v_1 的边,那么我们就已经得到了一个长度为 4 的闭环。否则,我们可以看一下 $G \backslash \{u, v\}$ 中另外一条从 u_1 到 v_1 的边,这样的话顶点数就会减少 2 且边数也会减少 2。于是,根据归纳假设可知该图形有一个偶数闭环。如果该闭环用了一条

从 u_1 到 v_1 的新边,那么该闭环就会再额外包含 G 中的两个顶点,但长度还是偶数。

现在我们已经准备好来证明归纳步骤了。令 $P = v_1 v_2 \cdots v_m$ 是 G 中最长的一条路径,因为 $\deg(v_1), \deg(v_n) \geq 2$ 且 P 为最长路径,所以存在边 $v_1 v_1'$ 和 $v_n v_n'$,其中 $v_1', v_n' \in P$。现在存在两种情况。

情况 1 若 $\deg(v_1) \geq 3$,则存在另一条边 $v_1 x$,其中 $x \in P, x \neq v_1'$。我们来看一下边 $v_1 x$、边 $v_1 v_1'$、从 v_1 到 v_1' 的路径以及从 v_1 到 x 的并集。它们构成一个包含一条弦的闭环,所以我们就得到一条偶数闭环(弦将闭环分割成另外两个闭环,这三个闭环的长度之和是偶数)。

情况 2 若 $\deg(v_1) = 2$,根据上述探讨,我们得到 $\deg(v_2) \geq 3$,所以存在一条边 $v_2 y$。如果 $y \in P$,那么我们又可以求得一个像上面一样包含一条弦的闭环。如果 y 不在 P 上,那么它的度不可能为 1,而如果 y 与另一个 $z \notin P$ 相连,那么这就和 P 的最大值特性相矛盾。因此,$z \in P$。现在,$v_1 v_1', v_2 y, yz$ 以及从 v_1 到任意一个介于 z 和 v_1' 之间最远顶点的路径的并集是一个包含一条弦的闭环。至此,归纳步骤的证明就完成了。

例题 7.19(俄罗斯 1995) 在杜金斯基城的每一个交叉路口恰好都有三条街(每条街连接两个交叉路口)。用红、黑、白三种颜色对这些街道上色,使得每一个交叉路口都与每一种颜色的街道相连接。如果街道颜色是按红、黑、白顺时针方向排列的交叉路口,那么我们就称其为正交叉路口;如果按逆时针方向排列,就称其为负交叉路口。请证明,正交叉路口的数量与负交叉路口的数量之差是 4 的倍数。

解答 为了让解题更加容易,我们来考虑用一个平面图形上的节点和边代替城市街道和交叉路口。现在,在这个新图形中,我们首先想到的一个想法是对节点数量进行归纳。那么我们该如何利用它呢?总体而言,我们不可能要求在移除一条边或者一个节点后的情形仍然满足题设条件。但是,我们还是可以在确保以下条件成立的前提下移除一条边,即假定在该图形的一个面上有红、黑、白三种颜色的连续边,令这些边按顺序分别是 AB, BC, CD。那么,两条白色边 BE 和 CF 必定在面的外侧。现在,我们可以通过用一条红色边联结 A, D 以及一条白色边联结 E, F 来移除 B 和 C。我们可以很容易地发现,如果顺着路径 A-B-C-D 和 E-B-C-F 的轮廓描绘出这些边,那么,我们就可以得到一个平面图形,并且可以确保 A, D, E, F 不变号。我们还会发现 B 和 C 异号。于是,在这种情况下,本题的结论就可以通过归纳得到了。

如果不能求得这样一种配置的话又会出现什么情况呢?这意味着,每一个面上的颜色会构成闭环。具体而言,就是每一个面的长度都能被 3 整除。但是,这种情况是很容易处理的,如果我们还记得平面图论中一个关键论断的话:在一个平面图形中,存在一个度数小于 6 的顶点(根据对偶性可知)和一个最大长度为 5 的面。由于面的长度可以被 3 整除,所以我们推得一个三角形,记为 $\triangle ABC$,其中 AB 为红色,BC 为黑色,CA 为白色。现在,令 AD, BE, CF 为从三角形各顶点出发的其他边,我们可以通过在 $\triangle ABC$ 内创造一个新的顶点 T 并分别用黑、白、红颜色的边将其与 D, E, F 相联结来移除 A, B, C。由此,我们会发现,A, B, C 同号,且与 T 异号,所以我们的差就改变了 ± 4,而这正是我们所需要的。

该归纳法中基线条件(即具有四个顶点时)的证明就留给读者吧。

7.1.3　组合几何

顾名思义,组合几何是将组合与几何中的元素相融合的一个领域。它主要处理几何体的排布及其个别特性。我们通常会考虑的问题是诸如覆盖、着色、镶嵌和剖分等话题。组合几何中最核心的定理之一如下:

例题 7.20(赫利定理)　在平面上给定 $n(n \geqslant 4)$ 个凸形,使其中任意 3 个有一个公共点。请证明,这 n 个图形有一个公共点。

解答　我们将通过对 n 的归纳来证明该结论。首先,证明 $n=4$ 的情况。我们分别以 M_1, M_2, M_3, M_4 表示给定图形,A_i 是除 M_i 以外其他所有图形的交点。关于点 A_i 的排布存在两种可能情况。

情况 1　其中一个点(记为 A_4)位于由其他点构成的三角形内。由于 A_1, A_2, A_3 属于凸形 M_4,所以 $A_1A_2A_3$ 上的点也都属于 M_4。所以 A_4 属于 M_4,并且根据作图法知该点也属于其他图形。

情况 2　如果 $A_1A_2A_3A_4$ 是一个凸四边形,令 O 为对角线 A_1A_3 和 A_2A_4 的交点,我们来证明 O 属于所有给定图形。A_1 和 A_3 都同时属于图形 M_2 和 M_4,所以线段 A_1A_3 也属于这些图形。类似地,线段 A_2A_4 属于图形 M_1 和 M_3。于是,A_1A_3 和 A_2A_4 的交点就属于这些给定图形。

假定该结论对于 $n(n \geqslant 4)$ 个图形都成立,我们来证明该结论对于 $n+1$ 个图形也成立。给定凸形 $M_1, \cdots, M_n, M_{n+1}$,其中每 3 个图形就有一个公共点,我们来考察图形 $M_1, \cdots, M_{n-1}, M_n'$,其中 M_n' 是 M_n 和 M_{n+1} 的交点。显然,M_n' 也是一个凸形。我们现在来证明这些新图形中的任意 3 个都有一个公共点。我们只需要看包含 M_n' 的任意 3 个图形即可,因为根据题设就可以知道该论断对于其他图形为真。但是,根据 $n=4$ 的情况,我们知道,对于任意 i 和 j,图形 M_i, M_j, M_n 和 M_{n+1} 总会有一个公共点。所以,M_i, M_j 和 M_n' 会有一个公共点。根据归纳假设,我们的证明就可以结束了。

现在,我们来探讨其他例子。

例题 7.21　用 k 种颜色对一个正 n 边形 X 的边和对角线染色:

(ⅰ)对于每种颜色 a 和 X 的任意两个顶点 A 和 B,要么线段 AB 被染成 a 色,要么存在一个顶点 V 使得 AC 和 BC 都被染成 a 色。

(ⅱ)每一个以 X 的顶点为顶点的三角形各边最多会被染成两种颜色。

请证明,$k \leqslant 2$。

解答　假定我们至少有 3 种颜色(记为 1,2,3)。令 A, B, C 为顶点,使得边 AB 的颜色为 1,边 AC 和 BC 的颜色为 2。则存在一个顶点 D 使得 DB 和 DC 的颜色为 3。由于 $\triangle DAB$ 和 $\triangle DAC$ 最多能被染成两种颜色,所以我们断定 DA 的颜色也是 3。于是,我们增加一个顶点 E 使得 EC 和 ED 的颜色为 1。由于 $\triangle EDA$ 和 $\triangle ECA$ 必须被染成两种颜色,所以 EA 的颜色也是 1。这促使我们来尝试证明以下论断:"存在顶点 $X_1, X_2, \cdots, X_n$ 使得边

X_iX_j 的颜色为 $1+(j+1)(\bmod 3)(i<j)$。"

证明可以通过对 n 的归纳来实现。基线条件就是上面已经阐述过的顶点 $A,\cdots,E$ 的情况。关于归纳步骤,请注意,边 $X_{n-1}X_n$ 的颜色为 $1+(n+1)(\bmod 3)$,所以存在一个顶点 X 使得 $X_{n-1}X$ 和 X_nX 的颜色为 $1+(n+2)(\bmod 3)$。显然,X 不在 $X_1,X_2,\cdots,X_{n-2}$ 中,否则 XX_n 的颜色将会是 $1+(n+1)(\bmod 3)$,这就不同于 $1+(n+2)(\bmod 3)$ 了。于是,$\triangle XX_{n-1}X_{n-2}$ 和 $\triangle XX_nX_{n-2}$ 最多可以被染成两种颜色,所以我们断定 XX_{n-2} 的颜色为 $1+(n+2)(\bmod 3)$。类似地,对于 $1\leqslant i\leqslant n-3$,$\triangle XX_nX_i$,$\triangle XX_{n-1}X_i$ 和 $\triangle XX_{n-2}X_i$ 都是最多可被染成两种颜色,所以我们断定 XX_i 的颜色为 $1+(n+2)(\bmod 3)$。因此,我们可以取 $X_{n+1}=X$。这样,归纳就完成了。

根据以上结论,我们可以断定该多边形具有无限多个顶点,而这是矛盾的。

在接下来的例子中,我们需要用到下面这个以西尔维斯特-加莱定理闻名的著名结论。该定理断言:平面上给定一个由 $n(n\geqslant 3)$ 个点构成的图形,要么所有这些点都共线,要么存在一条恰好经过该图形中两个点的直线。

例题 7.22 存在 $n(n\geqslant 3)$ 个点,这些点并非全部共线。请证明,这些点至少可以确定 n 条线。

解答 我们从对 n 的归纳来着手。当 $n=3$ 时,结论显然成立。假定该结论对于 $n\geqslant 3$ 为真。根据西尔维斯特-加莱定理可知,对于点 $\{P_1,P_2,\cdots,P_{n+1}\}$,存在一条只经过其中两个点的线,可以不失一般性地认为该点联结 P_{n+1} 和 P_n。请注意,如果 $P_1,P_2,\cdots,P_n$ 都共线,那么我们通过将 P_{n+1} 与这些点一一相连就可以很容易地得到 $n+1$ 条线,证明也就结束了。否则,通过移除 P_{n+1} 以及与 P_n 相连的线,我们就得到一个由 n 个不全部共线的点构成的集合。于是,我们就可以应用归纳假设来得到至少 n 条线。再加上由 P_n 和 P_{n+1} 确定的一条线,我们就至少可以得到 $n+1$ 条线。

例题 7.23 集合 M 由一个边长为 20 的正方形的四个顶点及其内部另外 1 999 个点构成。请证明,存在一个由 M 的顶点构成的最大面积为 $\dfrac{1}{10}$ 的三角形。

解答 只需证明该正方形可以被分割成顶点在 M 内的 4 000 个三角形就够了,使得其中一个三角形的最大面积为 $\dfrac{20^2}{4\ 000}=\dfrac{1}{10}$。显然,数字 1 999 不应该是一个特殊数字,所以我们通过对 n 的归纳来证明:如果 M 包含该正方形的顶点及其内部的 n 个点,那么我们可以将该正方形至少分割成由 M 中的顶点构成的 $2n+2$ 个三角形。基线条件 $n=1$ 时结论为真,因为内部包含一个点的一个正方形可以被分割成 4 个三角形。

现在,假定该结论对于 $n=k$ 成立,我们来证明其对于 $n=k+1$ 也成立。从 M 中取一个不同于正方形顶点的点 P。如果移除 P,那么根据归纳假设,我们可以将该正方形分割成 $2k+2$ 个顶点在 $M\backslash\{P\}$ 中的三角形。所以,P 要么落在某个三角形内,要么落在某个三角形的边上。如果 P 落在 $\triangle XYZ$ 内,我们可以将 $\triangle XYZ$ 分割成 $\triangle PXY$,$\triangle PYZ$ 和 $\triangle PZX$,于是三角形的数量就增加了 2。如果 P 落在一条线段 AB 上,那么 AB 至少属于两个不同的三角形——$\triangle ABC$ 和 $\triangle ABD$。我们可以将其分割成 $\triangle APC$，$\triangle BPC$，$\triangle APD$ 和 $\triangle BPD$，三角形的数量还是增加了 2。因此，我们至少得到 $2k+4$ 个三角形。由此，归纳步骤就得到了证明。

例题 7.24（IMO 2013 候补） 在一个平面上标有 2 013 个红色点和 2 014 个蓝色点，其中同色三点不共线。我们需要画 k 条不经过标记点的线，从而将该平面分割成一些区域，这样做的目的是使每一个区域都不同时包含两种颜色的点。请求出 k 的最小值，使得该目标对于每一个由 4 027 个点构成的图形都可以实现。

解答 答案为 $k=2\ 013$。实际上，我们将要证明的是以下这个更为一般化的结论："如果平面上任意三点不共线的 n 个点被随意染成红色和蓝色，那么只需要画 $\lfloor \frac{n}{2} \rfloor$ 条线就可以达到目标。"

证明 我们通过对 n 的归纳着手。若 $n \leqslant 2$，则该结论显然成立。现在，假定 $n \geqslant 3$，考察一条包含标记点 A 和 B 的线 l，使其他标记点都在 l 一侧，所以 l 就是一条包含标记点凸包一条边的直线。具体而言，A 和 B 在标记点的凸包上。

先将 A 和 B 移除。根据归纳假设，对于剩下的构形，只需要画 $\lfloor \frac{n}{2} \rfloor -1$ 条线就可以实现题中目标了。我们现在把 A 和 B 放回去，会得到三种情况。

情况 1 如果 A 和 B 同色，那么我们可以画一条平行于 l 的直线将 A 和 B 与其他点分开。显然，所得到的由 $\lfloor \frac{n}{2} \rfloor$ 个点构成的图形是可行的。

情况 2 如果 A 和 B 异色，但是被我们所画的某条线分开，那么这条平行于 l 的线还是可行的。

情况 3 假定 A 和 B 异色且位于由所画线条限定的同一个区域中。根据归纳假设，该区域只包含一种颜色的点。不失一般性，假定该区域只包含一个蓝点 A，那么只画一条可以将 A 与其他点分开的线就够了。这是可行的，因为 A 在标记点的凸包上。

由此，归纳步骤就得到了证明，本题也就结束了。

例题 7.25（JBMO 2004） 考察一个具有 n 个顶点的凸多边形，$n \geqslant 4$。我们将该多边形任意分割成以多边形顶点为顶点的三角形，使得任意两个三角形都没有共同的内点。将两条边为多边形之边的三角形涂成黑色，将只有一条边为多边形之边的三角形涂成红色，将没有边为多边形之边的三角形涂成白色。请证明，黑色三角形比白色三角形多两个。

解答 我们通过归纳来证明至少存在两个黑色三角形，且 $b=w+2$，其中 b（相对于 w）表示黑色（相对于白色）三角形的个数。

对于 $n=4$ 的情况，存在两个黑色三角形，而不存在红色和白色三角形。这就确立了基线条件。

现在，令 $n>4$ 为已知，假设该结论对于任意 k 成立，使得 $4 \leqslant k <n$。我们来看一个以题

设方式涂色的 n 边形。令 d 为所画的用于三角剖分的任意对角线（而非边），那么 d 就将 n 边形分割成两个互不相交的多边形。如果这些多边形中的任意一个是三角形，那么就和一开始一样为黑色。如果其中没有一个多边形为三角形，那么就可以将归纳假设应用于这两个子多边形，从而在 d 的每一侧都至少得到两个黑色三角形。而且，在每一侧最多有一个黑色三角形以 d 作为其一条边。因此，无论在哪种情况下，d 的每一侧都至少存在一个黑色三角形，这样就确保了对于该 n 边形至少存在两个黑色三角形。

令 $T = ABC$ 是一个黑色三角形（根据上述说明可知其确实存在），其顶点按此顺序存在于 n 边形上。考察通过移除 T 并以边 AC 代替而得到的 $n-1$ 边形。除了以 AC 为一条边的三角形 T'，通过对 $n-1$ 边形的归纳得到的涂色方案与一开始是相同的。请注意，由于 AC 是 n 边形的一条对角线，于是 T' 最初的涂色方案为红色或者白色。又由于 AC 是 $n-1$ 边形的一条边，所以 T' 现在是黑色或者红色。根据归纳假设，对于 $n-1$ 边形，我们可以得到 $b' = w' + 2$。

如果 T' 在经过归纳的涂色方案中为黑色，那么它在初始涂色方案中就是红色。与 T 相加，得到 $b = b' - 1 + 1 = b'$ 和 $w = w'$。

如果 T' 在经过归纳的涂色方案中为红色，那么它在初始涂色方案中就是白色。与 T 相加，得到 $b = b' + 1$ 和 $w = w' + 1$。

因此，在任意一种情况下，我们都得到 $b = w + 2$，此即为所求。这样，归纳步骤和本题的证明就完成了。

例题 7.26（莫斯科 1996） 给定一个由平面上的一些线构成的集合 A。已知，对于由 $k^2 + 1 (k \geq 3)$ 条线构成的集合 A 的任意子集 B，存在 k 个点，使得 B 中的任意一条线都至少经过其中的一个点。请证明，我们也可以选出 k 个点使得 A 中的每一条线都至少经过其中的一个点。

解答 我们先来介绍一些术语。对于一个集合 X，如果平面上存在 k 个不同的点，使得 X 中的每条线都至少经过其中的一个点，那么我们就称 X 中的线经过 k 个节点。如果根据 X 的任意 n 条线经过 k 个节点这一事实可以推得 X 中的所有线都经过 k 个节点，那么我们就称 $S(n, k)$ 为真。有了这些准备，我们现在需要证明 $S(n, k)$ 对于所有 $n = k^2 + 1 (k \geq 3)$ 都为真。

我们将通过对 k 的归纳来证明该论断

$$S(3, 1) \Rightarrow S(6, 2) \Rightarrow S(10, 3) \Rightarrow \cdots \Rightarrow S(k^2 + 1, k)$$

该归纳的基线条件很显然，因为 $S(3, 1)$ 意味着，如果一个集合中的任意三条线经过同一个点，那么该集合中的所有线都经过这个点。

假定 $S((k-1)^2 + 1, k-1) (k \geq 4)$ 成立，且 A 是一个线的集合，使得任意 $k^2 + 1$ 条线经过 k 个节点。我们来看一下，A 中的 $k^2 + 1$ 条线以及它们所经过的 k 个点。于是，这 k 个点中的某一个（记为 P）至少是 $k+1$ 条线的一部分。令 M 表示 A 中经过点 P 的所有线的集合，A' 为 A 中不属于 M 的线的集合。我们需要证明，对于 A' 存在任意 $(k-1)^2 + 1$ 条线经过 $k-1$ 个节点。

事实上,我们将 A' 中任意 $(k-1)^2+1$ 条线的集合加上 $2k-1$ 条来自 M 的线以及来自 A' 的其他线(必要的话),总共得到 k^2+1 条线。于是,根据题设,这 k^2+1 条线经过 k 个节点。令 N 为这些节点的集合,我们来证明 $P \in N$。事实上,M 中至少有 $k+1$ 条线经过 P,所以如果 $P \notin N$,那么这些线至少经过 $k+1$ 个点,而我们的假设是 k 个点足矣,由此必定得到 $P \in N$。于是,除去 P,剩下的 $k-1$ 个点被 A' 中所有不经过 P 的线(尤其是我们在一开始所考察的来自 A' 的 $(k-1)^2+1$ 条线)所包含。根据归纳假设可知,$S((k-1)^2+1, k-1)$ 为真,所以 A' 中的所有线都经过 $k-1$ 个节点。但是这样的话,就会得到 A 中所有的线都经过这 $k-1$ 个节点以及点 P,所以一共是 k 个点。至此,归纳步骤的证明就结束了。

我们还需要证明一系列蕴含命题的前两步:$S(3,1) \Rightarrow S(6,2) \Rightarrow S(10,3)$。这些证明只需要将本题的归纳步骤稍作改动就可以实现,我们把它们留给读者来完成。

7.2　推荐习题

习题 7.1(IMO 2002)　令 n 为正整数,S 为平面上点 (x,y) 的集合,其中 x 和 y 为非负整数,使得 $x+y<n$。将 S 中的点标记为红色和蓝色,如果 (x,y) 为红色,那么只要 $x' \leqslant x$ 且 $y' \leqslant y$,则 (x',y') 也为红色。令 A 为选择 n 个蓝色点且所有这些点的 x 轴都各不相同的方法种数,B 为选择 n 个蓝色点且所有这些点的 y 轴都各不相同的方法种数。请证明 $A=B$。

习题 7.2(IMO 2013 候选)　令 n 为正整数。请求出满足以下特性的最小整数 k:给定任意实数 $a_1, a_2, \cdots, a_d$,使得 $a_1+a_2+\cdots+a_d=n$,且 $0 \leqslant a_i \leqslant 1$ 对于 $i=1,2,\cdots,d$ 成立。请证明,可以将这些数分成 k 组(有几组可能为空集),使得每组中各数之和最大为 1。

习题 7.3(TOT 2002)　观众们坐成一排,不留空位。每个人坐的位置都与观众的票号不匹配。一名引座员只能让邻座的两名观众调换位置除非有一名观众已经坐在了正确的位置上。从任意初始排列开始,该引座员能否让所有观众都坐在其正确位置上?

习题 7.4(USSR 1991)　黑板上写有一些(大于两个)连续正整数 $1, 2, \cdots, n$。在每一步中允许擦去任意一对数(记为 p 和 q)并用 $p+q$ 和 $|p-q|$ 的值取代。在经过几步转换后,某学生能够使黑板上的所有数之和等于 k。请求出所有可能的 k 值。

习题 7.5(USSR 1990)　我们有 $4m$ 枚硬币,其中恰好有一半是仿制品。所有真币的重量相同,所有假币的重量也相同,但是假币比真币轻。如何用一台没有砝码的天平在不多于 $3m$ 次的称量后鉴别出所有假币?

习题 7.6(IMO 2006 候选)　一场 (n,k) 锦标赛是指一场有 n 个选手参加需要经过 k 轮角逐的竞赛,使得:

(a)每个选手在每轮中都要参赛,且每两个选手在整场比赛中最多碰到一次。

(b)若选手 A 在第 i 轮碰到选手 B,选手 C 在第 i 轮碰到选手 D,选手 A 在第 j 轮碰到选手 C,则选手 B 在第 j 轮会碰到选手 D。

请求出能保证 (n,k) 锦标赛存在的所有数对 (n,k)。

习题 7.7 在一个由 mn 个单元方格组成的 $m \times n$ 矩形板上,"相邻"方格指的是有公共边的方格,一条"路径"指的是任意两个方格都相邻的方格列。用黑色或者白色对板上的每个方格上色。N 表示使板上从左到右至少存在一条黑色路径的上色方案的数量,M 表示使板上从左到右至少存在两条不相交黑色路径的上色方案的数量。请证明,$N^2 \geqslant 2^{mn} M$。

习题 7.8(IMO 1998 候选) 令 $U = \{1, 2, \cdots, n\}$,其中 $n \geqslant 3$。如果一个不在 S 中的元素在某个排列中出现在 S 的两个元素之间,那么我们就称 U 的一个子集 S 被 U 中元素的一个排列所"分裂"。比如说,13542 分裂 $\{1, 2, 3\}$ 但不分裂 $\{3, 4, 5\}$。U 的任意 $n-2$ 个子集中每个子集包含至少 2 个至多 $n-1$ 个元素,请证明,U 中元素存在一个可以分裂上述所有子集的排列。

习题 7.9 令 $n \neq 4$ 为正整数。考察一个集合 $S \subset \{1, 2, \cdots, n\}$,$|S| > \left\lceil \dfrac{n}{2} \right\rceil$。请证明,存在 $x, y, z \in S$,使得 $x + y = 3z$。

习题 7.10 由 n 个从字母表 $\{a, b, c, d\}$ 中选取的字母构成一个单词。如果该单词包含两个连续相同的字母块,那么就称其为"卷绕的"。例如,$caab$ 和 $cababdc$ 都是卷绕的,而 $abcab$ 则不是。请证明,由 n 个字母构成的非卷绕单词数大于 2^n。

习题 7.11(IMO 2006 候选) 有 $n(n \geqslant 2)$ 盏灯 $L_1, \cdots, L_n$ 排成一排,每一盏灯或开或关。我们按照以下规则在每一秒同时对每一盏灯的状态进行调整:若灯 L_i 和相邻两灯(对于 $i = 1$ 或者 $i = n$,只有一盏灯相邻;对于其他 i,有两盏灯相邻)的状态一致,则关掉 L_i,否则打开 L_i。

一开始,除了最左端的一盏灯亮着,其他灯都是关着的。

(1)请证明,存在无限多个整数 n 能使所有灯最终全都被关上。

(2)请证明,存在无限多个整数 n 能使所有灯最终不会全部被关上。

习题 7.12(IMO 2005 候选) 令 k 为某个确定的正整数。一家公司以一种特别的方法来卖阔边帽。每位顾客在他(她)买下一顶阔边帽之后可以将该产品推销给最多两名其他顾客,推销给已经得到推销的人不算数。这些新顾客每人又可以将该产品推销给最多两名其他顾客,依此类推。如果一名顾客将阔边帽推销给了两个人,而反过来这两个人每人又将该产品至少推销给了 k 个人(直接或者间接),那么这名顾客就可以赢得一个免费的说明视频。请证明,如果 n 个人买了阔边帽,那么其中最多有 $\dfrac{n}{k+2}$ 个人得到视频。

习题 7.13 令 r 为正整数。我们来考察一个无限集合群,其中每个集合都包含 r 个元素且保证这些集合中的任意两个都不相交。请证明,存在一个包含 $r-1$ 个元素的集合,其与该集合群中的其他任意成员都有交集。

习题 7.14 存在 n 个有限集合 $A_1, A_2, \cdots, A_n$,其任意群的交集都有偶数个元素,但是其所有子集的交集则不然,包含奇数个元素。请求出 $A_1 \cup A_2 \cup \cdots \cup A_n$ 可能包含的最小元素个数。

习题 7.15（USSR 1991） 一个 $n \times n$ 网格的 $k \times l$ 子网格由位于任意 k 行和任意 l 列交界处的格子构成。$k+l$ 这个数被称为该子网格的半周长。已知半周长不小于 n 的一些子网格覆盖了该网格的主对角线。请证明，这些子网格至少覆盖了所有格子的一半。

习题 7.16（IMO 2013 候选） 令 $n(n \geq 2)$ 是一个整数。考察数字 $0, 1, \cdots, n$ 的所有环形排列，一个排列的 $n+1$ 种旋转被认为是等价的。如果对于任意 4 个不同数字 $0 \leq a, b, c, d \leq n(a+c=b+d)$，连接数字 a 和 c 的弦与连接数字 b 和 d 的弦不相交，那么我们就称这个环形排列是"优美的"。令 M 为 $0, 1, \cdots, n$ 的优美排列个数，N 为使得 $x+y \leq n$ 且 $\gcd(x,y)=1$ 的正整数对 (x,y) 的个数。请证明，$M=N+1$。

习题 7.17 请证明，在最大绝对值为 $2k-1$ 的任意 $2k+1$ 个整数中，我们总是可以选出加和为 0 的三个数。

习题 7.18 请证明，对于 $n \geq 55$，一个立方体 C 可以被分割成 n 个小立方体。

习题 7.19 对于数字 $1, 2, \cdots, n$ 的一个排列 $a_1, a_2, \cdots, a_n$，我们可以改变任意连续组块的位置。也就是说，我们可以从 $a_1, \cdots, a_i, a_{i+1}, \cdots, a_{i+p}, a_{i+p+1}, \cdots, a_{i+q}, a_{i+q+1}, \cdots, a_n$ 得到 $a_1, \cdots, a_i, a_{i+p+1}, \cdots, a_{i+q}, a_{i+1}, \cdots, a_{i+p}, a_{i+q+1}, \cdots, a_n$。请问至少经过多少次这种转换可以让我们从 $1, 2, \cdots, n$ 得到 $n, n-1, \cdots, 2, 1$？

习题 7.20 令 m 个圆相交于点 A 和 B。我们用下列方法来标记数字：在 A 和 B 旁标记 1，在每一条开放弧 AB 的中点旁标记 2，然后在标有数字的两点间弧的中点旁写上这两个数的和，这样重复 n 次。令 $r(n,m)$ 表示在将所有数字都标记到这 m 个圆上之后数字 n 出现的次数。

（1）请求出 $r(n,m)$ 的值。

（2）对于 $n=2\,006$，请求出使 $r(n,m)$ 为完全平方数的最小 m 值。

示例 对于某条弧 AB，陆续标记在各圆上的数字为：1-1；1-2-1；1-3-2-3-1；1-4-3-5-2-5-3-4-1；1-5-4-7-3-8-5-7-2-7-5-8-3-7-4-5-1。

习题 7.21（匈牙利 2000） 给定一个正整数 k 和多于 2^k 个整数，请证明，我们可以选择一个由其中的 $k+2$ 个数字构成的集合 S，使得对于任意正整数 $m \leq k+2$，S 的所有 m 元子集的各元素之和都各不相同。

习题 7.22（俄罗斯 2000） 存在一个由全等方形卡片构成的有限集合，这些卡片被放在一个矩形桌面上，其边与桌面的边平行。用 k 种颜色中的一种对每张卡片上色。对于任意 k 张不同颜色的卡片，我们可以用一个别针将其中任意两张卡片穿在一起。请证明，某种颜色的所有卡片会被 $2k-2$ 个别针穿刺。

习题 7.23（俄罗斯 2000） 将 $1, 2, \cdots, N$ 中的每个数用黑白两色标记。我们允许每一次同时改变等差数列中任意 3 个数的颜色。请问，N 为哪些数时，我们总是可以将所有数字都变为白色？

习题 7.24 对于 $n \geq 1$，令 O_n 为 $2n$ 元素组 $(x_1, \cdots, x_n, y_1, \cdots, y_n)$ 的数量，该元素组中的元素要么是 0 要么是 $1, x_1 y_1 + \cdots + x_n y_n$ 的和为奇数。E_n 是同类 $2n$ 元素组的数量，对应

加和为偶数。请证明，$\dfrac{O_n}{E_n} = \dfrac{2^n-1}{2^n+1}$。

习题 7.25（TOT 2001） 有 23 个盒子排成一排，其中有一个盒子恰好包含 k 个球，$1 \le k \le 23$。我们每次都可以通过从另一个包含更多球的盒子中取球的方式来将某一个盒子中的球数加倍。请问，对于 $1 \le k \le 23$，最终是否总会出现第 k 个盒子中包含 k 个球的情况？

习题 7.26 考察一个 $2^n \times 2^n$ 的正方形。请证明，在其四角都移除一个 1×1 的小方格后，剩下的区域可以用"隅角"铺砌（一个隅角就是四角之一缺失一个单元方格的 2×2 正方形）。

习题 7.27 考察一个 10×10 网格，在其部分方格中写有 10 个 1，10 个 2，……，10 个 9 和一个 10（每个方格中最多写一个数字）。请证明，我们可以从不同的行中选出十个方格，使得我们选定的方格包含数字 $1, 2, \cdots, 10$。

习题 7.28（IMO 2009） 令 $a_1, a_2, \cdots, a_n$ 为不同的正整数，M 是一个由 $n-1$ 个正整数组成但不包含数字 $s = a_1 + a_2 + \cdots + a_n$ 的集合。一只蚱蜢沿着实数轴跳跃。它从 0 点开始以某种顺序的步长 $a_1, a_2, \cdots, a_n$ 向右跳了 n 步。请证明，该蚱蜢以这样的方式进行跳跃的话可以永远不落在 M 的任意一点上。

习题 7.29（IMO 2004 候选） 对于一个有限图形 G，令 $f(G)$ 为三角形的个数，$g(G)$ 为由 G 的边构成的四面体个数。请求出满足 $g(G)^3 \le c \cdot f(G)^4$ 对于每一个图形 G 都成立的最小常数 c。

习题 7.30 请证明，一个具有 $\dbinom{n+k-2}{k-1}$ 个顶点的图形包含一个 K_n 或一个 $\overline{K_k}$，即包含 n 个相互联结的顶点或 k 个不相互联结的顶点。

习题 7.31 在一个具有有限个顶点的简单图形中，每一个顶点的度数至少为 3。请证明，该图形包含一个偶数闭环。

习题 7.32 对于正整数 n，令 S 是一个由 $2^n + 1$ 个元素构成的集合，f 是一个从 S 的各二元子集集合到 $\{0, \cdots, 2^{n-1}-1\}$ 的函数。假定对于 S 的任意元素 $x, y, z, f(\{x, y\}), f(\{y, z\}), f(\{z, x\})$ 中有一个函数是另外两个的和。请证明，S 中存在 a, b, c，使得 $f(\{a, b\}), f(\{b, c\}), f(\{c, a\})$ 都等于 0。

习题 7.33 令 G 为一个具有 n 个顶点的图形，使其内部不存在 K_4 个子图。请证明，G 最多包含 $\left(\dfrac{n}{3}\right)^3$ 个三角形。

习题 7.34（莫斯科 2000） 在某个国家，每个城市都有一条出城的路（每条路都恰好连接两个城市）。如果一个城市只有一条出城的路，那么我们称该城市是"边缘"的。已知不可能从一个城市出去再经过一个闭回路回到该城市。这些城市被分为两个集合，使得属于同一个集合的任意两个城市之间没有道路相连。假设第一个集合中的城市数量的最小值与第二个集合中的城市数量相等。请证明，第一个集合中必定包含一个边缘城市。

习题 7.35(莫斯科 2001) 有 20 支队伍一起参加足球比赛。每支队伍属于不同城市,且参加一场主场比赛和最多两场客场比赛。请证明,我们可以按照以下方法来安排比赛日程:每支队伍一天内最多参加一场比赛,且所有比赛在三天内比完。

习题 7.36(五色定理) 请证明,每一个平面图形的顶点都可以用 5 种颜色着色,使得每条边对应的两个顶点不同色。

习题 7.37 在一个具有有限顶点数的简单图形中,每个顶点的度数至少为 3。请证明,该图形包含一个长度不能被 3 整除的闭环。

习题 7.38(中国 2000) 一个乒乓球俱乐部想要组织一次由一系列比赛构成的锦标赛,在每场比赛中,一队双人组合要对抗由来自不同队伍的两个选手组成的双人组合。令一个选手在这次锦标赛中的"比赛数"为他所参加的比赛场数。给定一个由可以被 6 整除的不同正整数构成的集合 $A = \{a_1, a_2, \cdots, a_k\}$,请求出并证明允许我们安排一次双人锦标赛的选手人数的最小值,使得:

(a)每一个参赛者最多属于两个双人组合。

(b)任意两个不同的双人组合相互之间最多有一场比赛。

(c)如果两个参赛者属于同一个双人组合,那么他们之间永远不会相互对抗。

(d)参赛者比赛数的集合恰好为 A。

习题 7.39(波兰 2000) 给定一个自然数 $n(n \geqslant 2)$,请求出具有如下特性的最小 k 值:每一个由 $n \times n$ 网格中的 k 个格子构成的集合包含一个非空子集 S,使得该网格的每行每列都存在偶数个属于 S 的格子。

习题 7.40(奥地利-波兰 MO 2000) 给定一个由平面上 27 个不同的点构成的集合,其中任意三点不共线。来自该集合的 4 个点是一个单位方格的顶点,另外 23 个点则位于该方格内部。请证明,该集合中存在 3 个不同的点 X, Y, Z 使得 $[XYZ] \leqslant \dfrac{1}{48}$。

习题 7.41(莫斯科 1999) 我们来考察平面上的一个凸多边形,其每条边都是一条(相对于多边形)外侧被染色的线段(即认为线段有一部分被染色而另一部分没有)。我们在这个多边形内部画一些对角线,并且同样是一端染色而另一端不染色。请证明,在划分初始多边形过程中所形成的多边形中有一个多边形的各边也是外侧部分染色的。

习题 7.42(USSR 1989) 一只苍蝇和一只蜘蛛在一块 1×1 平方米的天花板上。蜘蛛每秒可以从其所在位置跳向联结该位置与天花板 4 个顶点的 4 条线段中任意一条线段的中点,而苍蝇不移动。请证明,蜘蛛在移动 8 次后可以到达相距苍蝇 1 cm 以内的地方。

习题 7.43 请证明,如果某平面可以被线和圆划分成几个部分("国家"),那么所得到的地图可以被涂成两种颜色,使得这些被一条弧或者一条线段分开的部分异色。

习题 7.44(IMO 2006 候选) 令 S 是一个平面上的有限点集,其中任意三点不共线。对于每一个顶点在 S 中的凸多边形 P,令 $a(P)$ 为 P 的顶点数,$b(P)$ 为 S 中在 P 外的点的个数。一条线段、一个点和空集分别被认为是具有 2,1 和 0 个点的凸多边形。请证明,对于每一个实数 x 都存在 $\sum_{P} x^{a(P)}(1-x)^{b(P)} = 1$(该和所涉及的都是顶点在 S 中的凸多边形)。

习题 7.45(IMO 2006 候选) 一个多孔三角形是指一个边长为 n 的向上等边三角形,其中有 n 个向上单位三角形被挖除。一个钻石是指一个 $60°-120°$ 的单位菱形。请证明,当且仅当下列条件成立时,一个多孔三角形 T 可以用钻石来铺砌:T 中每一个边长为 k 的向上等边三角形最多包含 k 个孔,其中 $1 \leq k \leq n$。

习题 7.46(IMO 2005 候选) 令 $n(n \geq 3)$ 为给定的正整数,我们想用小于或等于 r 的正整数来标记一个正 n 边形 $P_1 \cdots P_n$ 的每一条边和每一条对角线,使得:

(a)介于 1 和 r 之间的每一个整数都会作为一个标记出现。

(b)在每一个 $\triangle P_i P_j P_k$ 中,有两个标记数相等且大于第三个标记数。

基于上述条件:

(1)请求出使上述条件成立的最大正整数 r。

(2)基于 r 的值,请问存在多少个这样的标记数?

习题 7.47 在一个凸 n 边形($n \geq 403$)中画有 $200n$ 条对角线。请证明,其中一条至少与其他 10 000 条对角线相交。

习题 7.48 考察一个不存在三条对角线相交的凸 n 边形,请问这个 n 边形被这些对角线分割成多少部分?

习题 7.49 平面上存在一些相互之间平移得到的单位方格,使得在任意 $n+1$ 个方格中至少有两个相交。请证明,我们在平面上最多可以放置 $2n-1$ 根针,使得每一个方格至少被一根针刺中。

第8章 数学游戏

8.1 理论与例题

本章从始至终都要遇到的两个概念就是"游戏"和"策略"。

游戏可以简单地被定义为一种有结构的娱乐形式,而数学游戏则是用数学量对规则、策略和结果都进行明确定义的一类游戏,其示例包括围棋和井字棋等。

在某个游戏中,策略对于玩家而言就是在其所处的每一个位置上对所有可能的选项做出一个选择。请注意,由于留给玩家的选项是设定好的,所以这可能会限制玩家所处的位置集合。但是,该游戏其他任意参与者的选择是待定的,所以该玩家的策略必须体现这一点。一旦某个玩家选定了一个策略,这将完全决定他在该游戏的任意一个阶段所采取的措施。

在本章中,我们说某玩家有一个策略,应当理解为该策略是可以找到的,尽管在一些例子中我们可能需要花费很长的时间才能在现实生活中找到该策略。就像后面的题目所展示的那样,对于很多游戏,我们都可以证明存在某种策略,所以如果我们以完美的方式来玩游戏,那么我们就可以在理论上确定谁将赢得该游戏,甚至在游戏开始之前。但是,在实践中要找出真正的策略可能要花费太多的计算时间,这使该类游戏的趣味有幸得以保存。

例题 8.1 两个玩家玩一个游戏,他们每人轮流移动一步,而最后总是以其中一个玩家的胜利来结束游戏。该游戏还被设计成在最多移动 n 步(n 为某个正整数)后就自动结束。请证明,第一个玩家或者第二个玩家拥有一个取胜策略。

解答 我们通过对步数 n(超过该步数则游戏自动结束)的归纳来证明该结论。我们称这两个玩家为 A 和 B,并假定 A 走第一步。

如果 $n=1$,那么肯定有一个玩家拥有取胜策略。实际上,只有玩家 A 可以移动一步。如果他走动的任意一步使他取胜,那么就是玩家 A 的取胜策略让他走了这一步。如果他走的每一步都导致 B 取胜,那么 B 的取胜策略就是让 A 任意移动。

假定该结论对于 $n \geq 1$ 成立,我们需要证明其对于 $n+1$ 也成立。在玩家 A 走动一步后,留给我们的游戏自然就会在最多再走 n 步以后结束。于是,根据归纳假设可知,这两个玩家中有一个玩家拥有取胜策略。如果玩家 A 在走动一步后形成一个玩家 A 具有取胜策略的位置,那么,在移动这一步后贯彻这个取胜策略就是玩家 A 的一个取胜策略。否则,无论玩家 A 走哪一步,留给我们的状况都是玩家 B 拥有一个取胜策略。那么,玩家 B 的取胜策略就是在 A 任意走他的第一步后贯彻由此产生的取胜策略。这样,我们归纳步骤的证明就完成了。

备注 归纳步骤中的论证同样可以用于证明更为一般化的结论,这类结论只要求游戏在有限步数后结束而不必限定为确定值 n。

例题 8.2(普特南训练赛) 关于下面这个游戏,我们假定游戏币的供应是无限的。有两个玩家将几堆游戏币排成一排。每人轮流从其中一堆取出一个游戏币,然后按照自己的意愿给该堆游戏币左侧的几堆游戏币增加任意数量的游戏币(所以,如果游戏币是从最左侧的那堆中取得的话,那么就不会有新的游戏币增加)。假定,如果玩家取走某堆游戏币中的最后一枚,那么该玩家就赢了,游戏也就结束了。请证明,无论怎么玩,该游戏最后总会在有限的步数之后结束。

解答 我们将通过对游戏币堆的数量 n 进行归纳来证明。

当 $n=1$ 时,我们只有一堆游戏币。由于每个玩家必须从这堆游戏币中至少拿走一枚游戏币,所以这堆游戏币中的币数将逐渐减少直到拿完为止。

假定该游戏在具有 $n \geq 1$ 堆游戏币的情况下最终必定会结束,我们需要证明该结论对于 $n+1$ 堆游戏币的情况也成立。请注意,玩家们不可能只从前面的 n 堆游戏币中持续拿币,因为根据归纳假设可知,该游戏在 n 堆游戏币的情况下最终是会结束的。所以,某个玩家必定要从第 $n+1$ 堆游戏币中拿走一个币。现在,无论在这之后有多少游戏币被增加到其他 n 堆游戏币中,始终为真的事实是玩家们不可能永远只从前面的 n 堆游戏币中持续拿币,所以最终某个玩家还将从第 $n+1$ 堆游戏币中再拿走一个币。因此,这堆游戏币中的币数将持续减少直到被拿完为止。一旦这种情况发生,我们就只剩下 n 堆游戏币了。于是,根据归纳假设可知,该游戏会在有限步之后结束。

例题 8.3 我们来看下面这个两人游戏。桌子上有 56 根蜡烛,两个玩家轮流(一个接着另一个)玩。在每一轮中,允许玩家拿走 1,3 或 5 根蜡烛。拿走最后那组蜡烛的玩家即为胜者。如果两人都以最佳状态玩这个游戏,谁会赢?

解答 我们用数学归纳法来证明,如果蜡烛数量可以表示为 $6n-4$($n \in \mathbb{N}_+$),那么第二个玩家会赢。

当 $n=1$ 时,第一个玩家会拿走一根蜡烛,而第二个玩家就拿走另一根蜡烛。

假定该结论对于 $n \geq 1$ 成立,我们来证明其对于 $n+1$ 也成立。我们得到 $6(n+1)-4=6n+2$ 根蜡烛。如果第一个玩家拿走 a 根蜡烛,那么第二个玩家就拿走 $6-a$ 根蜡烛。于是,该游戏中就剩下 $6k-4$ 根蜡烛。根据归纳假设,第二个玩家就会取胜,我们的证明也就完成了。因为 $56=6 \cdot 10-4$,所以我们从证明中可知第二个玩家会取胜。

例题 8.4 在一个由单位方格 (x,y)($x,y \geq 0$)构成的无限大棋盘上,两名玩家在玩下列游戏:一开始,棋盘某处放有一个王,但不是在 $(0,0)$ 上。两名玩家交替将该王向下、向左或向左下方移动,将该王移动到 $(0,0)$ 处的玩家即为获胜者。在第一个玩家获胜的情况下,请求出该王的初始位置。

解答 我们通过对 $x+y \geq 1$ 的归纳来进行证明,当且仅当初始方格 (x,y) 不存在 $2 \mid x$ 和 $2 \mid y$ 时,第一个玩家获胜。

事实上,对于 $x+y=1$ 或者 $x=y=1$ 的情况,第一个玩家可以直接将王移动到 $(0,0)$ 来取胜。

对于 $x+y>1$ 的情况,如果 $2|x$ 且 $2|y$,那么第一个玩家只能将王移动到 $(x-1,y)$, $(x-1,y-1)$ 或者 $(x,y-1)$,这些点中没有一个具有全偶的坐标。所以,根据归纳,此时第二个玩家具有一个取胜策略。相反的情况是,到 $(x-1,y)$, $(x-1,y-1)$ 或者 $(x,y-1)$ 中有一个点具有全偶的坐标,所以第一个玩家可以将王移到这个点上。根据归纳,他就会有一个取胜策略。

例题 8.5(波罗的海之路 2013) 黑板上写有一个正整数,玩家 A 和 B 在玩下列游戏:每个玩家每步要为写在黑板上的数字 n 选择一个约数 $m(1<m<n)$,然后用 $n-m$ 取代 n。玩家 A 第一个进行操作,然后所有玩家轮流操作,直到不能继续的那个玩家输掉比赛为止。请问玩家 B 的取胜策略是取哪个数字作为起始数?

解答 如果该游戏以 n 开始时第二个玩家拥有一个取胜策略,那么就称 n 为受保护数。该游戏以不能继续为结束标志,所以要么 $n=1$,要么 n 为质数。在这些情况下,第一个玩家因不能再继续而输掉游戏,所以这些都是受保护数。当我们从一个受保护数值开始时,由于第二个玩家有取胜策略(无论第一个玩家怎么走),所以他不可能留下一个(可以让他取胜的)受保护数。因此,每一步从受保护数开始的操作必定会留下一个非受保护数。当我们从一个非受保护数值开始时,第一个玩家必定有一个取胜策略,所以在任意操作一步后必定留下一个(可以让他取胜的)受保护数。

我们通过对 n 的归纳来证明受保护数要么是 $n=2^{2k-1}$(k 为正整数),要么 n 为奇数。

基线条件就是当 $n=1$ 或者 n 为质数时的情况。这些数都是受保护数,且要么 $n=2=2^{2-1}$,要么 n 为奇数。

至于归纳步骤,则存在四种情况。

(1)当 $n=2^{2k-1}$ 时,那么可能的操作就是取 $m=2^j(1\leq j<2k-1)$。这些操作将留给我们 $n-m=2^j(2^{2k-j-1}-1)$,该数永远是偶数。而且,若 $j=2k-2$,则该数是 2 的幂并且是 2 的偶数幂,即 $n-m=2^{2k-2}$。根据归纳假设,这些数没有一个是受保护数,所以得到 n 为受保护数。

(2)当 n 为奇数时,那么可能的操作就是将 n 表示为 $n=km(1<k,m<n)$,操作后留下 $n-m=(k-1)m$。由于 $k-1$ 是偶数,所以该数为偶数;由于存在一个非平凡奇数因子 m,所以该数不是 2 的幂。根据归纳假设,这些数没有一个是受保护数,所以得到 n 为受保护数。

(3)当 $n=2^{2k}$ 时,那么取 $m=2^{2k-1}$ 会使留下的数为受保护数 $n-m=2^{2k-1}$,所以此时 n 不是受保护数。

(4)当 $n=2^k l(l>1$ 为奇数)时,那么取 $m=l$ 会使留下的数为受保护(奇)数 $n-m=(2^k-1)l$,所以此时 n 不是受保护数。

例题 8.6 令 m 和 n 为大于 1 的奇数,使得 $4|m-n$。现在,我们来看以下两人游戏:玩家们轮流(一个接着一个)将星星放入 $m \times n$ 矩形网格的方格中(每个网格只允许放一个星星)。允许第一个玩家在除了中心方格的任意方格中放入一颗星星。在接下来的每一步中,玩家可以将星星放入与前一颗星星所在方格拥有一个公共角的方格中。如果玩家将星星放入中心方格或者其对手不能再继续,那么该玩家就取胜。假定两位玩家都

以最佳状态来玩这个游戏,请问谁会赢?

解答 我们用 A 表示 $3×3$ 网格,其包含 $m×n$ 矩形网格之中心方格,且有 8 个方格分别与它有一个公共交点。用 B 表示由不属于 A 的方格组成的图形。具体而言,若 $m=n=3$,则 B 为空集。

当 $m+n>6$ 时,我们通过对 $m+n$ 进行数学归纳来证明 B 可以被分成相互衔接的多米诺骨牌结构。

请注意,我们是不能得到 $m+n=8$ 的,因为和为 8 的任意奇数对都不能满足条件 $4|m-n$。所以,基线条件 $m+n=10$。不失一般性,令 $m≥n$,则 $m=7,n=3$,或者 $m=5,n=5$。这两种情况的证明可以利用以下图形来说明(图 8.1):

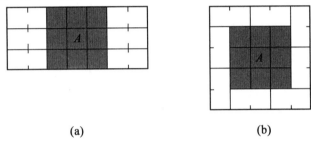

(a)   (b)

图 8.1

现在,假定该论断对于 $m+n≤k(k>9,k∈\mathbb{N})$ 成立,我们来证明其对于 $m+n=k+1$ 也成立。根据对称性,我们还假定 $m≥n$。分两种情况进行讨论。

情况 1 若 $n=3$,则该论断对于某个 $(m-4)×3$ 的矩形网格成立。从下列图形(图 8.2)可知,该论断对于 $m×3$ 的矩形网格也成立。

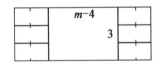

图 8.2

情况 2 若 $n≥5$,则该论断对于某个 $(m-2)×(n-2)$ 的矩形网格成立。从下列图形(图 8.3)可知,该论断对于 $m×n$ 的矩形网格也成立。

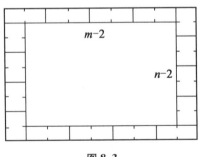

图 8.3

这样,我们的归纳就完成了。现在,回到我们的游戏,如果第一个玩家将一颗星星放入 B 的任意一个方格里,那么第二个玩家可以把一颗星星放到围绕该方格的多米诺骨牌结构中的某个方格里。显然,第一个玩家迟早会(第一个)将一颗星星放入 A 的一个方格中(不是中心方格)。那么,第二个玩家就可以把一颗星星放入中心方格里,从而赢得该游戏。

8.2 推荐习题

习题 8.1 有三个玩家玩下列游戏。玩家们轮流(一个接着另一个)拿桌上的 54 颗糖果。每一步允许玩家拿 1,3 或 5 颗糖果,且连续两步不能拿同样数量的糖果。拿走最后一组糖果的玩家为胜者。假定所有玩家都以最佳状态玩游戏,谁会取胜?

习题 8.2 令 $a_0, a_1, a_2, \cdots, a_{2\,016}$ 为互不相同的整数。我们来看下面这个两人游戏:玩家轮流用 $a_0, a_1, a_2, \cdots, a_{2\,016}$ 这些数代换多项式 $* x^{2\,016} + * x^{2\,015} + \cdots + *$ 中的 $*$(每次用一个数代换一个 $*$)。如果最后得到的多项式有一个整数根,那么第二个玩家取胜;否则,第一个玩家取胜。假定双方玩家都以最佳状态玩游戏,谁会取胜?

习题 8.3 将一副由 52 张牌(26 张红牌和 26 张黑牌)组成的标准扑克牌进行洗牌,然后一次给你发一张牌。在任何时候,你都可以基于目前所看到的牌说"我预测下一张牌将会是红色的",但是只能做一次这样的预测。什么策略可以让你有最大的概率得到正确的预测?

习题 8.4 在一个由单位方格 (x, y) $(x, y \geqslant 0)$ 构成的无限大棋盘上,两名玩家在玩下列游戏:一开始,棋盘某处放有一个王,但不在 $(0, 0)$ 上。两名玩家交替着将该王向下、向左或向左下方移动,将该王移动到 $(0, 0)$ 处的玩家为失败者。在第一个玩家获胜的情况下,请求出该王的初始位置。

习题 8.5(TOT 2003) 在一局游戏中,鲍里斯有 1 000 张牌,分别标记为 $2, 4, \cdots, 2\,000$;安娜有 1 001 张牌,分别标记为 $1, 3, \cdots, 2\,001$。该游戏持续 1 000 轮。在奇数轮中,鲍里斯任意打出他的一张牌,而安娜在看到这张牌后打出她的一张牌,谁的牌大谁就赢得该轮,同时弃掉这两张牌;在偶数轮中,还是以同样的方式玩牌,只是安娜变成了第一个出牌者。在游戏的最后,安娜弃掉她没有使用的最后一张牌。确保有一个玩家在不管对手如何出牌的情况下都能够取胜的最大轮数是多少?

习题 8.6 一个箱子里装有 n $(n>1)$ 个球。现在两个玩家 A 和 B 开始玩一个游戏:首先 A 取出 k $(1 \leqslant k < n)$ 个球;当一个玩家取出 m 个球时,下一个玩家可以取出 ℓ $(1 \leqslant \ell \leqslant 2m)$ 个球;取得最后一个球的玩家获胜。请求出所有正整数 n,使得 B 有一个取胜策略。

习题 8.7(俄罗斯 2002) 给定一个红色单元格,k $(k>1)$ 个蓝色单元格,以及包含 $2n$ 张卡片且以 1 到 20 编号的一组卡片。一开始,这组卡片位于红色单元格内并以任意序列排序。在每一轮中,我们允许将某格内顶端的一张卡片移动到另一个顶端卡片号大于 1 的格子内并置顶,或者移动到一个空格内。给定 k 值,请求出使得所有卡片都被移动到一个蓝色单元格内总是可能的最大 n 值。

习题 8.8(《数学反思》) A 和 B 在一个 $(2n+1)\times(2m+1)$ 的棋盘上玩下列游戏: A 在左下角(方格 $(1,1)$)有一个兵,他想将其移动到右上角(方格 $(2n+1,2m+1)$)。在每一轮中, A 将兵移动到相邻(有公共边的)方格内, B 要么什么都不做,要么挡住该游戏中其他方格中的一格,但是这样的话, A 仍然可以到达右上角。请证明, B 能够迫使 A 在到达右上角之前至少移动 $(2n+1)(2m+1)-1$ 步。

习题 8.9(第 44 届乌拉尔锦标赛,第 4 场巡回赛) 我们来看下列两人游戏:有两堆石头,一堆包含 1 914 颗石头,另一堆包含 2 014 颗石头。允许每位玩家每轮拿走大石堆中的两颗石头或者小石堆中的一颗石头。如果两堆石头在某个时候包含相等数量的石头,那么玩家在该轮中可以从任意一个石堆中拿走一到两颗石头。当某个玩家不能继续再按上述规则进行操作时,他就输了。假定双方玩家以最佳状态玩这个游戏,谁将取胜?

第9章 各 论

尽管本章中包含的三节内容(几何中的归纳法、微积分中的归纳法和代数中的归纳法)每一节都可以独立成章,但是我们还是决定将其组合成一章,主要原因如下:不像在其他各章中我们在讨论例题之前先介绍所有必要的理论,对于这三节而言,这样的目标实在太过宏大,因为理解所有应用所需的背景知识对于2到3页的理论部分而言实在太多了。而且,在前面的每一章中,我们的目标是对在将要讨论的每一个领域中可能出现的理念或者话题做一个详尽的概览,而这对于本章的三个话题而言也是不可企及的,如果要做一个详尽的概览的话,那么每一节都需要用一本书的篇幅。因此,我们只求将这大量的理念中的一小部分讨论清楚就心满意足了,对感兴趣的读者,我们会为其指出其他参考资源(详见参考文献[8]和[12])。

9.1 几何中的归纳法

9.1.1 例题

几何中归纳法的应用是非常广泛的:我们可以用归纳法来证明某个特定配置存在性的问题(例如,点的特定排列、一个图形的外接圆、受限的一条线或者一个图形等)、作图法问题(例如,只用一把尺子将某条线段分割成 n 等分)、轨迹问题、几何不等式等很多问题。我们将在下面提供其中的一些例题,其他一些精彩的算题就放在"推荐习题"部分留待有兴趣的读者来解答。

例题 9.1.1 请证明,如果 $A_1, A_2, \cdots, A_n$ 是平面上的任意点,且任意三点不共线,那么存在一个凸多边形 P 使得 A_i 为 P 的顶点,而剩下的点都在 P 内(多边形 P 被称为点 $A_1, A_2, \cdots, A_n$ 的"凸包")。

解答 我们从对 n 的归纳着手。当 $n=3$ 时,结论立即可以得到证明,因为这些点构成一个三角形。

假定该结论对于 $n \geqslant 3$ 都为真,给定一个由 $n+1$ 个点组成的集合,根据归纳假设,我们可以发现一个凸多边形 $P=B_1B_2\cdots B_m$,使得顶点 B_i 在 $A_1, A_2, \cdots, A_n$ 中,且 $A_1, A_2, \cdots, A_n$ 中剩下的顶点都在 P 内。我们现在来看一下 A_{n+1}。存在一些数对 $B_i, B_j\,(i<j)$ 使得 $\angle B_i A_{n+1} B_j$ 最大。假定存在某个 $k \neq i$ 使得 B_k 在这个角的外侧。$A_{n+1}B_i, A_{n+1}B_j$ 和 $A_{n+1}B_k$ 这三条射线不能在同一个半平面上,因为这将导致 $\angle B_i A_{n+1} B_k$ 或者 $\angle B_k A_{n+1} B_j$ 大于 $\angle B_i A_{n+1} B_j$,与该角的最大值特性相矛盾。因此,A_{n+1} 在 $\triangle B_i B_j B_k$ 内,且多边形 P 仍旧是我

们所需要的图形。

否则，每一个 $B_k(k \neq i, j)$ 都在 $\angle B_i A_{n+1} B_j$ 内。假定 P 和 $\triangle B_i A_{n+1} B_j$ 的并集是多边形 $Q = A_{n+1} B_i B_{i+1} \cdots B_j$。由于 Q 在 $\angle B_i A_{n+1} B_j$ 内，所以 Q 在 B_i 和 B_j 上的内角小于 $180°$。在另一个 B 上的内角就是 P 的内角（所以小于 $180°$），并且在 A_{n+1} 上的内角 $\angle B_i A_{n+1} B_j < 180°$。因此，$Q$ 为凸多边形，其顶点是 $A_1, A_2, \cdots, A_{n+1}$ 的某个子集。由于 Q 包含 P，所以其余的 A_i 都在 Q 内。因此，Q 就是所求的多边形。

例题 9.1.2 点 O 在一个凸 n 边形 $A_1 A_2 \cdots A_n$ 内（包括 O 在边界上的情况）。请证明，在 $\angle A_i O A_j$ 中存在不少于 $n-1$ 个非锐角。

解答 我们通过对 n 的归纳来证明该结论。当 $n=3$ 时，结论显然成立。

现在，我们来看 n 边形 $A_1 A_2 \cdots A_n$，其中 $n \geqslant 4$。选定 p, q, r，使得 O 位于 $\triangle A_p A_q A_r$ 内，令 A_k 为给定 n 边形中不同于点 A_p, A_q 和 A_r 的点。从 n 边形 $A_1 A_2 \cdots A_n$ 中移除 A_k，我们得到一个 $n-1$ 边形，并且可以将归纳假设应用于该多边形。于是，得到至少 $n-2$ 个与 A_k 不相关的非锐角。点 O 必定位于以 A_k 和 A_p, A_q, A_r 中任意两个为顶点的三角形内部。不失一般性，假定该三角形是 $\triangle A_k A_q A_r$，那么 $\angle A_k O A_q + \angle A_k O A_p = 360° - \angle A_q O A_r \geqslant 180°$。因此，这些角中至少有一个是与 A_k 相关的非锐角。这样，我们的证明就完成了。

例题 9.1.3 令 $A_1 A_2 \cdots A_{2n}$ 为内接于一个圆的多边形。我们已知除了一对边其他所有的对边都平行。请证明，对于任意奇数 n，例外的那对边平行；对于任意偶数 n，例外的那对边边长相等。

解答 我们通过对 $n \geqslant 4$ 进行归纳来证明该结论。当 $n=4$ 时，结论立即可以得证。我们现在来考察六边形 $ABCDEF$，其中 $AB /\!/ DE$ 且 $BC /\!/ EF$，我们来证明 $CD /\!/ AF$。

请注意，从 $AB /\!/ DE$ 必然推得 $\angle ACE = \angle BFD$。由于 $BC /\!/ EF$，所以 $\angle CAE = \angle BDF$。$\triangle ACE$ 和 $\triangle BDF$ 有两对相等的角，所以它们的第三个角也相等。各角相等表明弧 $\overset{\frown}{AC}$ 和 $\overset{\frown}{DF}$ 相等，所以弦 CD 和 AF 平行。

现在，假定该结论对于 $2(n-1)$ 边形的情况成立，我们来证明该结论对于 $2n$ 边形也成立。令 $A_1 A_2 \cdots A_{2n}$ 为 $2n$ 边形，$A_1 A_2 /\!/ A_{n+1} A_{n+2}, \cdots, A_{n-1} A_n /\!/ A_{2n-1} A_{2n}$。我们来看一下 $2(n-1)$ 边形 $A_1 A_2 \cdots A_{n-1} A_{n+1} \cdots A_{2n-1}$。根据归纳假设，对于 n 个奇数的情况我们有 $A_{n-1} A_{n+1} = A_{2n-1} A_1$，而对于 n 为偶数的情况我们则有 $A_{n-1} A_{n+1} /\!/ A_{2n-1} A_1$。

我们现在来探讨 $\triangle A_{n-1} A_n A_{n+1}$ 和 $\triangle A_{2n-1} A_{2n} A_1$。首先，我们来考察 n 为偶数的情况，此时向量 $\overrightarrow{A_{n-1} A_n}$ 与 $\overrightarrow{A_{2n-1} A_{2n}}$ 以及 $\overrightarrow{A_{n-1} A_{n+1}}$ 与 $\overrightarrow{A_{2n-1} A_{2n}}$ 平行且反向。于是，得到 $\angle A_n A_{n-1} A_{n+1} = \angle A_1 A_{2n-1} A_{2n}$ 和 $A_n A_{n+1} = A_{2n} A_1$（因为它们是弦切割相等的弧）。

现在令 n 为奇数，那么 $A_{n-1} A_{n+1} = A_{2n-1} A_1$，即 $A_1 A_{n-1} /\!/ A_{n+1} A_{2n-1}$。在一个六边形 $A_{n-1} A_n A_{n+1} A_{2n-1} A_{2n} A_1$ 中，我们可以得到 $A_1 A_{n-1} /\!/ A_{n+1} A_{2n-1}$ 和 $A_{n-1} A_n /\!/ A_{2n-1} A_{2n}$。于是，从我们所讨论的六边形这个基线条件，我们可以得到 $A_n A_{n+1} /\!/ A_{2n} A_1$，符合要求。这样，我们的证明就完成了。

例题 9.1.4（莫斯科数学园） 请证明，我们可以将任意两个等积多面体切割成几对等积四面体。

解答　首先,我们将两个多面体都切割成任意四面体。为了实现这一操作,我们先将一个多面体的内点与各顶点相连,从而将其切割成多个棱锥体。

一旦将多面体切割成四面体,我们就选择所得四面体中最小的那个,然后再从另一组四面体中选择一个切割出同样大小的一个四面体。现在,通过对四面体数量进行归纳,我们就可以完成本题的证明了。

在本节的最后,我们再来展示两个更具有挑战性的例题。

例题 9.1.5　令 $A_1A_2\cdots A_n(n \geq 4)$ 为凸多边形。以 R_i 表示 $\triangle A_{i-1}A_iA_{i+1}$(这里的 $i=2$,$3,\cdots,n$,且 $A_{n+1}=A_1$) 的外接圆半径。请证明,若 $R_2=R_3=\cdots=R_n$,则我们可以给多边形 $A_1A_2\cdots A_n$ 画一个外接圆。

解答　我们从证明以下引理开始。

引理 1　如果凸四边形 $MNPK$ 不可能内接于一个圆,但是 $\triangle MNP$ 和 $\triangle MNK$ 的外接圆半径相等,那么 $\angle MPN + \angle MKN = 180°$。

证明　根据题意,$\triangle MNP$ 和 $\triangle MNK$ 的外接圆关于 MN 对称。于是,$\angle MKN + \angle MPN = \angle MK'N + \angle MPN = 180°$,其中 K' 是 K 关于 MN 的对称点。

引理 2　令 $ABCDE$ 为凸五边形,使得 $R_B = R_C = R_D$,其中 R_B,R_C 和 R_D 分别表示 $\triangle ABC$,$\triangle BCD$ 和 $\triangle CDE$ 的外接圆半径。那么,四边形 $ABCD$ 和 $BCDE$ 中至少有一个内接于圆。

证明　利用反证法,假定四边形 $ABCD$ 和 $BCDE$ 中没有一个内接于圆,那么根据前述引理可得 $\angle CBD + \angle CED = \angle BAC + \angle BDC = 180°$。于是,$360° = (\angle BAC + \angle CBD) + (\angle BDC + \angle CED) < 180° + 180°$,矛盾。从而确立了该引理的结论。

请注意,如果点 A 和 E 重合,那么引理 2 的证明仍旧成立。在这种情况下,$ABCD$ 内接于一个圆。这就是本题在 $n=4$ 时的情况。

引理 3　令 $ABCDEF$ 是一个凸六边形,使得 $R_B = R_C = R_D = R_E$(所有的标记都和前一引理相同),那么,四边形 $ABCD$ 和 $CDEF$ 中有一个内接于圆。

证明　利用反证法,假设我们不能画出任意一个题中四边形的外接圆。那么,根据引理 1 可知 $\angle BAC + \angle BDC = \angle DCE + \angle DFE = 180°$。而根据引理 2 可知,我们可以画出四边形 $BCDE$ 的一个外接圆(考虑五边形 $ABCDE$ 即可)。

所以,$\angle DBE = \angle DCE$ 且 $\angle CEB = \angle BDC$。于是,我们可以得到 $360° = (\angle BAC + \angle DBE) + (\angle DFE + \angle CEB) < 180° + 180°$,矛盾,所以引理成立。

同样地,如果 A 和 F 重合,那么引理 3 的证明仍旧成立。

在证明了上述引理后,我们利用数学归纳法来证明本题结论。$n=4$ 的情况已经在上面得到了证明。当 $n=5$ 时,应用引理 2 和引理 3(取 $A=F$),我们发现四边形 $A_1A_2A_3A_4$,$A_2A_3A_4A_5$,$A_3A_4A_5A_1$ 中至少有两个可以内接于一个圆。由此知,可以画出五边形 $A_1A_2A_3A_4A_5$ 的一个外接圆。

关于归纳步骤,我们需要证明,如果结论对于 $n \geq 5$ 为真,那么该结论对于 $n+1$ 也为真。我们来看四边形 $A_1A_2A_3A_4$，$A_2A_3A_4A_5$，$A_3A_4A_5A_6$ 和 $A_4A_5A_6A_7$（当 $n=6$ 时，我们像前面一样取 $A_7=A_1$）。根据引理 2 和引理 3，我们可以从上述四边形中得到一对可以内接于一个圆的四边形。假定存在 $A_1A_2A_3A_4$ 和 $A_2A_3A_4A_5$（对于其他的可能情况，该论断本质上不变），那么不难证明凸 $n+1$ 边形 $A_1A_2A_3A_4\cdots A_nA_{n+1}$ 满足题设条件，所以根据归纳假设，该多边形可以内接于一个圆。而且，因为可以画出 $A_1A_2A_3A_4$ 的一个外接圆，所以顶点 A_3 也在圆周上。这样，我们的证明就完成了。

备注 当 $R_2=R_3=\cdots=R_n$ 时，不存在凸多边形（图 9.1）。

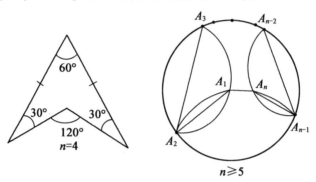

图 9.1

备注 如果在一个凸 n 边形中只有 $n-2$ 条符合题中要求的半径相等，那么总的来说，结论不成立。作为例子，请参见图 9.2。

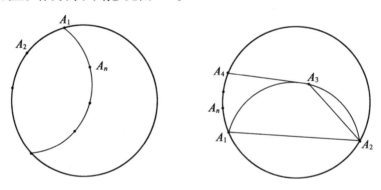

图 9.2

例题 9.1.6（IMO 2006） 令 $P=A_1A_2\cdots A_n$ 为凸多边形。对于每条边 A_iA_{i+1}，令 T_i 为以 A_iA_{i+1} 为一条边、以多边形的一个顶点为第三个顶点的三角形，并且令 S_i 为 T_i 的面积，S 为多边形的面积。请证明，$\sum S_i \geq 2S$。

解答 为了用归纳法来证明本题，我们需要在某种程度上减少多边形的顶点数。我们可以移除一个顶点、一条边或者不断移动一个顶点直到该多边形的顶点或者边减少为止。

我们来看一下 $f(P)=\sum[T_i]-2[P]$。令 $l_i=A_iA_{i+1}$，且 V_i 是 T_i 的第三个顶点。请

注意，V_i 是特定的，除非存在一条平行于 l_i 的边 l_j（此时 V_i 是这条边的任意一个端点）。当 $n=3$ 时，该论断显然成立。当 $n=4$ 时，我们得到

$$S_1+S_2+S_3+S_4 \geq [A_1A_2A_3]+[A_2A_3A_4]+[A_3A_4A_1]+[A_4A_1A_2]=2S$$

接下来，我们将进行归纳法的第二步。我们将尽可能多地进行以下操作。

（＊）：取一条与多边形其他边不平行的边 A_iA_{i+1}。现在，我们尝试在 $A_{i-1}A_i$ 上移动 $X=A_i$，确保在移动过程中，多边形仍然是凸的且 A_iA_{i+1} 始终不与其他任意一条边平行。我们断定 f 在 XA_{i-1} 上为线性函数。事实上，对于任意边 l_k，V_k 保持不变（其实，V_k 是可以改变的。如果在移动 A_i 的过程中其中一条边 l_j 平行于 l_k，那么 V_k 就会从 l_j 的一个端点"跳跃"到另一个端点。但是，这种情况是不会出现的，因为我们规定 A_iA_{i+1} 不平行于多边形的其他各边，并且这些边不改变方向）。所以，T_k 要么固定不变，要么有一个顶点 $X=A_i$，而另外两个顶点固定。在这种情况下，S_k 在 A_iX 上显然是线性的，而 S 显然也是如此。因此，f 作为一个线性函数在端点处取其最小值。那么什么样的情况会是端点的情况呢？我们可能会遇到以下情形中的一种：

（1）$A_i=A_{i-1}$。此时，多边形变成 $A_1\cdots A_{i-1}A_{i+1}\cdots A_n$，我们可以使用归纳法。

（2）A_i 趋向于无穷。在这种情况下，不等式很容易得到证明。

（3）A_i 与 $A_{i+1}A_{i+2}$ 共线。此时，多边形变成 $A_1\cdots A_iA_{i+2}\cdots A_n$，我们还是可以应用归纳法。

（4）A_iA_{i+1} 与多边形的一条边平行。在这种情况下，P 中平行边的对数增加。

在（1）（2）（3）的情况下，我们的证明就可以结束了。如果遇到情况（4），则再重复操作（＊），依此类推。我们最终能够得到一个多边形，其所有边都可以被分成几对平行边。在这种情况下，我们可以推得 n 为偶数且 $l_i /\!/ l_{i+\frac{n}{2}}$（通过对 n 的模进行考察）。因为对于 $n=4$ 的情况我们实际上得到的是一个等式，所以现在假定 $n \geq 6$。令 $m=\dfrac{n}{2}$，我们会发现 $S_i+S_{i+m}=[A_iA_{i+1}A_{i+m}A_{i+m+1}]$，所以，$f(P)=\sum[A_iA_{i+1}A_{m+i}A_{m+i+1}]=-2S$。

我们可以假定 $\angle A_1A_2A_3+\angle A_2A_3A_4>180°$，也就是说，射线 A_1A_2 和 A_4A_3 相交于点 X。令射线 $A_{m+1}A_{m+2}$ 和 $A_{m+4}A_{m+3}$ 相较于点 Y。我们可以断定 $f(P) \geq f(A_1XA_4\cdots A_{m+1}YA_{m+4}\cdots A_n)$。由于新的多边形有 $n-2$ 条边，所以由上述断言就导出了本题的最后一步。现在

$$f(P)-f(A_1XA_4\cdots A_{m+1}YA_{m+4}\cdots A_n)$$
$$=2[A_2XA_3]+2[A_{m+2}YA_{m+3}]+[A_2A_3A_{m+2}A_{m+3}]+[A_1A_2A_{m+1}A_{m+2}]+[A_3A_4A_{m+3}A_{m+4}]-$$
$$[A_1XA_{m+1}Y]-[A_4XA_{m+4}Y]$$

而

$$[A_1XA_{m+1}Y]-[A_1A_2A_{m+1}A_{m+2}]=[A_2XA_{m+2}Y]=[A_2YX]+[XYA_{m+2}]$$

并且对于 $[A_4XA_{m+4}Y]$ 也有类似的等式。于是，本题可以简化为

$$2[A_2XA_3]+2[A_{m+2}YA_{m+3}]+[A_2A_3A_{m+2}A_{m+3}]-[A_2YX]-[XYA_{m+2}]-[A_3YX]-[XYA_{m+3}] \geq 0$$

但是

$$[A_2YX] + [XYA_{m+2}] + [A_3YX] + [XYA_{m+3}]$$

$$= [A_2YX] + [XYA_{m+2}] + ([XA_3A_{m+2}] + \frac{1}{2}(\overline{XA_3}, \overline{A_{m+2}Y})) + ([A_2YA_{m+3}] + \frac{1}{2}(\overline{YA_{m+3}}, \overline{A_2X}))$$

$$= [A_2A_3A_{m+2}A_{m+3}] + [XA_2A_3] + [YA_{m+2}A_{m+3}] + \frac{1}{2}(\overline{XA_3}, \overline{A_{m+2}Y}) + \frac{1}{2}(\overline{YA_{m+3}}, \overline{A_2X})$$

（其中 $(\overline{u}, \overline{v})$ 表示由向量 $\overline{u}$ 和 $\overline{v}$ 确定的平行四边形的面积）。

因此，我们需要证明

$$[XA_2A_3] + [YA_{m+2}A_{m+3}] \geq \frac{1}{2}(\overline{XA_3}, \overline{A_{m+2}Y}) + \frac{1}{2}(\overline{YA_{m+2}}, \overline{A_2X})$$

但是，由于 $\triangle XA_2A_3$ 和 $\triangle YA_{m+2}A_{m+3}$ 相似，所以 $\frac{1}{2}(\overline{XA_3}, \overline{A_{m+2}Y})$ 和 $\frac{1}{2}(\overline{YA_{m+3}}, \overline{A_2X})$ 都等于

$\sqrt{[XA_2A_3][XA_{m+2}A_{m+3}]}$。于是，根据 AM-GM 不等式，我们就可以完成本题的证明了。

9.1.2 推荐习题

习题 9.1.1 （1）请证明，任意 n 角形都可以被不相交的对角线切割成一些三角形。

（2）请证明，任意 n 角形的内角和等于 $(n-2)180°$。进而证明，一个 n 角形被不相交的对角线切割成三角形的数量等于 $n-2$。

习题 9.1.2 对于任意正整数 $n(n>1)$，平面上存在任意三点不共线的 2^n 个点。请证明，不存在由其中 $2n$ 个点构成的凸多边形。

习题 9.1.3 令 $A_1A_2\cdots A_n$ 为内接于圆的一个凸多边形，其中任意两个顶点都不构成该圆的一条直径。请证明，如果在 $\triangle A_pA_qA_r$ 中（p,q,r 的值域大于 $1,2,\cdots,n$）至少存在一个锐角三角形，那么也就至少存在 $n-2$ 个这样的锐角三角形。

习题 9.1.4 （1）请证明，一个圆内接四边形 $ABCD$ 外接圆上的一点 P 在该点关于 $\triangle BCD$，$\triangle CDA$，$\triangle DAB$，$\triangle BAC$ 的各西姆松线上的投影共线（该线被称为 P 关于内接四边形的西摩松线）。

（2）请用归纳法证明，我们可以类似地定义一个点关于一个内接 n 边形的西摩松线为具有以下特点的一条线：该线包含点 P 在通过移除 n 边形某个顶点后得到的所有 $n-1$ 边形的西摩松线上的投影。

习题 9.1.5 在一个以 1 为半径、O 为圆心的圆上，已知存在 $2n+1$ 个点 $P_1, P_2, \cdots, P_{2n+1}$，这些点位于直径的一侧。请证明，$|\overrightarrow{OP_1} + \cdots + \overrightarrow{OP_{2n+1}}| \geq 1$。

习题 9.1.6 令 l_1 和 l_2 为两条平行线，且 $A, B \in l_i, A \neq B$。只用一把尺，请将线段 AB 分成 $n(n \geq 2)$ 等份。

习题 9.1.7 平面上给定 $2n+1$ 个点，任意三点不共线，请构建一个 $2n+1$ 边形（允许自我相交的多边形），使得给定点是该多边形各边的中点。

习题 9.1.8 平面上给定一个凸多边形。请证明，我们可以从其顶点中选出三个构造一个三角形，使得三角形边长的平方和至少等于该多边形边长的平方和。

习题 9.1.9(TOT 2001) 请证明,存在 2 001 个凸多面体,其中任意 3 个都没有公共点,而任意两个相互接触(即它们至少有一个公共边界点而没有公共内点)。

习题 9.1.10(IMO 1992) 令 S 为三维空间中的有限点集。令 S_x,S_y,S_z 分别是由 S 中各点在 yz 平面、zx 平面和 xy 平面上的正交投影组成的集合。请证明,$|S|^2 \leqslant |S_x| \cdot |S_y| \cdot |S_z|$,其中 $|A|$ 表示有限集合 A 中的元素个数(注:一个点在一个平面上的正交投影是指从该点到该平面的垂足的投影)。

习题 9.1.11 请证明,任意非平行四边形的凸 n 边形可以被一个三角形包围,该三角形的三条边与给定 n 边形中的三条边一致。

习题 9.1.12 已知平面中有一个圆和 n 个点,请证明,可以建构一个内接于给定圆的 n 边形(允许自我相交的多边形存在),使得由各边确定的直线穿过给定点。

9.2 微积分中的归纳法

9.2.1 例题

本节我们将展示如何将归纳法应用于微积分问题中,比如证明关于函数及其导数的等式,以及计算极限或者积分。在我们探讨这些例题之前,我们来证明以下以莱布尼茨公式著称的等式。

例题 9.2.1 令 I 为一个区间,$f,g:I \to \mathbb{R}$ 为两个可微分函数的 n 倍。请证明

$$(fg)^{(n)} = \binom{n}{0}f^{(n)}g + \binom{n}{1}f^{(n-1)}g^{(1)} + \binom{n}{2}f^{(n-2)}g^{(2)} + \cdots + \binom{n}{n}fg^{(n)}$$

其中 $f^{(k)}$ 表示 f 的第 k 阶导数。

解答 我们通过对 n 的归纳来证明该结论。当 $n=1$ 时,我们得到 $(fg)' = f'g + fg'$,这就是著名的积分乘积公式。

假定该结论对于 $n \geqslant 1$ 成立,则

$$(fg)^{(n)} = \binom{n}{0}f^{(n)}g + \binom{n}{1}f^{(n-1)}g^{(1)} + \binom{n}{2}f^{(n-2)}g^{(2)} + \cdots + \binom{n}{n}fg^{(n)}$$

对该关系式进行微分,得到

$$(fg)^{(n+1)} = \binom{n}{0}(f^{(n+1)}g + f^{(n)}g^{(1)}) + \binom{n}{1}(f^{(n)}g^{(1)} + f^{(n-1)}g^{(2)}) + \cdots + \binom{n}{n}(f^{(1)}g^{(n)} + fg^{(n+1)})$$

$$= \binom{n+1}{0}f^{(n+1)}g + \left(\binom{n}{0} + \binom{n}{1}\right)f^{(n)}g^{(1)} + \cdots + \left(\binom{n}{n-1} + \binom{n}{n}\right)f^{(1)}g^{(n)} + \binom{n+1}{n+1}fg^{(n+1)}$$

根据帕斯卡等式

$$\binom{n}{k-1} + \binom{n}{k} = \binom{n+1}{k}$$

我们得到

$$(fg)^{(n+1)} = \binom{n+1}{0} f^{(n+1)} g + \binom{n+1}{1} f^{(n)} g^{(1)} + \cdots + \binom{n+1}{n+1} fg^{(n+1)}$$

所以 $P(n+1)$ 成立,归纳完毕。

关于证明函数更高阶导数的等式,我们有以下例题。

例题 9.2.2 令 $f:(0,+\infty) \to \mathbb{R}$ 为无限可微分函数。请证明,$\left(x^{n-1} f\left(\frac{1}{x}\right)\right)^{(n)} = \frac{(-1)^n}{x^{n+1}} \cdot$ $f^{(n)}\left(\frac{1}{x}\right)$ 对于任意正整数 n 都成立,其中 $f^{(n)}$ 表示 f 的 n 阶导数。

解答 我们通过对 n 的归纳来证明该结论。当 $n=1$ 时,我们需要证明 $\left(f\left(\frac{1}{x}\right)\right)' = \frac{-1}{x^2} \cdot$ $f'\left(\frac{1}{x}\right)$,这可由已知公式 $(f \circ g(x))' = f'(g(x)) \cdot g'(x)$ 得到。

假定题中等式对于 $n \geq 1$ 成立,那么

$$\begin{aligned}
\left(x^n f\left(\frac{1}{x}\right)\right)^{(n+1)} &= \left(\left(x^{n-1} f\left(\frac{1}{x}\right)\right) x\right)^{(n+1)} \\
&= \left(x^{n-1} f\left(\frac{1}{x}\right)\right)^{(n+1)} x + \binom{n+1}{1} \left(x^{n-1} f\left(\frac{1}{x}\right)\right)^{(n)} \text{（根据莱布尼茨公式）} \\
&= \left(\frac{(-1)^n}{x^{n+1}} f^{(n)}\left(\frac{1}{x}\right)\right)' x + (n+1) \frac{(-1)^n}{x^{n+1}} f^{(n)}\left(\frac{1}{x}\right) \text{（根据归纳假设）} \\
&= (-1)^n \left(\frac{-(n+1)}{x^{n+2}} f^{(n)}\left(\frac{1}{x}\right) + \frac{1}{x^{n+1}} \left(\frac{-1}{x^2}\right) f^{(n+1)}\left(\frac{1}{x}\right)\right) x + (n+1) \frac{(-1)^n}{x^{n+1}} f^{(n)}\left(\frac{1}{x}\right) \\
&= \frac{(-1)^{n+1}}{x^{n+2}} f^{(n+1)}\left(\frac{1}{x}\right)
\end{aligned}$$

这样就确立了结论对于 $n+1$ 的情况成立,我们的证明也就完成了。

例题 9.2.3 令 $I_n = \int_1^e (\ln x)^n dx$。请证明,$I_n = e \sum_{k=0}^{n-2} (-1)^k \frac{n!}{(n-k)!} + (-1)^{n-1} n!$ 对于 $n \geq 2$ 成立。

解答 我们将通过对 n 的归纳来证明该结论。基线条件为 $n=2$,我们得到

$$\begin{aligned}
I_2 &= \int_1^e \ln^2 x dx \\
&= \int_1^e (x)' \ln^2 x dx \\
&= x \ln^2 x \Big|_1^e - \int_1^e x \cdot 2\ln x \cdot \frac{1}{x} dx \\
&= e - 2 \int_1^e \ln x dx \\
&= e - 2 \int_1^e (x)' \ln x dx
\end{aligned}$$

$$= e - 2\left(x\ln x\,\big|_1^e - \int_1^e x \cdot \frac{1}{x}\mathrm{d}x\right)$$

$$= e - 2$$

由此,基线条件得证。

假定该结论对于 $n \geqslant 2$ 成立。令 $f(x) = (\ln x)^n$, $g(x) = x$,则

$$I_n = \int_1^e g'(x) \cdot f(x)\,\mathrm{d}x$$

$$= f(x) \cdot g(x)\,\big|_1^e - \int_1^e g(x) \cdot f'(x)\,\mathrm{d}x$$

$$= x(\ln x)^n\,\big|_1^e - n\int_1^e (\ln x)^{n-1}\mathrm{d}x$$

$$= e - nI_{n-1}$$

于是

$$I_{n+1} = e - (n+1)I_n$$

$$= e - e\sum_{k=0}^{n-2}(-1)^k \cdot (n+1) \cdot \frac{n!}{(n-k)!} + (-1)^n \cdot (n+1) \cdot n!$$

$$= e\sum_{k=0}^{n-1}(-1)^k \cdot \frac{(n+1)!}{(n+1-k)!} + (-1)^n \cdot (n+1)!$$

这样,归纳步骤的证明就完成了。

备注　请注意,对于 $1 \leqslant x \leqslant e$,我们可知 $0 \leqslant \ln x \leqslant 1$,所以 $0 \leqslant I_n \leqslant e-1$,由此必然得到 $\lim\limits_{n\to\infty}\dfrac{I_n}{n!} = 0$。根据我们在题中从 I_n 推得的公式,必然可以得到

$$\lim_{n\to\infty}\left(\frac{1}{2!} - \frac{1}{3!} + \frac{1}{4!} + \cdots + (-1)^n\frac{1}{n!}\right) = \frac{1}{e}$$

接下来的题目是关于如何将归纳法应用于通过微积分技巧计算数列、函数或者不等式极限中的例子。

例题 9.2.4　考察通过下列方式定义的数列 $(x_n)_{n \geqslant 1}$: $x_1 = 1$ 且 $x_{n+1} = \dfrac{n}{x_n} + \dfrac{x_n}{n}$ 对于 $n \geqslant 1$ 成立。请证明,$\lim\limits_{n\to\infty}\dfrac{x_n}{\sqrt{n}} = 1$。

解答　通过递归关系,我们立即会得到 $x_2 = x_3 = 2$。要证明 $\lim\limits_{n\to\infty}\dfrac{x_n}{\sqrt{n}} = 1$,只需要求函数 $f, g: \mathbb{Z}_+ \to \mathbb{R}$ 就够了。关于这两个函数,我们已知 $\lim\limits_{n\to\infty}\dfrac{f(n)}{\sqrt{n}} = \lim\limits_{n\to\infty}\dfrac{g(n)}{\sqrt{n}} = 1$ 和 $g(n) \geqslant x_n \geqslant f(n)$ 对于所有足够大的数成立。

f 的一个自然选择是 $f(n) = \sqrt{n}$。为了求出 g 的选择,我们来探讨一下 g 必须满足的条件,使得以下论断可以通过归纳法来证明:令 $P(n)$ 表示 $g(n) \geqslant x_n \geqslant \sqrt{n}$ 对于所有 $n \geqslant 3$

成立。

基线条件为 $g(3) \geqslant 2 \geqslant \sqrt{3}$。假定 $P(n)$ 对于 $n \geqslant 3$ 为真,根据 $x_{n+1} = \dfrac{n}{x_n} + \dfrac{x_n}{n}$ 和 $g(n) \geqslant x_n \geqslant \sqrt{n}$,我们得到

$$x_{n+1}^2 = \frac{n^2}{x_n^2} + \frac{x_n^2}{n^2} + 2 \geqslant \frac{n^2}{g(n)^2} + \frac{n}{n^2} + 2 = \frac{n^2}{g(n)^2} + \frac{1}{n} + 2$$

为了推出 $x_{n+1} \geqslant \sqrt{n+1}$,我们希望得到 $\dfrac{n^2}{g(n)^2} + \dfrac{1}{n} + 2 \geqslant n+1$ 对于所有 $n \geqslant 3$ 都成立。所以,只需要取 $\dfrac{n^2}{g(n)^2} = n-1$(即 $g(n) = \dfrac{n}{\sqrt{n-1}}$)就够了。请注意,$g$ 的这一选择满足 $g(3) \geqslant 2$,并且我们也可以按照上述分析通过归纳法证明 $x_n \geqslant \sqrt{n}$ 对于所有 $n \geqslant 3$ 都成立。

接下来还需要证明的是 $x_n \leqslant \dfrac{n}{\sqrt{n-1}}$ 对于所有 $n \geqslant 3$ 是否都成立。基线条件可以得到证明。假定该论断对于 $n \geqslant 3$ 成立。为了确定我们是否可以应用归纳步骤,我们先来探讨一下函数 $h(x) = \dfrac{n}{x} + \dfrac{x}{n}$。我们已知 $h'(x) = \dfrac{1}{n} - \dfrac{n}{x^2}$,所以只要 $x < n$,我们就可以得到 $h'(x) < 0$。具体而言,就是 h 在区间 $\left[\sqrt{n}, \dfrac{n}{\sqrt{n-1}} \right]$ 内递减。我们在上面已经证明了 $x_n > \sqrt{n}$,于是 $x_{n+1} = h(x_n) \leqslant h(\sqrt{n}) = \sqrt{n} + \dfrac{1}{\sqrt{n}} = \dfrac{n+1}{\sqrt{n}}$。这样,归纳步骤就确立了。由此知,$\dfrac{n}{\sqrt{n-1}} \geqslant x_n \geqslant \sqrt{n}$ 对于所有 $n \geqslant 3$ 都成立。由于

$$\lim_{n \to \infty} \frac{\dfrac{n}{\sqrt{n-1}}}{\sqrt{n}} = \lim_{n \to \infty} \frac{\sqrt{n}}{\sqrt{n}} = 1$$

所以我们必定也可以得到 $\lim\limits_{n \to \infty} \dfrac{x_n}{\sqrt{n}} = 1$。

例题 9.2.5 请求出以下极限值

$$\lim_{x \to 0} \frac{1 - \cos x \cos 2x \cdots \cos nx}{x^2}$$

其中 $n \in \mathbb{Z}, n \geqslant 1$。

解答 我们将证明极限值对于所有 $n \geqslant 1$ 都存在,同时求出关于它的一个适当递归关系式。我们用 L_n 来表示所求极限。当 $n = 1$ 时,我们得到

$$L_1 = \lim_{x \to 0} \frac{1 - \cos x}{x^2} = \lim_{x \to 0} \frac{2\sin^2 \dfrac{x}{2}}{x^2} = \frac{1}{2} \lim_{x \to 0} \left(\frac{\sin \dfrac{x}{2}}{\dfrac{x}{2}} \right)^2 = \frac{1}{2}$$

我们还可以得到

$$
\begin{aligned}
L_n - L_{n-1} &= \lim_{x \to 0} \frac{(1 - \cos nx) \cos x \cos 2x \cdots \cos(n-1)x}{x^2} \\
&= \lim_{x \to 0} \frac{1 - \cos nx}{x^2} \\
&= \lim_{x \to 0} \frac{2 \sin^2 \frac{nx}{2}}{x^2} \\
&= \frac{n^2}{2} \lim_{x \to 0} \left(\frac{\sin \frac{nx}{2}}{\frac{nx}{2}} \right)^2 \\
&= \frac{n^2}{2}
\end{aligned}
$$

于是,根据归纳假设可知极限 L_n 存在。据此计算 L_n 的一些值后,我们可以猜测 $L_n = \dfrac{n(n+1)(2n+1)}{12}$。我们将通过对 n 的归纳来证明该结论。当 $n=1$ 时,结论已经在上面得到证明。假定该结论对于 $n-1$ ($n \geqslant 2$) 成立,也就是说,$L_{n-1} = \dfrac{(n-1)n(2n-1)}{12}$。根据递归关系 $L_n - L_{n-1} = \dfrac{n^2}{2}$,我们得到

$$
\begin{aligned}
L_n &= L_{n-1} + \frac{n^2}{2} \\
&= \frac{(n-1)n(2n-1)}{12} + \frac{n^2}{2} \\
&= \frac{n(2n^2 + 3n + 1)}{12} \\
&= \frac{n(n+1)(2n+1)}{12}
\end{aligned}
$$

由此就证明了该结论对于 n 成立,我们的归纳证明也就完成了。

例题 9.2.6　请证明,对于任意正整数 n 和任意 $x \in (0, \pi)$,我们都可以得到

$$
\frac{\sin x}{1} + \frac{\sin 2x}{2} + \cdots + \frac{\sin nx}{n} > 0
$$

解答　令 $S_n(x) = \dfrac{\sin x}{1} + \dfrac{\sin 2x}{2} + \cdots + \dfrac{\sin nx}{n}$。我们利用归纳法来证明以下论断对于所有正整数 n 都为真:若 $x \in (0, \pi)$,则 $P(n)$ 表示 $S_n(x) > 0$。

当 $n=1$ 时,我们得到 $S_1(x) = \sin x > 0$,由于 $x \in (0, \pi)$,所以 $P(1)$ 为真。假定 $P(n)$ 对于 $n \geqslant 1$ 为真。我们已知 $\lim\limits_{x \to 0} S_{n+1}(x) = 0$ 和 $\lim\limits_{x \to \pi} S_{n+1}(x) = 0$,并且可以通过考察 $S_{n+1}'(x) = 0$ 的

根来分析 $S_{n+1}(x)$ 的极值。由上文知

$$S'_{n+1}(x) = \cos x + \cos 2x + \cdots + \cos(n+1)x$$

现在,根据公式

$$\cos x + \cos 2x + \cdots + \cos(n+1)x = \frac{\cos \frac{n+2}{2}x \sin \frac{n+1}{2}x}{\sin \frac{x}{2}}$$

(根据归纳法很容易证明该等式成立),我们得到 $S'_{n+1}(x) = 0$ 的根为 $x = \frac{2k\pi}{n+1}$ 和 $x = \frac{(2k+1)\pi}{n+2}$,其中 k 是分别满足 $0 < \frac{2k\pi}{n+1} < \pi$ 和 $0 < \frac{(2k+1)\pi}{n+2} < \pi$ 的整数。由于 $S_{n+1}(x) = S_n(x) + \frac{\sin(n+1)\pi}{n+1}$,所以对于第一个解,我们根据归纳假设可以得到 $S_{n+1}\left(\frac{2k\pi}{n+1}\right) = S_n\left(\frac{2k\pi}{n+1}\right) + 0 > 0$;而对于第二个解,我们得到

$$
\begin{aligned}
S_{n+1}\left(\frac{(2k+1)\pi}{n+2}\right) &= S_n\left(\frac{(2k+1)\pi}{n+2}\right) + \frac{\sin \frac{(2k+1)(n+1)\pi}{n+2}}{n+1} \\
&> \frac{\sin \frac{(2k+1)(n+1)\pi}{n+2}}{n+1} \\
&= \frac{\sin\left(2k\pi + \frac{(n+1-2k)\pi}{n+2}\right)}{n+1} \\
&= \frac{\sin \frac{(n+1-2k)\pi}{n+2}}{n+1}
\end{aligned}
$$

其中第一个不等式也是根据归纳假设得到的。由于根据 $0 < \frac{2k+1}{n+2} < 1$ 可以得到 $0 < \frac{n+1-2k}{n+2} < 1$,所以 $\sin \frac{(n+1-2k)\pi}{n+2} > 0$。于是,在这种情况下,我们也得到 $S_{n+1}\left(\frac{(2k+1)\pi}{n+2}\right) > 0$。

关于极值,我们已知 $S_{n+1}(x) > 0$,$\lim\limits_{x \to 0} S_{n+1}(x) = \lim\limits_{x \to \pi} S_{n+1}(x) = 0$,于是必然可以得到 $S_{n+1}(x) > 0$ 对于所有 $x \in (0, \pi)$ 都成立。因此,$P(n)$ 对于所有正整数 n 都成立,结论得证。

9.2.2 推荐习题

习题 9.2.1 令 $f: \mathbb{R} \to \left(-\frac{\pi}{2}, \frac{\pi}{2}\right)$,$f(x) = \arctan x$。请证明,如果 n 为正整数,那么我们就得到

$$f^{(n)}(0) = \begin{cases} 0, n = 2k \\ (-1)^k(2k)!, n = 2k+1 \end{cases}$$

其中，$f^{(n)}$ 表示 f 的 n 阶导数。

习题 9.2.2 令 $f:[-1,1] \to \left(-\dfrac{\pi}{2}, \dfrac{\pi}{2}\right), f(x) = \arcsin x$。请证明，若 $n = 2k$，则 $f^{(n)}(0) = 0$；若 $n = 2k+1$，则 $f^{(n)}(0) = (1 \cdot 3 \cdot 5 \cdot \cdots \cdot (2k-1))^2$。其中，$f^{(n)}$ 表示 f 的 n 阶导数。

习题 9.2.3 令 $f:[0,+\infty) \to \mathbb{R}$ 被定义为 $f(x) = \displaystyle\int_0^1 e^{-t} t^{x-1} dt$。请证明，对于任意非负整数 n，我们都可以得到 $f(n+1) = n! - \dfrac{1}{e} \displaystyle\sum_{k=0}^n \dfrac{n!}{(n-k)!}$。

习题 9.2.4 请证明，对于任意 $n \in \mathbb{Z}, n \geq 1$，我们可以得到

$$\lim_{x \to 0} \frac{n! \, x^n - \sin x \sin 2x \cdots \sin nx}{x^{n+2}} = \frac{n(2n+1)}{36} \cdot n!$$

习题 9.2.5 请证明，若 m 和 n 为非负整数，且 $m > n$，则 $\displaystyle\int_0^\pi \cos^n x \cos mx \, dx = 0$。据此，请推导出下式的值：$J_n = \displaystyle\int_0^\pi \cos^n x \cos nx \, dx$（$n$ 为非负整数）。

习题 9.2.6 令 $a_1, a_2, \cdots, a_{2001}$ 为非零实数。请证明，存在一个实数 x，使得

$$\sin a_1 x + \sin a_2 x + \cdots + \sin a_{2001} x < 0$$

习题 9.2.7 令函数 $f:\mathbb{R} \to \mathbb{R}$ 的定义为若 $x \neq 0$，则 $f(x) = e^{-\frac{1}{x^2}}$；若 $x = 0$，则 $f(x) = 0$。请证明，f 在 0 处是无限可微的，且 $f^{(n)}(0) = 0$。其中，$f^{(n)}$ 表示 f 的 n 阶导数。

习题 9.2.8 令 $n(n>1)$ 为正整数，$0 < a_1 < \cdots < a_n$，并且令 $c_1, \cdots, c_n$ 为非零实数。请证明，方程 $c_1 a_1^x + \cdots + c_n a_n^x = 0$ 的根的个数不大于数列 $c_1 c_2, c_2 c_3, \cdots, c_{n-1} c_n$ 中非负元素的个数。

习题 9.2.9 请证明，对于任意 $|x| < 1$ 和任意正整数 k，我们可以得到

$$\sum_{n=0}^\infty x^n \binom{n+1}{k} = \frac{x^{k-1}}{(1-x)^{k+1}}$$

9.3 代数中的归纳法

9.3.1 例题

本节将要探讨的大部分问题都涉及多项式。值得一提的是，归纳法在线性代数和抽象代数中的应用远远超过这一类型，而要对其进行一个综合的探讨则需要单独一整本书的篇幅。我们在下面选择了一些精彩例题，整合了我们在解答有关归纳法和多项式问题中需要记住的一般技巧。更加精彩的应用则放在了"推荐习题"中。

例题 9.3.1(圣彼得堡) 令 $P(X)$ 是次数为 $n(n \geqslant 1)$ 并以实数为参数的一个多项式,使得 $|P(x)| \leqslant 1$ 对于所有 $0 \leqslant x \leqslant 1$ 都成立。请证明,$\left|P\left(-\dfrac{1}{n}\right)\right| \leqslant 2^{n+1}-1$。

解答 如果我们令 $f(x)=P\left(\dfrac{x}{n}\right)$,那么本题就相当于要证明:若 $|f(x)| \leqslant 1$ 对于 $x \in [0,n]$ 成立,则 $|f(-1)| \leqslant 2^{n+1}-1$。我们将通过对 n 的归纳来证明该结论。基线条件 $n=1$ 立即可以得到证明。

关于从 $n-1$ 到 n 的归纳步骤,我们令 f 的次数为 n,然后来考察 $g(x):=f(x)-f(x+1)$。于是,$\dfrac{1}{2}g$ 就满足我们的要求,其次数最大为 $n-1$。因此

$$|f(-1)|=|f(0)+g(-1)| \leqslant 1+2(2^n-1)=2^{n+1}-1$$

由此,我们的证明就结束了。

例题 9.3.2(TOT 2005) 对于任意函数 $f(X)$,定义 $f^1(x)=f(x)$,$f^n(x)=f(f^{n-1}(x))$ 对于任意整数 $n \geqslant 2$ 都成立。请问,是否存在一个二次多项式 $f(x)$,使得方程 $f^n(x)=0$ 对于每一个正整数 n 恰好有 2^n 个实数根?

解答 答案是肯定的。这类函数的一个例子是 $f(x)=x^2-2$。对于 $f(x)=0$,我们得到 $x^2=2$,其根为 $\pm\sqrt{2}$。

我们断定 $f^{n+1}(x)=0$ 的每一个根都可以表示为 $r_{n+1}=\pm\sqrt{2 \pm r_n}$,其中 r_n 是 $f^n(x)=0$ 的根。事实上,$f^{n+1}(r_{n+1})=f^n((\pm\sqrt{2 \pm r_n})^2-2)=f^n(\pm r_n)=0$。由于 $f^{n+1}(x)$ 的次数等于 $f^n(x)$ 次数的 2 倍,所以这些就是该方程的所有根。

我们现在来证明 $\pm r_n$ 为实数,且 $|r_n|<2$ 对于所有 n 都成立。我们通过对 n 的归纳来证明该结论。当 $n=1$ 时,根据上述说明,该结论必然为真。

假定该结论对于 $n \geqslant 1$ 成立。由于 $|r_n|<2$,所以我们得到 $2 \pm r_n>0$,所以 $r_{n+1}=\pm\sqrt{2 \pm r_n}$ 为实数。而且,由于 $|2 \pm r_n| \leqslant 2+|r_n|<4$,所以 $|r_{n+1}|<2$。

最后,我们看到 $\sqrt{2}$ 和 $-\sqrt{2}$ 是不同的根,而 $f^n(x)=0$ 的不同根将导出 $f^{n+1}=0$ 的不同根。

例题 9.3.3(伊朗 TST 1998) 令 $p(X)$ 是系数为整数的多项式,使得 $p(n)>n$ 对于每一个正整数 n 都成立。我们来看一下数列 $(x_n)_{n \in \mathbb{N}_+}$,其定义如下:$x_1=1$ 且 $x_{n+1}=p(x_n)$ 对于所有 $n \geqslant 1$ 都成立。我们已知上述数列对于任意正整数 N 都存在一个能被 N 整除的项。请证明,$p(X)=X+1$。

解答 请注意,由于 $p(X)$ 是一个多项式,所以只需证明 $p(n)=n+1$ 对于无限多个整数 n 都成立就够了。我们将通过对 n 的归纳来证明 $x_n=n$,进而证明本题结论。当 $n=1$ 时,根据题设就可以看出该结论成立。

假定我们已经证明该结论对于 $n \geqslant 1$ 成立。我们已知 $p(x_n)>x_n=n$。由于 $p(X)$ 的系数为整数,所以若 $x_{n+1}=p(x_n) \neq n+1$ 则 $x_{n+1} \geqslant n+2$。令 $k=x_{n+1}-x_n$,于是关键的发现就是以下事实:对于整数 u 和 v,我们可以得到 $u-v \mid f(u)-f(v)$ 对于系数为整数的任意多项式 f

都成立。根据我们定义数列 x_n 的方式,可得

$$k \mid x_{n+2}-x_{n+1} \mid \cdots \mid x_{M+1}-x_M, \forall M \geqslant n+1$$

根据题设可知,对于 $N=kx_{n+1}$,存在一个 $t \geqslant n+1$ 使得 $kx_{n+1} \mid x_t$。对上述一系列整除等式取 $M=t-1$,我们得到 $x_t \equiv x_n (\bmod\ k)$,所以 $x_{n+1}-x_n \mid x_n$。于是,$x_{n+1} \leqslant 2x_n = 2n$。请注意,当 $n=1$ 时,这必然表明 $x_2=2$,所以我们可以假定 $n \geqslant 2$。另外,$n-1=x_n-x_1 \mid x_{n+1}-x_2=x_{n+1}-2$,所以我们可以确定 $x_{n+1}>2n$ 且 $x_{n+1}=2n$。当 $n=2$ 时,根据 $x_1=1, x_2=2, x_3=4$,我们可以得到 $p(1)=2$ 和 $p(2)=4$。但这样的话,我们就会很容易地看到 x_n 在 1 对 3 的模和 2 对 3 的模之间交替,而永远不会是 3 的倍数。所以我们必须得到 $x_3=3$ 并假设 $n \geqslant 3$ 的情况。但这样的话,就得到 $n-2=x_n-x_2 \mid x_{n+1}-x_3=2n-3$,矛盾。由此,得到 $x_{n+1}=n+1$,此即为所求。这样,我们的证明就完成了。

例题 9.3.4(IMC 2014)　请证明,存在正实数 $a_0, a_1, \cdots, a_n$,使得多项式 $\pm a_n x^n \pm a_{n-1} x^{n-1} \pm \cdots \pm a_0$ 对于所有可能的符号选择都有 n 个不同的实数根。

解答　我们将通过对 $n \geqslant 1$ 的归纳来证明该结论。基线条件 $n=1$ 立即可以得到证明。

假定该结论对于 $n \geqslant 1$ 成立,令 $P(x) = \pm a_n x^n \pm a_{n-1} x^{n-1} \pm \cdots \pm a_0$ 为这样一个多项式。那么,多项式 $\overline{P(x)} = \pm a_n x^{n+1} \pm a_{n-1} x^n \pm \cdots \pm a_0 x (a_0 \neq 0)$ 有 $n+1$ 个不同的实数根(请注意,局部极值点就是 $\overline{P(x)}' = 0$ 的解)。令 $s_1 < s_2 < \cdots < s_n$ 为 $\overline{P(x)}' = 0$ 的解。根据上述考察可知,必定存在一个 $\varepsilon > 0$,使得 $|\overline{P(s_i)}| > \varepsilon$ 对于所有 $i=1, 2, \cdots, n$ 都成立。

我们断定,多项式 $Q(x) = \pm a_n x^{n+1} \pm a_{n-1} x^n \pm \cdots \pm a_0 x \pm \varepsilon$ 对于所有可能的符号选择都有 $n+1$ 个不同的解。请注意,对于 $i=1, 2, \cdots, n-1$,数字 $Q(s_i)$ 和 $Q(s_{i+1})$ 异号,所以在每一个区间 (s_i, s_{i+1}) 中必定存在 Q 的一个根。我们再来看一下在 $(-\infty, s_1)$ 和 $(s_n, +\infty)$ 中的情况,此时可以简化为 $Q(x)$ 确实存在 $n+1$ 个不同的实数根。这样,我们的证明就完成了。

例题 9.3.5　令 $P(X) = a_d X^d + \cdots + a_0$ 是一个多项式。请证明,当且仅当对于所有 $s=0, 1, \cdots, m-1$ 都存在 $a_n(n+1)^s + a_{n-1} n^s + \cdots + a_1 2^s + a_0 = 0$ 时,$P(X)$ 可以被 $(X-1)^m$ 整除。

解答　首先,假定 $P(X)$ 可以被 $(X-1)^m$ 整除,并表示为 $P(X) = (X-1)^m Q(X)$,其中 $Q(X) = \sum_{i=0}^{n-m} q_i X^{n-m-i}$。由于

$$(X-1)^m = \sum_{j=0}^{m} \binom{m}{j} (-1)^j X^{m-j}$$

我们得到

$$P(X) = \left(\sum_{i=0}^{n-m} q_i X^{n-m-i} \right) \left(\sum_{j=0}^{m} \binom{m}{j} (-1)^j X^{m-j} \right) = \sum_{i=0}^{n-m} q_i \sum_{j=0}^{m} (-1)^j \binom{m}{j} X^{n-i-j}$$

表达式 $\sum_{j=0}^{m} (-1)^j \binom{m}{j} (n-i-j+1)^s$ 等于 X^s(值等于 0)在 $n-i-1$ 处求得的 m 阶差分多项式。于是,第一个蕴含命题得到了确立。

为了在后面能应用,我们需要注意到 $\sum\limits_{j=0}^{m}(-1)^{j}\binom{m}{j}(n-i-j+1)^{m}$ 是 X^m 的 m 阶差分。所以,这就是一个值为 $m!$ 的常数多项式。因此

$$\sum_{j=0}^{m}\binom{m}{j}(m+1-j)^{m}=m!$$

我们现在通过对 m 的归纳来证明逆命题。基线条件 $m=1$ 是显然成立的。假定该论断对于 $m=k(k\geqslant1)$ 为真。根据余数除法定理,我们得到 $P(X)=(X-1)^{k+1}Q(X)+R(X)$,其中 $\deg(R(X))\leqslant k$。根据归纳假设可知,$P(X)$ 可以被 $(X-1)^k$ 整除,所以我们必定可以得到 $R(X)=a(X-1)^k$。请注意,多项式 $(X-1)^{k+1}Q(X)$ 对于 $s=0,1,\cdots,k$ 满足题设条件,所以我们只需要证明题设条件在 $s=k$ 时对于 $R(X)$ 成立即可。我们得到 $R(X)=a\sum\limits_{j=0}^{k}(-1)^{j}\binom{k}{j}X^{k-j}$,于是,$a((k+1)^k-k\cdot k^k+\cdots)=0$。这个和为 $k!$,所以它是非零的,因此我们得到 $a=0$。这样,我们的证明就完成了。

9.3.2　推荐习题

习题 9.3.1(伊朗 1985)　令 α 为一个角,使得 $\cos\alpha=\dfrac{p}{q}$,其中 p 和 q 是两个整数。请证明,$q^n\cos n\alpha$ 对于任意 $n\in\mathbb{N}_+$ 是一个整数。

习题 9.3.2　请证明,存在一个 n 次单一多项式 $P\in\mathbb{Z}[X]$,使得 $P(2\cos x)=2\cos nx$ 且 $P\left(x+\dfrac{1}{x}\right)=x^n+\dfrac{1}{x^n}$。

习题 9.3.3　请证明,不存在次数 $n\geqslant1$ 的多项式 $P\in\mathbb{R}[X]$,使得 $P(x)\in\mathbb{Q}$ 对于所有 $x\in\mathbb{R}\setminus\mathbb{Q}$ 都成立。

习题 9.3.4　令 $F(X)$ 和 $G(X)$ 是以实数为系数的两个多项式,使点 $(F(1),G(1))$,$(F(2),G(2))$,$\cdots$,$(F(2\ 011),G(2\ 011))$ 是一个正 2 011 边形的顶点。请证明,$\deg(F)\geqslant2\ 010$ 或 $\deg(G)\geqslant2\ 010$。

习题 9.3.5　$\cos1°$ 是有理数吗?

习题 9.3.6(波兰 2000)　令一个奇数次多项式 P 满足等式 $P(x^2-1)=P(x)^2-1$。请证明,$P(x)=x$ 对于所有实数 x 都成立。

习题 9.3.7(保加利亚)　请证明,存在一个二次多项式 $f(X)$,使得 $f(f(X))$ 有 4 个非正实数根,而 $f^n(X)$ 有 2^n 个实数根,其中 f^n 表示 f 自乘 n 次的复合。

习题 9.3.8　请证明,如果一个不是多项式的有理函数在所有正整数范围内取有理数值,那么这个有理函数就是两个以整数为系数的互质多项式的商。

习题 9.3.9(IMO 2007 候选)　令 $n(n>1)$ 为整数。我们来看空间中的一个集合 $S=\{(x,y,z)\mid x,y,z\in\{0,1,\cdots,n\},x+y+z>0\}$。请求出联合在一起可以包含 S 中所有 $(n+1)^3-1$ 个点而没有一个点经过原点的最少平面的个数。

习题 9.3.10　请证明,对于每一个正整数 n 都存在一个系数为整数的多项式 $p(x)$,使得 $p(1),p(2),\cdots,p(n)$ 是 2 的不同次幂。

习题 9.3.11(莫斯科 2013)　令 $f:\mathbb{R}\to\mathbb{R}$ 是一个函数,使得 $f(x)\in\mathbb{Z}$ 对于所有 $x\in\mathbb{Z}$ 都成立。对于每一个质数 p 都存在一个多项式次数小于 2 013 且系数为整数的 $Q_p(X)$,使得对于所有正整数 $nf(n)-Q_p(n)$ 都可以被 p 整除。请证明,存在一个多项式 $g(x)\in\mathbb{R}[X]$,使得对于所有正整数都可以得到 $f(n)=g(n)$。

第10章 解　　答

10.1　归纳法简述

习题1.1　请证明,对于所有 $n \geqslant 1$,都存在 $\dfrac{1}{2} \cdot \dfrac{3}{4} \cdot \cdots \cdot \dfrac{2n-1}{2n} < \dfrac{1}{\sqrt{3n}}$。

解答　我们尝试用归纳法来证明该论断,看看会发生什么。当 $n = 1$ 时,我们得到 $\dfrac{1}{2} < \dfrac{1}{\sqrt{3}}$,因为 $2 > \sqrt{3}$,所以该结论为真。

关于归纳步骤,假定 $\dfrac{1}{2} \cdot \dfrac{3}{4} \cdot \cdots \cdot \dfrac{2n-1}{2n} < \dfrac{1}{\sqrt{3n}}$ 对于 $n \geqslant 1$ 成立,那么归纳步骤就是要证明

$$\frac{1}{2} \cdot \frac{3}{4} \cdot \cdots \cdot \frac{2n-1}{2n} \cdot \frac{2n+1}{2n+2} < \frac{1}{\sqrt{3n+3}}$$

于是,我们利用归纳假设,得到

$$\frac{1}{2} \cdot \frac{3}{4} \cdot \cdots \cdot \frac{2n-1}{2n} \cdot \frac{2n+1}{2n+2} < \frac{1}{\sqrt{3n}} \cdot \frac{2n+1}{2n+2}$$

所以,如果我们证明了 $\dfrac{1}{\sqrt{3n}} \cdot \dfrac{2n+1}{2n+2} < \dfrac{1}{\sqrt{3n+3}}$,那么该题就证完了。但是,该不等式不成立,因为

$$\frac{1}{\sqrt{3n}} \cdot \frac{2n+1}{2n+2} < \frac{1}{\sqrt{3n+3}} \Leftrightarrow \left(\frac{2n+1}{2n+2}\right)^2 < \frac{n}{n+1}$$

该式等价于

$$(2n+1)^2 < 4n(n+1) \Leftrightarrow 1 < 0$$

如果我们得到的形式是 $\dfrac{1}{\sqrt{3n+a}}$(a 为常数)而非 $\dfrac{1}{\sqrt{3n}}$,那么归纳步骤就是要证明 $\dfrac{1}{\sqrt{3n+a}} \cdot \dfrac{2n+1}{2n+2} < \dfrac{1}{\sqrt{3n+3+a}}$,这就等价于要证明 $\left(\dfrac{2n+1}{2n+2}\right)^2 < \dfrac{3n+a}{3n+3+a}$。我们已经在上面看到仅有 $a = 0$ 是不足以得到这一结果的,还要注意到 $\dfrac{3n+a}{3n+3+a}$ 是随着 a 的增长而增长的。所以,我们希

望存在某个正实数 a 使得 $\dfrac{3n+a}{3n+3+a}$ 足够大,并使得 $\left(\dfrac{2n+1}{2n+2}\right)^2 < \dfrac{3n+a}{3n+3+a}$。通过交叉相乘并化简,得到 $a=1$ 满足要求。于是,我们可以尝试证明一个更强的论断

$$\frac{1}{2} \cdot \frac{3}{4} \cdot \cdots \cdot \frac{2n-1}{2n} \leqslant \frac{1}{\sqrt{3n+1}} < \frac{1}{\sqrt{3n}}$$

基线条件 $n=1$ 显然成立。现在,假定上述不等式对于 n 成立,于是我们得到

$$\frac{1}{2} \cdot \frac{3}{4} \cdot \cdots \cdot \frac{2n-1}{2n} \leqslant \frac{1}{\sqrt{3n+1}}$$

将上式两边都乘以 $\dfrac{2n+1}{2n+2}$,得

$$\frac{1}{2} \cdot \frac{3}{4} \cdot \cdots \cdot \frac{2n-1}{2n} \cdot \frac{2n+1}{2n+2} \leqslant \frac{1}{\sqrt{3n+1}} \cdot \frac{2n+1}{2n+2}$$

因此,只需要证明 $\dfrac{1}{\sqrt{3n+1}} \cdot \dfrac{2n+1}{2n+2} \leqslant \dfrac{1}{\sqrt{3n+4}}$ 就够了。我们的证明如下

$$\frac{1}{\sqrt{3n+1}} \cdot \frac{2n+1}{2n+2} \leqslant \frac{1}{\sqrt{3n+4}}$$

$$(2n+1)\sqrt{3n+4} \leqslant (2n+2)\sqrt{3n+1}$$

$$(4n^2+4n+1)(3n+4) \leqslant (4n^2+8n+4)(3n+1)$$

$$12n^3+28n^2+19n+4 \leqslant 12n^3+28n^2+20n+4$$

$$0 \leqslant n$$

习题 1.2 请证明,对于每一个正整数 $n \geqslant 2$,我们都可以得到 $\dfrac{1}{2^2}+\dfrac{1}{3^2}+\cdots+\dfrac{1}{n^2}<1$。

解答 请注意题给不等式左边的和递增,所以我们必须将不等式变为更强的论断。利用在例题中所展示的类似理念,我们可以得到以下更强的论断:$\dfrac{1}{2^2}+\dfrac{1}{3^2}+\cdots+\dfrac{1}{n^2}<1-\dfrac{1}{n}$。

现在,上述不等式可以用归纳法来证明了。基线条件为 $n=2$,我们需要考察的是 $\dfrac{1}{4}<1-\dfrac{1}{2}$,显然成立。

假定该结论对于某个 $n \geqslant 2$ 成立,我们需要证明 $\dfrac{1}{2^2}+\cdots+\dfrac{1}{n^2}+\dfrac{1}{(n+1)^2}<1-\dfrac{1}{n+1}$。根据归纳假设,我们得到

$$\frac{1}{2^2}+\cdots+\frac{1}{n^2}+\frac{1}{(n+1)^2}<1-\frac{1}{n}+\frac{1}{(n+1)^2}<1-\frac{1}{n+1}$$

最后的不等式是由 $\dfrac{1}{(n+1)^2}<\dfrac{1}{n(n+1)}$ 得来的。由此,归纳步骤以及整个证明过程就完

成了。

习题 1.3(中国 2004)   请证明,除了有限几个数,每一个正整数 n 都可以表示为 2 004 个正整数之和:$n = a_1 + a_2 + \cdots + a_{2\,004}$,其中 $1 \leqslant a_1 < a_2 < \cdots < a_{2\,004}$,且 $a_i \mid a_{i+1}$ 对于所有 $1 \leqslant i \leqslant 2\,003$ 都成立。

解答   对于这类题目,我们首先要记住 2 004 这个数在实际的解题步骤中很可能不会起具体的作用。所以,我们尝试证明该结论在用更为一般的数 n 代替 2 004 时的情况。并且,对于正整数而言,"除去有限多个值以外的所有 n"这一表述包含于"所有 $n \geqslant N$,其中 N 为正整数"这一表述。所以我们尝试从以下更强的命题开始证明。

"对于任意正整数 k 存在 a 个正整数 N_k 使得任意整数 $n \geqslant N_k$ 可以表示为 $n = \sum\limits_{i=1}^{k} a_i$,其中对于所有 $1 \leqslant i \leqslant k-1$ 都存在 $1 \leqslant a_1 < a_2 < \cdots < a_k$ 和 $a_i \mid a_{i+1}$。"

对于基线条件 $k = 1$,我们取 $N_1 = 1$,结论不证自明。我们现在尝试推演归纳步骤的证明:假定该论断对于所有从 1 到 $k \geqslant 1$ 的值都成立,我们来考察 $k+1$ 的情况。

理想情况下,我们可以取 $n = 1 + (n-1)$,于是取 $N_{k+1} = N_k + 1$,由于 $n \geqslant N_{k+1}$,所以我们可以得到 $n-1 \geqslant N_k$。同时,根据 $a_1 < a_2 < \cdots < a_k$ 可知该表达式对于 $n-1$ 成立,于是我们得到表达式 $1 < a_1 < \cdots < a_k$ 对于 n 成立。但是,这也就表明在 $n-1$ 的表达式中 $a_1 > 1$,这样就不能确保我们的前提条件成立。举例来说,当我们通过这种方法来证明从 $k = 2$ 到 $k = 3$ 的归纳步骤时可以得到 $N_2 = 2$ 和 $N_3 = 3$,但是在表示 4 的时候,由于 $4 = 1 + a_1 + a_2$,这样就必须使得 3 可以表示为 $3 = a_1 + a_2$,其中 $1 < a_1 < a_2$。这显然不能成立。

所以,为了得到这种理想的情形,我们需要强化论断。为了得到该强化论断的具体内容,我们来思考另一种针对这类问题极为普遍且已经得到归纳法证明的有效方法。如果我们可以证明该论断对于各质数幂(包括各质数自身)成立,那么对于任意正整数 n,我们都可以将 n 表示为 $n = d \cdot m$,其中 d 是一个质数幂,而 m 则是一个正整数。所以,只要 $d \geqslant N_{k+1}$,我们就可以得到 $n = ma_1 + ma_2 + \cdots + ma_{k+1}$,其中 $d = a_1 + a_2 + \cdots + a_{k+1}$。

现在,我们来尝试证明该论断对于质数幂成立,看看会发生什么。首先,需要考察的是当 n 是一个质数的情况。由于质数本身不能再被因式分解,所以我们还是要诉诸 $n = 1 + (n-1)$ 这个方法,而这又将导致前面出现的问题。但是,我们现在拥有了以下信息:除去 $n = 3$ 的情况,对于任意质数 n 而言,$n-1$ 都将是一个合数。所以,我们应该能够证明:当 n 为非质数时,可以得到 $n = \sum\limits_{i=1}^{k} a_i$,其中 $1 \leqslant a_1 < a_2 < \cdots < a_k$,而 $a_i \mid a_{i+1}$ 对于所有 $1 \leqslant i \leqslant k-1$ 和 $1 < a_1$ 都成立。我们将该论断作为新命题。也就是说,我们要通过归纳法证明以下结论:

"对于任意正整数 k,当 n 不是质数的时候,存在 a 个正整数 N_k 使得任意整数 $n \geqslant N_k$ 可以表示为 $n = \sum\limits_{i=1}^{k} a_i$(其中 $1 \leqslant a_1 < a_2 < \cdots < a_k$)和 $a_i \mid a_{i+1}$(其中 $1 \leqslant i \leqslant k-1$ 且 $1 < a_1$)。"

如前所述,基线条件 $k = 1$ 显然成立。我们现在假定该论断对于所有在 1 到某个 $k \geqslant 1$ 之间的值皆为真,进而来考察 $k+1$ 的情形。根据上述预先讨论过的质数幂分解法,我们来考察以下各类情况。

情况 1　若 $n>3$ 为质数,则将 n 表示为 $n=1+(n-1)$。若 $n-1 \geq N_k$,则 $n-1$ 为偶数,也就不是质数,所以可以将其表示为 $n-1 = \sum_{i=1}^{k} b_i$,其中 $1<b_1$。于是,取 $a_1=1$ 和 $a_i=b_{i-1}$,我们可以将其表示为 $n = \sum_{i=1}^{k+1} a_i (2 \leq i \leq k+1)$。

情况 2　若 $n=2^\ell \geq 2^5$,则将 n 表示为 $n=2^j+2^j(2^{\ell-j}-1)$,其中当 ℓ 为奇数时,$j=1$;当 ℓ 为偶数时,$j=2$。这表明 $2^{\ell-j}-1$ 不是一个质数,并且如果 $2^{\ell-j}-1 \geq N_k$,那么该式可以表示成 $2^{\ell-j}-1 = \sum_{i=1}^{k} b_i$,其中 $1<b_1$。于是,取 $a_1=2^j>1$ 和 $a_i=2^j b_{i-1}$,我们可以得到 $n = \sum_{i=1}^{k+1} a_i$。

情况 3　若 $n=p^\ell \geq p^3$,其中 $3 \leq p \leq N_k$ 是一个奇质数,则可以将 n 表示为 $n=p+p(p^{\ell-1}-1)$。$p^{\ell-1}-1$ 并非质数,若 $p^{\ell-1}-1 \geq N_k$,则可以表示为 $p^{\ell-1}-1 = \sum_{i=1}^{k} b_i$,其中 $1<b_1$。因此,我们取 $a_1=p>1$ 和 $a_i=pb_{i-1}(2 \leq i \leq k+1)$,可以得到 $n = \sum_{i=1}^{k+1} a_i$。

情况 4　最后,若 n 是一个足够大的合数,则其包含一个因数 d,它要么是一个大于 N_k 的质数,要么是一个不大于 N_k 但是其指数大到足以满足上述条件的质数的幂。于是,$n=dm$,我们可以得到 $d = \sum_{i=1}^{k+1} a_i$,所以 $n = \sum_{i=1}^{k+1} ma_i$,其中 $1 < ma_1$。因此,存在一个满足条件要求的 N_{k+1}。

这样,该命题的归纳证明就完成了,而原题中的具体情况自然也包含在该命题中。

习题 1.4　定义数列 $(a_n)_{n \geq 1}$ 为 $a_1=\dfrac{1}{2}$,$a_{n+1}=\dfrac{2n-1}{2n+2}a_n$。请证明,$a_1+a_2+\cdots+a_n<1$ 对于所有 $n \geq 1$ 都成立。

解答　我们把题设结论强化为以下形式 $a_1+a_2+\cdots+a_{n-1}+f(n)a_n \leq 1$,其中 $f(n) \geq 1$ 是一个取决于 n 的数,我们稍后会对其进行定义。我们想用归纳法来证明本题结论,所以必须考察基线条件和归纳步骤。基线条件为 $f(1)a_1 \leq 1$,即 $f(1) \leq 2$。关于归纳步骤,我们需要得到

$$a_1+a_2+\cdots+a_{n-2}+f(n-1)a_{n-1} \geq a_1+a_2+\cdots+a_{n-1}+f(n)a_n$$

即

$$a_n \leq \frac{f(n-1)-1}{f(n)}a_{n-1}$$

由于

$$a_n = \frac{2n-3}{2n}a_{n-1} \Rightarrow f(n-1)-1 \geq \frac{2n-3}{2n}f(n)$$

我们可以看到 $f(n-1)=2(n-1)$ 和 $f(n)=2n$ 满足取等号的情况,所以如果我们取 $f(x)=2x$ 将得到等式 $a_1+a_2+\cdots+2na_n=1$。也就是说,该等式必然可以推得我们所要得到的不

等式。

习题 1.5 设 S 为所有长度为 n 的二元数列集合。将其分为各自包含 2^{n-1} 个元素的两个集合 A 和 B。分别从 A 和 B 中抽取一个数列,如果两者只在一个位置存在差异,那么就可以构成一对"触角"。请证明,存在 2^{n-1} 对触角。

解答 直接应用归纳法是行不通的,因为我们有 $|A|=|B|=2^{n-1}$ 这一限制条件。所以,应用归纳法的第一步是将结论扩展到全部分区 $S=A \cup B$ 中。若 $|A|=2^n$,则 $|B|=0$,没有触手;类似地,若 $|A|=0$,则 $|B|=2^n$。

所以,一个合理的断言应当为触手的数量至少是 $\min\{|A|,|B|\}$。该断言确实可以通过对 n 的归纳来证得。基线条件 $n=1$ 显然成立。关于归纳步骤,令 S' 为 S 的子集,其中 S' 由末尾数字为 0 的所有二元数列组成;S'' 则是 S 中剩余数列的集合。$A'=A \cap S'$,$A''=A \cap S''$,$B'=B \cap S'$,$B''=B \cap S''$。同时,令 $f(X)(X \in S)$ 是一个通过除去 X 中各元素末尾数字得到的长度为 $n-1$ 的数列(当我们希望应用归纳假设的时候,自然就会进行这样的建构)。不失一般性,假定 $|A| \leqslant |B|$。令 $a=|A|$,$u=|A'|$,$v=|A''|$,于是,得到 $u+v=a$,$|B'|=2^{n-1}-u$,$|B''|=2^{n-1}-v$。现在,将归纳假设应用于 $f(S')=f(A') \cup f(B')$ 和 $f(S'')=f(A'') \cup f(B'')$ 中,显然至少可以从数对 A' 和 B' 或者 A'' 和 B'' 中得到 $\min\{u,2^{n-1}-u\}+\min\{v,2^{n-1}-v\}$ 对"触角"。如果 $u \leqslant 2^{n-2}$,$v \leqslant 2^{n-2}$,那么我们至少得到 $u+v$ 个序列,结论得证。否则,假定 u 和 v 中有一个(比如 u)大于 2^{n-2}。我们会发现,如果 $X \in A'$,$Y \in B''$ 且 $f(X)=f(Y)$,那么 X 和 Y 就是一对"触角"。但是,根据条件 $u>2^{n-2}$ 和 $u+v \leqslant 2^{n-1}$ 可以得到 $u>v$,所以 $|A'|+|B''|=u+2^{n-1}-v>2^{n-1}$。由于 f 的最大值可以取 2^{n-1},所以我们显然至少可以得到 $|A'|+|B''|-2^{n-1}$ 对由 A' 和 B'' 中各元素组成的"触角"。因此,我们总共至少可以得到 $2^{n-1}-u+v+u+2^{n-1}-v-2^{n-1}=2^{n-1} \geqslant |A|$ 对"触角"。由此,这种情况也就得到了解答。

习题 1.6 令 S 为(不一定是有限的)平面上的点集。对于以 S 中各点为顶点所构成的完全图形 G,我们用两种颜色对其边缘进行着色。从很多地方都可以知道(比如通过拉姆齐定理),如果 S 和 $\mathbb{N}$ 具有相同的基数,那么我们可以求得一个完全单色子图,其顶点集合也具有和 $\mathbb{N}$ 相同的基数。如果 S 具有和 $\mathbb{R}$ 相同的基数,那么我们是否可以求得一个单色子图,其顶点集合也具有和 $\mathbb{R}$ 相同的基数呢?

解答 答案是否定的。令我们所要讨论的颜色为红色和蓝色。为了简便起见,我们设定顶点集合 S 的值域为 $\mathbb{R}$。以 $\leqslant$ 表示 $\mathbb{R}$ 上的常序,以 $\preccurlyeq$ 表示 $\mathbb{R}$ 上的良序。

现在,对于 S 中两个不同的顶点 x 和 y,如果两种序列关系 $\leqslant$ 和 $\preccurlyeq$ 在 x 和 y 上达成一致(也就是说,若使得 $x \leqslant y$,则也会有 $x \preccurlyeq y$),那么我们就将 x 和 y 间的边标记为红色,否则就标记为蓝色。现在,假定相反情况,要么存在一个全红子图,其顶点集合 A 的基数为 $\mathbb{R}$,要么存在一个具有同样基数的全蓝子图。

在第一种情况下,我们会得到一个不可数集合 A,其良序 $\preccurlyeq$ 与常序 $\leqslant$ 达成一致。然而,如果我们意识到以下的事实,就会发现这种情况不可能发生:若存在 A 中元素的一个任意序列 a_i,则集合 $B_i=\{x \in A | x \leqslant a_i\}$ 不可数。于是,$\cup B_i$ 可数。但我们还是可以选择 A 中元素的一个任意序列 a_i,使得每一个 $x \in A$ 对于任意 i 值都存在 $x \preccurlyeq a_i$(如果 A 无上限,

那么我们可以取 A_i 为 A 中的任意元素，$A_i > i$；如果 A 有上限，那么我们令 α 为 A 中元素的最小上界，取 $a_i > \alpha - 1/i$）。如果两种序列在 A 上达成一致，就会得到 $\cup B_i = A$，也就不可数。

第二种情况下的结论也是一样的，我们只需要把 $\geq$ 全部换成 $\leq$ 就可以了。

10.2 加和、乘积与相等

习题 2.1（GMB 1997） 求正实数数列 $a_1, a_2, \cdots$，使得对于所有正整数 k 都可以得到

$$a_1 + 2^2 a_2 + 3^2 a_3 + \cdots + k^2 a_k = \frac{k(k+1)}{2}(a_1 + a_2 + \cdots + a_k)$$

解答 当 $k = 1$ 时，等式变为 $a_1 = a_1$。令 $a_1 = a > 0$。当 $k = 2$ 时，我们得到 $a_1 + 2^2 a_2 = 3(a_1 + a_2)$，于是 $a_2 = 2a_1 = 2a$。当 $k = 3$ 时，我们得到

$$a_1 + 2^2 a_2 + 3^2 a_3 = 6(a_1 + a_2 + a_3)$$

所以

$$9a + 9a_3 = 18a + 6a_3 \Rightarrow a_3 = 3a$$

我们通过对 k 进行归纳来证明 $a_k = ka$ 对于所有 $k \geq 1$ 都成立。基线条件已经在上面得到确立。假定该结论对于 $k \geq 1$ 成立，根据对 $k+1$ 个数字的归纳假设可以得到

$$a + 2^3 a + 3^3 a + \cdots + k^3 a + (k+1)^2 a_{k+1} = \frac{(k+1)(k+2)}{2}(a + 2a + \cdots + ka + a_{k+1})$$

由此，可以进一步得到

$$\left((k+1)^2 - \frac{(k+1)(k+2)}{2}\right) a_{k+1} = \frac{(k+1)(k+2)}{2} \cdot \frac{k(k+1)}{2} \cdot a - a(1^3 + 2^3 + \cdots + k^3)$$

现在，根据以下事实，即 $1^3 + 2^3 + \cdots + k^3 = \left(\frac{k(k+1)}{2}\right)^2$，我们可以由上述关系式得到 $a_{k+1} = (k+1)a$，此即为所求。

习题 2.2 请证明，对于所有正整数 n 都存在

$$1 - \frac{1}{2} + \frac{1}{3} - \frac{1}{4} + \cdots + \frac{1}{2n-1} - \frac{1}{2n} = \frac{1}{n+1} + \frac{1}{n+2} + \cdots + \frac{1}{2n}$$

解答 我们通过数学归纳法来证明该结论。基线条件 $n = 1$ 为真，即 $1 - \frac{1}{2} = \frac{1}{1+1}$。假定该结论对于 n 为真，即

$$1 - \frac{1}{2} + \frac{1}{3} - \frac{1}{4} + \cdots + \frac{1}{2n-1} - \frac{1}{2n} = \frac{1}{n+1} + \frac{1}{n+2} + \cdots + \frac{1}{2n}$$

我们来证明该结论对于 $n+1$ 也成立，即

$$1 - \frac{1}{2} + \frac{1}{3} - \frac{1}{4} + \cdots + \frac{1}{2n-1} - \frac{1}{2n} + \frac{1}{2n+1} - \frac{1}{2n+2} = \frac{1}{n+2} + \frac{1}{n+3} + \cdots + \frac{1}{2n+2}$$

两式相减后只需要证明$\dfrac{1}{2n+1}-\dfrac{1}{2n+2}=\dfrac{1}{2n+1}+\dfrac{1}{2n+2}-\dfrac{1}{n+1}$就够了,而这显然为真。

习题 2.3 请证明,对于任意正整数 n 都可以得到

$$(n+1)! = 1+\frac{1!^2}{0!}+\frac{2!^2}{1!}+\cdots+\frac{n!^2}{(n-1)!}$$

解答 该等式对于 $n=1$ 显然成立。关于归纳步骤,假定

$$P(n)=(n+1)! = 1+\frac{1!^2}{0!}+\frac{2!^2}{1!}+\cdots+\frac{n!^2}{(n-1)!}$$

我们需要证明

$$(n+2)! = 1+\frac{1!^2}{0!}+\frac{2!^2}{1!}+\cdots+\frac{n!^2}{(n-1)!}+\frac{(n+1)!^2}{n!}$$

根据 $P(n)$ 可知,该等式等价于 $(n+2)! = (n+1)! +\dfrac{(n+1)!^2}{n!}$,也就是 $n+2=1+\dfrac{(n+1)!}{n!}$,即 $n+2=1+n+1$,而这显然成立。

习题 2.4 请证明,$\displaystyle\sum_{k=0}^{n}\binom{n-k+1}{k}=F_{n+2}$($F_{n+2}$ 为斐波那契数)对于任意非负整数 n 都成立。

解答 我们通过从 2 开始的归纳步骤来证明该结论。

令 $P(n)=\displaystyle\sum_{k=0}^{n}\binom{n-k+1}{k}=F_{n+2}$。当 $n=0$ 时,我们得到 $\binom{1}{0}=F_2$,所以 $P(0)$ 成立;当 $n=1$ 时,需要证明 $\binom{2}{0}+\binom{1}{1}=F_3$,而我们知道该等式为真。

现在,令 $n\geq 2$。根据帕斯卡等式并对 $n-1$ 和 $n-2$ 进行归纳,我们可以得到

$$\begin{aligned}
\sum_{k=0}^{n}\binom{n-k+1}{k} &= \sum_{k=0}^{n}\left(\binom{(n-1)-k+1}{k}+\binom{(n-1)-k+1}{k-1}\right)\\
&= \sum_{k=0}^{n-1}\binom{(n-1)-k+1}{k}+\sum_{k=0}^{n-2}\binom{(n-2)-k+1}{k}\\
&= F_{n+1}+F_n\\
&= F_{n+2}
\end{aligned}$$

习题 2.5 请证明,对于任意正整数 n 都可以得到 $\displaystyle\sum_{r=1}^{n}\frac{1}{r}\binom{n}{r}=\sum_{r=1}^{n}\frac{2^r-1}{r}$。

解答 我们通过对 n 的归纳来证明该等式。当 $n=1$ 时,两边都变成了 1,所以结论成立。

假定该论断对于 $n\geq 1$ 成立,也就是

$$\sum_{r=1}^{n}\frac{1}{r}\binom{n}{r}=\sum_{r=1}^{n}\frac{2^r-1}{r} \tag{1}$$

为了证明该结论对于 $n+1$ 也成立,我们需要证明

$$\sum_{r=1}^{n+1} \frac{1}{r}\binom{n+1}{r} = \sum_{r=1}^{n+1} \frac{2^r - 1}{r}$$

根据式(1)可知,我们只需要证明

$$\sum_{r=1}^{n} \frac{1}{r}\left(\binom{n+1}{r} - \binom{n}{r}\right) + \frac{1}{n+1}\binom{n+1}{n+1} = \frac{2^{n+1} - 1}{n+1}$$

利用帕斯卡等式,这就等价于

$$\sum_{r=1}^{n} \frac{1}{r}\binom{n}{r-1} + \frac{1}{n+1} = \frac{2^{n+1} - 1}{n+1}$$

而现在

$$\frac{1}{r}\binom{n}{r-1} = \frac{1}{n+1}\binom{n+1}{r}$$

所以

$$\sum_{r=1}^{n} \frac{1}{r}\binom{n}{r-1} + \frac{1}{n+1} = \frac{1}{n+1}\left(\sum_{r=1}^{n}\binom{n+1}{r} + 1\right)$$

$$= \frac{1}{n+1}\left(\sum_{r=0}^{n+1}\binom{n+1}{r} - 2 + 1\right)$$

$$= \frac{1}{n+1}\left((1+1)^{n+1} - 2 + 1\right)$$

$$= \frac{2^{n+1} - 1}{n+1}$$

此即为所求。

习题 2.6 已知伯努利数列 $(B_n)_{n\geqslant 0}$ 通过以下递归关系定义:$B_0 = 1$ 且 $\sum_{i=0}^{m}\binom{m+1}{i}B_i = 0$ 对于 $m>0$ 成立。请证明,$1^k + 2^k + \cdots + (n-1)^k = \frac{1}{k+1}\sum_{i=0}^{k}\binom{k+1}{i}B_i n^{k+1-i}$ 对于所有非负整数 n 和 k 都成立。

解答 取 $S(n) = \sum_{i=0}^{k}\binom{k+1}{i}B_i n^{k+1-i}$。如果我们可以证明 $S(1) = 0$ 和 $S(n+1) - S(n) = (k+1)n^k$,那么本题结论就可以利用归纳法得到了。现在

$$S(n+1) - S(n) = \sum_{i=0}^{k}\binom{k+1}{i}B_i\left(\sum_{j=0}^{k-i}\binom{k+1-i}{j}n^j\right)$$

$$= \sum_{j=0}^{n+1}\left(\sum_{i=0}^{k-j}\binom{k+1-i}{j}\binom{k+1}{i}B_i n^j\right)$$

而

$$\binom{k+1-i}{j}\binom{k+1}{i} = \binom{k+1}{j}\binom{k+1-j}{i}$$

所以我们可以将其表示为

$$\sum_{j=0}^{n+1} \binom{k+1}{j} \left(\sum_{i=0}^{k-j} \binom{k+1-j}{i} B_i \right) n^j$$

根据定义,我们可以推得:对于 $j<k$ 存在 $\sum_{i=0}^{k-j} \binom{k+1-j}{i} B_i = 0$。所以,指数小于 k 的 n 的所有幂就消没了,而取代 k 的参数值显然就是 $k+1$。因此,$S(n+1)-S(n)=(k+1)n^k$,此即为所求。

习题 2.7 令 n 为正整数,请证明 $\sum_{i=0}^{n} (-1)^i \binom{n}{i} i^k = 0$ 对于所有 $0 \leq k \leq n-1$ 都成立。

解答 我们通过对 n 的归纳来证明该结论。基线条件 $n=1$ 显然成立。

假定我们已经证明了该等式对于 $n \geq 1$ 成立。请注意,我们根据归纳假设得到对于次数小于 n 的任意多项式 $p(X)$ 都存在 $\sum_{i=0}^{n} (-1)^i \binom{n}{i} p(i) = 0$。具体而言,对于 $p(i) = (i+1)^k (k<n)$,我们可以得到

$$\sum_{i=0}^{n} (-1)^i \binom{n}{i} (i+1)^k = 0$$

即

$$\sum_{i=1}^{n+1} (-1)^i \binom{n}{i-1} i^k = 0$$

将该关系式加上 $\sum_{i=0}^{n} (-1)^i \binom{n}{i} i^k = 0$,同时根据帕斯卡等式,我们推得

$$\sum_{i=0}^{n+1} (-1)^i \binom{n+1}{k} i^k = 0$$

因此,题设对于 $k<n$ 成立,而我们只需要证明其对于 $k=n$ 也成立即可。现在,请注意,对于次数小于 n 的任意多项式 $p(X)$ 都存在 $\sum_{i=0}^{n+1} (-1)^i \binom{n+1}{k} p(i) = 0$。由于存在一个 $n-1$ 次多项式 q 使得 $x(x-1)\cdots(x-n+1) = x^n - q(x)$,所以我们可以推得

$$\sum_{i=0}^{n+1} (-1)^i \binom{n+1}{k} i^k = \sum_{i=0}^{n+1} (-1)^i \binom{n+1}{k} i(i-1)\cdots(i-n+1)$$

但是,$i(i-1)\cdots(i-n+1)$ 对于所有 $i=0,1,\cdots,n-1$ 都为零,并且对于 $i=n$ 和 $i=n+1$ 分别是 $n!$ 和 $(n+1)!$,所以

$$S = \sum_{i=0}^{n+1} (-1)^i \binom{n+1}{k} i(i-1)\cdots(i-n+1)$$

就变成了

$$S = (-1)^n \binom{n+1}{n} n! + (-1)^{n+1} \binom{n+1}{n+1} (n+1)! = 0$$

10.3　函数与函数方程

习题 3.1　请求出同时满足下列特性的所有函数 $f:\mathbb{N}_+\to\mathbb{N}_+$：

(1) $f(m)>f(n)$ 对于所有 $m>n$ 都成立。

(2) $f(f(n))=4n+9$。

(3) $f(f(n)-n)=2n+9$。

解答　根据 (2) 我们很自然地就会猜想 $f(n)=2n+3$。我们将分两步来证明该猜测。首先，根据强归纳法，我们证得 $f(n)=f(1)+2(n-1)$ 对于所有 $n\in\mathbb{N}_+$ 都成立。

请注意，上述等式在 $n=1$ 和 $n=2$ 时显然成立。由此，我们也就得到 $f(f(2)-2)=f(f(1))=13$。条件 (1) 表明 f 为单射，所以 $f(2)=f(1)+2$。当 $n=3$ 时，我们得到 $f(f(3)-3)=15,f(f(2))=17,f(f(2)-2)=13$，于是

$$f(2)>f(3)-3>f(2)-2\Rightarrow f(3)=f(2)+2=f(1)+4$$

假定 $f(k)=f(1)+2(k-1)$ 对于所有 $k<n$ 和 $n\geq4$ 成立。我们分两种情况来讨论。

情况 1　若 n 为奇数，根据归纳假设，我们得到

$$f\!\left(f\!\left(\frac{n+1}{2}\right)\right)=2n+11,\ f\!\left(f\!\left(\frac{n-1}{2}\right)\right)=2n+7$$

这表明 $f\!\left(\dfrac{n+1}{2}\right)>f(n)-n>f\!\left(\dfrac{n-1}{2}\right)$。所以

$$f(1)+n-1>f(n)-n>f(1)+n-3$$

因此

$$f(n)=f(1)+2n-2=f(1)+2(n-1)$$

情况 2　若 n 为偶数，根据上述相同的理念，我们得到

$$f\!\left(f\!\left(\frac{n}{2}\right)\right)=2n+9=f(f(n)-n))\Rightarrow f(n)-n=f\!\left(\frac{n}{2}\right)=f(1)+n-2$$

由此，就得到了我们所要求的结论。

这样就完成了对以下事实的证明：$f(n)=f(1)+2(n-1)$。为了求得 $f(1)$ 的值，我们需要注意到对于 $n=2$ 存在 $f(f(1)+2)=17\Rightarrow f(1)+2(f(1)+1)=17\Rightarrow f(1)=5$。因此，$f(n)=2n+3$ 实际上就是唯一解。

习题 3.2（IMO 2007 候选）　请考察满足条件 $f(m+n)\geq f(m)+f(f(n))-1$ 对于所有 $m,n\in\mathbb{N}$ 都成立的函数 $f:\mathbb{N}_+\mapsto\mathbb{N}_+$，求出 $f(2\,007)$ 所有可能的值。

解答　令 $P(m,n)$ 表示 $f(m+n)\geq f(m)+f(f(n))-1$ 这一论断，我们断言 $f(2\,007)\in\{1,2,\cdots,2\,008\}$。对于所有 $k\in\{1,2,\cdots,2\,007\}$，使得 $f(2\,007)=k$ 的一个函数可以被定义为"对于 $1\leq n\leq 2\,006$ 存在 $f(n)=1,f(2\,007)=k$，而对于 $2\,008\leq n$ 则存在 $f(n)=n$"，使得 $f(2\,007)=2\,008$ 的一个函数可以被定义为"对于 $2\,007\nmid n$ 存在 $f(n)=n$，而对于 $2\,007\mid n$ 则存在 $f(n)=n+1$"。

现在,我们来证明 $f(n) \leqslant n+1$。根据反证法,假定存在 k 使得 $f(k) = k+c$,其中 $c>1$。根据 $P(n, m-n)$(其中 $m>n$),可以推得 $f(m) \geqslant f(n)+f(f(m-n))-1 \geqslant f(n)$。所以,$f$ 为非递减函数。

现在,我们用归纳法来证明 $f(ik) \geqslant ik+i(c-1)+1$ 对于所有 $i \in \mathbb{N}$ 都成立。请注意,我们已经证明了该结论在 $i=1$ 时的情况。假定该断言对于 $i=1, 2, \cdots, n$ 成立。根据 $P(nk, k)$,可以推得

$$f((n+1)k) \geqslant f(nk)+f(f(k))-1 = f(nk)+f(k+c)-1$$

由于 f 非递减,所以我们可以进一步得到

$$f(nk)+f(k+c)-1 \geqslant f(nk)+k+c-1 = (n+1)k+(n+1)(c-1)+1$$

这表明,对于任意 m 都存在 $p \in \mathbb{N}$ 使得 $f(p)-p \geqslant m$。令 q 满足 $f(q)-q \geqslant k$。根据 $P(f(q)-q, q)$,推得

$$f(f(q)) \geqslant f(f(q)-q)+f(f(q))-1$$

这表明 $f(f(q)-q) \leqslant 1$。然而,由于 f 非递减,所以 $f(f(q)-q) \geqslant f(k) = k+c>c>1$,这就构成了矛盾。因此,$f(n) \leqslant n+1$,由此也就表明了 $f(2\,007) \in \{1, 2, \cdots, 2\,008\}$。

习题 3.3 令 $f: \mathbb{N} \to \mathbb{N}$ 是一个函数,$f(0) = 1$,且 $f(n) = f\left(\left[\dfrac{n}{2}\right]\right)+f\left(\left[\dfrac{n}{3}\right]\right)$ 对于所有 $n \geqslant 1$ 都成立。请证明 $f(n-1)<f(n) \Leftrightarrow n = 2^k 3^h$ 对于某个 $k, h \in \mathbb{N}$ 成立。

解答 我们将通过对 n 的归纳分两步来证明该结论。首先,我们会通过对 n 的归纳来证明 f 是一个非递减函数,也就是说,$f(n) \geqslant f(n-1)$。由于我们很容易就能计算出 $f(1) = 2f(0) = 2>f(0)$,所以基线条件也就得到了证明。关于归纳步骤,我们很容易就会注意到,对于 $n \geqslant 2$ 存在 $\left[\dfrac{n}{2}\right], \left[\dfrac{n}{3}\right]<n$,于是

$$f(n) = f\left(\left[\dfrac{n}{2}\right]\right)+f\left(\left[\dfrac{n}{3}\right]\right) \geqslant f\left(\left[\dfrac{n-1}{2}\right]\right)+f\left(\left[\dfrac{n-1}{3}\right]\right) = f(n-1)$$

现在,我们通过对 n 的归纳来证明所要求的结论。由于 $f(1) = 2>f(0)$ 且 $1 = 2^0 3^0$,所以基线条件也就得到了证明。关于归纳步骤,请注意,由于 $f(n) = f\left(\left[\dfrac{n}{2}\right]\right)+f\left(\left[\dfrac{n}{3}\right]\right)$,$f(n-1) = f\left(\left[\dfrac{n-1}{2}\right]\right)+f\left(\left[\dfrac{n-1}{3}\right]\right)$,且 f 非递减,所以,当且仅当 $f\left(\left[\dfrac{n}{2}\right]\right)>f\left(\left[\dfrac{n-1}{2}\right]\right)$ 或者 $f\left(\left[\dfrac{n}{3}\right]\right)>f\left(\left[\dfrac{n-1}{3}\right]\right)$ 时,我们可以得到 $f(n)>f(n-1)$。若 n 为奇数,则 $\left[\dfrac{n}{2}\right] = \left[\dfrac{n-1}{2}\right]$,且显然可以得到 $f\left(\left[\dfrac{n}{2}\right]\right) = f\left(\left[\dfrac{n-1}{2}\right]\right)$;若 $n = 2m$ 为偶数,则根据归纳假设可知,当且仅当 $m = 2^k 3^h (k, h \in \mathbb{N})$ 时 $f(m) = f\left(\left[\dfrac{n}{2}\right]\right)>f\left(\left[\dfrac{n-1}{2}\right]\right) = f(m-1)$。所以,当且仅当 $n = 2^{k+1} 3^h (k, h \in \mathbb{N})$ 时 $f\left(\left[\dfrac{n}{2}\right]\right)>f\left(\left[\dfrac{n-1}{2}\right]\right)$。类似地,若 n 不是 3 的倍数,则 $\left[\dfrac{n}{3}\right] = \left[\dfrac{n-1}{3}\right]$,并且显然可以得

到 $f\left(\left[\dfrac{n}{3}\right]\right)=f\left(\left[\dfrac{n-1}{3}\right]\right)$；若 $n=3m$ 是 3 的倍数，则根据归纳假设可知，当且仅当 $m=2^{k}3^{h}$

$(k,h\in\mathbb{N})$ 时，$f(m)=f\left(\left[\dfrac{n}{3}\right]\right)>f\left(\left[\dfrac{n-1}{3}\right]\right)=f(m-1)$。所以，当且仅当 $n=2^{k}3^{h+1}(k,h\in\mathbb{N})$

时，$f\left(\left[\dfrac{n}{3}\right]\right)>f\left(\left[\dfrac{n-1}{3}\right]\right)$。综合上述两步的计算，我们会发现，当且仅当 $m=2^{k}3^{h}(k,h\in$

$\mathbb{N}$）时，$f(n)>f(n-1)$。这样，归纳步骤的证明就完成了。

习题 3.4（AMM 10728）　请求出所有满足 $f(a^{3}+b^{3}+c^{3})=f(a)^{3}+f(b)^{3}+f(c)^{3}$ 的函数 $f:\mathbb{Z}\to\mathbb{R}$，其中 $a,b,c\in\mathbb{Z}$。

解答　取 $f(x)=ax$，求得 $a=0,1,-1$；取 $f(x)=c$，求得 $c=0,\pm\dfrac{1}{\sqrt{3}}$。我们将证明这些解

是唯一解。

首先，我们将通过对 $|n|$ 的归纳求出一种算法 $f(n)$。由于

$$f(0)=f(n^{3}+(-n)^{3}+0^{3})=f(n)^{3}+f(-n)^{3}+f(0)^{3}$$

所以我们可以通过 $f(n)$ 求得 $f(-n)$。请注意，如果 $a^{3}+b^{3}+c^{3}=m^{3}+n^{3}+p^{3}$，那么，$f(a)^{3}+f(b)^{3}+f(c)^{3}=f(m)^{3}+f(n)^{3}+f(p)^{3}$。所以，如果我们可以将 n^{3} 表示为不多于 5 个绝对值小于 n 的数的立方和，那么我们的证明就完成了。现在，我们就来求这样的式子。设 $n=2^{m}(2a+1)$。我们注意到

$$5^{3}=4^{3}+4^{3}-1^{3}-1^{3}-1^{3}$$
$$6^{3}=3^{3}+4^{3}+5^{3}$$
$$7^{3}=6^{3}+4^{3}+4^{3}-1^{3}$$

若 $a=1$ 且 $m\geqslant1,a=2$ 或 $a=3$，则 n 是 6,5 或 7 的一个倍数，由此证明就完成了。对于 $a\geqslant4$ 的情况我们利用以下特性得到该结论：$(2a+1)^{3}=(2a-1)^{3}+(a+4)^{3}-(a-4)^{3}-5^{3}-1^{3}$。最后，$2^{3m}=2^{3(m-2)}(3^{3}+3^{3}+2^{3}+1^{3}+1^{3})$，而且当 $a=0$ 且 $m\geqslant2$ 时，该结论也成立。所以，f 仅取决于 $f(0)$ 和 $f(1)$ 的值。因此，我们算得 $f(2)=f(1^{3}+1^{3})$ 和 $f(3)=f(1^{3}+1^{3}+1^{3})$。现在，我们来看一下 $f(0)$ 和 $f(1)$。通过取 $a=b=c=0$，我们得到 $f(0)=3f(0)^{3}$。于是，$f(0)=0$ 或者 $f(0)=\pm\dfrac{1}{\sqrt{3}}$。如果 $f(0)=0$，那么取 $a=1,b=c=0$，由此我们可以得到 $f(1)=f(1)^{3}$。因此，$f(1)=0,-1,1$，由此得到的解为 $f(x)=0,f(x)=-x$ 和 $f(x)=x$。

假设 $f(0)\neq0$，不失一般性，令 $f(0)=\dfrac{1}{\sqrt{3}}$（由于我们可以考察 $-f$ 的情况来代替 f，所以第二种情况也是类似的）。于是，通过取 $a=1,b=c=0$，我们推得 $f(1)=f(1)^{3}+2f(0)^{3}$，这是一个关于 $f(1)$ 的多项式方程，根为 $\dfrac{1}{\sqrt{3}},\dfrac{-2}{\sqrt{3}}$。类似地，通过取 $a=-1,b=c=0$，我们推得 $f(-1)$ 为 $\dfrac{1}{\sqrt{3}}$ 或 $\dfrac{-2}{\sqrt{3}}$。

取 $a=0, b=1$ 和 $c=-1$，我们可以求得

$$\frac{1}{\sqrt{3}}=f(0)=f(0)^3+f(1)^3+f(-1)^3=\frac{1}{3\sqrt{3}}+f(1)^3+f(-1)^3$$

通过简单的验算表明，唯一可能的结果就是对于所有 x 都存在 $f(1)=f(-1)=\dfrac{1}{\sqrt{3}}$。

习题 3.5（APMO 2008） 请考察由下列条件定义的函数 $f:\mathbb{N}\to\mathbb{N}$：

（a）$f(0)=0$。

（b）$f(2n)=2f(n)$ 对于所有 $n\in\mathbb{N}$ 都成立。

（c）$f(2n+1)=n+2f(n)$ 对于所有 $n\in\mathbb{N}$ 都成立。

（1）求以下三个集合：$L=\{n\,|f(n)<f(n+1)\}$，$E=\{n\,|f(n)=f(n+1)\}$，$G=\{n|f(n)>f(n+1)\}$。

（2）对于每一个 $k\geqslant0$，求关于 $a_k=\max\{f(n):0\leqslant n\leqslant 2^k\}$ 的一个以 k 的形式表达的关系式。

解答 令

$$L_1:=\{2k:k>0\},\ E_1:=\{0\}\cup\{4k+1:k\geqslant0\},\ G_1:=\{4k+3:k\geqslant0\}$$

我们将证明 $L_1=L,E_1=E$ 和 $G_1=G$。因为 L_1,E_1,G_1 彼此互不相交，且 $L_1\cup E_1\cup G_1=\mathbb{N}$，所以只需要证明 $L_1\subset L,E_1\subset E$ 和 $G_1\subset G$ 就够了。

首先，若 $k>0$，则 $f(2k)-f(2k+1)=-k<0$。所以，$L_1\subset L$。其次，$f(1)=0$，且

$$f(4k+1)=2k+2f(2k)=2k+4f(k)$$

$$f(4k+2)=2f(2k+1)=2(k+2f(k))=2k+4f(k)$$

对于所有 $k\geqslant0$ 都成立。于是，$E_1\subset E$。

为了证明 $G_1\subset G$，我们需要通过对 n 的归纳来证明 $f(n+1)-f(n)\leqslant n(n\in\mathbb{N})$。请注意，由于根据 f 的定义可以得到 $f(2t+1)-f(2t)=t\leqslant n$，所以当 $n=2t$ 时，该结论显然为真。

具体而言，这证明了基线条件 $n=0$，并且只需要考虑 n 为奇数时的情况就够了。

现在，假定该结论对于所有不大于某个 $n=2t+1$ 的整数都成立，那么根据归纳假设，我们得到

$$\begin{aligned}
f(n+1)-f(n)&=f(2t+2)-f(2t+1)\\
&=2f(t+1)-t-2f(t)\\
&=2(f(t+1)-f(t))-t\\
&\leqslant2t-t\\
&=t<n
\end{aligned}$$

由此归纳证明就完成了。现在，对于所有 $k\geqslant0$，存在

$$\begin{aligned}
f(4k+4)-f(4k+3)&=f(2(2k+2))-f(2(2k+1)+1)\\
&=4f(k+1)-(2k+1+2f(2k+1))\\
&=4f(k+1)-(2k+1+2k+4f(k))\\
&=4(f(k+1)-f(k))-(4k+1)
\end{aligned}$$

$$\leqslant 4k-(4k+1)$$
$$<0$$

这证明了 $G_1 \subset G$,由此(1)的证明也就完成了。

(2)首先,请注意,$a_0 = a_1 = f(1) = 0$。

令 $k \geqslant 2$, $N_k = \{0,1,2,\cdots,2^k\}$。我们通过归纳法证明 a_k 的最大值出现在取 $G \cap N_k$ 中最大数的时候,即 $a_k = f(2^k-1)$。基线条件是 $k=2$,此时我们求得 $a_2 = f(3) = f(2^2-1) = 1$。现在,假定该结论对于所有 2 到 $k-1$($k \geqslant 3$)之间的整数都成立。于是,根据归纳假设,对于每一个满足 $2^{k-1}+1 < 2t \leqslant 2^k$ 的偶数都存在 $f(2t) = 2f(t) \leqslant 2a_{k-1} = 2f(2^{k-1}-1)$;对于每一个满足 $2^{k-1}+1 < 2t+1 < 2^k$ 的奇数都存在

$$f(2t+1) = t + 2f(t)$$
$$\leqslant 2^{k-1}-1+2f(t)$$
$$= 2^{k-1}-1+2a_{k-1}$$
$$= 2^{k-1}-1+2f(2^{k-1}-1)$$

在上述两种情况中,最大的上界为

$$f(2^k-1) = f(2(2^{k-1}-1)+1) = 2^{k-1}-1+2f(2^{k-1}-1)$$

所以事实上我们可以得到 $a_k = f(2^k-1)$,归纳证明完毕。

从上述论证中,我们得到递归关系 $a_k = 2a_{k-1}+2^{k-1}-1$, $\forall k \geqslant 3$。我们发现该关系式在 $k = 0,1,2$ 时同样成立。于是,通过一次简单的归纳就可以证得:对于所有 $k > 0$ 都存在 $a_k = k2^{k-1}-2^k+1$。归纳步骤如下

$$a_k = 2a_{k-1}+2^{k-1}-1$$
$$= 2((k-1)2^{k-2}-2^{k-1}+1)+2^{k-1}-1$$
$$= k2^{k-1}-2^k+1$$

习题 3.6(印度 2000) 假定 $f : \mathbb{Q} \to \{0,1\}$ 是一个具备以下特性的函数:对于 $x,y \in \mathbb{Q}$,若 $f(x) = f(y)$,则 $f(x) = f((x+y)/2) = f(y)$。若 $f(0) = 0$ 且 $f(1) = 1$,请证明 $f(q) = 1$ 对于所有大于或等于 1 的有理数 q 都成立。

解答 我们首先来证明以下引理。

引理 假定 a 和 b 为有理数。若 $f(a) \neq f(b)$,则 $f(n(b-a)+a) = f(b)$ 对于所有正整数 n 都成立。

证明 我们将通过对 n 的强归纳来证明上述断言。当 $n=1$ 时,该断言显然成立。现在,假定该断言对于 $n \leqslant k$ 为真。令 $(x_1,y_1,x_2,y_2) = (b,k(b-a)+a,a,(k+1)(b-a)+a)$。根据归纳假设,$f(x_1) = f(y_1)$。我们断定 $f(x_2) \neq f(y_2)$,否则,在给定条件下,当 $(x,y) = (x_1,y_1)$ 且 $(x,y) = (x_2,y_2)$ 时,我们将会得到 $f(b) = f((x_1+y_1)/2)$ 和 $f(a) = f((x_2+y_2)/2)$。然而,由于 $x_1+y_1 = x_2+y_2$,所以上述结论不可能出现。因此,$f(y_2)$ 必定等于 $\{0,1\} \backslash \{f(a)\}$ 的值,即 $f(b)$。证毕。

取 $a = 0$ 和 $b = 1$,应用该引理后我们会发现 $f(n) = 1$ 对于所有正整数 n 都成立。于

是, $f(1+r/s) \neq 0$ 对于所有自然数 r 和 s 都成立。否则,取 $a=1, b=1+r/s$ 和 $n=s$ 时,应用该引理就会得到 $f(1+r)=0$,产生矛盾。因此, $f(q)=1$ 对于所有有理数 $q \geq 1$ 都成立。

习题 3.7 请求出所有函数 $f: \mathbb{Q}_+ \to \mathbb{Q}_+$,使得 $f(x)+f\left(\dfrac{1}{x}\right)=1$ 和 $f(1+2x)=\dfrac{1}{2}f(x)$ 对于任意 $x \in \mathbb{Q}_+$ 都成立。

解答 根据第一个等式我们推得 $f(1)=\dfrac{1}{2}$。现在,我们来证明对于所有正整数 m 和 n 都存在 $f\left(\dfrac{m}{n}\right)=\dfrac{1}{1+\dfrac{m}{n}}$。我们将对 $m+n$ 进行归纳来证明该结论。根据上述推导可知,该论述在 $m+n=2$ 时成立。我们接着来证明:若该论断在 $m+n \leq k (k \in \mathbb{N}, k \geq 2)$ 时成立,则其在 $m+n=k+1$ 时也成立。我们将对以下情形进行讨论。

情况 1 当 m 和 n 为奇数时。

(1)若 $m>n$,由于 $\dfrac{m-n}{2}+n=\dfrac{k+1}{2} \leq k$,则

$$f\left(\frac{m}{n}\right)=f\left(1+2 \cdot \frac{\frac{m}{n}-1}{2}\right)=\frac{1}{2}f\left(\frac{\frac{m}{n}-1}{2}\right)=\frac{1}{2}f\left(\frac{\frac{m-n}{2}}{n}\right)=\frac{1}{2} \cdot \frac{1}{1+\frac{\frac{m-n}{2}}{n}}=\frac{1}{1+\frac{m}{n}}$$

(2)若 $m=n$,则

$$f\left(\frac{m}{n}\right)=f(1)=\frac{1}{2}=\frac{1}{1+\frac{m}{n}}$$

(3)若 $m<n$,则

$$f\left(\frac{m}{n}\right)=1-f\left(\frac{n}{m}\right)=1-\frac{1}{1+\frac{n}{m}}=\frac{1}{1+\frac{m}{n}}$$

情况 2 当 m 和 n 均为偶数时,由于 $\dfrac{m}{2}+\dfrac{n}{2}=\dfrac{k+1}{2} \leq k$,所以

$$f\left(\frac{m}{n}\right)=f\left(\frac{\frac{m}{2}}{\frac{n}{2}}\right)=\frac{1}{1+\frac{\frac{m}{2}}{\frac{n}{2}}}=\frac{1}{1+\frac{m}{n}}$$

情况 3 当 m 为偶数、n 为奇数时,我们来讨论下列整数对: $(m_0, n_0), (m_1, n_1), \cdots,$ $(m_p, n_p), \cdots$,其中 $m_0=m, n_0=n$,且

$$(m_i,n_i)=\begin{cases}\left(\dfrac{m_{i-1}}{2}+n_{i-1},\dfrac{m_{i-1}}{2}\right),\text{若 }4\nmid m_{i-1}\\[2mm]\left(\dfrac{m_{i-1}}{2},\dfrac{m_{i-1}}{2}+n_{i-1}\right),\text{若 }4\mid m_{i-1}\end{cases},i=1,2,\cdots$$

请注意,m_i 为偶数,n_i 为奇数,$m_i+n_i=m_{i-1}+n_{i-1}$,其中 $i=1,2,\cdots$。

由于在 $m+n$ 之和确定时,仅存在有限个数对 (m,n),所以序列 (m_0,n_0),(m_1,n_1),$\cdots$最终必定循环。一般而言,该循环不一定非要从该序列的第一项开始,但是在本情况下,我们可以往前回溯该递归关系。具体而言,若 $m_i>n_i$,则 $m_{i-1}=2n_i$,$n_{i-1}=m_i-n_i$;若 $m_i<n_i$,则 $m_{i-1}=2m_i$,$n_{i-1}=n_i-m_i$。因此,序列 (m_0,n_0),(m_1,n_1),$\cdots$将周期性地从其第一项元素开始取 p 使得 (m_p,n_p) 和 (m_0,n_0) 重合。我们得到

$$f\left(\frac{m_0}{n_0}\right)=1-f\left(\frac{n_0}{m_0}\right)=1-2f\left(\frac{\dfrac{n_0}{m_0}}{2}+1\right)=1-2f\left(\frac{n_1}{m_1}\right)$$

即

$$f\left(\frac{m_0}{n_0}\right)=1-2f\left(\frac{m_1}{n_1}\right)$$

另外

$$1-2f\left(\frac{n_1}{m_1}\right)=-1+2f\left(\frac{m_1}{n_1}\right)$$

于是

$$f\left(\frac{m_{i-1}}{n_{i-1}}\right)=1-2f\left(\frac{m_i}{n_i}\right)$$

即

$$f\left(\frac{m_{i-1}}{n_{i-1}}\right)=-1+2f\left(\frac{m_i}{n_i}\right)$$

其中 $i=1,2,\cdots,p+1$。令 $x_i=f\left(\dfrac{m_{i-1}}{n_{i-1}}\right)$,其中 $i=1,2,\cdots,p+1$。于是,我们得到

$$\begin{cases}x_1=\varepsilon_1-2\varepsilon_1 x_2\\x_2=\varepsilon_2-2\varepsilon_2 x_3\\\vdots\\x_p=\varepsilon_p-2\varepsilon_p x_{p+1}\\x_{p+1}=x_1\end{cases}$$

其中,$|\varepsilon_i|=1$,$i=1,2,\cdots,p$。

最后,通过代入各变量相应的值,我们推得 $x_1=a+bx_1$,其中 b 为偶数(具体而言,$b=\pm 2^p$)。由于上述最后一个等式有唯一解,所以该方程组有唯一解。请注意,$x_i=\dfrac{1}{1+\dfrac{m_{i-1}}{n_{i-1}}}$

（其中，$i=1,2,\cdots,p+1$）就是该给定方程组的唯一解。因此

$$f\left(\frac{m}{n}\right)=f\left(\frac{m_0}{n_0}\right)=x_1=\frac{1}{1+\frac{m_0}{n_0}}=\frac{1}{1+\frac{m}{n}}$$

情况 4 当 m 为奇数、n 为偶数时

$$f\left(\frac{m}{n}\right)=1-f\left(\frac{n}{m}\right)=1-\frac{1}{1+\frac{n}{m}}=\frac{1}{1+\frac{m}{n}}$$

所以，$f\left(\dfrac{m}{n}\right)=\dfrac{1}{1+\dfrac{m}{n}}$。于是，$f(x)=\dfrac{1}{1+x}$ 就是满足本题题设的唯一函数。

习题 3.8 请求出所有函数 $f:[0,+\infty)\rightarrow[0,1]$，使得对于任意 $x\geqslant0$ 和 $y\geqslant0$ 都存在 $f(x)f(y)=\dfrac{1}{2}f(yf(x))$。

解答 我们将证明 f 的一些相关特性，进而解答本题。我们从以下结论开始证明。

P1 对于任意 $x\geqslant0$ 都存在 $f(x)\leqslant\dfrac{1}{2}$。

证明 我们将通过反证法来证明。假设 $f(x_1)>\dfrac{1}{2}+a$ 对于 $x_1>0$ 成立，其中 $a>0$。基于该假设我们需要证明存在一个数列 (x_n)，使得当 $n=1,2,\cdots$ 时，有

$$f(x_n)>\frac{1}{2}+na \tag{1}$$

我们将通过对 n 的归纳来进行证明。当 $n=1$ 时，根据假设，结论成立。我们现在证明如果该论断对于 $n=k(k\in\mathbb{N})$ 成立，那么其对于 $n=k+1$ 也成立。

我们已经得到 $f(x_k)>\dfrac{1}{2}+ka$，令 $x_{k+1}=x_kf(x_k)$，则

$$f(x_{k+1})=f(x_kf(x_k))=2f^2(x_k)>2\left(\frac{1}{2}+ka\right)^2\geqslant\frac{1}{2}+(k+1)a$$

归纳步骤证毕。

根据式（1）可知数列 $\left(\dfrac{1}{2}+na\right)$ 有界，自相矛盾。因此，$f(x)\leqslant\dfrac{1}{2}$ 对于所有 $x\geqslant0$ 都成立。

我们现在来证明以下结论。

P2 对于任意 $x\geqslant0$，要么 $f(x)=0$，要么 $f(x)=\dfrac{1}{2}$。

证明 假设 $0<f(x_1)<\dfrac{1}{2}$ 对于 $x_1\leqslant0$ 成立。根据假设可知，$f(x_1)f\left(\dfrac{x_1}{f(x_1)}\right)=\dfrac{1}{2}f(x_1)$。

因此,$f(x_2) = \dfrac{1}{2}$,其中 $x_2 = \dfrac{x_1}{f(x_1)}$。于是

$$f(x_1)f\left(\frac{x_2}{f(x_1)}\right) = \frac{1}{2}f(x_2) = \frac{1}{4}$$

所以,$f\left(\dfrac{x_2}{f(x_1)}\right) > \dfrac{1}{2}$。这与我们在 P1 中所证实的结论相矛盾。

令

$$f(x) = \frac{1}{2}(x \in A), f(x) = 0(x \in [0, +\infty) \backslash A) \tag{2}$$

请注意:若 $x \in A$,则 $f(x)f(x) = \dfrac{1}{2}f(xf(x))$。因此,$\dfrac{x}{2} \in A$。我们还可以得到 $f(x)f\left(\dfrac{x}{f(x)}\right) = \dfrac{1}{2}f(x)$,同样地,$2x \in A$。另外,若 $f(0) = \dfrac{1}{2}$,则 $f(x) = \dfrac{1}{2}$ 对于 x 的任意非负值都成立(只要取归纳假设中的 y 为 0 即可)。

现在,我们很容易就能证明,如果 $A = \varnothing$,$A = [0, +\infty)$,或者 A 符合以下特性:$0 \notin A$,且 $x \in A \Rightarrow \dfrac{x}{2} \in A, 2x \in A$,那么式(2)中的函数就满足本题条件。

习题 3.9(中国 2013) 请证明,只存在一个函数 $f: \mathbb{N}_+ \to \mathbb{N}_+$ 满足以下两个条件:

(1)$f(1) = f(2) = 1$。

(2)$f(n) = f(f(n-1)) + f(n-f(n-1))$ 对于所有 $n \geq 3$ 都成立。

同时,对于每一个整数 $m \geq 2$,请求出 $f(2^m)$ 的值。

解答 关于(1),我们将通过对任意 $n \geq 2$ 的归纳来证明存在 $f(n) - f(n-1) \in \{0, 1\}$ 和 $\dfrac{n}{2} \leq f(n) \leq n$。

请注意,(1)的证明是容易的,因为根据 $\dfrac{n}{2} \leq f(n) \leq n$ 可知 $f(n-1) \leq n-1$,而根据题中给定关系式可知 $f(n) = f(f(n-1)) + f(n-f(n-1))$ 对于 $n \geq 3$ 成立,所以 $f(n)$ 唯一地由 $f(f(n-1))$ 和 $f(n-f(n-1))$ 的值所决定。

我们的基线条件 $n = 2$ 显然成立,因为 $f(2) = 1$。现在,假设该命题对于所有介于 2 和某个整数 $n (n \geq 2)$ 之间的数成立。让我们证明其对于 $n+1$ 也成立。已知 $f(n+1) - f(n) = f(f(n)) - f(f(n-1)) + f(n+1-f(n)) - f(n-f(n-1))$,根据归纳假设可知,$f(n) \leq n$,$f(n-1) \leq n-1$,$f(n) - f(n-1) \in \{0, 1\}$。我们分两种情况来讨论。

情况 1 若 $f(n) = f(n-1)$,则 $f(f(n)) = f(f(n-1))$,所以我们可以得到

$$\begin{aligned} f(n+1) - f(n) &= f(n+1-f(n)) - f(n-f(n-1)) \\ &= f(n+1-f(n)) - f(n-f(n)) \in \{0, 1\} \end{aligned}$$

情况 2 若 $f(n) = f(n-1) + 1$,则 $f(n+1-f(n)) = f(n-f(n-1))$。已知

$$f(n+1) - f(n) = f(f(n)) - f(f(n-1)) = f(f(n-1)+1) - f(f(n-1)) \in \{0, 1\}$$

所以,在两种情况下,我们都能得到 $f(n+1)-f(n)\in\{0,1\}$。由于 $f(n)\leqslant n$,所以根据上述证得的结论可知 $f(n+1)\leqslant n+1$。并且,我们还可以得到

$$f(n+1)=f(f(n))+f(n+1-f(n))\geqslant\frac{f(n)}{2}+\frac{n+1-f(n)}{2}=\frac{n+1}{2}$$

由此归纳证明完毕。

至于(2),我们将通过对 $f(2^m)=2^{m-1}(m\geqslant1)$ 的归纳来进行证明。基线条件已经得到证明,因为 $f(2)=1$。现在,假定该结论对于所有在 1 和某个正整数 $m(m\geqslant1)$ 之间的整数都成立。我们需要证明该结论对于 $m+1$ 也成立。

我们通过对 k 的归纳来证明:如果 $2^m\leqslant k<2^{m+1}$,那么 $f(k)\leqslant2^m$。如果 $k=2^m$,那么根据归纳假设该命题为真。假定该命题对于 k 成立,若 $k+1<2^{m+1}$,则 $f(k)\leqslant2^m$,且 $k+1-f(k)\leqslant k+1-\dfrac{k}{2}=\dfrac{k+2}{2}\leqslant\dfrac{2^{m+1}}{2}=2^m$。根据(1)的证明可知 f 是递增的,所以根据 $f(k)\leqslant2^m$ 和 $k+1-f(k)\leqslant2^m$ 可知 $f(f(k))\leqslant f(2^m)$,$f(k+1-f(k))\leqslant f(2^m)$,因此

$$f(k+1)=f(f(k))+f(k+1-f(k))\leqslant f(2^m)+f(2^m)=2^{m-1}+2^{m-1}=2^m$$

现在 $f(2^{m+1}-1)\leqslant2^m$,$f(2^{m+1}-1)\geqslant\dfrac{2^{m+1}-1}{2}$,所以我们必定得到 $f(2^{m+1}-1)=2^m$。最后,我们得到

$$\begin{aligned}f(2^{m+1})&=f(f(2^{m+1}-1))+f(2^{m+1}-f(2^{m+1}-1))\\&=f(2^m)+f(2^{m+1}-2^m)\\&=2^{m-1}+2^{m-1}\\&=2^m\end{aligned}$$

证毕。

习题 3.10(丝绸之路 MC) 请求出所有满足 $2f(mn)\geqslant f(m^2+n^2)-f(m)^2-f(n)^2\geqslant2f(m)f(n)$ 的函数 $f:\mathbb{N}_+\to\mathbb{N}_+$。

解答 我们将证明对于所有的 n,$f(n)=n^2$。为此,我们将需要用到数论中的两个著名事实。第一个事实是,如果 $q\equiv3(\bmod\ 4)$ 是一个质数,那么 q 不会整除任何形如 a^2+1 的数。第二个事实是,如果 $p\equiv1(\bmod\ 4)$ 是一个质数,那么存在正整数 a 和 b,使得 $p=a^2+b^2$。

通过比较外部表达式,我们可以看到 $f(mn)\geqslant f(m)f(n)$。

取 $m=n=1$,我们得到 $2f(1)\geqslant f(2)-2f^2(1)\geqslant2f(1)^2\geqslant2f(1)$。因此,我们在每一步都必须使等号成立,所以 $f(1)=1$,$f(2)=4$。

取 $m=1$,我们得到 $2f(n)\geqslant f(n^2+1)-f^2(n)-f^2(1)\geqslant2f(n)$。因此,我们必须再次在整个过程中使等号成立,即 $f(n^2+1)=(f(n)+1)^2$。

我们将通过对 n 进行一种微妙的归纳来证明 $f(n)\geqslant n^2$ 对于所有 n 都成立。根据不等式 $f(mn)\geqslant f(m)f(n)$,我们只需对 n 是素数的情况进行证明即可。由于 $f(2)=4$,基线条件已经得到证明,所以我们可以假设 n 是一个奇质数。将一个质数 p 的复杂度定义为

p(如果 $p\equiv1\pmod 4$)或 p^2(如果 $p\equiv3\pmod 4$)。我们将通过对复杂度进行归纳来证明这个不等式。

假设我们已经对复杂度小于 p 的所有质数(因此对所有这些质数的乘积)证明了这个不等式。

如果 $p\equiv1\pmod 4$,那么存在 a,b 使得 $p=a^2+b^2$。由于 $p>a^2,b^2$,所以 a 或 b 的每个质因数的复杂度都小于 p。因此,根据归纳假设,$f(a)\geq a^2,f(b)\geq b^2$。因此,在给定的不等式中取 $m=a,n=b$,我们得到

$$f(p)\geq f(a)^2+f(b)^2+2f(a)f(b)\geq a^4+b^4+2a^2b^2=(a^2+b^2)^2=p^2$$

如果 $p\equiv3\pmod 4$,那么 p^2+1 的每个质因数要么是 2,要么是模 4 余 1。由于至少存在一个因数为 2,所以这些质因数必小于 p^2。因此,根据归纳假设,我们得出结论:$(f(p)+1)^2=f(p^2+1)\geq(p^2+1)^2$。故 $f(p)\geq p^2$。

由此,通过归纳法,我们可以得到对于所有的 $n,f(n)\geq n^2$。

已知 $f(1)=1$。使用这个不等式,我们有两个规则可以得到结论:对于某个 n,$f(n)=n^2$。

规则 1 假定 $f(mn)=(mn)^2$,则根据 $(mn)^2=f(mn)\geq f(m)f(n)\geq m^2n^2$,我们可以得到 $f(m)=m^2$ 和 $f(n)=n^2$。因此,根据

$$2(mn)^2+m^4+n^4=2f(mn)+f^2(m)+f^2(n)\geq f(m^2+n^2)\geq(m^2+n^2)^2$$

我们可以进一步推得 $f(m^2+n^2)=(m^2+n^2)^2$。

规则 2 假定 $f(m^2+n^2)=(m^2+n^2)^2$,那么根据

$$(m^2+n^2)^2=f(m^2+n^2)\geq(f(m)+f(n))^2\geq(m^2+n^2)^2$$

我们可以得到 $f(m)=m^2$ 和 $f(n)=n^2$。

设 B 是所有能够通过上述结果 $f(1)=1$ 和应用一系列上述两个规则来进行证明使得 $f(n)=n^2$ 的 n 的集合。使用这些规则,我们可以迅速证明许多整数属于 B。例如,根据定义可得 $1\in B$。由于 $2=1^2+1^2$,根据规则 1 可得 $2\in B$。类似地,由于 $5=2^2+1^2$,$26=5^2+1^2$,所以根据规则 1 可得 $5,26\in B$。由于 $13=26/2$,$170=13^2+1^2$,$10=170/17$,$17=170/10$,所以根据规则 1 可得 $10,13,17\in B$。由于 $10=3^2+1^2$,$17=4^2+1^2$,所以根据规则 2 可得 $3,4\in B$。

本题的关键是组织我们已知的信息来证明实际上 B 包含所有的正整数。以下是一种可行的方法(尽管在开始时有些计算)。请注意,仅使用规则 1,我们已经证明了 1,2,5,26,13 和 170 $\in B$。依此类推,我们得到 $34=170/5$,$1\,157=34^2+1^2$,$1\,338\,650=1\,157^2+1^2$,以及 $25=1\,338\,650/53\,546\in B$。因此,仅使用规则 1,我们已经可以证明 $25\in B$。

现在我们注意到规则 1 有一个附带的特点。如果我们将规则 1 应用于 k^2mn,那么我们可以得出结论:k^2m,k^2n 和 $k^2(m^2+n^2)$ 都属于 B。因此,迭代上面的推导序列,我们可以得出结论:对于所有 $n,5n\in B$。

规则 2 在求倍数方面稍微弱于规则 1。如果我们将规则 2 应用于 $k^2(m^2+n^2)$,那么我们只能得出结论:km 和 kn 属于 B。然而,由于 5 的任意高的幂次都属于 B,所以我们

还是可以得到结论：如果 $n \in B$，那么 $5n \in B$（假设从 1 开始并通过使用规则 2 的第 r 步推导出 $n \in B$ 的推导链。然后从 5^{2^r} 开始，应用相同的步骤，并增加额外的 5 的幂次，我们将得到结论 $5n \in B$）。

最后的结论很容易得出。从 $n \in B$，我们得到结论：$n^2 + 1 \in B$，因此通过上面冗长的讨论，我们得到结论：$5(n^2 + 1) \in B$。我们将其表示成 $5(n^2 + 1) = (n+2)^2 + (2n-1)^2$ 的形式，通过规则 2，我们可以得到结论：$n+2 \in B$。因此，从 $1, 2 \in B$ 开始的简单归纳证明表明，每个正整数都属于 B。

习题 3.11（土耳其） 请求出所有函数 $f: \mathbb{Q}_+ \to \mathbb{Q}_+$，使得 $f\left(\dfrac{x}{x+1}\right) = \dfrac{f(x)}{x+1}$ 和 $f(x) = x^3 f\left(\dfrac{1}{x}\right)$ 对于所有 $x \in \mathbb{Q}_+$ 都成立。

解答 我们来证明唯一满足本题条件的函数是形如 $f_a\left(\dfrac{n}{d}\right) = a \cdot \dfrac{n^2}{d}$ 的，其中 d 和 n 为正整数且 $(d, n) = 1$。我们很容易就能验证这些函数满足题中的函数方程。我们继续对 $k = \max\{n, d\}$（要不然就是对 $n+d$ 进行归纳来证明相反的情况。令 $f(1) = a$。假设当 $k < m (m \geqslant 2)$ 时，我们得到 $f\left(\dfrac{n}{d}\right) = f_a\left(\dfrac{n}{d}\right)$（通过前述构建，我们已知基线条件 $k = 1$ 成立）。我们来考察 $k = m$ 的情况。请注意，由于 $\gcd(n, d) = 1$，且 $\max\{n, d\} = m \geqslant 2$，所以我们可以得到 $n \neq d$。现在，我们分两种情况来讨论。

若 $n < d$，则 $\gcd(n, d-n) = 1$ 且 $\max\{n, d-n\} < k$，所以

$$f\left(\frac{n}{d}\right) = f\left(\frac{\dfrac{n}{d-n}}{\dfrac{n}{d-n}+1}\right) = \frac{f\left(\dfrac{n}{d-n}\right)}{\dfrac{d}{d-n}} = a \cdot \frac{n^2}{d}$$

若 $d < n$，则利用前一种情况下的论断我们可以得到

$$f\left(\frac{n}{d}\right) = f\left(\frac{1}{\dfrac{n}{d}}\right) = \frac{f\left(\dfrac{d}{n}\right)}{\dfrac{d^3}{n^3}} = a \cdot \frac{n^2}{d}$$

综上，在任何一种情况下，我们都可以得到归纳步骤的结论，由此证明也就完成了。

习题 3.12 请求出所有函数 $f: \mathbb{Z} \to \mathbb{Z}$，使得 $f(m+n) + f(mn-1) = f(m)f(n) + 2$ 对于所有整数 m 和 n 都成立。

解答 我们从计算 f 的一些较小的值开始，代入 $m = n = 0$，可得 $f(-1) \in \{\pm 1, \pm 2\}$。取 $m = 1, n = 0$，则 $f(1) + f(-1) = f(1)f(0) + 2$。如果取 $m = -1, n = 0$，那么 $2f(-1) = f(-1)f(0) + 2$。因此，$f(-1)(2 - f(0)) = 2$。所以我们必定可以得到 $f(-1) \in \{\pm 1, \pm 2\}$。将之与 $f(0) + f(-1) = f^2(0) + 2$ 相结合，我们得到 $f(0)$ 唯一的整数值可以在 $f(-1) = 2$ 时得到，且此时我们得到 $f(0) = 1$。

现在,欲求 $f(1)$,我们先代入 $m=n=-1$,得到 $f(-2)+f(0)=f^2(-1)+2$,所以 $f(-2)=5$。对于 $m=1,n=-1$ 的情况,我们得到 $f(0)+f(-2)=f(1)f(-1)+2$,进而求得 $f(1)=2$。当取 $m=n=1$ 时,可得 $f(2)+f(0)=f^2(1)+2$,所以 $f(2)=5$。

请注意,对于这些较小的值,我们都可以得到 $f(m)=m^2+1$。还请注意,根据题中函数方程,对于 $n=-1$ 的情况,我们可以得到 $f(m-1)+f(-m-1)=f(-1)f(m)+2$,所以只需证明 $f(m)=m^2+1\,(m\geq0)$ 就够了,因为这对于所有整数都成立。

我们断言,对于所有 $m\geq1$,$f(m)$ 只有一个可能的值,并且这个值必是 m^2+1。我们将用强归纳法来证明。

关于基线条件 $m=1$ 和 $m=2$,我们已经算得 $f(1)=2$ 和 $f(2)=5$,所以基线条件为真。

关于归纳步骤,我们假设 $f(m)$ 对于所有 $1\leq m\leq k$ 只有一个可能的值,即 m^2+1,而我们希望证明 $f(m+1)$ 只有一个可能的值,即 $(m+1)^2+1$。由于 $f(m)$ 和 $f(m-1)$ 是确定值,所以 $f(m+1)$ 为确定值。由此,我们可以得到

$$f(m+1) = 2f(m)+2-f(m-1)$$
$$= 2(m^2+1)+2-(m-1)^2-1$$
$$= m^2+2m+2$$

我们已然得到 $f(m+1)=(m+1)^2+1$,所以归纳证明也就完成了。

习题 3.13(爱沙尼亚 2000)　请求出所有函数 $f:\mathbb{N}\to\mathbb{N}$,使得 $f(f(f(n)))+f(f(n))+f(n)=3n$ 对于所有 $n\in\mathbb{N}$ 都成立。

解答　我们发现,若 $f(a)=f(b)$,则将 $n=a$ 和 $n=b$ 代入已知方程可以得到 $3a=3b$,故 $a=b$。所以,f 是单射函数。

我们现在通过对 $n\geq0$ 的归纳来证明 $f(n)=n$。将 0 代入已知关系式并利用 $f(0)\geq0$(因为 f 的象在 $\mathbb{N}$ 中)这个事实,我们立即可以证明基线条件 $n=0$。

关于归纳步骤,假设该结论对于所有小于某个 $n_0\,(n_0\geq1)$ 的整数 n 都成立,我们希望证明 $f(n_0)=n_0$。由于 f 是单射函数,若 $n\geq n_0>k$,则 $f(n)\neq f(k)=k$。于是

$$f(n)\geq n_0 \text{ 对于所有 } n\geq n_0 \text{ 都成立} \qquad (*)$$

具体而言,$(*)$ 对于所有 $n=n_0$ 都成立,即 $f(n_0)\geq n_0$。那么,$(*)$ 对于 $n=f(n_0)$ 也成立,类似地对于 $f(f(n_0))$ 也成立。将 $n=n_0$ 代入已知方程,我们求得

$$3n_0=f(f(f(n_0)))+f(f(n_0))+f(n_0)\geq n_0+n_0+n_0$$

所以,等量关系必定成立,故 $f(n_0)=n_0$。由此,归纳步骤以及本题的证明就完成了。

习题 3.14　请证明存在一个特定的函数 $f:\mathbb{Q}_+\to\mathbb{Q}_+$,使其满足以下所有条件:

(a) 若 $0<q<\dfrac{1}{2}$,则 $f(q)=1+f\left(\dfrac{q}{1-2q}\right)$。

(b) 若 $1<q\leq2$,则 $f(q)=1+f(q-1)$。

(c) $f(q)f\left(\dfrac{1}{q}\right)=1$ 对于所有 $q\in\mathbb{Q}_+$ 都成立。

解答　我们通过证明 f 唯一取决于正有理数 $\dfrac{a}{b}$ 的值来证明存在一个满足这些特性的

唯一函数 f。我们通过对 $a+b$ 的强归纳来完成证明。

从基线条件开始,此时 $a+b=2$,$a=b=1$ 且 $a/b=1$。请注意,$f(1)f(1)=1$,根据(c)可知 $f(1)=1$。

现在,假定 $f\left(\dfrac{a}{b}\right)$ 唯一取决于所有正有理数 $\dfrac{a}{b}$($a+b\leqslant N$),我们来考察 $\dfrac{a'}{b'}$(其中,$a'+b'=N+1$)。我们分以下几种情况来讨论。

情况 1 若 $1<\dfrac{a'}{b'}\leqslant 2$,根据(b)可得

$$f\left(\frac{a'}{b'}\right)=1+f\left(\frac{a'-b'}{b'}\right)$$

由于 $(a'-b')+b'=a'<a'+b'=N+1$,所以等式右侧唯一取决于归纳假设,$f\left(\dfrac{a'}{b'}\right)$ 亦如此。

情况 2 若 $\dfrac{1}{2}\leqslant\dfrac{a'}{b'}<1$,根据(c)我们可以得到 $f\left(\dfrac{a'}{b'}\right)=f\left(\dfrac{b'}{a'}\right)^{-1}$,并且由于 $1<\dfrac{b'}{a'}\leqslant 2$,所以我们现在就可以确定 $f\left(\dfrac{b'}{a'}\right)$ 的值了。

情况 3 若 $\dfrac{a'}{b'}<\dfrac{1}{2}$,则根据(a)我们可以得到

$$f\left(\frac{a'}{b'}\right)=1+f\left(\frac{\dfrac{a'}{b'}}{1-\dfrac{2a'}{b'}}\right)=1+f\left(\frac{a'}{b-2a'}\right)$$

由于 $b'+(a'-2b')=a'-b'<a'+b'=N+1$,所以 $f\left(\dfrac{a'}{b-2a'}\right)$ 唯一取决于归纳假设,$f\left(\dfrac{a'}{b'}\right)$ 亦如此。

情况 4 若 $\dfrac{a'}{b'}>2$,则根据(c)我们可以得到 $f\left(\dfrac{a'}{b'}\right)=f\left(\dfrac{b'}{a'}\right)^{-1}$,并且由于 $\dfrac{b'}{a'}<\dfrac{1}{2}$,所以可以求得 $f\left(\dfrac{b'}{a'}\right)$。

上述论证已经涵盖了所有可能的情况,所以归纳步骤也就完成了。于是,最多只存在一个满足条件的函数 f。我们还需要证明必定存在这样一个 f。请注意,对于每一个有理数 $\dfrac{a}{b}$ 及其倒数 $\dfrac{b}{a}$,我们都恰好得到一个关于 f 在该点与 f 在点 $\dfrac{a'}{b'}$(其中 $a'+b'<a+b$)处的等量关系。于是,我们可以用归纳的方式来定义 f 而不会重复赋值(这样就不会存在不相容性的问题)。由此证明也就完成了。

10.4 不 等 式

习题 4.1 存在 $n(n \geq 1)$ 个实数,将其围成一个圈后的加和是非负的。请证明,我们可以列举出这些数 $a_1, a_2, \cdots, a_n$ 使其连续排布在一个圈上,并且 $a_1 \geq 0, a_1 + a_2 \geq 0, \cdots, a_1 + a_2 + \cdots + a_{n-1} \geq 0, a_1 + a_2 + \cdots + a_n \geq 0$。

解答 我们将通过对 n 的归纳来进行证明。对于一个数的情况,一切都很明了。现在,假定该结论对于 $n-1(n \geq 2)$ 个数的情况成立,我们来证明该结论对于 n 个数的情况也成立。由于总加和是非负的,所以该循环中存在非负数。若所有数皆为非负的,则无须证明。反之,若存在一个负数,比如 $a_n < 0$,那么将归纳假设应用于 $a_1, a_2, \cdots, a_{n-2}, a_{n-1} + a_n$。由此,我们就可以求得一个 j 值,使得 $a_j, a_j + a_{j+1}, \cdots, a_j + \cdots + a_{n-2}, a_j + \cdots + a_{n-1} + a_n, \cdots$ 皆为非负的。但是,由于 $a_n < 0$,所以我们得到 $a_j + \cdots + a_{n-1}$ 也是非负的。因此,通过列出以 a_j 开始的一串数字就可以满足本题条件,证毕。

习题 4.2 令 $a_1, a_2, \cdots, a_n$ 为正实数,请证明

$$\frac{a_1}{(1+a_1)^2} + \frac{a_2}{(1+a_1+a_2)^2} + \cdots + \frac{a_n}{(1+a_1+\cdots+a_n)^2} < \frac{a_1+a_2+\cdots+a_n}{1+a_1+\cdots+a_n}$$

解答 我们将利用归纳法来进行证明。当 $n=1$ 时,该结论就等价于 $\frac{a_1}{(1+a_1)^2} < \frac{a_1}{1+a_1}$。由于 $1+a_1 > 1$,所以该不等式成立。

现在,假定该结论对于 $n-1(n \geq 2)$ 个变量的情况成立,要证明该结论对于 n 个变量的情况也成立,只需证明 $\frac{s_n - a_n}{1+s_n-a_n} + \frac{a_n}{(1+s_n)^2} \leq \frac{s_n}{1+s_n}$,其中 $s_n = a_1 + a_2 + \cdots + a_n$。将该表达式通分并进行十字相乘,那么上述不等式就等价于 $(s_n - a_n)(1+s_n)^2 \leq (s_n + s_n^2 - a_n)(1+s_n-a_n)$。将上式两边展开并化简,得到 $a_n^2 \geq 0$,这显然成立。由此就证实了我们的归纳步骤,证毕。

习题 4.3 请证明,$2(\sqrt{n+1}-1) < 1 + \frac{1}{\sqrt{2}} + \cdots + \frac{1}{\sqrt{n}} < 2\sqrt{n}$。

解答 对于基线条件 $n=1$,我们需要证明 $2(\sqrt{2}-1) < 1 < 2$。假定 $P(n)$ 对于某个 $n \geq 1$ 成立,要证明归纳步骤只需证明 $2(\sqrt{n+1}-\sqrt{n}) < \frac{1}{\sqrt{n}} < 2(\sqrt{n}-\sqrt{n-1})$,而如果我们将其表示成 $\frac{2}{\sqrt{n+1}+\sqrt{n}} < \frac{1}{\sqrt{n}} < \frac{2}{\sqrt{n}-\sqrt{n-1}}$ 的话,显然就成立了。

习题 4.4 令 x 为实数,请证明,对于所有正整数 n 都存在 $|\sin nx| \leq n|\sin x|$。

解答 我们将通过对 $n \geq 1$ 的归纳来证明该给定不等式。基线条件 $n=1$ 显然成立。假定该不等式对于 $n \geq 1$ 成立,即 $|\sin nx| \leq n|\sin x|$。要证明该结论对于 $n+1$ 也成立,我们只需注意到以下关系式即可

$$|\sin(n+1)x| = |\sin nx\cos x + \cos nx\sin x| \leqslant |\sin nx| + |\sin x| \leqslant (n+1)|\sin x|$$

证毕。

习题 4.5 令 $n>2$，请求出最小的常数 k，使得对于乘积为 1 的 $a_1,\cdots,a_n>0$ 存在

$$\frac{a_1 a_2}{(a_1^2+a_2)(a_2^2+a_1)} + \frac{a_2 a_3}{(a_2^2+a_3)(a_3^2+a_2)} + \cdots + \frac{a_n a_1}{(a_n^2+a_1)(a_1^2+a_n)} \leqslant k$$

解答 我们来证明本题的答案为 $n-2$。

请注意，如果我们取 $a_1=a_2=\cdots=a_{n-1}=x$，$a_n=\dfrac{1}{x^{n-1}}$，那么由于 x 趋近于 0，所以我们的结论可以无限趋近于 $n-2$。为了证明另一部分，我们需要注意到 $(a_1^2+a_2)(a_2^2+a_1) \geqslant (a_1^2+a_1)(a_2^2+a_2)$。我们将对所有分数应用该不等式，所以只需证明以下不等式即可

$$\sum \frac{1}{(a_i+1)(a_{i+1}+1)} \leqslant n-2$$

我们将通过对 $n\geqslant 3$ 的归纳来证明该不等式。对于基线条件，由于 $a_1 a_2 a_3 = 1$，所以我们可以进行如下表示

$$a_1 = \frac{x}{y}, a_2 = \frac{y}{z}, a_3 = \frac{z}{x}$$

于是

$$\frac{1}{(a_1+1)(a_2+1)} + \frac{1}{(a_2+1)(a_3+1)} + \frac{1}{(a_3+1)(a_1+1)}$$

$$= \frac{yz}{(x+y)(y+z)} + \frac{xz}{(x+z)(y+z)} + \frac{xy}{(x+y)(x+z)}$$

$$< \frac{xy}{xy+yz+zx} + \frac{yz}{xy+yz+zx} + \frac{xz}{xy+yz+zx}$$

$$= 1$$

现在，假设该结果对于 $n-1$ 个变量成立，其中 $n\geqslant 4$，我们来证明对于 n 的情况。请注意，除非 $a_1=\cdots=a=1$（在这种情况下不等式是显然成立的），否则必定存在 $1\leqslant j\leqslant n$ 使得 $a_j>1>a_{j+1}$。由于不等式是循环的，所以我们可以不失一般性地假设其对于 $j=2$ 成立。现在，我们可以用 $a_2 a_3$ 替换 a_2 和 a_3，并证明表达式值的减少量不超过 1。

事实上，我们可以算得

$$\frac{1}{(a_1+1)(a_2+1)} - \frac{1}{(a_1+1)(a_2 a_3+1)} = \frac{-a_2(1-a_3)}{(a_1+1)(a_2+1)(a_2 a_3+1)} \leqslant 0$$

和

$$\frac{1}{(a_3+1)(a_4+1)} - \frac{1}{(a_2 a_3+1)(a_4+1)} = \frac{a_3(a_2-1)}{(a_3+1)(a_4+1)(a_2 a_3+1)} \leqslant \frac{a_3(a_2-1)}{(a_3+1)(a_2 a_3+1)}$$

所以，其减少量最多为

$$\frac{1}{(a_2+1)(a_3+1)} + \frac{a_3(a_2-1)}{(a_3+1)(a_2 a_3+1)} = \frac{1-a_3+a_2 a_3+a_2^2 a_3}{(a_2+1)(a_3+1)(a_2 a_3+1)} < 1$$

这表明我们可以将本题简化为对于 $n-1$ 个变量的情况。根据归纳假设,我们的证明就完成了。

习题 4.6　令 $a_1, a_2, \cdots, a_n$ 为整数,并且非同时为零,使得 $a_1 + a_2 + \cdots + a_n = 0$。请证明,$|a_1 + 2a_2 + \cdots + 2^{k-1}a_k| > \dfrac{2^k}{3}$ 对于 $k \in \{1, 2, \cdots, n\}$ 成立。

解答　假定 $|a_1 + 2a_2 + \cdots + 2^{k-1}a_k| \leq \dfrac{2^k}{3}$ 对于所有 $k \in \{1, 2, \cdots, n\}$ 都成立,其中 a_i 为整数。我们将通过对 $1 \leq k \leq n$ 的归纳来证明 $a_1 = a_2 = \cdots = a_n = 0$。

当 $k = 1$ 时,由于 $|a_1| \leq \dfrac{2}{3} < 1$ 必然表明 $a_1 = 0$,所以该结论立即得证。对于归纳步骤,如果该结论对于 $i = 1, 2, \cdots, k-1$ 成立,那么 $\dfrac{2^k}{3} \geq |a_1 + 2a_2 + \cdots + 2^{k-1}a_k| = 2^{k-1}|a_k|$,求得 $|a_k| \leq \dfrac{2}{3} < 1$,并且还求得 $a_k = 0$。由此,归纳步骤的证明也就完成了。

因此,$a_1 = a_2 = \cdots = a_n = 0$,这与本题题设相矛盾,于是自然就可以得到本题结论。

习题 4.7　令 $n \geq 2, a_1, a_2, \cdots, a_n \in (0, 1)$,其中 $a_1 a_2 \cdots a_n = A^n$。请证明
$$\frac{1}{1+a_1} + \frac{1}{1+a_2} + \cdots + \frac{1}{1+a_n} \leq \frac{n}{1+A}$$

解答　我们将通过对 n 的归纳来证明该结论。

当 $n = 2$ 时,该不等式等价于 $\dfrac{1}{1+x^2} + \dfrac{1}{1+y^2} \leq \dfrac{2}{1+xy}$,去分母后就等价于 $(2 + x^2 + y^2)(1 + xy) - 2(1 + x^2)(1 + y^2) \leq 0$,即 $(x-y)^2(xy-1) \leq 0$,显然为真。

关于归纳步骤,设 $b = \dfrac{a_n a_{n+1}}{A}$,于是 $a_1 a_2 \cdots a_{n-1} b = A^n$。根据归纳假设,可得
$$\frac{1}{1+a_1} + \frac{1}{1+a_2} + \cdots + \frac{1}{1+a_{n-1}} + \frac{1}{1+b} \leq \frac{n}{1+A}$$

因此,只需证明
$$\frac{1}{1+a_1} + \cdots + \frac{1}{1+a_{n-1}} + \frac{1}{1+b} + \frac{1}{1+A} \geq \frac{1}{1+a_1} + \cdots + \frac{1}{1+a_n} + \frac{1}{1+a_{n+1}}$$

即
$$\frac{1}{1+a_n} + \frac{1}{1+a_{n+1}} \leq \frac{1}{1+A} + \frac{A}{A + a_n a_{n+1}}$$

去分母后,可化简为
$$(a_n - A)(a_{n+1} - A)(1 - a_n a_{n+1}) \leq 0$$

根据归纳假设可知 $a_n, a_{n+1} < 1$,所以,当且仅当 a_n 和 a_{n+1} 中有一个大于或等于 A 而另一个小于或等于 A 时,上述不等式成立。请注意,由于必定存在一个 $1 \leq j \leq n+1$ 使得 $a_{j-1} \leq A$ 而 $a_j \geq A$,并且原不等式是循环的,所以我们可以不失一般性地假定当 $j = n+1$ 时出现循

环。这样,就证实了上述不等式,从而也证明了归纳步骤,我们的证明也就完成了。

习题 4.8(APMO 1999) 令 $a_1, a_2, \cdots$ 是满足 $a_{i+j} \leqslant a_i + a_j (i, j = 1, 2, \cdots)$ 的一个实数列。请证明,$a_1 + \dfrac{a_2}{2} + \dfrac{a_3}{3} + \cdots + \dfrac{a_n}{n} \geqslant a_n$ 对于每一个正整数 n 都成立。

解答 我们将通过对 n 的归纳来证明该结论。请注意,当 $n = 1$ 时,该不等式成立。对于归纳步骤,假定不等式对于 $1 \leqslant k \leqslant n$ 成立,那么

$$a_1 \geqslant a_1$$

$$a_1 + \frac{a_2}{2} \geqslant a_2$$

$$a_1 + \frac{a_2}{2} + \frac{a_3}{3} \geqslant a_3$$

$$\vdots$$

$$a_1 + \frac{a_2}{2} + \frac{a_3}{3} + \cdots + \frac{a_n}{n} \geqslant a_n$$

将上述不等式相加,可得

$$na_1 + (n-1)\frac{a_2}{2} + \cdots + \frac{a_n}{n} \geqslant a_1 + a_2 + \cdots + a_n$$

现在,将上式两边同时加上 $a_1 + a_2 + \cdots + a_n$,可得

$$(n+1)\left(a_1 + \frac{a_3}{2} + \cdots + \frac{a_n}{n}\right) \geqslant (a_1 + a_n) + (a_2 + a_{n-1}) + \cdots + (a_n + a_1) \geqslant na_{n+1}$$

最后,两边同时除以 $n+1$,我们就可以得到

$$a_1 + \frac{a_2}{2} + \cdots + \frac{a_n}{n} \geqslant \frac{na_{n+1}}{n+1}$$

即

$$a_1 + \frac{a_2}{2} + \frac{a_3}{3} + \cdots + \frac{a_{n+1}}{n+1} \geqslant a_{n+1}$$

习题 4.9(图伊玛达 2000) 令 $n \geqslant 2$ 为正整数。同时,令 $x_1, x_2, \cdots, x_n$ 为实数,使得 $0 < x_k \leqslant \dfrac{1}{2}$ 对于所有 $k = 1, 2, \cdots, n$ 都成立。请证明

$$\left(\frac{n}{x_1 + x_2 + \cdots + x_n} - 1\right)^n \leqslant \left(\frac{1}{x_1} - 1\right)\left(\frac{1}{x_2} - 1\right) \cdots \left(\frac{1}{x_n} - 1\right)$$

解答 我们从证明以下论断开始。若 x 和 y 为正实数,且 $x + y \leqslant 1$,则

$$\left(\frac{1}{x} - 1\right)\left(\frac{1}{y} - 1\right) \geqslant \left(\frac{2}{x+y} - 1\right)^2 \tag{1}$$

实际上,由于 $xy \leqslant \left(\dfrac{x+y}{2}\right)^2$,所以我们可以将不等式表示成以下形式:$\dfrac{1-x-y}{xy} + 1 \geqslant$

$\dfrac{1-x-y}{\left(\dfrac{x+y}{2}\right)^2}+1$。根据不等式(1)可以很容易地通过对 $m \geqslant 1$ 的归纳来证得下列结论:当 $N=2^m$ 时,可以得到

$$\left(\frac{N}{x_1+x_2+\cdots+x_N}-1\right)^N \leqslant \left(\frac{1}{x_1}-1\right)\left(\frac{1}{x_2}-1\right)\cdots\left(\frac{1}{x_N}-1\right) \tag{2}$$

现在,取任意值 $n(n \geqslant 2)$ 和足够大的 m 值,使得 $n < N = 2^m$。令 $x_1+x_2+\cdots+x_n = nd$ 对于正实数 d 成立,取 $x_{n+1}=\cdots=x_N=d$。请注意,我们已知 $x_1+x_2+\cdots+x_N=Nd$,于是可以将不等式(2)表示成

$$\left(\frac{N}{Nd}-1\right)^N \leqslant \left(\frac{1}{x_1}-1\right)\left(\frac{1}{x_2}-1\right)\cdots\left(\frac{1}{x_N}-1\right)$$

进而得到

$$\left(\frac{1}{d}-1\right)^N \leqslant \left(\frac{1}{x_1}-1\right)\left(\frac{1}{x_2}-1\right)\cdots\left(\frac{1}{x_n}-1\right)\left(\frac{1}{d}-1\right)^{N-n}$$

由此,我们得到

$$\left(\frac{1}{d}-1\right)^n = \left(\frac{n}{x_1+x_2+\cdots+x_n}-1\right)^n \leqslant \left(\frac{1}{x_1}-1\right)\left(\frac{1}{x_2}-1\right)\cdots\left(\frac{1}{x_n}-1\right)$$

此即为所求。

习题 4.10(中国) 令 $a_1,a_2,\cdots,a_n$ 为实数。请证明,以下两个论断是等价的:

(a) $a_i+a_j \geqslant 0$ 对于所有 $i \neq j$ 都成立。

(b) 若 $x_1,x_2,\cdots,x_n$ 为非负实数,其加和是 1,则 $a_1x_1+a_2x_2+\cdots+a_nx_n \geqslant a_1x_1^2+a_2x_2^2+\cdots+a_nx_n^2$。

解答 我们首先假设(b)成立。给定 $1 \leqslant i < j \leqslant n$,取 $x_i=x_j=\dfrac{1}{2}$ 并设 $x_k=0$ 对于其他可能的值都成立,那么(b)中的不等式可以表示为 $\dfrac{a_i+a_j}{2} \geqslant \dfrac{a_i+a_j}{4}$。由此,我们可以将其化简得到(a)。

反之,假定(a)成立,我们将通过对 n 的归纳来证明(b)成立。我们从基线条件 $n=2$ 开始。请注意,从 $x_1+x_2=1$ 可以得到 $a_1x_1+a_2x_2-a_1x_1^2-a_2x_2^2=(a_1+a_2)x_1x_2 \geqslant 0$,于是我们的证明就完成了。

现在,假定该结论对于某个 $n \geqslant 2$ 成立。令 $x_1,x_2,\cdots,x_{n+1}$ 为非负实数,其总和为 1。若 $x_{n+1}=1$,则结论不证自明。否则,我们可以得到 $\displaystyle\sum_{i=1}^{n} \frac{x_i}{1-x_{n+1}}=1$。根据归纳假设可知

$$\sum_{k=1}^{n} \frac{a_k x_k}{1-x_{n+1}} \geqslant \sum_{k=1}^{n} a_k\left(\frac{x_k}{1-x_{n+1}}\right)^2 \quad \text{或} \quad (1-x_{n+1})\sum_{k=1}^{n} a_k x_k \geqslant \sum_{k=1}^{n} a_k x_k^2$$

由此可得

$$\sum_{k=1}^{n+1} a_k x_k = (1-x_{n+1})\sum_{k=1}^{n} a_k x_k + x_{n+1}\sum_{k=1}^{n} a_k x_k + (1-x_{n+1})a_{n+1}x_{n+1} + a_{n+1}x_{n+1}^2$$

$$\geqslant \sum_{k=1}^{n+1} a_k x_k^2 + x_{n+1} \sum_{k=1}^{n} a_k x_k + a_{n+1} x_{n+1} \sum_{k=1}^{n} x_k$$

$$\geqslant \sum_{k=1}^{n+1} a_k x_k^2$$

其中,最后一个不等式是根据 $(a_k + a_{n+1}) x_k x_{n+1} \geqslant 0$ 这一事实得到的。于是,证明也就完成了。

习题 4.11(USAMO 2000) 令 $a_1, b_1, a_2, b_2, \cdots, a_n, b_n$ 为非负实数。请证明

$$\sum_{i,j=1}^{n} \min\{a_i a_j, b_i b_j\} \leqslant \sum_{i,j=1}^{n} \min\{a_i b_j, a_j b_i\}$$

解答 定义

$$L(a_1, b_1, \cdots, a_n, b_n) = \sum_{i,j}\left(\min\{a_i b_j, a_j b_i\} - \min\{a_i a_j, b_i b_j\}\right)$$

我们将通过对 n 的归纳来证明 $L(a_1, b_1, \cdots, a_n, b_n) \geqslant 0$。基线条件 $n=1$ 显然成立。我们已知并且很容易验证下列等式

$$L(a_1, 0, a_2, b_2, \cdots) = L(0, b_1, a_2, b_2, \cdots) = L(a_2, b_2, \cdots)$$

$$L(x, x, a_2, b_2, \cdots) = L(a_2, b_2, \cdots)$$

$$L(a_1, b_1, a_2, b_2, a_3, b_3, \cdots) = L(a_1 + a_2, b_1 + b_2, a_3, b_3, \cdots)\ (\text{当}\ a_1/b_1 = a_2/b_2\ \text{时})$$

$$L(a_1, b_1, a_2, b_2, a_3, b_3, \cdots) = L(a_2 - b_1, b_2 - a_1, a_3, b_3, \cdots)\ (\text{当}\ a_1/b_1 = b_2/a_2\ \text{且}\ a_1 \leqslant b_2\ \text{时})$$

这些等式足以演算归纳步骤,除非是以下情况:

(1)所有的 a_i 和 b_i 皆为非零数。

(2)对于 $i = 1, 2, \cdots, n$,存在 $a_i \neq b_i$。

(3)对于 $i \neq j, a_i/b_i \neq a_j/b_j$ 和 $a_i/b_i \neq b_j/a_j$。

对于 $i = 1, 2, \cdots, n$,令 $r_i = \max\{a_i/b_i, b_i/a_i\}$,我们可以不失一般性地假设 $1 < r_1 < \cdots < r_n$。请注意,$f(x) = L(a_1, x, a_2, b_2, \cdots, a_n, b_n)$ 是 x 在区间 $[a_1, r_2 a_1]$ 上的一个线性函数。显然

$$f(x) = \min\{a_1 x, x a_1\} - \min\{a_1^2, x^2\} + L(a_2, b_2, \cdots, a_n, b_n) +$$

$$2\sum_{j=2}^{n}\left(\min\{a_1 b_j, x a_j\} - \min\{a_1 a_j, x b_j\}\right)$$

$$= (x - a_1)\left(a_1 + 2\sum_{j=2}^{n} c_j\right) + L(a_2, b_2, \cdots, a_n, b_n)$$

其中, 当 $a_j > b_j$ 时,$c_j = -b_j$;当 $a_j < b_j$ 时,$c_j = a_j$。具体而言,由于 f 是一个线性函数,所以可以得到 $f(x) \geqslant \min\{f(a_1), f(r_2 a_1)\}$。请注意

$$f(a_1) = L(a_1, a_1, a_2, b_2, \cdots) = L(a_2, b_2, \cdots)$$

并且

$$f(r_2 a_1) = L(a_1, r_2 a_1, a_2, b_2, \cdots)$$

$$= \begin{cases} L(a_1 + a_2, r_2 a_1 + b_2, a_3, b_3, \cdots), \text{若}\ r_2 = b_2/a_2 \\ L(a_2 - r_2 a_1, b_2 - a_1, a_3, b_3, \cdots), \text{若}\ r_2 = a_2/b_2 \end{cases}$$

因此,我们可以将所求不等式从归纳假设演绎推广至所有情况。

习题4.12(罗马尼亚 TST 1981) 令 $n \geq 1$ 为正整数。同时,令 $x_1, x_2, \cdots, x_n$ 为实数,使得 $0 \leq x_n \leq x_{n-1} \leq \cdots \leq x_3 \leq x_2 \leq x_1$。我们来看以下加和

$$s_n = x_1 - x_2 + \cdots + (-1)^n x_{n-1} + (-1)^{n+1} x_n$$
$$S_n = x_1^2 - x_2^2 + \cdots + (-1)^n x_{n-1}^2 + (-1)^{n+1} x_n^2$$

请证明,$s_n^2 \leq S_n$。

解答 我们先通过对 n 的归纳来证明 $0 \leq s_n$。

当 $n = 1$ 时,该结论显然成立,因为 $x_1 \geq 0$。对于 $n = 2$,存在 $s_2 = x_1 - x_2 \geq 0$,因为 $x_1 \geq x_2$。

现在,假定该结论对于 $n-1$ 和 n 都成立(其中 $n \geq 2$)。若 n 为偶数,由于 $s_n \geq 0$,$x_{n+1} \geq 0$,则

$$s_{n+1} = s_n + (-1)^{n+2} x_{n+1} = s_n + x_{n+1} \geq 0$$

若 n 为奇数,由于 $s_{n-1} \geq 0$ 且 $x_{n+1} \leq x_n$。则

$$s_{n+1} = s_{n-1} + x_n - x_{n+1} \geq 0$$

在这两种情况下,结论对于 $n+1$ 都成立,归纳步骤证毕。我们现在根据第二步的归纳来证明 $s_n^2 \leq S_n$。当 $n = 1$ 时,存在 $s_1^2 = x_1^2 = S_1$,所以结论成立。当 $n = 2$ 时,$s_1^2 = (x_1 - x_2)^2 \leq (x_1 - x_2)(x_1 + x_2) = x_1^2 - x_2^2 = S_2$。现在,假定该结论对于所有不大于某个 $n(n \geq 2)$ 的值都成立,我们来证明其对于 $n+2$ 也成立。

若 $n = 2k+1(k \geq 0)$,则

$$
\begin{aligned}
s_{2k+3}^2 &= (s_{2k+1} - x_{2k+2} + x_{2k+3})^2 \\
&= s_{2k+1}^2 - 2s_{2k+1}(x_{2k+2} - x_{2k+3}) + (x_{2k+2} - x_{2k+3})^2 \\
&\leq S_{2k+1} - 2s_{2k+1}(x_{2k+2} - x_{2k+3}) - x_{2k+2}^2 + x_{2k+3}^2 + 2x_{2k+2}^2 - 2x_{2k+2}x_{2k+3} \\
&= S_{2k+1} - x_{2k+2}^2 + x_{2k+3}^2 - 2(x_{2k+2} - x_{2k+3})(s_{2k+1} - x_{2k+2}) \\
&= S_{2k+3} - 2(x_{2k+2} - x_{2k+3})s_{2k+2} \\
&\leq S_{2k+3}
\end{aligned}
$$

若 $n = 2k$,则根据上述理论可知

$$
\begin{aligned}
s_{2k+2}^2 &= (s_{2k+1} - x_{2k+2})^2 \\
&= s_{2k+1}^2 - 2s_{2k+1}x_{2k+2} + x_{2k+2}^2 \\
&\leq S_{2k+1} - x_{2k+2}^2 - 2s_{2k+1}x_{2k+2} + 2x_{2k+2}^2 \\
&= S_{2k+2} - 2x_{2k+2}s_{2k+2} \\
&\leq S_{2k+2}
\end{aligned}
$$

此即为所求。

习题4.13 令 $1 = x_1 \leq x_2 \leq \cdots \leq x_{n+1}$ 为非负整数。请证明

$$\frac{\sqrt{x_2 - x_1}}{x_2} + \cdots + \frac{\sqrt{x_{n+1} - x_n}}{x_{n+1}} < 1 + \frac{1}{2} + \cdots + \frac{1}{n^2}$$

解答 我们将通过对 n 的归纳来证明该不等式。

当 $n=1$ 时, 由于 $\dfrac{\sqrt{x_2-x_1}}{x_2}\leqslant\dfrac{1}{2}<1$, 结论显然成立。现在, 假定该论断对于 $n\geqslant1$ 成立。

令 $1=x_1\leqslant x_2\leqslant\cdots\leqslant x_{n+1}\leqslant x_{n+2}$ 为正整数, 于是

$$\frac{\sqrt{x_2-x_1}}{x_2}+\frac{\sqrt{x_3-x_2}}{x_3}+\cdots+\frac{\sqrt{x_{n+2}-x_{n+1}}}{x_{n+2}}$$

$$\leqslant\frac{x_2-x_1}{x_2}+\frac{x_3-x_2}{x_3}+\cdots+\frac{x_{n+2}-x_{n+1}}{x_{n+2}}$$

$$\leqslant\left(\frac{1}{x_1+1}+\cdots+\frac{1}{x_2}\right)+\cdots+\left(\frac{1}{x_{n+1}+1}+\cdots+\frac{1}{x_{n+2}}\right)$$

$$\leqslant\frac{1}{2}+\frac{1}{3}+\cdots+\frac{1}{x_{n+2}}$$

我们现在面临两种情况。

情况 1 若 $x_{n+2}\leqslant(n+1)^2$, 则

$$\frac{1}{2}+\frac{1}{3}+\cdots+\frac{1}{x_{n+2}}\leqslant\frac{1}{2}+\cdots+\frac{1}{(n+1)^2}<1+\frac{1}{2}+\cdots+\frac{1}{(n+1)^2}$$

所以, 在本情况下本题结论对于 $n+1$ 也成立。

情况 2 若 $x_{n+2}>(n+1)^2$, 则

$$\frac{\sqrt{x_{n+2}-x_{n+1}}}{x_{n+2}}\leqslant\frac{\sqrt{x_{n+2}-1}}{x_{n+2}}=\sqrt{\frac{1}{x_{n+2}}-\left(\frac{1}{x_{n+2}}\right)^2}<\sqrt{\frac{1}{(n+1)^2}-\frac{1}{(n+1)^4}}=\frac{\sqrt{n^2+2n}}{(n+1)^2}$$

于是, 我们得到

$$\frac{\sqrt{x_2-x_1}}{x_2}+\cdots+\frac{\sqrt{x_{n+1}-x_n}}{x_{n+1}}+\frac{\sqrt{x_{n+2}-x_{n+1}}}{x_{n+2}}$$

$$\leqslant1+\frac{1}{2}+\cdots+\frac{1}{n^2}+\frac{\sqrt{x_{n+2}-x_{n+1}}}{x_{n+2}}$$

$$\leqslant1+\frac{1}{2}+\cdots+\frac{1}{n^2}+\frac{\sqrt{n^2+2n}}{(n+1)^2}$$

$$<1+\frac{1}{2}+\cdots+\frac{1}{n^2}+\frac{2n+1}{(n+1)^2}$$

$$=1+\frac{1}{2}+\cdots+\frac{1}{n^2}+\underbrace{\frac{1}{(n+1)^2}+\cdots+\frac{1}{(n+1)^2}}_{2n+1}$$

$$<1+\frac{1}{2}+\cdots+\frac{1}{(n+1)^2}$$

因此, 在第二种情况下, 我们也证实了归纳步骤, 结论得证。

备注 若 $1=x_1\leqslant x_2\leqslant\cdots\leqslant x_{n+1}$ 是非负整数, 则再努力一下, 就可以证明

$$\frac{\sqrt{x_2-x_1}}{x_2}+\cdots+\frac{\sqrt{x_{n+1}-x_n}}{x_{n+1}}\leqslant\left(\sum_{i=1}^{n^2}\frac{1}{i}\right)-\frac{1}{2}$$

习题 4.14 请证明 $\sum_{i=0}^{n}|\sin 2^i x| \leqslant 1 + \frac{\sqrt{3}}{2}n$，其中 n 为非负整数。

解答 我们从证明 $2|\sin x| + |\sin 2x| \leqslant \frac{3\sqrt{3}}{2}$ 开始。根据 AM-GM 不等式，我们可以得到

$$2|\sin x| + |\sin 2x| = \frac{2}{\sqrt{3}} \cdot \sqrt{(3-3|\cos x|)(1+|\cos x|)^3} \leqslant \frac{2}{\sqrt{3}} \cdot \sqrt{\left(\frac{6}{4}\right)^4} = \frac{3\sqrt{3}}{2}$$

现在，我们回到原题。根据一个关于 $n \geqslant 1$ 的简单归纳可以证得

$$\frac{2}{3}|\sin x| + \sum_{i=1}^{n-1}|\sin 2^i x| + \frac{1}{3}|\sin 2^n x| \leqslant \frac{\sqrt{3}}{2}n$$

将前述不等式除以 3 就可以证明基线条件 $n=1$ 成立，而将基线条件 $n=1$ 的情形相加并将其中的 x 代换为 $2^n x$ 就可以证明归纳步骤。最后，我们只需要将上述不等式加上不等式 $\frac{1}{3}|\sin x| + \frac{2}{3}|\sin 2^n x| \leqslant 1$，那么本题的证明就完成了。

习题 4.15 请证明以下不等式
$$2(a^{2012}+1)(b^{2012}+1)(c^{2012}+1) \geqslant (1+abc)(a^{2011}+1)(b^{2011}+1)(c^{2011}+1)$$
其中 $a>0, b>0, c>0$。

解答 我们从证明以下引理开始。

引理 若 $a>0$ 且 n 为正整数，则 $2(1+a^{n+1})^3 \geqslant (1+a^3)(1+a^n)^3$。

证明 我们通过对 n 的归纳来证明该论断。当 $n=1$ 时，我们需要证明 $2(1+a^2)^3 \geqslant (1+a^3)(1+a)^3$。已知 $2(1+a^2)^3 - (1+a^3)(1+a)^3 = (a-1)^4(a^2+a+1)$，所以
$$2(1+a^2)^3 \geqslant (1+a^3)(1+a)^3$$

现在，假定该论断对于 $n=k$ 成立，其中 k 为正整数。我们来证明该论断对于 $n=k+1$ 同样成立。根据归纳假设，$2(1+a^{k+1})^3 \geqslant (1+a^3)(1+a^k)^3$。另一方面，$(1+a^{k+2})(1+a^k) \geqslant (1+a^{k+1})^2$。于是

$$2(1+a^{k+2})^3 = 2(1+a^{k+1})^3\left(\frac{1+a^{k+2}}{1+a^{k+1}}\right)^3$$

$$\geqslant (1+a^k)^3(1+a^3)\left(\frac{1+a^{k+1}}{1+a^k}\right)^3$$

$$= (1+a^3)(1+a^{k+1})^3$$

因此，$2(1+a^{k+2})^3 \geqslant (1+a^3)(1+a^{k+1})^3$。由此，归纳步骤的证明已经完成，所以引理的证明也就完成了。

我们已知关于正实数 a,b,c，存在 $(1+a^3)(1+b^3)(1+c^3) \geqslant (1+abc)^3$（证明该不等式的一种方法是将两边展开，去掉公共项，然后运用两次 AM-GM 不等式）。将该事实与上述证明的引理相结合，可得

$$\left(2(a^{2012}+1)(b^{2012}+1)(c^{2012}+1)\right)^3$$

$$= 2(a^{2\,012}+1)^3 \cdot 2(b^{2\,012}+1)^3 \cdot 2(c^{2\,012}+1)^3$$

$$\geqslant (1+a^3)(a^{2\,011}+1)^3 \cdot (1+b^3)(b^{2\,011}+1)^3 \cdot (1+c^3)(c^{2\,011}+1)^3$$

$$\geqslant (1+abc)^3(a^{2\,011}+1)^3(b^{2\,011}+1)^3(c^{2\,011}+1)^3$$

化简后得到

$$2(a^{2\,012}+1)(b^{2\,012}+1)(c^{2\,012}+1) \geqslant (1+abc)(a^{2\,011}+1)(b^{2\,011}+1)(c^{2\,011}+1)$$

此即为所求。

习题 4.16 请证明,对于任意 $n \in \mathbb{Z}$,$n \geqslant 14$ 和 $x \in \left(0, \dfrac{\pi}{2n}\right)$,以下不等式成立

$$\frac{\sin 2x}{\sin x} + \frac{\sin 3x}{\sin 2x} + \cdots + \frac{\sin(n+1)x}{\sin nx} < 2\cot x$$

解答 已知 $\dfrac{\sin(k+1)x}{\sin kx} = \cos x + \sin x \cot kx$ 对于 $k = 1, \cdots, n$ 成立,所以只需证明

$$\sin x(\cot x + \cdots + \cot nx) < \cos x\left(\frac{2}{\sin x} - n\right)$$

请注意,$kx \in \left(0, \dfrac{\pi}{2}\right)$,其中 $k = 1, \cdots, n$。

我们现在应用以下事实:若 $0 < \alpha < \dfrac{\pi}{2}$,则 $\sin \alpha < \alpha < \tan \alpha$。因此

$$\sin x(\cot x + \cot 2x + \cdots + \cot nx) < x\left(\frac{1}{x} + \frac{1}{2x} + \cdots + \frac{1}{nx}\right) = \frac{1}{1} + \frac{1}{2} + \cdots + \frac{1}{n}$$

另外,$0 < x < \dfrac{\pi}{2n} < \dfrac{\pi}{12}$,且 $\dfrac{\sqrt{3}}{2} = \cos \dfrac{\pi}{6} = 2\cos^2 \dfrac{\pi}{12} - 1 > 2\left(\dfrac{27}{28}\right)^2 - 1 = \dfrac{337}{392}$,于是,$\cos \dfrac{\pi}{12} > \dfrac{27}{28}$。由此,我们可以得到

$$\cos x\left(\frac{2}{\sin x} - n\right) > \cos \frac{\pi}{12} \cdot \frac{4-\pi}{\pi} \cdot n > \frac{27}{28} \cdot \frac{4-\pi}{\pi} \cdot n > \frac{9}{35}n$$

所以我们只需证明对于 $n = 14, 15, \cdots$ 存在 $1 + \dfrac{1}{2} + \cdots + \dfrac{1}{n} < \dfrac{9}{35}n$。

我们将通过对 $n \geqslant 14$ 的数学归纳来进行证明。对于基线条件 $n = 14$,该论断成立的证明如下

$$1 + \frac{1}{2} + \cdots + \frac{1}{14} < 1 + \frac{1}{2} + \cdots + \frac{1}{6} + \frac{1}{7} \cdot 7 + \frac{1}{14} = 3 + \frac{1}{4} + \frac{1}{5} + \frac{1}{14} < 3.6 = \frac{9}{35} \cdot 14$$

现在,假定该论断对于 $n = k \geqslant 14 (k \in \mathbb{Z})$ 成立,我们来证明其对于 $n = k+1$ 也成立

$$1 + \frac{1}{2} + \cdots + \frac{1}{k} + \frac{1}{k+1} < \frac{9}{35}k + \frac{1}{k+1} \leqslant \frac{9}{35}k + \frac{1}{15} < \frac{9}{35}(k+1)$$

由此,归纳步骤的证明已经完成,于是本题的证明也就完成了。

习题 4.17 令 $A_n = \dfrac{1}{2} + \dfrac{1}{3} + \cdots + \dfrac{1}{n}$,$n \geqslant 2$。请证明,$\mathrm{e}^{A_n} > \sqrt[n]{n!} \geqslant 2^{A_n}$。

解答 我们先来证明不等式 $e^{A_n} > \sqrt[n]{n!}$。根据 AM-GM 不等式,可得

$$\sqrt[n]{n!} < \frac{1+2+\cdots+n}{n} = \frac{n+1}{2}$$

由于 $\left(1+\dfrac{1}{n}\right)^n < e \Leftrightarrow 1+\dfrac{1}{n} < e^{\frac{1}{n}} \Leftrightarrow \dfrac{n+1}{n} < e^{\frac{1}{n}}$ 对于任意正整数 n 都成立,所以

$$\prod_{k=2}^{n} e^{\frac{1}{k}} > \prod_{k=2}^{n} \frac{k+1}{k} \Leftrightarrow e^{A_n} > \frac{n+1}{2} \Rightarrow e^{A_n} > \frac{n+1}{2} > \sqrt[n]{n!}$$

我们现在来证明 $\sqrt[n]{n!} \geq 2^{A_n}$。请注意,$n+1 > 2^{(n+1)A_{n+1} - nA_n}$,$n \geq 2$。实际上,由于

$$(n+1)A_{n+1} - nA_n = (n+1)A_n + 1 - nA_n = 1 + A_n$$

所以

$$n+1 > 2^{(n+1)A_{n+1} - nA_n} \Leftrightarrow n+1 > 2^{1+A_n} \Leftrightarrow 2^{A_n} < \frac{n+1}{2}, \quad n \geq 2 \tag{1}$$

我们将通过对 $n \geq 2$ 的归纳来证明不等式(1)。若 $n=2$,则 $2^{A_2} = \sqrt{2}$,且 $\sqrt{2} < \dfrac{3}{2} \Leftrightarrow 8 < 9$。

对于归纳步骤,请注意 $\dfrac{n+2}{n+1} > 2^{\frac{1}{n+1}}$。具体而言,根据 AM-GM 不等式,可得

$$\sqrt[n+1]{2} = \sqrt[n+1]{2 \cdot 1 \cdot 1 \cdot \cdots \cdot 1} < \frac{2 + n \cdot 1}{n+1} = \frac{n+2}{n+1}$$

所以,$2^{\frac{1}{n+1}} < \dfrac{n+2}{n+1}$,而根据归纳假设可知 $2^{A_n} < \dfrac{n+1}{2}$,所以

$$2^{A_n} \cdot 2^{\frac{1}{n+1}} < \frac{n+1}{2} \cdot \frac{n+2}{n+1} \Rightarrow 2^{A_{n+1}} < \frac{n+2}{2}$$

现在,我们通过对 n 的归纳来证明 $\sqrt[n]{n!} \geq 2^{A_n}$ 对于所有 $n \geq 2$ 成立。当 $n=2$ 时,可得 $2! = 2^{2A_2}$。假定该结论对于 $n \geq 2$ 成立,我们得到 $n! \geq 2^{nA_n}$。根据 $2^{A_n} < \dfrac{n+1}{2}$,可得

$$\begin{aligned}(n+1)! &= (n+1)n! \\ &\geq (n+1)2^{nA_n} \\ &> 2^{(n+1)A_{n+1} - nA_n} \cdot 2^{nA_n} \\ &= 2^{(n+1)A_{n+1}}\end{aligned}$$

于是,$n! \geq 2^{nA_n} \Leftrightarrow \sqrt[n]{n!} \geq 2^{A_n}$ 对于任意 $n \geq 2$ 都成立。

习题 4.18 请证明,若 $x_1, x_2, \cdots, x_n \in (0, 1/2)$,则

$$\frac{x_1 x_2 \cdots x_n}{(x_1 + x_2 + \cdots + x_n)^n} \leq \frac{(1-x_1) \cdots (1-x_n)}{((1-x_1) + \cdots + (1-x_n))^n}$$

解答 我们利用高斯归纳来证明该结论。

我们先通过对 k 的归纳来证明该结论在 $n = 2^k$ 时成立。若 $n=2$,则我们必须证明

$$\frac{x_1 x_2}{(x_1 + x_2)^2} \leq \frac{(1-x_1)(1-x_2)}{(2 - x_1 - x_2)^2}$$

即

$$x_1 x_2 \left[4 - 4(x_1 + x_2) + (x_1 + x_2)^2\right] \leqslant (x_1 + x_2)^2 \left[1 - (x_1 + x_2) + x_1 x_2\right]$$

也就是 $(x_1 - x_2)^2(1 - x_1 - x_2) \geqslant 0$，这显然为真。

从 n 转变到 $2n$，我们会看到

$$\frac{x_1 x_2 \cdots x_n x_{n+1} \cdots x_{2n}}{(x_1 + \cdots + x_n + x_{n+1} + \cdots + x_{2n})^{2n}}$$

$$= \frac{x_1 x_2 \cdots x_n}{(x_1 + x_2 + \cdots + x_n)^n} \cdot \frac{x_{n+1} \cdots x_{2n}}{(x_{n+1} + \cdots + x_{2n})^n} \cdot \frac{(x_1 + \cdots + x_n)^n (x_{n+1} + \cdots + x_{2n})^n}{(x_1 + \cdots + x_n + x_{n+1} + \cdots + x_{2n})^{2n}}$$

$$= \frac{x_1 x_2 \cdots x_n}{(x_1 + x_2 + \cdots + x_n)^n} \cdot \frac{x_{n+1} \cdots x_{2n}}{(x_{n+1} + \cdots + x_{2n})^n} \cdot \left[\frac{\dfrac{x_1 + \cdots + x_n}{n} \cdot \dfrac{x_{n+1} + \cdots + x_{2n}}{n}}{\left(\dfrac{x_1 + \cdots + x_n}{n} + \dfrac{x_{n+1} + \cdots + x_{2n}}{n}\right)^2}\right]^n$$

$$\leqslant \frac{(1 - x_1) \cdots (1 - x_n)}{\left[(1 - x_1) + \cdots + (1 - x_n)\right]^n} \cdot \frac{(1 - x_{n+1}) \cdots (1 - x_{2n})}{\left[(1 - x_{n+1}) + \cdots + (1 - x_{2n})\right]^n} \cdot \left[\frac{\left(1 - \dfrac{x_1 + \cdots + x_n}{n}\right)\left(1 - \dfrac{x_{n+1} + \cdots + x_{2n}}{n}\right)}{\left[\left(1 - \dfrac{x_1 + \cdots + x_n}{n}\right) + \left(1 - \dfrac{x_{n+1} + \cdots + x_{2n}}{2n}\right)\right]^2}\right]^n$$

$$= \frac{(1 - x_1) \cdots (1 - x_{2n})}{\left[(1 - x_1) + \cdots + (1 - x_{2n})\right]^{2n}}$$

现在，假定我们的设想对于 n 成立，我们来证明其对于 $n-1$ 也成立。取 $x_n = \dfrac{x_1 + \cdots + x_{n-1}}{n-1}$，于是

$$\frac{x_1 x_2 \cdots x_{n-1} \dfrac{x_1 + \cdots + x_{n-1}}{n-1}}{\left(x_1 + x_2 + \cdots + x_{n-1} + \dfrac{x_1 + \cdots + x_{n-1}}{n-1}\right)^n} \leqslant \frac{(1 - x_1)(1 - x_2) \cdots (1 - x_{n-1})\left(1 - \dfrac{x_1 + \cdots + x_{n-1}}{n-1}\right)}{\left[(1 - x_1) + \cdots + (1 - x_{n-1}) + \left(1 - \dfrac{x_1 + \cdots + x_{n-1}}{n-1}\right)\right]^n}$$

约去分子、分母中的公共项之后上式就会变成我们所要求的不等式了。

习题 4.19（ELMO 2013 候选）　令 n 为某个特定的正整数。在一开始，有 n 个 1 写在一块黑板上。戴维每分钟从黑板上选两个数 x 和 y 删掉，然后将 $(x+y)^4$ 写在黑板上。请证明，在 $n-1$ 分钟后，写在黑板上的数字至少是 $2^{\frac{4n^2-4}{3}}$。

解答　我们将通过对 n 的归纳来证明该结论。

当 $n=1$ 时，该论断显然为真。现在，假定该结论对于所有 $n \leqslant N(N \geqslant 1)$ 成立。并且，设想一块黑板上写有 $N+1$ 个 1，而过了 $N-1$ 分钟后剩下两个数字 a_1 和 a_2。设 S_1 为用于计算 a_1 的 1（来自原先由 $N+1$ 个 1 构成的集合）的集合，S_2 为用于计算 a_2 的 1 的集合。

取 $s_1 = |S_1|$，$s_2 = |S_2|$。请注意，$s_1, s_2 > 0$，且 $s_1 + s_2 = N+1$。根据归纳假设，$a_1 \geqslant 2^{\frac{4s_1^2-4}{3}}$，$a_2 \geqslant$

$2^{\frac{4s_2^2-4}{3}}$。而根据函数 $f(x)=2^x$ 的凸性可知

$$(a_1+a_2)^4=(2^{\frac{4s_1^2-4}{3}}+2^{\frac{4s_2^2-4}{3}})^4$$

$$\geqslant(2^{\frac{4s_1^2+4s_2^2-8}{6}+1})^4$$

$$\geqslant(2^{\frac{(s_1+s_2)^2-1}{3}})^4$$

$$=2^{\frac{4(N+1)^2-4}{3}}$$

此即为所求。

10.5　数列与递归关系

习题 5.1　数列 $(a_n)_{n\geqslant 1}$ 的定义如下：$a_1=2$ 且 $a_{n+2}=\dfrac{2+a_n}{1-2a_n}$，$n\geqslant 1$。请证明，该数列各项皆非零。

解答　(a_n) 的递归关系类似于正切和公式。具体而言，若 $2=\tan t$，$a_n=\tan b_n$，则

$$a_{n+1}=\frac{\tan b_n+\tan t}{1-\tan b_n\tan t}=\tan(b_n+t)$$

于是，我们可以假定 $b_{n+1}=b_n+t$，由此通过对 n 的归纳可以得到关系式 $a_n=\tan nt$。所以，我们可以将本题简化为证明 $\tan nt$ 永远非零。

我们通过对 n 的归纳来证明：存在多项式 $p_n,q_n\in\mathbb{Z}[X]$ 使得

$$\tan nt=\frac{p_n(\tan t)}{q_n(\tan t)}$$

当 $n=1$ 时，我们取 $p_1=t,q_1=1$，于是

$$\tan(n+1)t=\tan(nt+t)=\frac{t+\dfrac{p_n(t)}{q_n(t)}}{1-t\dfrac{p_n(t)}{q_n(t)}}=\frac{tq_n(t)+p_n(t)}{q_n(t)-tp_n(t)}$$

所以，我们可以取 $p_{n+1}(t)=tq_n(t)+p_n(t)$，$q_{n+1}(t)=q_n(t)-tp_n(t)$。而且，利用相同的递归关系和简单的归纳可以证明 $p_n(2)\equiv 2^n\pmod 5$ 和 $q_n(2)\equiv 2^{n-1}\pmod 5$。具体而言，$p_n(2)$ 非零，因此 $a_n\neq 0$。证毕。

习题 5.2　令 $(a_n)_{n\geqslant 0}$ 和 $(b_n)_{n\geqslant 0}$ 是通过下列方式定义的数列：$a_{n+3}=a_{n+2}+2a_{n+1}+a_n$，$n=0,1,\cdots,a_0=1,a_1=2,a_2=3$ 和 $b_{n+3}=b_{n+2}+2b_{n+1}+b_n$，$n=0,1,\cdots,b_0=3,b_1=2,b_2=1$。请问，这两个数列有多少个公共整数项？

解答　显然，$a_3=b_3=8$，而 $a_4=16,a_5=35,a_6=75$；$b_4=12,b_5=29,b_6=61$。请注意，对

于 $n=4,5,6,a_n>b_n>a_{n-1}$。通过简单的归纳可以证明对于任意 $n \geq 3$ 都有

$$a_{n+3} = a_{n+2}+2a_{n+1}+a_n$$
$$>b_{n+3} = b_{n+2}+2b_{n+1}+b_n$$
$$>a_{n+1}+2a_n+a_{n-1} = a_{n+2}$$

因此，由于上述不等式表明题中两个序列都严格递增，所以对于 $n \geq 4$ 而言 b_n 不会出现在 (a_n) 中，并且同时出现在两个序列中的数值只有 $\{1,2,3,8\}$，而使得 $a_n=b_n$ 的 n 值只有 $n=1(a_1=b_1=2)$ 和 $n=3(a_3=b_3=8)$。

习题 5.3（印度 1996） 数列 $(a_n)_{n \geq 1}$ 的定义如下：$a_1=1,a_2=2$，且 $a_{n+2}=2a_{n+1}-a_n+2$ 对于 $n \geq 1$ 成立。请证明，对于任意 $m \geq 1,a_m a_{m+1}$ 也是该数列中的一项。

解答 我们先通过对 $n \geq 1$ 的归纳来证明 $a_n=(n-1)^2+1$。

基线条件 $n=1$ 与 $n=2$ 通过题设条件就可以得到满足。对于归纳步骤，我们假定该结论对于所有由 $n \geq 2$ 确定的值都成立，我们需要证明其对于 $n+1$ 也成立。我们已知

$$a_{n+1} = 2a_n-a_{n-1}+2$$
$$= 2(n-1)^2+2-(n-2)^2-1+2$$
$$= (n-1)^2+2(n-1)+2$$
$$= n^2+1$$

符合要求。

因此

$$a_m a_{m+1} = \left[(m-1)^2+1\right](m^2+1)$$
$$= \left[m(m-1)\right]^2+2m^2-2m+2$$
$$= \left[m(m-1)+1\right]^2+1$$
$$= a_{m(m-1)}+2$$

习题 5.4（俄罗斯 2000） 令 $a_1,a_2,\cdots,a_n$ 是一个元素并非全为零的非负实数列。对于 $1 \leq k \leq n$，令 $m_k = \max\limits_{1 \leq i \leq k} \dfrac{a_{k-i+1}+a_{k-i+2}+\cdots+a_k}{i}$。请证明，对于任意 $\alpha>0$，满足 $m_k>\alpha$ 的整数 k 的个数小于 $\dfrac{a_1+a_2+\cdots+a_n}{\alpha}$。

解答 我们将通过对 n 的归纳来证明该论断。当 $n=1$ 时，我们得到 $m_1=a_1$。若 $\alpha>a_1$，则不存在 k 值使得 $m_k>\alpha$，所以结论自然成立。若 $\alpha<a_1$，则恰好只存在一个这样的 k 值，并且 $1<a_1/\alpha$。由此，基线条件就得到了证实。

现在，假定该结论对于所有小于 $n(n>1)$ 的整数都成立。以 r 表示可以使 $m_k>\alpha$ 的所有整数 k 的个数。

如果 $m_n \leq \alpha$，那么序列 $a_1,a_2,\cdots,a_{n-1}$ 也包含 r 个可以使 $m_k>\alpha$ 的 k 值。根据归纳假设，$r<\dfrac{a_1+a_2+\cdots+a_{n-1}}{\alpha} \leq \dfrac{a_1+a_2+\cdots+a_n}{\alpha}$，此即为所求。

如果 $m_n > \alpha$，那么存在某个 $1 \leq i \leq n$ 使得 $\dfrac{a_{n-i+1} + a_{n-i+2} + \cdots + a_n}{i} > \alpha$。我们来求这样的 i 值。数列 $a_1, a_2, \cdots, a_{n-i}$ 包含至少 $r-i$ 个可以使 $m_k > \alpha$ 的 k 值，所以根据归纳假设，我们得到 $r-i < \dfrac{a_1 + a_2 + \cdots + a_{n-i}}{\alpha}$。

于是，$(a_1 + a_2 + \cdots + a_{n-i}) + (a_{n-i+1} + \cdots + a_n) > (r-i)\alpha + i\alpha = r\alpha$，现在将上式除以 α 即可得到所求不等式。证毕。

习题 5.5（USAMO 2003） 令 $n \neq 0$。对于每一个满足 $0 \leq a_i \leq i (i = 0, \cdots, n)$ 的整数列 $A, A = a_0, a_1, a_2, \cdots, a_n$，可以通过取 $t(a_i)$ 为数列 A 中位于 a_i 之前且不同于 a_i 的项数来定义另一个数列 $t(A), t(A) = t(a_0), t(a_1), t(a_2), \cdots, t(a_n)$。请证明，从上面的任意数列 A 开始，通过少于 n 次的 t 转换可以得到一个满足 $t(B) = B$ 的数列 B。

解答 我们将某个序列 $C = c_0, c_1, \cdots, c_n$ 看作是有限次应用 t 之后所形成的 A 的图形。

引理 1 若 $t(c_k) = c_k = j$，则 $c_j = \cdots = c_{j+i} = \cdots = c_k = j (0 \leq i \leq k-j)$。

证明 由于 $c_0, \cdots, c_{j-1}$ 这 j 项都小于 j，所以 c_k 之前不存在不同于 c_k 的项。

引理 2 若 $t(c_k) = c_k = j$，则 $t^2(c_k) = t(c_k)$（这里 $f^2(x) = f(f(x))$）。

证明 由于 c_i 之前只有 i 项，所以对于任意整数 m 都存在 $t^m(c_i) \leq i$。这意味着，我们总是可以得到 $t^m(c_0), \cdots, t^m(c_{j-1}) < j$，也就意味着 $c_j = t(c_j) = \cdots = c_k = t(c_k)$。通过迭代，自然就会得到上述引理。

于是，如果 $t(c_k) = c_k$，那么我们就可以认为 c_k 这一项是稳定的。如果各项都稳定，那么我们就称该序列稳定。

引理 3 若 $c_k = j$ 不稳定，则 $t(c_k) > c_k$。

证明 我们已知 $c_0, \cdots, c_{j-1} < j$，所以总是可以得到 $t(c_k) \geq c_k$，其中等号表明 c_k 稳定。

现在，我们将通过对 $n \geq 1$ 的归纳来进行本题的证明。当 $n = 1$ 时，我们可以得到序列 $0, 0$ 或者 $0, 1$，此二者皆稳定。

假定 $t^{n-2}(a_0), \cdots, t^{n-2}(a_{n-1})$ 稳定。则我们必定得到 $t^{n-2}(a_n) \in \{n-2, n-1, n\}$。若 $t^{n-2}(a_n) = n$，则序列已然稳定。若 $t^{n-2}(a_n) = n-1$，则要么该序列已然稳定，要么 $t^{n-1}(a_n) = n$ 也是稳定的。若 $t^{n-2}(a_n) = t^{n-2}(a_{n-1})$，则 $t^{n-2}(a_n)$ 也必定是稳定的。

剩下的可能性有 $t^{n-2}(a_n) = n-2, t^{n-2}(a_{n-1}) = n-1$ 和 $t^{n-2}(a_n) = n-2, t^{n-2}(a_{n-1}) < n-2$。在第一种情况下，我们必定得到 $t^{n-1}(a_n)$ 等于 $n-1$ 或者 n，这两个值都使该序列稳定。在第二种情况下，我们必定得到 $t^{n-2}(a_{n-2}) = t^{n-2}(a_{n-1}) < n-2$，求得 $t^{n-1}(a_n) = n$，这使得该序列稳定。这样，我们的归纳证明就完成了。

习题 5.6（俄罗斯 2000） 令 $a_1, a_2, \cdots$ 是一个满足以下递归公式的数列：$a_1 = 1$；若 $a_n - 2 \notin \{a_1, a_2, \cdots, a_n\}$ 且 $a_n - 2 > 0$，则 $a_{n+1} = a_n - 2$；否则，$a_{n+1} = a_n + 3$。请证明，对于每一个正整数 $k(k > 1)$ 和某个 n，我们可以得到 $a_n = k^2 = a_{n-1} + 3$。

解答　我们利用归纳法来证明:对于非负整数 n,$a_{5n+1}=5n+1$,$a_{5n+2}=5n+4$,$a_{5n+3}=5n+2$,$a_{5n+4}=5n+5$,$a_{5n+5}=5n+3$。

通过递归关系,基线条件 $n=0$ 很容易得到证实。现在,假定上述论断对于所有小于 $n(n\geq1)$ 的整数都成立。根据归纳假设,我们可以发现,$(a_1,a_2,\cdots,a_{5n})$ 是 $1,2,\cdots,5n$ 的一个排列组合。由此可知,$a_{5n}-2=5n-4$ 包含于该集合中,所以 $a_{5n+1}=a_{5n}+3=5n+1$。类似地,$a_{5n+2}=a_{5n+1}+3=5n+4$。另一方面,由于 $a_{5n+2}-2=5n+2$ 不在 $\{a_1,a_2,\cdots,a_{5n+2}\}$ 中,所以 $a_{5n+3}=5n+2$。继续应用这一模式,我们会发现 $a_{5n+4}=a_{5n+3}+3=5n+5$ 且 $a_{5n+5}=a_{5n+4}-2=5n+3$。归纳证明完毕。

每一个大于 1 的正整数都恰好出现在序列 $a_2,a_3,\cdots$ 中一次。同样地,所有平方数都分别恒等于 $0,1$ 或 $4(\bmod 5)$。根据上述证明过程可知,对于任意 $n(n>1)$,我们在这些余数组中都可以得到 $a_n=a_{n-1}+3$。证毕。

习题 5.7　令 $(x_n)_{n\geq1}$ 通过如下关系式定义:$x_1=1$,且 $x_{n+1}=\dfrac{x_n}{n}+\dfrac{n}{x_n}$,$n\geq1$。请证明,$\lfloor x_n^2\rfloor=n$ 对于所有 $n\geq4$ 都成立。

解答　令 $f_n(x)=\dfrac{x}{n}+\dfrac{n}{x}$。请注意 f 在 $[0,n]$ 上递减。我们需要证明 $\sqrt{n}<x_n<\sqrt{n+1}$ 对于 $n\geq4$ 成立。然而,根据归纳是不可能证明该论断的,因为 $\sqrt{n}<\sqrt{x_n}<\sqrt{n+1}$。这表明 $f_n(\sqrt{n+1})<\sqrt{n}<f_n(\sqrt{n})$,即 $\dfrac{n}{\sqrt{n+1}}+\dfrac{\sqrt{n+1}}{n}<x_{n+1}<\sqrt{n}+\dfrac{1}{\sqrt{n}}$,而 $\sqrt{n+1}<\dfrac{n}{\sqrt{n+1}}<\dfrac{\sqrt{n+1}}{n}$,这样,我们实际上就得到了 $\sqrt{n}+\dfrac{1}{\sqrt{n}}>\sqrt{n+2}$(只要平方就可以看出这一关系式)。

所以我们必须强化关系式 $x_n>\sqrt{n}$,从而进行归纳步骤的证明。那么如何强化呢?我们发现在该区间的另一端有更好的 x_{n+1} 的下限,即 $\dfrac{\sqrt{n+1}}{n}+\dfrac{n}{\sqrt{n+1}}$,而不是 $\sqrt{n+1}$。如果我们用 n 来代替 $n+1$,就会得到

$$x_n>\frac{\sqrt{n}}{n-1}+\frac{n-1}{\sqrt{n}}=\frac{n}{\sqrt{n}}-\frac{1}{\sqrt{n}}+\frac{\sqrt{n}}{n-1}=\sqrt{n}+\frac{1}{(n-1)\sqrt{n}}$$

因此,我们可以尝试通过归纳法来证明 $\sqrt{n}+\dfrac{1}{(n-1)\sqrt{n}}\leq x_n<\sqrt{n+1}$。由于 $f_n(\sqrt{n+1})=\sqrt{n+1}+\dfrac{1}{n\sqrt{n+1}}$,所以该归纳的一部分已经得到了证明。因此,我们只需要证明另一部分,也就是 $f_n\left(\sqrt{n}+\dfrac{1}{(n-1)\sqrt{n}}\right)<\sqrt{n+2}$,上式还可以表示为

$$\frac{1}{\sqrt{n}}+\sqrt{n}+\frac{1}{n(n-1)\sqrt{n}}-\frac{\sqrt{n}}{n^2-n+1}<\sqrt{n+2}$$

即

$$\left(\sqrt{n}+\frac{1}{\sqrt{n}}-\sqrt{n+2}\right)+\frac{1}{n(n-1)\sqrt{n}}<\frac{\sqrt{n}}{n^2-n+1}$$

要计算平方根之差，我们必须利用等式 $a-b=\dfrac{a^2-b^2}{a+b}$。于是，我们得到

$$\sqrt{n}+\frac{1}{\sqrt{n}}-\sqrt{n+2}=\frac{\left(\sqrt{n}+\dfrac{1}{\sqrt{n}}\right)^2-n-2}{\sqrt{n+2}+\sqrt{n}+\dfrac{1}{\sqrt{n}}}<\frac{1}{2n\sqrt{n}}$$

我们还可以得到 $\dfrac{1}{n(n-1)\sqrt{n}}\leqslant\dfrac{1}{2n\sqrt{n}}$ 对于 $n\geqslant3$ 成立。所以

$$\left(\sqrt{n}+\frac{1}{\sqrt{n}}-\sqrt{n+1}\right)+\frac{1}{n(n-1)\sqrt{n}}<\frac{1}{n\sqrt{n}}<\frac{\sqrt{n}}{n^2-n+1}$$

归纳步骤得证。

我们现在就剩基线条件需要考察了。已知 $x_1=1,x_2=2,x_3=2,x_4=2+\dfrac{1}{6}$，所以 $x_4-\sqrt{4}=\dfrac{1}{6}=\dfrac{1}{(4-1)\sqrt{4}}$，也就是 $x_4=2+\dfrac{1}{6}<\sqrt{5}$。证毕。

习题 5.8（俄罗斯 2000） 对于任意奇整数 $a_0>5$，我们来考察数列 $a_0,a_1,a_2,\cdots$：对于所有 $n\geqslant0$，若 a_n 为奇数，则 $a_{n+1}=a_n^2-5$；若 a_n 为偶数，则 $a_{n+1}=\dfrac{a_n}{2}$。请证明，该数列无界。

解答 我们将通过对 n 的归纳来证明：对于所有的 $n\geqslant1$，a_{3n} 为奇数且 $a_{3n}>a_{3n-3}>\cdots>a_0>5$。

根据题设可知基线条件 $n=0$ 为真。现在，假定该结论对于所有小于 $n(n\geqslant1)$ 的整数都成立。由于 a_{3n} 为奇数，所以 $a_{3n}\equiv1(\bmod 8)$，且 $a_{3n+1}=a_{3n}^2-5\equiv4(\bmod 8)$。于是，$a_{3n+1}$ 可以被 4 整除而不能被 8 整除，这表明 $a_{3(n+1)}=\dfrac{a_{3n+1}}{4}$ 实际上是奇数。根据归纳假设可知 $a_{3n}>5$，这表明 $a_{3n}^2>5a_{3n}>4a_{3n}+5$。这证实了 $a_{3(n+1)}=\dfrac{1}{4}(a_{3n}^2-5)>a_{3n}$，归纳证明完毕。由此知该序列是无界的。

习题 5.9（中国 1997） 令 $(a_n)_{n\geqslant1}$ 是一个满足 $a_{n+m}\leqslant a_n+a_m$ 对于正整数 m 和 n 都成立的非负实数列。请证明，若 $n\geqslant m$，则 $a_n\leqslant ma_1+\left(\dfrac{n}{m}-1\right)a_m$。

解答 请注意，一个关于 k 的简单归纳表明：若取 $a_0=0$，则对于任意非负整数 r 和 k 都存在 $a_{km+r}\leqslant a_r+ka_m$。基线条件 $k=0$ 显然成立，至于归纳步骤也只是证明

$$a_{(k+1)m+r}\leqslant a_m+a_{km+r}\leqslant a_m+(a_r+ka_m)=a_r+(k+1)a_m$$

具体而言,取 $m=1$ 和 $r=0$,我们得到 $a_k \leqslant ka_1$。

要证明这一结论,我们可以取 $n=km+r$,其中 $k \geqslant 1$ 且 $0 \leqslant r \leqslant m-1$。请注意,根据 $r<m$ 可知 $k>n/m-1$。于是

$$a_n = a_{km+r} \leqslant ka_m + a_r \leqslant \left(\frac{n}{m}-1\right)a_m + \left(k+1-\frac{n}{m}\right)a_m + a_r$$

$$\leqslant \left(\frac{n}{m}-1\right)a_m + (mk+m-n)a_1 + ra_1$$

$$= ma_1 + \left(\frac{n}{m}-1\right)a_m$$

习题 5.10 令 $n \geqslant 2$ 为整数。请证明,存在 $n+1$ 个数 $x_1, x_2, \cdots, x_{n+1} \in \mathbb{Q} \setminus \mathbb{Z}$,使得 $\{x_1^3\} + \{x_2^3\} + \cdots + \{x_n^3\} = \{x_{n+1}^3\}$,其中 $\{x\}$ 是 x 的分数部分。

解答 请注意,若 $y_1 < y_2 < \cdots < y_{n+2}$ 为正整数,使得

$$y_1^3 + y_2^3 + \cdots + y_{n+1}^3 = y_{n+2}^3 \tag{1}$$

则 $x_k = \dfrac{y_k}{y_{n+2}}(1 \leqslant k \leqslant n)$ 和 $x_{n+1} = \dfrac{y_{n+1}}{y_{n+2}}$ 满足条件。

我们现在利用归纳法来证明对于每一个 $n \geqslant 2$ 都存在满足式(1)的数。等式 $3^3 + 4^3 + 5^3 = 6^3$ 和 $3^3 + 15^3 + 21^3 + 36^3 = 39^3$ 可以分别解决 $n=2$ 和 $n=3$ 的情况。对于归纳步骤,只需注意到:若 $3 < y_2 < \cdots < y_{n+1} < y_{n+2}$ 是满足式(1)的 $n+2$ 个整数,则 $3 < 4 < 5 < 2y_2 < \cdots < 2y_{n+1} < 2y_{n+2}$ 就是满足式(1)的 $n+4$ 个整数。

习题 5.11 令 $(a_n)_{n \geqslant 1}$ 是一个实数列,使得 $a_1 = a_2 = 1$,且 $a_{n+2} = a_{n+1} + \dfrac{a_n}{3^n}$ 对于 $n \geqslant 1$ 成立。请证明,对于任意 $n \geqslant 1$ 都存在 $a_n \leqslant 2$。

解答 我们将通过对 n 的归纳来证明更强的结论,即 $a_n \leqslant 2 - \dfrac{1}{3^{n-2}}$ 对于 $n \geqslant 2$ 成立。具体而言,这就表明 $a_n \leqslant 2$ 即为所求,这一简化的不等式对于 $n=1$ 也成立。根据题设可知,基线条件 $n=2$ 成立。对于归纳步骤,假设不等式对于小于或等于 $n-1$ 的值都成立,那么我们可以得到

$$a_n = a_{n-1} + \frac{a_{n-2}}{3^{n-2}} \leqslant 2 - \frac{1}{3^{n-3}} + \frac{2}{3^{n-2}} = 2 - \frac{1}{3^{n-2}}$$

请注意,由于我们仅利用了在 a_{n-2} 上的弱限,所以该论断在归纳步骤中甚至对于 $n=3$ 也成立。

习题 5.12(IMO 1995) 正实数数列 $x_0, x_1, \cdots, x_{1\,995}$ 满足 $x_0 = x_{1\,995}$ 和 $x_{i-1} + \dfrac{2}{x_{i-1}} = 2x_i + \dfrac{1}{x_i}(i=1,2,\cdots,1\,995)$。请求出 x_0 可以取得的最大值。

解答 给定条件等价于 $(2x_i - x_{i-1})(x_i x_{i-1} - 1) = 0$,所以 $x_i = \dfrac{1}{2}x_{i-1}$ 或者 $x_i = \dfrac{1}{x_{i-1}}$。

我们将通过对 n 的归纳来证明：对于任意 $n \geqslant 0$，$x_n = 2^{k_n} x_0^{e_n}$ 对于某整数 k_n 成立，其中 $|k_n| \leqslant n$ 且 $e_n = (-1)^{n-k_n}$。具体而言，该论断对于 $n = 0$ 为真。若其对于 n 成立，则 $x_{n+1} = \dfrac{1}{2} x_n = 2^{k_n-1} x_0^{e_n}$（此时，$k_{n+1} = k_n - 1$ 且 $e_{n+1} = e_n$）或者 $x_{n+1} = \dfrac{1}{x_n} = 2^{-k_n} x_0^{-e_n}$（此时，$k_{n+1} = -k_n$ 且 $e_{n+1} = -e_n$）。

于是，$x_0 = x_{1\,995} = 2^{k_{1\,995}} x_0^{e_{1\,995}}$。请注意，$e_{1\,995} = 1$ 是不可能的，因为这样就会得到 $x_0^2 = 2^{k_{1\,995}} \leqslant 2^{1\,994}$，所以 x_0 可以取得的最大值为 2^{997}，该值在 $x_i = 2^{997-i}$（$i = 0, \cdots, 1\,994$，且 $x_{1\,995} = x_{1\,994}^{-1} = 2^{997}$）的情况下取得。

习题 5.13（INMO 2010） 如下定义数列 $(a_n)_{n \geqslant 0}$：$a_0 = 0, a_1 = 1, a_n = 2a_{n-1} + a_{n-2}$（$n \geqslant 2$）。

（1）对于每一个 $m > 0$ 和 $0 \leqslant j \leqslant m$，请证明 $2a_m$ 可以整除 $a_{m+j} + (-1)^j a_{m-j}$。

（2）假定 2^k 整除 n，其中 n 和 k 为自然数，请证明 2^k 可以整除 a_n。

解答 （1）已知 $2a_m = a_{m+1} - a_{m-1}$。我们将通过对 $j \geqslant 1$ 的归纳来证明 $2a_m \mid (a_{m+j} + (-1)^j a_{m-j})$。假定该结论对于所有 $j \leqslant k$ 都为真，那么我们就得到

$$2a_m \mid (2a_{m+k} + 2(-1)^k a_{m-k})$$

但是

$$2a_{m+k} + 2(-1)^k a_{m-k} = a_{m+k+1} - a_{m+k-1} + (-1)^k a_{m-k+1} + (-1)^{k+1} a_{m-k-1}$$

所以

$$2a_m \mid (a_{m+k+1} + (-1)^{k+1} a_{m-k-1} - (a_{m+k-1} + (-1)^{k-1} a_{m-k+1}))$$

于是

$$2a_m \mid (a_{m+k+1} + (-1)^{k+1} a_{m-k-1})$$

（2）对于确定的 m 值，我们通过对 $n \geqslant 0$ 的归纳来证明 $a_{m+n} = a_{m-1} a_n + a_m a_{n+1}$。

当 $n = 0$ 时，由于 $a_0 = 0, a_1 = 1$，所以等式成立。同样地，由于 $a_2 = 2a_1 = 2$，所以我们得到 $a_{m+1} = a_{m-1} + 2a_m$，根据题设可知该等式为真。

现在，假定该等式对于所有小于或等于 n（$n \geqslant 1$）的值都成立，那么根据关于 n 和 $n-1$ 的归纳假设，可得

$$\begin{aligned} a_{m+n+1} &= 2a_{m+n} + a_{m+n-1} \\ &= 2a_{m-1} a_n + 2a_m a_{n+1} + a_{m-1} a_{n-1} + a_m a_n \\ &= a_{m-1}(2a_n + a_{n-1}) + a_m(2a_{n+1} + a_n) \\ &= a_{m-1} a_{n+1} + a_m a_{n+2} \end{aligned}$$

由此知该论断对于 $n+1$ 的情况也成立。由于 m 为任意值，所以该等式对于任意 $m, n \geqslant 0$ 都成立。具体而言，这表明：若 $m \mid n$ 则 $a_m \mid a_n$。所以，如果我们证明了 $2^k \mid a_{2^k}$，那么该题也就得证了，因为 $a_{2^k} \mid a_n$。根据 $a_{m+n} = a_{m-1} a_n + a_m a_{n+1}$，当 $m = n$ 时，我们得到 $a_{2m} = a_m(a_{m-1} + a_{m+1}) = 2a_m(a_{m-1} + a_m)$。于是，$2a_m \mid a_{2m}$。而且，由于 $a_2 = 2$，所以通过简单的归纳就可以得到 $2^k \mid a_{2^k}$，此即为所求。

习题 5.14（IMO 2013 候选） 令 n 为正整数，$a_1, \cdots, a_{n-1}$ 为任意实数。归纳性地定义

数列 $u_0, u_1, \cdots, u_n$ 和 $v_0, v_1, \cdots, v_n$ 为：$u_0 = u_1 = v_0 = v_1 = 1$ 且 $u_{k+1} = u_k + a_k u_{k-1}$，$v_{k+1} = v_k + a_{n-k} v_{k-1}$（$k = 1, 2, \cdots, n-1$）。请证明，$u_n = v_n$。

解答 我们通过对 k 的归纳来证明

$$u_k = \sum_{\substack{0 < i_1 < \cdots < i_t < k \\ i_{j+1} - i_j \geq 2}} a_{i_1} \cdots a_{i_t} \tag{1}$$

请注意，我们显然可知其中一个加数等于 1（这对应于 $t = 0$ 和空序列，其乘积为 1）。对于 $k = 0, 1$，右侧的和仅包含空积，所以，根据 $u_0 = u_1 = 1$ 可知式（1）成立。对于 $k \geq 1$，假定该结论对于 $0, 1, \cdots, k$ 为真，如题所述，我们可以得到

$$u_{k+1} = \sum_{\substack{0 < i_1 < \cdots < i_t < k \\ i_{j+1} - i_j \geq 2}} a_{i_1} \cdots a_{i_t} + \sum_{\substack{0 < i_1 < \cdots < i_t < k-1 \\ i_{j+1} - i_j \geq 2}} a_{i_1} \cdots a_{i_t} a_k$$

$$= \sum_{\substack{0 < i_1 < \cdots < i_t < k+1 \\ i_{j+1} - i_j \geq 2 \\ k \notin |i_1, \cdots, i_t|}} a_{i_1} \cdots a_{i_t} + \sum_{\substack{0 < i_1 < \cdots < i_t < k+1 \\ i_{j+1} - i_j \geq 2 \\ k \in |i_1, \cdots, i_t|}} a_{i_1} \cdots a_{i_t}$$

$$= \sum_{\substack{0 < i_1 < \cdots < i_t < k+1 \\ i_{j+1} - i_j \geq 2}} a_{i_1} \cdots a_{i_t}$$

将式（1）应用于由 $b_k = a_{n-k}$（$1 \leq k \leq n$）所得到的序列 $b_1, \cdots, b_n$，我们得到

$$v_k = \sum_{\substack{i_1 < \cdots < i_t < k \\ i_{j+1} - i_j \geq 2}} b_{i_1} \cdots b_{i_t} = \sum_{\substack{n > i_1 > \cdots > i_t > n-k \\ i_j - i_{j+1} \geq 2}} a_{i_1} \cdots a_{i_t} \tag{2}$$

当 $k = n$ 时，表达式（1）和（2）重合，所以实际上 $u_n = v_n$。

习题 5.15（IMO 2006 候选） 一个实数列 $a_0, a_1, a_2, \cdots$ 可以被定义为以下递归关系：$a_0 = -1$，$\sum_{k=0}^{n} \dfrac{a_{n-k}}{k+1} = 0$（$n \geq 1$）。请证明，对于 $n \geq 1, a_n > 0$。

解答 我们将通过对 $n \geq 1$ 的归纳来证明该论断。

对于基线条件，我们只需注意到 $a_1 = 1/2$ 即可。现在，假定 $a_1, \cdots, a_{n-1}$ 对于 $n \geq 2$ 皆为正数。我们注意到当且仅当 $\sum_{k=1}^{n} \dfrac{a_{n-k}}{k+1}$ 非负时 a_n 为正数。现在，由于 $a_1, \cdots, a_{n-1}$ 皆为正数，所以

$$-\frac{a_0}{n+1} = \frac{n}{n+1}\left(-\frac{a_0}{n}\right) = \frac{n}{n+1} \sum_{k=0}^{n-2} \frac{a_{n-1-k}}{k+1} > \sum_{k=0}^{n-2} \frac{k+1}{k+2} \cdot \frac{a_{n-1-k}}{k+1} = \sum_{k=0}^{n-2} \frac{a_{n-1-k}}{k+2}$$

这表明

$$\sum_{k=1}^{n} \frac{a_{n-k}}{k+1} = \frac{a_0}{n+1} + \sum_{k=1}^{n-1} \frac{a_{n-k}}{k+1} = \frac{a_0}{n+1} + \sum_{k=0}^{n-2} \frac{a_{n-1-k}}{k+2} < \frac{a_0}{n+1} - \frac{a_0}{n+1} = 0$$

此即为所求。

习题 5.16 如下定义数列 $(a_n)_{n \geq 0}$：$a_0 = a_1 = 47$ 且 $2a_{n+1} = a_n a_{n-1} + \sqrt{(a_n^2 - 4)(a_{n-1}^2 - 4)}$。请证明，$a_n + 2$ 对于任意 $n \geq 0$ 都是一个完全平方数。

解答 我们将通过对 n 的归纳来证明该命题。当 $n=0$，$n=1$ 和 $n=2$ 时，我们已知 $a_0+2=a_1+2=49$，$a_2+2=47^2$，所以该结论在这些情况下成立。

现在，假定该结论对于 $n-1$ 和 $n(n\geq1)$ 都成立，于是由

$$2a_{n+1}=a_na_{n-1}+\sqrt{(a_n^2-4)(a_{n-1}^2-4)}$$

得到

$$4a_{n+1}^2-4a_{n+1}a_na_{n-1}+a_n^2a_{n-1}^2=a_n^2a_{n-1}^2-4a_n^2-4a_{n-1}^2+16$$

进一步简化后，得到

$$a_{n+1}^2+a_n^2+a_{n-1}^2=a_{n+1}a_na_{n-1}+4 \tag{1}$$

通过在等式右侧展开平方，我们得到

$$(a_{n+1}+a_n+a_{n-1})^2=2a_{n-1}a_n+2a_{n-1}a_{n+1}+2a_na_{n+1}+a_{n-1}a_na_{n+1}+4 \tag{2}$$

为了应用归纳假设，我们希望将 $a_{n-1}+2$ 以及 a_n+2 与 $a_{n+1}+2$ 进行关联。如果观察式（2）的右侧，我们会注意到右侧的式子非常类似于因式分解

$$(a_{n-1}+2)(a_n+2)(a_{n+1}+2)=4(a_{n-1}+a_n+a_{n+1})+4(a_{n-1}a_n+a_{n-1}a_{n+1}+a_na_{n+1})+a_{n-1}a_na_{n+1}+8$$

所以，我们在式（1）两边都加上 $4(a_{n-1}+a_n+a_{n+1})+4$，得到

$$(a_{n-1}+a_n+a_{n+1}+2)^2=(a_{n-1}+2)(a_n+2)(a_{n+1}+2)$$

由于我们假定 $a_{n-1}+2$ 和 a_n+2 都是完全平方数，所以如果我们知道 a_{n+1} 是一个整数，那么根据上述关系式就可以完成证明了。为了证明这一点，我们需要利用式（2）。关于 n 和 $n+1$ 的关系式可以被表示为

$$a_{n+1}^2+a_n^2+a_{n-1}^2=a_{n+1}a_na_{n-1}+4 \quad a_{n+2}^2+a_{n+1}^2+a_n^2=a_{n+2}a_{n+1}a_n+4$$

将这两个关系式相减，我们得到

$$a_{n+2}^2-a_{n+1}^2=a_{n+1}a_n(a_{n+2}-a_{n-1})\Leftrightarrow a_{n+2}+a_{n-1}=a_{n+1}a_n$$

我们在一开始就已经计算了 a_0，a_1 和 a_2 都是整数。所以，假定 a_{n-1}，a_n 和 $a_{n+1}(n\geq1)$ 都是整数，那么我们根据上述关系式利用归纳法可以得到 a_{n+2} 也必定是一个整数。这样，我们的证明就完成了。

习题 5.17 令 $a_0,a_1,a_2,\cdots$ 是一个非负整数递增数列，使得每一个非负整数都可以唯一地被表示为 $a_i+2a_j+4a_k$，其中 i,j 和 k 不要求必须相异。请求出 $a_{1\,998}$ 的值。

解答 通过对 n 的归纳来证明 a_n 是一个特定数列，我们将以此来证明该数列的独特性。

显然，$a_0=0$，所以基线条件成立。现在，假定我们已经证实 $\{a_0,a_1,\cdots\}\cap\{1,2,\cdots,n\}$ 是一个特定数列。如果 $n+1$ 可以被表示为 $x+2y+4z$，其中 $x,y,z\in\{a_0,a_1,\cdots\}\cap\{1,2,\cdots,n\}$，那么，由于其表示的唯一性，所以它就不可能再属于这一数列。而如果它不能被这样表示的话，那么它就必定属于这一数列，因为理应存在这样一种表示法。所以，$n+1$ 是否属于这一数列只能取决于该数列中小于 n 的各项数字。由于这些项是唯一确定的，所以归纳步骤的证明就完成了。

因此，只要求出一个这样的数列就够了。$a_i+2a_j+4a_k$ 这一表达式与八进制展开式有很强的关联。基于这一想法，我们很容易就会发现这一数列是由在八进制下各数位数字

是 0 或 1 的非负整数构成的。于是,我们可以考察一个在二进制下进行表示而在八进制下进行读取的数从而得到 a_n。具体而言

$$1\,998 = 2^{10} + 2^9 + 2^8 + 2^7 + 2^6 + 2^3 + 2^2 + 2$$

所以

$$a_{1\,998} = 8^{10} + 8^9 + 8^8 + 8^7 + 8^6 + 8^3 + 8^2 + 8 = 1\,227\,096\,648$$

习题 5.18 一个整数数列 $a_1, a_2, a_3, \cdots$ 的定义如下:$a_1 = 1$;对于 $n \geq 1$,a_{n+1} 是大于 a_n 的最小整数,使得 $a_i + a_j \neq 3a_k$ 对于来自 $\{1, 2, 3, \cdots, n+1\}$ 的任意 i, j 和 k 成立,其中 i, j 和 k 不一定是不同的。请求出 $a_{1\,998}$ 的值。

解答 该数列的前几项为 $1, 3, 4, 7, 10, 12, 13, 16, 19, 21$。我们注意到,上述数列仅由形如 $3k+1$ 和 $3(3k+1)$ 的数字构成。所以,我们尝试通过对 n 的归纳来证明:当且仅当 $x \equiv 1 \pmod 3$ 或者 $x \equiv 3 \pmod 9$ 时,$x \leq n$ 属于该数列。对于 $n \leq 21$ 的各基线条件已经在上面得到了证明。

至于归纳步骤,我们将其分成以下几种情况。

(1)当 $n = 3k+1$ 时。此时,n 必定属于该数列,否则,我们将会发现一个三联数组 $a_i + a_j = 3a_k$ 使得 a_i, a_j, a_k 中最大的数字是 n。显然,$a_k \neq n$。所以,我们可以假定 $a_i = n$,于是 $a_j = 3a_k - n \equiv 2 \pmod 3$,这与归纳假设相矛盾。

(2)当 $n = 3(3k+1)$ 时。此时,n 必定属于该数列,否则,我们将会像上面一样发现 $a_j, a_k \leq n$ 使得 $a_j = 3a_k - n$。由于 $3a_k \equiv 3 \pmod 9$ 或者 $3a_k \equiv 0 \pmod 9$,所以我们会得到 $a_j \equiv 0 \pmod 9$ 或者 $a_j \equiv 6 \pmod 9$,这与归纳假设相矛盾。

(3)当 $n = 3k+2$ 时。此时,n 不属于该数列,因为 $k+1, k+2, k+3$ 这三个数中会有一个可以被表示为 $3m+1$,也就是属于该数列。于是,我们得到 $3k+2+1 = 3(k+1)$,或者 $3k+2+4 = 3(k+2)$,或者 $3k+2+7 = 3(k+3)$。

(4)当 $n = 3(3k+2)$ 时。此时,$3(k+1), 3(k+2), 3(k+3)$ 这三个数中会有一个可以被表示为 $3m+1$,也就是属于该数列。于是,我们得到 $3(3k+2) + 3 = 3(3(k+1))$,或者 $3(3k+2) + 12 = 3(3(k+2))$,或者 $3(3k+2) + 21 = 3(3(k+3))$。

(5)当 $n = 9k$ 时。此时,n 不属于该数列,因为 $9k+3 = 3(3k+1)$。

通过上述归纳,显然存在 $a_{4k} = 9k-2$,$a_{4k+1} = 9k+1$,$a_{4k+2} = 9k+3$,$a_{4k+3} = 9k+4$。由于 $1\,998 = 4 \cdot 499 + 2$,所以 $a_{1\,998} = 9 \cdot 499 + 3 = 4\,494$。

习题 5.19 令 k 为正整数。数列 $a_1, a_2, a_3, \cdots$ 的定义如下:$a_1 = k+1$,且 $a_{n+1} = a_n^2 - ka_n + k\,(n \geq 1)$。请证明,$a_m$ 和 $a_n\,(m \neq n)$ 互质。

解答 我们将条件表示成 $a_{n+1} - k = a_n(a_n - k)$,从而得到 $a_{n+1} - k = a_1 a_2 \cdots a_n$。所以如果 $m < n$,那么我们就得到 $a_m \mid a_n - k$。于是,我们剩下需要证明的就是 $(a_m, k) = 1$。

我们将通过对 $m \geq 1$ 的归纳来进行证明。基线条件 $m = 1$ 可以通过题设条件得到证实。对于归纳步骤,需要注意到 $a_{n+1} \equiv a_n^2 \pmod k$,这表明 $(a_n, k) = 1 \Rightarrow (a_{n+1}, k) = 1$。证毕。

习题 5.20（保加利亚 TST 2011）　定义如下数列 $(x_n)_{n\geqslant 1}$：$x_1 = \dfrac{2}{3}$，且 $x_{n+1} = \dfrac{3x_n + 2}{3 - 2x_n}$ $(n \geqslant 1)$。请问该数列最终是否会变成一个周期数列？

解答　答案是否定的。通过反证法假定存在 N 和 T 使得对于所有 $i \geqslant N$ 都存在 $x_{i+T} = x_i$。由 $x_{n+1} = \dfrac{3x_n + 2}{3 - 2x_n}$ 可得 $x_n = \dfrac{3x_{n+1} - 2}{3 + 2x_{n+1}}$。所以，如果 $x_{n+1+T} = x_{n+1}$，那么我们也必定可以得到 $x_{n+T} = x_n$，这就表明我们可以取 $N = 1$。

现在，我们来假设 $x_n = \dfrac{p_n}{q_n}$ 为其简化形式，于是 $x_{n+1} = \dfrac{p_{n+1}}{q_{n+1}} = \dfrac{3p_n + 2q_n}{3q_n - 2p_n}$。如果以 $d = \gcd(3p_n + 2q_n, 3q_n - 2p_n)$ 来表示，那么我们会发现必定存在 $d = 1$ 或 $d = 13$。现在，我们来分别定义数列 a_n 和 b_n：$a_1 = 2$，$b_1 = 3$，$a_{n+1} = 3a_n + 2b_n$，$b_{n+1} = 3b_n - 2a_n$。利用归纳法可以证明 $a_n \equiv 9 \cdot 6^n \pmod{13}$，$b_n \equiv 7 \cdot 6^n \pmod{13}$。所以，各项都不可能被 13 整除。因此，$p_{n+1} = 3p_n + 2q_n$，$q_{n+1} = 3q_n - 2p_n$。

现在，我们可以用归纳法来证明 $p_{n+1}^2 + q_{n+1}^2 = 13(p_n^2 + q_n^2) = \cdots = 13^n$ 了。根据周期性可知，必定存在一个 n 使得 $x_{n+1} = x_1 = \dfrac{2}{3}$。但是，这样的话，$x_n = 0$，所以 $13 \mid p_n$，于是 $13 \mid q_n$。这与 p_n 和 q_n 互素这一事实相矛盾。因此，该数列不是周期数列。

习题 5.21（圣彼得堡）　令 $(x_n)_{n\geqslant 1}$ 和 $(y_n)_{n\geqslant 1}$ 是两个数列，且给定 $x_1 = \dfrac{1}{10}$，$y_1 = \dfrac{1}{8}$，$x_{n+1} = x_n + x_n^2$，$y_{n+1} = y_n + y_n^2$ $(n \geqslant 1)$。请证明，对于任意正整数 m 和 n，我们都不能得到 $x_n = y_m$。

解法 1　请注意 $x_1 = 0.1$，$y_1 = 0.125$。通过对 $n \geqslant 1$ 的归纳，我们可以证明 x_n 的最后一位非显然小数是 1，而 y_n 的最后一位非显然小数是 5。根据题设，这一结论对于 $n = 1$ 成立。

假定该结论对于 $n \geqslant 1$ 成立，我们得到 $x_n = \dfrac{x}{10^N}$ 对于末位数字为 1 的正整数 x 成立。所以，$x_{n+1} = \dfrac{10^N x + x^2}{10^{2N}}$。请注意，$10^N x + x^2$ 的末位数字是 1，这就证实了该论断对于 x_{n+1} 成立。类似的证明同样适用于 y_{n+1}，这表明 x_n 和 y_m 永远都不会相等。

解法 2　请注意 $x_2 = 0.11$，$x_3 = 0.1221$，$x_4 = 0.1221 + 0.1221^2 > 0.13$，所以 $x_3 < 0.125 = y_1 < x_4$。现在，我们通过对 n 的归纳来证明 $x_{n+2} < y_n < x_{n+3}$。基线条件我们刚刚已经证明了。

假定该结论对于 $n \geqslant 1$ 成立，那么我们就得到 $x_{n+2} < y_n < x_{n+3}$。通过简单归纳可以证明所有的 x_n 和 y_n 都为正，所以通过将不等式平方，我们可以得到 $x_{n+2}^2 < y_n^2 < x_{n+3}^2$。将其加到原不等式上，我们就得到了 $x_{n+3} < y_{n+1} < x_{n+4}$。证毕。

习题 5.22（中国台湾 2000）　令 $f: \mathbb{N}_+ \to \mathbb{N}$ 由以下递归关系定义：$f(1) = 0$，且 $f(n) = \max\limits_{1 \leqslant j \leqslant \lfloor \frac{n}{2} \rfloor} \{f(j) + f(n - j) + j\}$ $(n \geqslant 2)$。请求出 $f(2\,000)$ 的值。

解答 对于每个正整数 n,我们考察 n 的二进制表达式。我们将从表达式的左侧移除至少一个数字所形成的子字符串视为 n 的尾值子串,并将这些子串的十进制值称为 n 的尾值。此外,对于 n 的二进制表达式中出现的每个 1,如果它表示 2^k 这个数,那么 $2^k \cdot \frac{k}{2}$ 就是 n 的位置值。

我们定义 $g(n)$ 为 n 的尾值和位置值的总和。我们通过对 n 进行归纳来证明 $f(n) = g(n)$。为了方便起见,设 $g(0) = 0$。显然,$g(1) = 1$。因此,我们只需证明 $g(n)$ 满足与 $f(n)$ 相同的递推关系。我们先来证明:对于所有 n 和 $j(0 \leqslant j \leqslant \lfloor \frac{n}{2} \rfloor)$ 都存在

$$g(n) \geqslant g(j) + g(n-j) + j \tag{1}$$

该关系式在 $j=0$ 时必定为真,因为我们定义了 $g(0)=0$。现在,我们对 $n-j$ 的(二进制)位数进行归纳。对于基线条件(当 $n-j$ 有一位二进制数字时),只能存在 $n-j=1$。在这种情况下,$(n,j)=(2,1)$ 或 $(n,j)=(1,0)$,此时很容易验证式(1)成立。现在,我们分两种情况来证明归纳步骤。

情况 1 如果 $n-j$ 和 j 具有相同的位数,假设为 $k+1$。设 a 和 b 分别是从 $n-j$ 和 j 中去掉最左边(代表 2^k)的 1 所得到的数字。我们希望证明 $g(n) = g(a+b+2^{k+1}) \geqslant g(2^k+a) + g(2^k+b) + (2^k+b)$。将其与不等式 $g(a+b) \geqslant g(a) + g(b) + b$(根据归纳假设可知该不等式为真)相减,我们发现只要证明以下不等式就够了

$$g(a+b+2^{k+1}) - g(a+b) \geqslant g(2^k+a) - g(a) + g(2^k+b) - g(b) + 2^k \tag{2}$$

该式右侧 $g(2^k+a)$ 等于 $g(a)$ 加上位置值 $2^k \cdot \frac{k}{2}$ 和尾值 a。类似地,$g(2^k+b) = g(b) + 2^k \cdot \frac{k}{2} + b$。于是,右侧部分就等于 $2^k \cdot \frac{k}{2} + a + 2^k \cdot \frac{k}{2} + b + 2^k = 2^{k+1} \cdot \frac{k+1}{2} + a + b$。

至于式(2)的左侧,由于 $a < 2^k$,$b < 2^k$,所以 $a+b+2^{k+1}$ 的二进制表达式就是 $a+b$ 的二进制表达式在 2^{k+1} 的位置多了一个 1。于是,$g(a+b+2^{k+1})$ 等于 $g(a+b)$ 加上额外的位置值 $2^{k+1} \cdot \frac{k+1}{2}$。所以,通过证明(2)中的不等式,$g(a+b+2^{k+1}) - g(a+b)$ 就等于右侧的表达式。

情况 2 如果 $n-j$ 比 j 有更多的位数,那么令 $n-j$ 有 $k+1$ 个数位,进而令 $a = n-j = 2^k$。我们需要证明 $g(a+j+2^k) \geqslant g(a+2^k) + g(j) + j$。通过归纳假设可知 $g(a+j) \geqslant g(a) + g(j) + \min\{a,j\}$。二式相减,我们发现只要证明以下不等式就够了

$$g(a+j+2^k) - g(a+j) \geqslant g(a+2^k) - g(a) + j - \min\{a,j\} \tag{3}$$

与情况 1 相同,我们在不等式右侧求得 $g(a+2^k) - g(a) = 2^k \cdot \frac{k}{2} + a$。因此,右侧表达式就等于 $2^k \cdot \frac{k}{2} + a + j - \min\{a,j\} = 2^k \cdot \frac{k}{2} + \max\{a,j\}$。

在式(3)的左侧,如果 $a+j < 2^k$(也就是使得 2^k 位数字在求和 $(a+j)+2^k$ 时不产生进

位),那么 $g(a+j+2^k)$ 等于 $g(a+j)$ 加上额外的位置值 $2^k \cdot \dfrac{k}{2}$ 和额外的尾值 $a+j$。因此,式(3)的左边确实大于或等于右边。否则,如果 2^k 位数字在求和 $(a+j)+2^k$ 时产生进位,那么 $g(a+j+2^k)$ 等于 $g(a+j)$ 加上额外的位置值 $2^{k+1} \cdot \dfrac{k+1}{2}$,减去初始的位置值 $2^k \cdot \dfrac{k}{2}$。因此,左边等于

$$2^{k+1} \cdot \frac{k+1}{2} - 2^k \cdot \frac{k}{2} = 2^k \cdot \frac{k}{2} + 2^k > 2^k \cdot \frac{k}{2} + \max\{a,j\}$$

于是式(3)仍为真。由此便完成了归纳。

因此,$g(n) \geqslant \max\limits_{1 \leqslant j \leqslant \lfloor \frac{n}{2} \rfloor} \{g(j)+g(n-j)+j\}$ 对于所有 n 都成立。我们现在通过证明 $g(n)=g(j)+g(n-j)+j$ 对于某个 j 成立,进而证明上式中相等的情况成立。令 2^k 是 2 的幂数中小于 n 的最大值,同时令 $j=n-2^k$。于是,$g(n)$ 等于 $g(n-2^k)$ 加上额外的位置值 $g(2^k)=g(n-j)$ 和额外的尾值 $n-2^k=j$。

由此得到,$f(n)=g(n)$ 对于所有 n 都成立。于是,通过 2 000(其二进制表示法为 11111010000)的位置值和尾值,我们可以计算出 $f(2\,000)=10\,864$。

习题 5.23(中国台湾 1997)　令 $n>2$ 是一个整数。假定 $a_1, a_2, \cdots, a_n$ 为正实数,使得 $k_i = \dfrac{a_{i-1}+a_{i+1}}{a_i}$ 对于所有 i(这里的 $a_0=a_n$ 且 $a_{n+1}=a_1$)都是一个正整数。请证明,$2n \leqslant k_1 + k_2 + \cdots + k_n \leqslant 3n$。

解答　请注意

$$k_1 + k_2 + \cdots + k_n = \sum_{i=1}^{n} \left(\frac{a_i}{a_{i+1}} + \frac{a_{i+1}}{a_i} \right)$$

所以第一个不等式可以根据 AM-GM 基本不等式得到。

对于第二个不等式,我们通过对 n 的归纳来证明 $k_1+k_2+\cdots+k_n \leqslant 3n$($n \geqslant 3$)。基线条件为 $n=3$。根据对称性,我们可以不失一般性地假设 a_1 是 a_1, a_2, a_3 中最大的数。于是,$k_1 a_1 = a_2 + a_3 \leqslant 2a_1$,所以 k_1 是 1 或者 2。若 $k_1=1$,则 $a_1=a_2+a_3$。于是,根据 $k_2 a_2 = a_1 + a_3$ 和 $k_3 a_3 = a_1 + a_2$ 可得 $2a_2 = (k_3-1)a_3$ 和 $2a_3 = (k_2-1)a_2$。将两式相乘,可以得到 $(k_3-1)(k_2-1)=4$。由于 k_2, k_3 为正整数,所以得到 $k_2=2, k_3=5$;$k_2=5, k_3=2$;$k_2=3, k_3=3$ 三种情况。这三种情况下都有 $k_1+k_2+k_3 \leqslant 8$。

现在,假定结论对于 $n-1$($n \geqslant 4$)个数都成立,我们来证明其对于符合条件假设的 n 个数也成立。令 $a_j = \max\{a_i : 1 \leqslant i \leqslant n\}$,于是,$k_j a_j = a_{j-1} + a_{j+1} \leqslant 2a_j$。所以,$k_j \leqslant 2$。而且,由于 k_j 为正整数,所以存在 $k_j=1$ 或 $k_j=2$。

若 $k_j=1$,则 $a_j = a_{j-1} + a_{j+1}$。我们想要消去该数列中的 a_j,进而应用归纳法。现在

$$k_{j-1} a_{j-1} = a_{j-2} + a_j = a_{j-2} + a_{j-1} + a_{j+1}$$

所以

$$(k_{j-1}-1) a_{j-1} = a_{j-2} + a_{j+1}$$

类似地,可以得到

$$(k_{j+1}-1)a_{j+1}=a_{j-1}+a_{j+2}$$

于是,通过将数列中的 a_j 移除,并以 $k_1,\cdots,k_{j-1}-1,k_{j+1}-1,\cdots,k_n$ 取代 $k_1,k_2,\cdots,k_n$,可以得到满足假设的一个由 $n-1$ 个数组成的数列。应用归纳假设,我们得到

$$k_1+\cdots+(k_{j-1}-1)+(k_{j+1}-1)+\cdots+k_n\leqslant 3(n-1)$$

所以 $k_1+k_2+\cdots+k_n\leqslant 3n$,此即为所求。

若 $k_j=2$,根据 $2a_j=a_{j-1}+a_{j+1}$ 以及 a_j 为各数中的最大数这一事实,则存在 $a_j=a_{j-1}=a_{j+1}$。我们反复得到该数列为常数列,这意味着 $k_1=\cdots=k_n=2$,所以不等式显然成立。这样便完成了归纳步骤的证明。本题证毕。

习题 5.24(泽肯多夫定理) 请证明,任意正整数 N 都可以唯一地被表示为斐波那契数列 $N=\sum_{j=1}^{m} F_{i_j}(i_j - i_{j-1} \geqslant 2)$ 中不同的非连续项之和。

解答 我们将通过对 N 的归纳来证明这一存在性定理。当 $N\leqslant F_4=3$ 时,直接就可以验证这一特性。

现在,假定对于所有 $F_n(n\geqslant 4)$ 都存在这样一个和,我们要证实这足以表明其对于所有 $N(F_n<N\leqslant F_{n+1})$ 也都成立。当 $N=F_{n+1}$ 时,可以直接得出结论。否则,$N=F_n+(N-F_n)$ 且 $N-F_n<F_{n+1}-F_n=F_{n-1}$,于是可以将 $N-F_n$ 表示为 $N-F_n=F_{t_1}+\cdots+F_{t_r}(t_{i+1}\leqslant t_i-2,t_1\leqslant n-2)$。因此,存在 $N=F_n+F_{t_1}+\cdots+F_{t_r}$。

要证明其唯一性,我们需要再次应用归纳法。请注意,若 $F_n\leqslant N<F_{n+1}$,则 F_n 是 N 的加法表达式中的一部分。事实上,这一结论来自以下事实:斐波那契数列各项之和(其中,$i_j-i_{j-1}\geqslant 2,j=1,\cdots,r-1$ 且 $i_1\geqslant 2$)的最大值为

$$F_{i_{r-1}}+F_{i_{r-1}-2}+\cdots=(F_{i_{r-1}+1}-F_{i_{r-1}-1})+(F_{i_{r-1}-1}-F_{i_{r-1}-3})+\cdots$$
$$=F_{i_{r-1}+1}-1$$

因此,若 $N=F_n$,则 $N=F_n$ 是 N 的唯一表示式。而且,若 $F_n<N<F_{n+1}$,则 N 的任意表示式都包含 F_n 和 $N-F_n<F_{n-1}$。现在,通过对 $N-F_n$ 的归纳假设即可完成证明。

习题 5.25 令 $a>1$ 是一个实数但不是一个整数。请证明被定义为 $a_n=[a^{n+1}]-a[a^n]$ 的数列 $(a_n)_{n\geqslant 0}$ 不是一个周期函数。这里,$[x]$ 表示 x 的整数部分。

解答 通过反证法我们假定给定数列为周期数列,于是令 T 和 n_0 为正整数,使得 $a_{n+T}=a_n$ 对于任意正整数 $n\geqslant n_0$ 都成立。具体而言,对于 $n\geqslant n_0$,存在

$$[a^{n+T+1}]-[a^{n+T}]a=[a^{n+1}]-[a^n]a$$

所以

$$a([a^{n+T}]-[a^n])=[a^{n+T+1}]-[a^{n+1}] \tag{1}$$

我们现在来证明 $[a^{n_0+T}]-[a^{n_0}]=0$。若不成立,则取式(1)中的 $n=n_0$,我们得到 a 是一个有理数。进而,通过对 m 的数学归纳可以证明

$$a^m([a^{n+T}]-[a^n])=[a^{n+m+T}]-[a^{n+m}] \tag{2}$$

其中 $m,n\in\mathbb{N}$ 且 $n\geqslant n_0$。

令 $a = \dfrac{p}{q}$，其中 $p,q \in \mathbb{N}$，$(p,q)=1$，$q>1$。于是，存在 $(p^m,q^m)=1$。所以，利用式（2）可以得出：对于任意正整数 m 都存在 $q^m \mid ([a^{n_0+T}]-[a^{n_0}])$。我们已知 $q^m \geq 2^m \geq m+1$，所以从条件 $q^m \mid ([a^{n_0+T}]-[a^{n_0}])$ 可以推得 $[a^{n_0+T}]=[a^{n_0}]$。

我们可以不失一般性地假设 $T > \dfrac{1}{(a-1)a^{n_0}}$（这可以通过取某个周期数列的足够大的倍数的例子来实现）。然而，现在

$$
\begin{aligned}
a^{n_0+T}-a^{n_0} &= a^{n_0}(a^T-1) \\
&= a^{n_0}((1+a-1)^T-1) \\
&\geq a^{n_0}(1+(a-1)T-1) \\
&= a^{n_0}(a-1)T > 1
\end{aligned}
$$

前后矛盾。这里我们利用了不等式在 $n \in \mathbb{N}$ 且 $h \geq -1$ 的情况，得到 $(1+h)^n \geq 1+nh$，即伯努利不等式。

备注　请注意，我们在前述解法中已经证明了一个比本题设问更强的命题，即我们的数列甚至可以不是周期数列。

习题 5.26（中国 2004）　对于给定的实数 a 和正整数 n，请证明：

（1）恰好存在一个实数列 $x_0,x_1,\cdots,x_n,x_{n+1}$，使得

$$
\begin{cases}
x_0 = x_{n+1} = 0 \\
\dfrac{1}{2}(x_i+x_{i+1}) = x_i + x_i^3 - a^3, i=1,2,\cdots,n
\end{cases}
$$

（2）（1）中的数列 $x_0,x_1,\cdots,x_n,x_{n+1}$ 满足 $|x_i| \leq |a|$，其中 $i=0,1,\cdots,n+1$。

解答　请注意，由于递归函数 $\dfrac{1}{2}(x_i+x_{i+1}) = x_i + x_i^3 - a^3 (i=1,2,\cdots,n)$ 成立，所以我们不能使用形如 $P(k) \Rightarrow P(k+1)$ 的归纳法，因为我们不能证明 $k=1$ 时的基线条件。因此，我们不得不诉诸另一种归纳方式，即我们通过展示 $P(k) \Rightarrow P(k-1)$ 来证明本题。

对于（1），我们已知 $x_{n+1}=0$。建构 $x_{k+1}(1 \leq k \leq n)$ 后，我们得到等式 $\dfrac{1}{2}(x_k+x_{k+1}) = x_k + x_k^3 - a^3$，即

$$
2x_k^3 + x_k = x_{k+1} + 2a^3 \tag{1}
$$

由于 x_{k+1} 的值确定，所以我们来考察函数 $f: \mathbb{R} \to \mathbb{R}$，$f(x) = 2x^3 + x - x_{k+1} - 2a^3$。

由于 $f'(x) = 6x^2 + 1$，所以该函数在 $\mathbb{R}$ 上递增。具体而言，等式 $f(x)=0$ 有唯一解。因此，x_k 只由等式（1）决定，根据归纳法即可完成证明。

对于（2），请注意，由于 $x_{n+1}=0$，所以显然有 $|x_{n+1}| \leq |a|$。

现在，假定 $|x_k| \leq |a|(2 \leq k \leq n+1)$，那么根据式（1），有

$$
|x_{k-1}|(2|x_{k-1}|^2+1) = |2x_{k-1}^3+x_{k-1}| = |x_k+2a^3| \leq |x_k|+2|a^3| \leq |a|+2|a|^3
$$

这表明

$$2|x_{k-1}^3|+|x_{k-1}|-2|a^3|-|a| \leq 0$$

该式可以等价地写成

$$(|x_{k-1}|-|a|)(2|x_{k-1}|^2+2|x_{k-1}||a|+2|a|^2+1) \leq 0$$

由此可以得到 $|x_{k-1}| \leq |a|$，这样就证明了 $P(k) \Rightarrow P(k-1)$。最后，请注意，$x_0=0$，所以 $|x_k| \leq |a|$ 对于所有 $k=0,1,\cdots,n+1$ 都成立，此即为所求。

习题 5.27(IMO 2010 候选) 一个数列 $x_1,x_2,\cdots$ 被定义为 $x_1=1$，$x_{2k}=-x_k$，$x_{2k-1}=(-1)^{k+1}x_k(k \geq 1)$。请证明，对于所有 $n \geq 1$，我们都可以得到 $x_1+x_2+\cdots+x_n \geq 0$。

解答 令 $S_n=x_1+x_2+\cdots+x_n$，同时定义 $S_0=0$。我们将解法分为一系列的断言并通过归纳法来进行证明。

断言 1 $|x_k|=1$ 对于每一个 $k \geq 1$ 都成立。

证明 首先，我们对 k 进行归纳。根据假设，该论断在 $k=1$ 时为真。令 $n>1$，并假定该断言对于每一个 $0<k<n$ 都成立。若 $n=2m$，我们得到 $0<m<n$，则 $|x_m|=1$，所以 $|x_n|=|x_m|=1$。若 $n=2m-1$，我们得到 $0<m<n$，则 $|x_m|=1$，所以 $|x_n|=|x_m|=1$，该断言得证。

断言 2 $S_{4m}=2S_m$ 对于每一个 $m \geq 0$ 都成立。

证明 请注意，该等式对于每一个 $m \geq 1$ 都成立。根据假设，可得

$$x_{4m}=-x_{2m}=x_m$$
$$x_{4m-1}=-x_{2m}=x_m$$
$$x_{4m-2}=-x_{2m-1}=(-1)^m x_m$$
$$x_{4m-3}=x_{2m-1}=(-1)^{m+1}x_m$$

我们将通过对 m 的归纳来证明该断言。对于 $m=0$ 该断言为真。现在令 $m>0$，并假定该断言对于 $m-1$ 为真。于是

$$\begin{aligned}S_{4m}&=S_{4m-4}+x_{4m-3}+x_{4m-2}+x_{4m-1}+x_{4m}\\&=S_{4m-4}+2x_m\\&=2S_{m-1}+2x_m\\&=S_m\end{aligned}$$

这样，该断言的证明就完成了。

现在，我们通过对 n 的归纳来证明本题。通过简单的验证就可以知道 $S_n \geq 0(n=0,1,2,3,4)$。令 $n>4$，并假定 $S_k \geq 0$ 对于每一个 $0 \leq k<n$ 都成立。令 $m=\lceil n/4 \rceil$，这表明 $1<m<n$。于是，根据归纳假设，可得 $S_{m-1} \geq 0$ 和 $S_m \geq 0$。我们将其分为两种情况来进行讨论。

情况 1 若 $S_{m-1}=0$，则 0 是这 $m-1$ 个值为 ± 1 的数之和，所以 m 为奇数。同样，由于 $S_m \geq 0$，所以 $x_m=1$。于是，$x_{4m-3}=1$，$x_{4m-2}=-1$，$x_{4m-1}=1$，$x_{4m}=1$。我们还可以得到 $S_{4m-4}=S_{m-1}=0$。现在，S_{4m-3}，S_{4m-2}，S_{4m-1}，S_{4m} 都大于或等于 0。于是，由于 $n \in \{4m-3,4m-2,4m-1,4m\}$，所以 $S_n \geq 0$。

情况 2 若 $S_{m-1}>0$，则 $S_{m-1} \geq 1$，所以 $S_{4m-4} \geq 2$。那么

$$S_{4m-3}=S_{4m-4}+x_{4m-3} \geq 2-1=1$$
$$S_{4m-2}=S_{4m-4}+x_{4m-3}+x_{4m-3}=S_{4m-4} \geq 2$$

$$S_{4m-1}=S_{4m-2}+x_{4m-1}\geq2-1=1$$
$$S_{4m}=S_{4m-2}+x_{4m-1}+x_{4m}\geq2-1-1=0$$

于是，S_{4m-3}，S_{4m-2}，S_{4m-1}，S_{4m} 都大于或等于 0。

由于 $n\in\{4m-3，4m-2，4m-1，4m\}$，因此 $S_n\geq0$。

在上述两种情况中，我们都得到了 $S_n\geq0$。于是，根据归纳法可知，$S_n\geq0$ 对于每一个 $n\geq0$ 都成立。

习题 5.28 令 a_n 是长度为 n 的字符串的数量。n 的各数位数字只包含 0 和 1，并且两个 1 之间不能相距两个数位。请求出 a_n 的闭型表达式。

解答 首先，我们从找到适当的递归式开始求解 a_n。请注意，如果一个字符串以 0 开头，那么我们有 a_{n-1} 种方法来延续这个字符串。如果它以 1 开头，那么它可以以 100 或 1100 开头。对于前者，有 a_{n-3} 种方法来延续该字符串，而对于后者，则存在 a_{n-4} 种可能性。于是，$a_n=a_{n-1}+a_{n-3}+a_{n-4}$。对于 a_n，前几项的值可以很容易地计算出来，即 $a_1=2$，$a_2=4$，$a_3=6$，$a_4=9$。现在，让我们来研究序列 a_n 和 F_n 的前几项（表 10.1），其中 $(F_n)_{n\geq0}$ 是斐波那契数列。

表 10.1

n	F_n	a_n
1	1	$2=2\cdot1$
2	1	$4=2^2$
3	2	$6=2\cdot3$
4	3	$9=3^2$
5	4	$15=3\cdot5$

根据上表可知，$a_{2n}=F_{n+2}^2$，$a_{2n+1}=F_{n+2}F_{n+3}$。我们将通过对 n 的归纳来进行证明。基线条件的情况已经在上表中给出。现在，假定该论断对于所有小于 $2n$ 的值都成立，那么

$$a_{2n}=a_{2n-1}+a_{2n-3}+a_{2n-4}$$
$$=F_{n+1}F_{n+2}+F_nF_{n+1}+F_n^2$$
$$=F_{n+1}F_{n+2}+F_nF_{n+2}$$
$$=F_{n+2}^2$$

且

$$a_{2n+1}=a_{2n}+a_{2n-2}+a_{2n-3}$$
$$=F_{n+2}^2+F_{n+1}^2+F_nF_{n+1}$$
$$=F_{n+2}^2+F_{n+1}F_{n+2}$$
$$=F_{n+2}F_{n+3}$$

此即为所求。

替代解法 我们来考察一个更简单(也更为人熟知)的问题,即计算长度为 n 且不包含两个连续的 1 的字符串的数量 b_n。$b_0 = 1$ 和 $b_1 = 2$ 是很容易验证的。请注意,如果一个字符串以 0 开头,那么我们有 b_{n-1} 种方法来延续这个字符串。如果一个字符串以 1 开头,那么它必须以 10 开头,因此我们有 b_{n-2} 种方法来延续这个字符串。因此,我们可以得出结论,对于 $n \geq 2$,存在 $b_n = b_{n-1} + b_{n-2}$。通过对 n 进行归纳,我们可以得出结论:$b_n = F_{n+2}$ 是斐波那契数列。

现在针对实际问题,假设我们取一个长度为 n 的字符串,其中不包含两个相隔两个位置的 1,并将其分割成两个字符串,一个由奇数位置的字符组成,另一个由偶数位置的字符组成。那么我们得到了长度为 $\lceil n/2 \rceil$ 和 $\lfloor n/2 \rfloor$ 的字符串,它们都没有连续的 1。反过来,给定任意两个满足条件的字符串,我们可以将其交错排布以得到一个长度为 n 的字符串,其中没有相隔两个位置的 1。于是,$a_n = b_{\lceil n/2 \rceil} b_{\lfloor n/2 \rfloor} = F_{\lceil n/2 \rceil + 2} F_{\lfloor n/2 \rfloor} + 2$,或者可以等价地表示为 $a_{2n} = F_{n+2}^2$ 和 $a_{2n+1} = F_{n+2} F_{n+3}$。

习题 5.29(IMO 2009 候选) 令 n 为正整数。给定一个数列 $\varepsilon_1, \varepsilon_2, \cdots, \varepsilon_{n-1}$,其中对于 $i = 1, \cdots, n-1$,$\varepsilon_i = 0$ 或者 $\varepsilon_i = 1$。数列 $a_0, a_1, \cdots, a_n$ 和 $b_0, b_1, \cdots, b_n$ 是根据以下规则建构的:$a_0 = b_0 = 1, a_1 = b_1 = 7$;对于每一个 $i = 1, \cdots, n-1$,若 $\varepsilon_i = 0$,则 $a_{i+1} = 2a_{i-1} + 3a_i$,若 $\varepsilon_i = 1$,则 $a_{i+1} = 3a_{i-1} + a_i$,对于每一个 $i = 1, \cdots, n-1$ 若 $\varepsilon_{n-i} = 0$,则 $b_{i+1} = 2b_{i-1} + 3b_i$,若 $\varepsilon_{n-i} = 1$,则 $b_{i+1} = 3b_{i-1} + b_i$。请证明,$a_n = b_n$。

解答 对于一个长度为 n 的二进制词 $\omega = \sigma_1 \cdots \sigma_n$,其中一个字母 $\sigma \in \{0, 1\}$。令 $\omega\sigma = \sigma_1 \cdots \sigma_n \sigma, \sigma\omega = \sigma\sigma_1 \cdots \sigma_n$。进而,令 $\overline{\omega} = \sigma_n \cdots \sigma_1$,$\varnothing$ 表示空词(长度为 0,且 $\overline{\varnothing} = \varnothing$)。令 (u, v) 表示两个实数构成的数对。对于二进制词 ω,我们以递归的方式对 $(u, v)^\omega$ 进行如下定义

$$(u, v)^\varnothing = v, (u, v)^0 = 2u + 3v, (u, v)^1 = 3u + v$$

$$(u, v)^{\omega\sigma\varepsilon} = \begin{cases} 2(u, v)^\omega + 3(u, v)^{\omega\sigma}, & \text{若 } \varepsilon = 0 \\ 3(u, v)^\omega + (u, v)^{\omega\sigma}, & \text{若 } \varepsilon = 1 \end{cases}$$

通过对 ω 的长度进行归纳,我们很容易得到如下结论:对于所有实数 $u_1, v_1, u_2, v_2, \lambda_1, \lambda_2$ 存在

$$(\lambda_1 u_1 + \lambda_2 u_2, \lambda_1 v_1 + \lambda_2 v_2)^\omega = \lambda_1 (u_1, v_1)^\omega + \lambda_2 (u_2, v_2)^\omega \tag{1}$$

对于 $\varepsilon \in \{0, 1\}$,存在

$$(u, v)^{\varepsilon\omega} = (v, (u, v)^\varepsilon)^\omega \tag{2}$$

显然,对于 $n \geq 1$ 和 $\omega = \varepsilon_1 \cdots \varepsilon_{n-1}$,存在 $a_n = (1, 7)^\omega$ 和 $b_n = (1, 7)^{\overline{\omega}}$。于是,只需证明以下关于二进制词 ω 的等式就够了

$$(1, 7)^\omega = (1, 7)^{\overline{\omega}} \tag{3}$$

我们继续对 ω 的长度进行归纳证明。若 ω 的长度为 0 或 1,则断言显然成立。现在,令 $\omega\sigma\varepsilon$ 表示长度为 $n \geq 2$ 的一个二进制词,假定该断言对于长度不大于 $n-1$ 的所有二进制词都为真。

我们注意到,$(2,1)^\sigma = 7 = (1,7)^\varnothing$(其中 $\sigma \in \{0,1\}$),$(1,7)^0 = 23$,$(1,7)^1 = 10$。首先,令 $\varepsilon = 0$。于是,我们根据归纳假设以及等式(1)和(2)得到

$$
\begin{aligned}
(1,7)^{\omega\sigma 0} &= 2(1,7)^\omega + 3(1,7)^{\omega\sigma} \\
&= 2(1,7)^{\bar\omega} + 3(1,7)^{\sigma\bar\omega} \\
&= 2(2,1)^{\sigma\bar\omega} + 3(1,7)^{\sigma\bar\omega} \\
&= (7,23)^{\sigma\bar\omega} \\
&= (1,7)^{0\sigma\bar\omega}
\end{aligned}
$$

现在,令 $\varepsilon = 1$。我们相应地得到

$$
\begin{aligned}
(1,7)^{\omega\sigma 1} &= 3(1,7)^\omega + (1,7)^{\omega\sigma} \\
&= 3(1,7)^{\bar\omega} + (1,7)^{\sigma\bar\omega} \\
&= 3(2,1)^{\sigma\bar\omega} + (1,7)^{\sigma\bar\omega} \\
&= (7,10)^{\sigma\bar\omega} \\
&= (1,7)^{1\sigma\bar\omega}
\end{aligned}
$$

由此,归纳步骤的证明就完成了。于是,等式(3)和 $a_n = b_n$ 也就得到了证明。

习题 5.30(IMO 2008 候选) 令 $a_0, a_1, a_2, \cdots$ 是一个正整数数列,使得任意两个连续项的最大公约数大于前一项。用符号表示就是 $\gcd(a_i, a_{i+1}) > a_{i-1}$。请证明,$a_2 \geqslant 2^n$ 对于所有 $n \geqslant 0$ 都成立。

解答 由于 $a_i \geqslant \gcd(a_i, a_{i+1}) > a_{i-1}$,所以这个序列是严格递增的。具体而言,$a_0 \geqslant 1$,$a_1 \geqslant 2$。对于每个 $i \geqslant 1$,还存在 $a_{i+1} - a_i \geqslant \gcd(a_i, a_{i+1}) > a_{i-1}$,因此,$a_{i+1} \geqslant a_i + a_{i-1} + 1$。于是得到 $a_2 \geqslant 4$ 和 $a_3 \geqslant 7$。如果 $a_3 = 7$,那么会让前面的不等式出现等量关系,进而得到 $\gcd(a_2, a_3) = \gcd(4,7) > a_1 = 2$,这是不可能实现的。因此,$a_3 \geqslant 8$。我们已经证明了结论对于 $n = 0,1,2,3$ 成立。以下是归纳证明中的基线条件。

取一个 $n(n \geqslant 3)$,并假设对于 $i = 0,1,\cdots,n$ 存在 $a_i \geqslant 2^i$。我们必须证明 $a_{n+1} \geqslant 2^{n+1}$。令 $\gcd(a_n, a_{n+1}) = d$。我们已知 $d > a_{n-1}$。在以下情况中,可立即推出归纳假设成立。

若 $a_{n+1} \geqslant 4d$,则 $a_{n+1} > 4a_{n-1} \geqslant 4 \cdot 2^{n-1} = 2^{n+1}$。

若 $a_n \geqslant 3d$,则 $a_{n+1} \geqslant a_n + d \geqslant 4d > 4a_{n-1} \geqslant 4 \cdot 2^{n-1} = 2^{n+1}$。

若 $a_n = d$,则 $a_{n+1} \geqslant a_n + d = 2a_n \geqslant 2 \cdot 2^n = 2^{n+1}$。

唯一剩下的可能性是 $a_n = 2d$ 和 $a_{n+1} = 3d$,我们在接下来的证明中假设这一点成立。因此,$a_{n+1} = \dfrac{3}{2}a_n$。

设 $\gcd(a_{n-1}, a_n) = d'$。那么 $d' > a_{n-2}$。我们将 a_n 表示为 md',其中 m 是某个整数。已知 $d' \leqslant a_{n-1} < d, a_n = 2d$,我们可以得出 $m \geqslant 3$。并且,$a_{n-1} < d = \dfrac{1}{2}md'$,$a_{n+1} = \dfrac{3}{2}md'$。我们再次挑选出可以立即推导出归纳假设的情况。

若 $m \geqslant 6$,则 $a_{n+1} = \dfrac{3}{2}md' \geqslant 9d' > 9a_{n-2} \geqslant 9 \cdot 2^{n-2} > 2^{n+1}$。

若 $3 \leqslant m \leqslant 4$，则 $a_{n-1} < \frac{1}{2} \cdot 4d'$，因此 $a_{n-1} = d'$，于是得到

$$a_{n+1} = \frac{3}{2}ma_{n-1} > \frac{3}{2} \cdot 3a_{n-1} > \frac{9}{2} \cdot 2^{n-1} > 2^{n+1}$$

因此，我们只剩下 $m = 5$ 的情况，这意味着 $a_n = 5d'$，$a_{n+1} = \frac{15}{2}d'$，$a_{n-1} < d = \frac{5}{2}d'$。最后的关系式表明 a_{n-1} 要么是 d'，要么是 $2d'$。但无论如何，都有 $a_{n-1} \mid 2d'$。

我们再次重复相同的模式。设 $\gcd(a_{n-2}, a_{n-1}) = d''$。那么 $d'' > a_{n-3}$。因为 d'' 是 a_{n-1} 的因数，所以也是 $2d'$ 的因数，我们可以写成 $2d' = m'd''$，其中 m' 是某个整数。由于 $d'' \leqslant a_{n-2} < d'$，所以我们得到 $m' \geqslant 3$。另外，$a_{n-2} < d' = \frac{1}{2}m'd''$，$a_{n+1} = \frac{15}{2}d' = \frac{15}{4}m'd''$。与前面一样，我们考察以下情况。

若 $m' \geqslant 5$，则

$$a_{n+1} = \frac{15}{4}m'd'' \geqslant \frac{75}{4}d'' > \frac{75}{4}a_{n-3} \geqslant \frac{75}{4} \cdot 2^{n-3} > 2^{n+1}$$

若 $3 \leqslant m' \leqslant 4$，则 $a_{n-2} < \frac{1}{2} \cdot 4d''$，因此

$$a_{n-2} = d'', \quad a_{n+1} = \frac{15}{4}m'a_{n-2} \geqslant \frac{15}{4} \cdot 3a_{n-2} \geqslant \frac{45}{4} \cdot 2^{n-2} > 2^{n+1}$$

这两种情况都满足归纳假设。在这个阶段，我们已经涵盖了所有的情况，所以归纳的证明已完成，不等式 $a_n \geqslant 2^n$ 对于所有的 n 都成立。

10.6 数　　论

习题 6.1　请证明，对于任意正整数 n，3^n 能整除 $\underbrace{11\cdots11}_{3^n \text{个}}$。

解答　对于基线条件 $n = 1$，我们需要证明 $3 \mid 111$，这显然为真，因为 $111 = 3 \cdot 37$。

至于归纳步骤，现在假定该结论对于 $n \geqslant 1$ 成立。请注意

$$\underbrace{11\cdots11}_{3^{n+1}\text{位}} = \underbrace{11\cdots11}_{3^n\text{位}} \cdot 10\cdots010\cdots01$$

在第二个因数中相邻的两个 1 之间有 $3^n - 1$ 个零。根据归纳假设，我们知道 $\underbrace{11\cdots11}_{3^n\text{位}}$ 可以被 3^n 整除，又因为 $10\cdots010\cdots01$ 的数位数字之和为 3，所以也能被 3 整除。因此，$\underbrace{11\cdots11}_{3^{n+1}\text{位}}$ 可以被 $3^n \cdot 3 = 3^{n+1}$ 整除。

习题 6.2　请证明，对于任意两个正整数 a 和 m，数列 $a, a^a, a^{a^a}, \cdots$ 对 m 的模最终为常数。

解答　我们通过对 m 的归纳来证明该结论。对于 $m = 1$，结论显然成立。由于该结

论对于 $a=1$ 显然成立,所以我们还可以推断 $a>1$ 的情况。

现在,假定该结论对于所有小于某个 $m(m>1)$ 的正整数都成立。首先,假定 a 和 m 有一个质数公因数 p,将其表示为 $m=p^e k$,其中 $\gcd(p,k)=1$。由于 $a>1$,所以 $1, a, a^a$, $a^{a^a}, \cdots$ 的指数数列递增,于是,某个节点之后的所有项都可以被 p^e 整除。根据归纳假设,由于 $k<m$,所以该数列最终趋近于常数关于 k 的模。该数列同时也会趋近于常数 $0 \bmod (p^e)$,所以根据中国余数定理,该数列最终也将趋近于常数关于 $p^e k$ 的模,等于 m。

我们还剩下 a 和 m 互素的情况。根据欧拉定理,我们知道 $a^{\varphi(m)} \equiv 1 \pmod{m}$。请注意,从第二项开始,给定数列中 a 的指数是 $1, a, a^a, a^{a^a}, \cdots$,这与原数列相同。所以只需要考察该数列关于 $\varphi(m)$ 的模就够了。由于 $\varphi(m)<m$,所以根据归纳假设就可以完成证明,至此关于该情况的所有证明也就完成了。

习题 6.3(波兰 1998) 令 x 和 y 为实数,使得 $x+y, x^2+y^2, x^3+y^3$ 和 x^4+y^4 都为整数。请证明,对于所有正整数 n,x^n+y^n 都为整数。

解答 我们将通过对 $n \geq 1$ 的归纳来证明该结论。首先,请注意,$(x+y)^2 = x^2+y^2+2xy$,所以 $2xy$ 是一个整数。但是,如果 $2xy$ 是奇数,那么 $2(x+y)^4 = 2(x^4+y^4)+4(2xy)(x^2+y^2)+3(2xy)^2$ 这一式子的左边是一个偶数而右边是一个奇数。所以,$2xy$ 为偶数而 xy 是一个整数。

对于 $n=1$ 和 $n=2$ 的情况,由题设可知结论成立。假定该结论对于所有整数 $n \leq k(k \geq 3)$ 成立,我们来证明其对于 $n=k+1$ 也成立。我们已知 $x^{k+1}+y^{k+1} = (x^k+y^k)(x+y) - xy(x^{k-1}+y^{k-1})$,由于该式右边为整数,所以由此便可以得到结论。

习题 6.4 令 x 和 y 为整数,使得 $a-b+c-d$ 为奇数且能整除 $a^2-b^2+c^2-d^2$。请证明,对于每一个正整数 n,$a-b+c-d$ 都能整除 $a^n-b^n+c^n-d^n$。

解答 我们通过对 $n \geq 1$ 的归纳来进行本题的证明。以下结论是同余性的一个直接推论,它对于我们的证明非常有用:若 $x-y \mid z_1-t_1$ 且 $x-y \mid z_2-t_2$,则 $x-y \mid z_1 z_2 - t_1 t_2$。回到我们最开始的问题,请注意 $(a+c)-(b+d)$ 可以整除 $(a+c)^2-(b+d)^2 = [(a^2+c^2)-(b^2+d^2)]+2(ac-bd)$。由于我们的假设是 $(a+c)-(b+d)$ 可以整除 $(a^2+c^2)-(b^2+d^2)$,所以它也能整除 $2(ac-bd)$。由于我们已知 $(a+c)-(b+d)$ 为奇数,所以它也必定能整除 $ac-bd$。

本次归纳的基线条件是 $n=1$ 和 $n=2$,根据归纳假设这两种情况都成立。

关于归纳步骤,我们令 $n \geq 3$,假定 $(a+c)-(b+d)$ 可以整除 $(a^{n-1}+c^{n-1})-(b^{n-1}+d^{n-1})$ 和 $(a^{n-2}+c^{n-2})-(b^{n-2}+d^{n-2})$。根据前述结论,我们可以得到
$$(a+c)-(b+d) \mid (a+c)(a^{n-1}+c^{n-1})-(b+d)(b^{n-1}+d^{n-1})$$
并且
$$(a+c)(a^{n-1}+c^{n-1})-(b+d)(b^{n-1}+d^{n-1}) = (a^n+c^n)-(b^n+d^n)+ac(a^{n-2}+c^{n-2})-bd(b^{n-2}+d^{n-2})$$

根据归纳假设以及前述结论可知,$ac(a^{n-2}+c^{n-2})-bd(b^{n-2}+d^{n-2})$ 可以被 $(a+c)-(b+d)$ 整除。因此,$(a+c)-(b+d)$ 可以整除 $(a^n+c^n)-(b^n+d^n)$。此即为所求。

习题 6.5(AoPS) 令 m 和 n 为正整数,且 $\gcd(m,n)=1$。请计算 $\gcd(5^m+7^m, 5^n+7^n)$ 的值。

解答 我们断言:当 $2 \mid mn$ 时,$\gcd(5^m+7^m, 5^n+7^n)$ 等于 2,否则为 12。我们将通过对 $n+m$ 的归纳来证明该断言。根据对称原则,我们可以在整个证明过程中假定 $m \leqslant n$。

基线条件是 $m=0, n=1$ 和 $m=n=1$,我们可以分别得到 $\gcd(5^m+7^m, 5^n+7^n)=2$ 和 $\gcd(5^m+7^m, 5^n+7^n)=12$。所以,我们的断言在这两种情况下都成立。

现在,假定该结论对于某正整数 m 和 n 成立,$m \leqslant n, m+n \geqslant 2$。请注意

$$\gcd(5^m+7^m, 5^n+7^n) = \gcd(5^m+7^m, 7^{n-m}(5^m+7^m)-(5^n+7^n))$$
$$= \gcd(5^m+7^m, 7^{n-m}5^m-5^n)$$
$$= \gcd(5^m+7^m, 7^{n-m}-5^{n-m})$$

我们分两种情况来进行讨论。

若 $n \geqslant 2m$,则

$$\gcd(5^m+7^m, 7^{n-m}-5^{n-m}) = \gcd(5^m+7^m, 7^{n-2m}(5^m+7^m)-(7^{n-m}-5^{n-m}))$$
$$= \gcd(5^m+7^m, 7^{n-2m}5^m+5^{n-m})$$
$$= \gcd(5^m+7^m, 7^{n-2m}+5^{n-2m})$$

若 $2m \geqslant n$,则

$$\gcd(5^m+7^m, 7^{n-m}-5^{n-m}) = \gcd(5^m+7^m, (5^m+7^m)-7^{2m-n}(7^{n-m}-5^{n-m}))$$
$$= \gcd(5^m+7^m, 5^m+5^{n-m}7^{2m-n})$$
$$= \gcd(5^m+7^m, 5^{2m-n}+7^{2m-n})$$

由于 $m+n-2m < m+n$(除非 $m=0$,即基线条件的一种情况),且 $m+2m-n < m+n$(除非 $m=n=1$,即基线条件的另一种情况),根据归纳假设可知,当 $2 \mid mn$ 时,$\gcd(5^m+7^m, 5^n+7^n)$ 等于 2,否则为 12。由于 $2 \mid mn \Leftrightarrow 2 \mid m(2m-n)$,所以我们的证明也就完成了。

习题 6.6 令 n 为非负整数。请证明,$0, 1, 2, \cdots, n$ 可以被重新排列成数列 $a_0, a_1, \cdots, a_n$,使得对于所有 $0 \leqslant i \leqslant n, a_i+i$ 都是一个完全平方数。

解答 我们将通过对 $n \geqslant 0$ 的归纳来证明该论断。我们从 $0, 1, \cdots, n$ 各数中选取两个来配对并罗列出所有的数对。我们先来考察下面的基线条件。

当 $n=0$ 时,我们可以得到 $0+0$。

当 $n=1$ 时,我们得到数对 $0+1$ 和 $1+0$。

当 $n=2$ 时,我们得到数对 $0+1, 1+0, 2+2$。

当 $n=3$ 时,我们得到数对 $0+0, 1+3, 2+2, 3+1$。

当 $n=4$ 时,我们得到数对 $0+4, 1+3, 2+2, 3+1, 4+0$。

现在,假定该结论对于所有小于 $n(n>4)$ 的数值都成立,我们证明其对于 n 也成立。由于 $n>4$,所以存在唯一的 $k \geqslant 2$ 使得 $k^2 \leqslant n < (k+1)^2$。于是,$0 < (k+1)^2-n < n$,并且我们可以利用数对 $((k+1)^2-n)+n, ((k+1)^2-n+1)+(n-1), \cdots, n+((k+1)^2-n)$。

根据归纳假设,由于 $((k+1)^2-n)-1 < n$,所以,对于 $0, 1, \cdots, ((k+1)^2-n)-1$ 各数,我们同样可以得到适合的数对,由此便完成了归纳步骤的证明。

习题 6.7 如果一个整数 n 可以被表示为 $n = \dfrac{a(a+1)}{2}$,其中 a 为正整数,那么我们就称

其为三角数。请证明 $11\cdots1_9$ 是三角数,其中的角标意味着用以 9 为底的形式表示 $11\cdots1$。

解答 我们通过对九进制表达式 $11\cdots1_9$ 中 1 的个数 k 的归纳来证明该结论。由于 $1_9=1$ 且 $1=\dfrac{1\cdot2}{2}$,所以基线条件 $k=1$ 成立。

现在,假设 $\underbrace{11\cdots1}_{k个}{}_9=\dfrac{t(t+1)}{2}$,那么

$$\underbrace{11\cdots1}_{k+1个}{}_9 = 9\cdot\underbrace{11\cdots1}_{k个}{}_9+1 = \frac{9t(t+1)}{2}+1$$
$$= \frac{9t^2+9t+2}{2} = \frac{(3t+1)(3t+2)}{2}$$

因此,$\underbrace{11\cdots1}_{k+1个}{}_9$ 也是一个三角数。

习题 6.8 令 a,b,m 为正整数,使得 $\gcd(b,m)=1$。请证明,集合 $\{a^n+bn\mid n=1,2,\cdots,m^2\}$ 包含一个对 m 的模的全部余数的集合。

解答 我们将通过对 m 的归纳来证明该结论。我们分两种情况来进行讨论。

情况 1 若 $\gcd(m,ab)=1$,则该论断对于 $m=1$ 显然成立。

假设该结论对于所有小于某个 $m(m\geq2)$ 的整数为真,将该整数表示为 $m=p_1^{\alpha_1}p_2^{\alpha_2}\cdots p_t^{\alpha_t}$（其中 $p_1<p_2<\cdots<p_t$,且为互异质数）。根据归纳假设,对于所有整数 r 存在一个 $k(k\leq m_0^2)$ 使得 $a^k+bk=r+m_0q_0$,其中 $q_0\in\mathbb{Z}$。

由于 $\gcd(b(p_1-1)\cdots(p_t-1),p_t)=1$,所以存在一个非负整数 $q<p_t$ 使得 $qb(p_1-1)\cdots(p_t-1)\equiv-q_0(\bmod p_t)$。设 $n=k+m_0q(p_1-1)\cdots(p_t-1)$。由于 $\varphi(m)\mid m_0(p_1-1)\cdots(p_t-1)$,所以

$$a^n+bn \equiv a^k+b(k+m_0q(p_1-1)\cdots(p_t-1))$$
$$\equiv r+m_0(q_0+qb(p_1-1)\cdots(p_t-1))$$
$$\equiv r(\bmod m)$$

最终,我们可以发现

$$0<k\leq n\leq m_0^2+m_0(p_1-1)\cdots(p_t-1)(p_t-1)$$
$$<m_0^2+m_0(p_t-1)m=m_0^2(1+p_t^2-p_t)<m_0^2p_t^2=m^2$$

情况 2 若 $\gcd(m,a)>1$,令 $m=uv$（其中 $u>1$）,使得 a 可以被 u 的所有质因数以及 $\gcd(v,a)=1$ 整除。那么,存在 $s\in\{0,1,\cdots,u-1\}$ 使得 $bs\equiv r(\bmod u)$。

我们还知道 $\gcd(a^u,v)=1$,于是 $\gcd((a^{-1})^sbu,v)=1$。根据前一种情况,存在 $k\leq v^2$ 使得 $(a^u)^k+(a^{-1})^sbuk\equiv(a^{-1})^s(r-bs)(\bmod v)$。令 $n=uk+s$,则 $n\leq uv^2+u-1<u(v^2+1)\leq u^2v^2=m^2$,且 $a^{ku+s}+buk\equiv r-bs(\bmod v)$。这表明 $a^n+bn\equiv r(\bmod v)$。最终,我们知道对于任意可整除 a 的 p 存在 $v_p(u)<u$。由于 $p^u\geq2^u\geq1+u$,所以 $a^n+bn=a^{uk+s}+b(uk+s)\equiv0+bs\equiv r(\bmod u)$。证毕。

习题 6.9（克玛尔定理） 令 a 和 n 为两个正整数,使得 a^n-1 可以被 n 整除。请证明,$a+1,a^2+2,\cdots,a^n+n$ 对 n 的模各不相同。

解答 我们将通过对 n 的归纳来展开证明。基线条件 $n=1$ 显然成立。

现在,假定该结论对于所有小于 $n(n \geq 2)$ 的整数都成立。令 k 为 $a \bmod n$ 的阶数,即使得 $a^k \equiv 1 \pmod{n}$ 的最小值。我们通过欧拉知道 $k < n$,并且根据归纳假设可知 $k \mid n$。由于 $k < n$,所以根据归纳假设可知 $a+1, a^2+2, \cdots, a^k+k$ 是关于 k 的不同模数。现在我们来证明:对于 $1 \leq x, y \leq n$,我们能够得到 $a^x+x \not\equiv a^y+y \pmod{n}$。令 $x=kz+t, y=ku+v$,其中,$1 \leq t, v \leq k$,$0 \leq z, u < \dfrac{n}{k}$,那么 $a^x \equiv a^t \pmod{n}$,$a^y \equiv a^v \pmod{n}$。我们分两种情况进行讨论。

情况 1 若 $t \neq v$,则 $a^x+x \equiv a^t+t$,并且根据归纳假设我们可以得到
$$a^t+t \not\equiv a^v+v \equiv a^y+y \pmod{k}$$

情况 2 若 $t=v$,则 $z \neq u$,因此
$$a^x+x = a^t+kz+t = a^v+ku+v+k(z-u)$$
$$\equiv a^y+y+k(z-u) \not\equiv a^y+y \pmod{n}$$

这样便完成了我们的证明。

习题 6.10 令 $f: \mathbb{R} \to \mathbb{R}$ 被定义为 $f(x)=ax^2+bx+c$,其中 a, b, c 为正整数。令 n 为给定的正整数。请证明,对于任意正整数 m,存在 n 个连续整数 $\alpha_1, \alpha_2, \cdots, \alpha_n$,使得 $f(\alpha_1)$,$f(\alpha_2), \cdots, f(\alpha_n)$ 中的每一个数都至少有 m 个不同的质因数。

解答 我们将通过对 m 的归纳来证明该结论。当 $m=1$ 时,结论显然成立。

现在,假定该结论对于 $m \geq 1$ 成立,并且令 $\alpha_1, \alpha_2, \cdots, \alpha_n$ 是这样的数,使得 $f(\alpha_1)$,$f(\alpha_2), \cdots, f(\alpha_n)$ 中的每一个数都至少有 m 个不同的质因数。例如 $A=f(\alpha_1)^2 f(\alpha_2)^2 \cdots f(\alpha_n)^2$。令 $\beta_j=A+\alpha_j$ 对于每一个 $j=1, \cdots, n$ 都成立。请注意,整数 $\beta_1, \cdots, \beta_n$ 也是连续的,并且 $f(\beta_j)=f(\alpha_j)(1+C_j f(\alpha_j))$,其中 C_j 是整数。因此,$1+C_j f(\alpha_j)$ 与 $f(\alpha_j)$ 互素,所以,$f(\beta_j)$ 至少有一个质因数大于 $f(\alpha_j)$。由此便完成了我们的证明。

习题 6.11(伊朗 2005) 请求出所有 $f: \mathbb{N}_+ \to \mathbb{N}_+$,使得对于每一个 $m, n \in \mathbb{N}_+$ 都存在 $f(m)+f(n) \mid m+n$。

解答 我们将利用强归纳法来证明 $f(n)=n$。令 $m=n=1$,我们得到 $2f(1) \mid 2$,所以 $f(1) \mid 1 \Rightarrow f(1)=1$。基线条件得证。

现在,假定该结论对于所有小于 $n(n>1)$ 的正整数都成立。根据切比雪夫定理,我们知道存在一个介于 n 和 $2n$ 之间的质数,所以存在 $m < n$ 使得 $m+n=p$ 为质数。由于 $f(m)+f(n)$ 整除 p,所以 $f(m)+f(n)$ 要么是 1 要么是 p。但 $f(m)+f(n) \geq 1+1=2$,所以它不可能是 1。因此,$f(m)+f(n)=p$。由于 $f(m)=m$,根据归纳假设,我们得到 $f(n)=p-m=n$。证毕。

习题 6.12(Kvant M2252) 请证明,$1+3^3+5^5+\cdots+(2^n-1)^{2^n-1} \equiv 2^n \pmod{2^{n+1}}$ 对于 $n \geq 2$ 成立。

解答 在我们的证明中将利用以下两个命题:(1) 若 k 为奇数,则 $k^{2^n} \equiv 1 \pmod{2^{n+2}}$;(2) $(k+2^n)^k \equiv k^k(1+2^n) \pmod{2^{n+2}}$。

命题(1)可以通过两条途径得到证明:要么利用等式 $k^{2^n}-1=(k-1)(k+1)(k^2+1)\cdots(k^{2^{n-1}}+1)$,要么通过对 n 的归纳。命题(2)是二项式定理的一个简单推论。

现回到原题,我们定义 $S_n=1+3^3+5^5+\cdots+(2^n-1)^{2^n-1}$,于是 $S_{n+1}=S_n+R_n$,其中,$R_n=(2^n+1)^{2^n+1}+\cdots+(2^{n+1}-1)^{2^{n+1}-1}$。

请注意,R_n 中的 2^n-1 项都可以表示为 $m=2^n+k,k<2^n$。所以,根据上述命题(1)和(2),我们可以得到

$$m^m\equiv m^{2^n}\cdot m^k\equiv m^k\equiv k^k(1+2^n)\pmod{2^{n+2}}$$

这表明

$$R_n\equiv(1+2^n)(1+3^3+5^5+\cdots+(2^n-1)^{2^n-1})\equiv(1+2^n)S_n\pmod{2^{n+2}}$$

因此

$$S_{n+1}\equiv 2S_n(1+2^{n-1})\pmod{2^{n+2}}$$

我们现在对 n 进行归纳。当 $n=2$ 时,可得 $S_2=28\equiv4\pmod8$。现在,假定该结论对于 $n\geq2$ 成立。那么,我们可以得到 $S_n=2^{n+1}k+2^n,k\in\mathbb{Z}$。根据上述已证明的结论,我们得到

$$S_{n+1}\equiv(2^{n+2}k+2^{n+1})(1+2^{n-1})\equiv2^{n+1}\pmod{2^{n+2}}$$

由此便完成了证明。

习题 6.13(GMA 2013) 请证明,对于任意正整数 n 和任意质数 p,总和

$$S_n=\sum_{k=0}^{\lfloor\frac{n}{p}\rfloor}(-1)^k\binom{n}{kp}$$

可以被 $p^{\lfloor\frac{n-1}{p-1}\rfloor}$ 整除。

解答 我们从证明以下引理开始。

引理 对于所有 $n\geq p$,都存在 $S_n-\binom{p}{1}S_{n-1}+\binom{p}{2}S_{n-2}-\cdots+\binom{p}{p-1}S_{n-p+1}=0$。

证明 令 ζ 为该式的第 p 个原根。我们已知

$$\sum_{j=0}^{p-1}\zeta^i=\begin{cases}0,p\nmid i\\p,p\mid i\end{cases}$$

根据该方程,我们发现

$$S_n=\frac{1}{p}\sum_{i=0}^{p-1}(1-\zeta^i)^n$$

由于 $\zeta^i(i=1,2,\cdots,p-1)$ 是多项式 $\frac{x^p-1}{x-1}$ 的根,所以我们得到 $1-\zeta^i$ 是以下多项式的根

$$\frac{1-(1-x)^p}{x}=x^{p-1}-\binom{p}{1}x^{p-2}+\cdots+\binom{p}{p-1}$$

通过取 $x=1-\zeta^i(i=1,\cdots,p-1)$,并将其相加,我们发现,对于每一个 $n\geq p$,我们都可以

得到

$$S_n - \binom{p}{1}S_{n-1} + \binom{p}{2}S_{n-2} - \cdots + \binom{p}{p-1}S_{n-p+1} = 0$$

引理得证。

现回到原题，我们通过对 n 的归纳来进行证明。若 $n = 1, 2, \cdots, p-1$，则结论显然成立。现在，假定 $n \geq p$，且该结论对于所有小于 n 的正整数都成立。我们还知道，对于所有 $1 \leq j \leq p-1$，存在 $p \mid \binom{p}{j}$。根据归纳假设，我们知道对于 $1 \leq j \leq p-1$，$p^{\lfloor \frac{n-j-1}{p-1} \rfloor}$ 整除 S_{n-j}。而且，对于所有 $1 \leq j \leq p-1$，还存在

$$\left\lfloor \frac{n-j-1}{p-1} \right\rfloor + 1 = \left\lfloor \frac{n+p-j-2}{p-1} \right\rfloor \geq \left\lfloor \frac{n-1}{p-1} \right\rfloor$$

因此，下列和 $\binom{p}{1}S_{n-1} - \binom{p}{2}S_{n-2} + \cdots - \binom{p}{p-1}S_{n-p+1}$ 的各项都可以被 $p^{\lfloor \frac{n-1}{p-1} \rfloor}$ 整除。根据引理，其对于 S_n 同样为真。由此便完成了我们的证明。

习题 6.14（保加利亚 1996） 令 $k \geq 3$ 为整数。请证明，存在正奇数 x 和 y 使得 $2^k = 7x^2 + y^2$。

解答 我们利用归纳法来证明该结论。根据归纳，证明对于每一个 $k(k \geq 3)$ 存在奇数正整数 x_k 和 y_k，使得 $2^k = 7x_k^2 + y_k^2$。当 $k = 3$ 时，取 $x_3 = y_3 = 1$。关于归纳步骤，我们利用等式 $2(7a^2 + b^2) = 7\left(\frac{a \pm b}{2}\right)^2 + \left(\frac{7a \mp b}{2}\right)^2$。若 $2^k = 7x_k^2 + y_k^2$（其中 x_k, y_k 为奇数），则 $\frac{x_k + y_k}{2}$ 或者 $\frac{|x_k - y_k|}{2}$ 为奇数（因为它们的和为 x_k 或者 y_k，而这两个值都是奇数）。若 $\frac{x_k + y_k}{2}$ 为奇数，则取 $x_{k+1} = \frac{x_k + y_k}{2}$ 和 $y_{k+1} = \frac{|7x_k - y_k|}{2}$。若 $\frac{x_k + y_k}{2}$ 为偶数，则 $\frac{|x_k - y_k|}{2}$ 为奇数。于是，定义 $x_{k+1} = \frac{|x_k - y_k|}{2}$，$y_{k+1} = \frac{7x_k + y_k}{2}$。归纳步骤证毕。由此，本题的证明也就完成了。

习题 6.15（USAMO 1998） 请证明，对于每一个 $n(n \geq 2)$ 都存在一个由 n 个整数构成的集合 S，使得对于每一对不同的 $a, b \in S$，$(a-b)^2$ 都可以整除 ab。

解答 我们将通过对 n 的归纳来证明我们可以求得这样一个由非负整数构成的集合 S_n。

基线条件为 $n = 2$，此时取 $S_n = \{0, 1\}$。

现在，假定由 n 个非负整数构成的所求集合 $S_n(n \geq 2)$ 存在。令 L 为非零数 $(a-b)^2$ 和 ab 的最小公倍数，其中 (a, b) 是由来自 S_n 的不同元素构成的所有数对。定义 $S_{n+1} = \{L+a \mid a \in S_n\} \cup \{0\}$。

请注意，由于 $L > 0$，所以 S_{n+1} 由 $n+1$ 个非负整数构成。而且，若 $i, j \in S_{n+1}$，并且 i 或 j 为零，则 $(i-j)^2$ 可以整除 ij。

最后,请注意,若 $L+a, L+b \in S_{n+1}$,其中 a, b 是 S_n 中的不同元素,则 $(L+a)(L+b) \equiv ab \equiv 0 \pmod{(a-b)^2}$。所以,$((L+a)-(L+b))^2$ 可以整除 $(L+a)(L+b)$。至此,归纳步骤的证明就完成了。

习题 6.16(巴西 2011)　请证明,存在正整数 $a_1 < a_2 < \cdots < a_{2\,011}$,使得对于所有 $1 \leqslant i < j \leqslant 2\,011$ 都存在 $\gcd(a_i, a_j) = a_j - a_i$。

解答　首先,请注意,条件 $\gcd(a_i, a_j) = a_j - a_i$ 等价于 $a_j - a_i \mid a_i$。事实上,若 $\gcd(a_i, a_j) = a_j - a_i$,则 $a_j - a_i \mid a_i$。反之,若 $a_j - a_i \mid a_i$,则 $a_j - a_i \mid a_j$,所以 $a_j - a_i \mid \gcd(a_i, a_j)$。根据欧式几何可知,$\gcd(a_i, a_j) \leqslant a_j - a_i$。由此,我们便完成了证明。

现在,我们通过对 n 的归纳来构建一个符合要求的数列 $a_1 < a_2 < \cdots < a_n$。对于基线条件 $n = 2$,我们可以取 $a_1 = 2$ 和 $a_2 = 4$。

假定我们已经构建了符合要求的 $n-1$ 个数 $a_1 < a_2 < \cdots < a_{n-1}$。现在,我们来考察下列 n 个数 $a_0 < a_0 + a_1 < a_0 + a_2 < \cdots < a_0 + a_{n-1}$,其中 a_0 的值会在后面确定。根据前面的观察,条件 $\gcd(a_i + a_0, a_j + a_0) = (a_j + a_0) - (a_i + a_0)$ 等价于 $a_j - a_i \mid a_0 + a_i$。我们已知 $a_j - a_i \mid a_i$,所以这等价于 $a_j - a_i \mid a_0$。同样,条件 $\gcd(a_0, a_i + a_0) = a_i$ 等价于 $a_i \mid a_0$。因此,取 a_0 为数 $a_1, \cdots, a_{n-1}$ 和 $a_j - a_i (1 \leqslant i < j \leqslant n-1)$ 的最小公倍数,由此我们就可以建构出 n 个数的情况了。证毕。

习题 6.17(保加利亚 TST)　令 $a, m \geqslant 2$,$\mathrm{ord}_m^a = k$(即 $a^k \equiv 1 \pmod{m}$ 且 $a^s \not\equiv 1 \pmod{m}$ 对于任意 $0 < s < k$ 都成立)。请证明,如果 t 是一个奇数,使得每一个可以整除 t 的质数也能整除 m,且 $\gcd\left(t, \dfrac{a^k - 1}{m}\right) = 1$,则 $\mathrm{ord}_{mt}^a = kt$。

解答　我们通过对 t 的质因数个数(同时考虑其乘积)的归纳来证明本题论断。我们从 t 为质数开始,即 $t \mid m$。令 $d = \dfrac{a^k - 1}{m}$,得到 $a^k = 1 + md$。于是,$a^{kt} = (1 + md)^t \equiv 1 \pmod{mt}$,因此 $s = \mathrm{ord}_{mt}^a \mid kt$。我们已知 $mt \mid a^s - 1$,所以 $m \mid a^s - 1$。由于 $k = \mathrm{ord}_m^a$,所以我们必然会得到 $k \mid s \mid kt$,因此 $s = k$ 或者 $s = kt$。若 $s = k$,则 $1 + md = a^k \equiv 1 \pmod{mt}$,这表明 $t \mid d$,自相矛盾。所以,$s = kt$。

现在,假设 t 至少有两个质因数(无须互异),并将 t 表示为 $t = r t_0$,其中 r 为质数,$t_0 > 1$。由于 r 为质数,根据上述已经证明的基线条件得到 $\mathrm{ord}_{mr}^a = kr$。

我们首先证明 $\gcd\left(t_0, \dfrac{a^{kr} - 1}{mr}\right) = 1$。如果某个质数 r_0 整除 t_0,那么它也整除 t,即 $r_0 \mid m \mid mr$。现在

$$
\begin{aligned}
d_0 &= \frac{a^{kr} - 1}{mr} \\
&= \frac{a^k - 1}{m} \cdot \frac{a^{k(r-1)} + a^{k(r-2)} + \cdots + 1}{r} \\
&= d \cdot \frac{a^{k(r-1)} + a^{k(r-2)} + \cdots + 1}{r}
\end{aligned}
$$

由于 $a^k \equiv 1 \pmod{m}$，得到 $a^k \equiv 1 \pmod{r}$，所以 $\dfrac{a^{k(r-1)}+a^{k(r-2)}+\cdots+1}{r}$ 是一个整数。

若 $r \neq r_0$，则 $a^k \equiv 1 \pmod{r_0}$，由此我们也有 $\dfrac{a^{k(r-1)}+a^{k(r-2)}+\cdots+1}{r} \equiv 1 \pmod{r_0}$。于是 $\gcd\left(r_0, \dfrac{a^{kr}-1}{mr}\right)=1$。

若 $r=r_0$，则我们可以设 $a^k \equiv 1+br \pmod{r^2}$ 对于某个整数 b 成立。根据二项式定理，可得对于 $j=0,1,\cdots,r-1$ 存在 $a^{kj} \equiv 1+jbr \pmod{r^2}$。因此

$$a^{k(r-1)}+a^{k(r-2)}+\cdots+1 \equiv r+br(1+2+\cdots+r-1) \equiv r+\frac{b}{2}r^2(r-1) \pmod{r^2}$$

由于 t 为奇数，所以其必定等于 r，于是我们得到

$$\frac{a^{k(r-1)}+a^{k(r-2)}+\cdots+1}{r} \equiv 1 \pmod{r}$$

再次得到 $\gcd\left(r_0, \dfrac{a^{kr}-1}{mr}\right)=1$。

将这两种情况相结合，可得 $\left(t_0, \dfrac{a^{kr}-1}{mr}\right)=1$。由此，我们便可以应用归纳假设完成证明。

习题 6.18（中国 TST） 请证明，对于所有正整数 m 和 n，存在一个整数 k 使得 2^k-m 至少有 n 个不同的质因数。

解答 我们通过对 n 的归纳来证明该结论。基线条件 $n=1$ 显然成立。

现在，假定存在某个 k_n 使得 $A_n=2^{k_n}-m$ 至少有 n 个不同的质因数。不失一般性，假设 A_n 为奇数（我们可以用其整除 m 来去掉 2 的指数，所以我们可以假定 m 为奇数）。根据欧拉定理，可得

$$2^{\varphi(A_n^2)} \equiv 1 \pmod{A_n^2}$$

所以

$$2^{k_n+\varphi(A_n^2)}-m \equiv A_n \pmod{A_n^2}$$

化简可得

$$\frac{2^{k_n+\varphi(A_n^2)}-m}{A_n} \equiv 1 \pmod{A_n}$$

所以，存在一个质数 $p \nmid A_n$ 使得 $p \mid \dfrac{2^{k_n+\varphi(A_n^2)}-m}{A_n}$。取 $k_{n+1}=k_n+\varphi(A_n^2)$，归纳步骤得证。证毕。

习题 6.19（塞尔维亚） 请证明，对于所有正整数 m，存在一个正整数 $k \geq 2$ 使得 3^k-2^k-k 可以被 m 整除。

解答 我们根据 $x_0=2$ 和 $x_{n+1}=3^{x_n}-2^{x_n}$ 来定义数列 $(x_n)_{n \geq 0}$。我们要证明：对于所有正整数 d 都存在一个 n 使得 $x_{n+1} \equiv x_n \pmod{d}$（请注意，通过取 $d=m$ 和 $k=x_n$，这一论断可

以导出本题结论)。

我们继续对 d 进行归纳(基线条件 $d=1$ 显然成立)。

现在,假定结论对于所有小于 $d(d \geqslant 2)$ 的整数都成立,于是 $\varphi(d)<d$。而且,由于该结论对于 $\varphi(d)$ 成立,所以存在一个 n 使得 $x_{n+1} \equiv x_n(\bmod \varphi(d))$。于是,根据欧拉定理,得到 $3^{x_{n+1}} \equiv 3^{x_n}(\bmod d)$ 和 $2^{x_{n+1}} \equiv 2^{x_n}(\bmod d)$。由此,本题结论得证。

习题 6.20 令 k 为正整数。请证明,对于所有非负整数 m,存在一个至少有 m 个质因数的正整数 n(不一定是不同的)使得 $2^{kn^2}+3^{kn^2}$ 可以被 n^3 整除。

解答 我们从证明下述引理开始。

引理 若 a 和 b 为正整数,且 $\gcd(a,b)=1$,而 p 是一个奇质数,使得 $\nu_p(a+b)=s \geqslant 1$,则 $\nu_p(a^p+b^p)=s+1$。

证明 令 $a+b=x$ 是一个可以被 p 整除的整数。于是

$$\frac{a^p+b^p}{a+b}=\frac{(x-b)^p+b^p}{x}$$

$$=x^{p-1}-bpx^{p-2}+\cdots-\binom{p}{2}b^{p-2}x+pb^{p-1}$$

$$\equiv pb^{p-1}(\bmod p^2)$$

由于 a 和 b 互素,所以 $\nu_p\left(\dfrac{a^p+b^p}{a+b}\right)=1$。由于 $\nu_p(a^p+b^p)=\nu_p(a+b)+\nu_p\left(\dfrac{a^p+b^p}{a+b}\right)$,所以引理结论得证。

我们现在通过对 $m \geqslant 0$ 的归纳来证明原题结论。对于 $m=0$ 的情况,我们可以取 $n=1$。

假定 $m \geqslant 1$,且我们已经得到一个整数 n_{m-1} 至少有 $m-1$ 个质因数使得 n_{m-1}^3 能整除 $2^{kn_{m-1}^2}+3^{kn_{m-1}^2}$。我们分两种情况来讨论。

情况 1 若存在一个质数 p 使得 $p \nmid n_{m-1}$ 但 $p \mid 2^{kn_{m-1}^2}+3^{kn_{m-1}^2}$。由于 $p \mid 2^{kn_{m-1}^2}+3^{kn_{m-1}^2}$,所以根据上述引理可得 $p^3 \mid 2^{kp^2n_{m-1}^2}+3^{kp^2n_{m-1}^2}$。因此,我们可以取 $n_m=pn_{m-1}$。由此,证明就完成了。

情况 2 若 n_{m-1} 和 $2^{kn_{m-1}^2}+3^{kn_{m-1}^2}$ 有相同的质因数,则可以利用 $n_{m-1} \neq 2^{kn_{m-1}^2}+3^{kn_{m-1}^2}$(由于 $2^{kn_{m-1}^2}+3^{kn_{m-1}^2}>3^{n_{m-1}^2}>n_{m-1}^3$)这一事实。因此,存在一个质数 q 使得 $\nu_q(n_{m-1}^3)=\alpha$ 和 $\nu_q(2^{kn_{m-1}^2}+3^{kn_{m-1}^2})=\beta \geqslant \alpha+1$。取 $n_m=qn_{m-1}$,我们得到 $q^{\alpha+3} \mid q^{\beta+2}=\nu_q(2^{kn_m^2}+3^{kn_m^2})$。证毕。

习题 6.21 请证明,对于所有正整数 k,存在一个恰好有 k 个质因数的整数 n,且 $n^3 \mid 2^{n^2}+1$。

解答 我们先来证明两个重要的引理。

引理 1 令 a 为正整数,p 为奇质数,则下列命题等价:

(a) $\nu_p(a+1)=s \geqslant 1$。

（b）$\nu_p(a^p+1)=s+1$。

证明 若$\nu_p(a+1)=s\geqslant 1$，则$a^p=(a+1-1)^p$，根据二项式定理，我们得到$\dfrac{a^p+1}{a+1}\equiv p\,(\mathrm{mod}\,p^2)$。由于$\nu_p(a^p+1)=\nu_p(a+1)+\nu_p\left(\dfrac{a^p+1}{a+1}\right)$，所以结论得证。反之，若$p\,|\,a^p+1$，根据费马小定理，我们会发现$a+1$可以被$p$整除，再根据上述用到的等量关系就可以证得结论。

引理2 令a为正整数，则存在一个质数q使得$q\,\Big|\,\dfrac{a^p+1}{a+1}$且$q\nmid a+1$（除了$a=2$且$p=3$的情况）。

证明 我们假定相反的情况，则任意可整除$\dfrac{a^p+1}{a+1}$的q也可以整除$a+1$。我们注意到$\left(\dfrac{a^p+1}{a+1},a+1\right)=1$或$p$，所以我们必定可以得到$q=p$，因此$\dfrac{a^p+1}{a+1}$和$a+1$都是$p$的幂。根据前述引理可知，若$p\,|\,a+1$，则$\nu_p\left(\dfrac{a^p+1}{a+1}\right)=1$。所以，除了$a=2$且$p=3$的情况，当$\dfrac{a^p+1}{a+1}>a^2-a+1>a+1\geqslant p$时，我们必定可以得到$\dfrac{a^p+1}{a+1}=p$。该引理证毕。

现回到原题，我们将通过对k的归纳来证明该结论。从引理1我们知道，若$p\,|\,2^m+1$，则$p^3\,|\,2^{mp^2}+1$。当$k=1$时，我们可以取$n_1=p_1=3$。由于$2^9+1=513=27\cdot 19$，所以当$k=2$时，我们可以取$n_2=p_1p_2$（其中$p_2=19$）。

现在，假定我们建构了一个关于$k\geqslant 2$的相应的$n_k=p_1p_2\cdots p_k$，使得$n_k\,|\,2^{n_{k-1}}+1$且$n_k^3\,|\,2^{n_k^2}+1$。根据引理2可知，存在一个质数p_{k+1}使得$p_{k+1}\,|\,2^{p_1p_2\cdots p_{k-1}}+1=a+1$（所以$p_{k+1}$不在$p_1,\cdots,p_k$中）且$p_{k+1}\,|\,2^{p_1p_2\cdots p_k}+1=a^p+1$。现在，设$n_{k+1}=p_{k+1}n_k$。由于$n_k^3\,|\,2^{n_k^2}+1\,|\,2^{n_k^2p_{k+1}^2}+1$，并且根据引理1可知$p_{k+1}^3\,|\,2^{n_k^2p_{k+1}^2}+1$，因此可以推得$n_k^3p_{k+1}^3=n_{k+1}^3\,|\,2^{n_k^2p_{k+1}^2}+1=2^{n_{k+1}^2}+1$。证毕。

习题6.22（波兰训练营） 令k为正整数。数列$(a_n)_{n\geqslant 1}$被定义为

$$\sum_{d\,|\,n}da_d=k^n,\ n\geqslant 1$$

请证明，数列的每一项都是整数。

解答 我们将通过对n的归纳来证明该结论。基线条件$n=1$显然成立。

现在，假定$n\geqslant 2$且该结论对于所有小于n的整数都为真。根据归纳假设，可得$na_n+\sum_{d\,|\,n,\,d<n}da_d=k^n$。我们要证明$n\,|\,k^n-\sum_{d\,|\,n,\,d<n}da_d$。令$p$为可以整除$n$的质数，$n=p^rx$（$x$与$p$互素）。根据归纳假设可知

$$
\begin{aligned}
k^n-\sum_{d\,|\,n,\,d<n}da_d &\equiv k^n-\sum_{d\,|\,p^{r-1}x}da_d\\
&=k^{p^rx}-k^{p^{r-1}x}\\
&=k^{p^{r-1}x}\left(k^{p^{r-1}(p-1)x}-1\right)(\mathrm{mod}\,p^r)
\end{aligned}
$$

若 $p \mid k$,则结论不证自明。否则,根据欧拉定理可得 $p^r \mid k^{p^{r-1}(p-1)x}-1$。在任何一种情况下,我们都可以得到 p^r 整除 $k^n - \sum_{d \mid n, d < n} da_d$。由于这一结论对所有 $p \mid n$ 都成立,所以此即为所求结论。

习题 6.23　请证明,存在 $(1,2,3,\cdots,n)$ 的一个排列 $(a_1, a_2, \cdots, a_n)$,使得 $a_1, a_1+a_2, \cdots, a_1+a_2+\cdots+a_{n-1}$ 中没有一个数是完全平方数。

解答　我们将通过对 n 的强归纳来证明该论断。对于基线条件 $n=1,2,3$ 我们可以分别取数组 (1),$(2,1)$ 和 $(3,2,1)$。

现在,假定我们已经证明了该断言对 $n<k(k \geqslant 4)$ 成立。若 $1+2+\cdots+(k-1)$ 不是一个完全平方数,则我们可以取数组 $(a_1, a_2, \cdots, a_{k-1}, k)$,其中 $(a_1, a_2, \cdots, a_{k-1})$ 是根据归纳假设得到的 $(1,2,\cdots,k-1)$ 的相应数组。若 $1+2+\cdots+(k-1)$ 是一个完全平方数,则 $1+2+\cdots+(k-2)$ 和 $1+2+\cdots+(k-2)+k$ 不是,所以我们可以得到的数组为 $(a_1, a_2, \cdots, a_{k-2}, k, k-1)$,其中 $(a_1, a_2, \cdots, a_{k-2})$ 是 $(1,2,\cdots,k-2)$ 的相应数组。

习题 6.24　请证明,对于一个合适的 t 以及适当的 ± 号选择,任意整数都可以有无限多种方法被表示为 $\pm 1^2 \pm 2^2 \pm 3^2 \pm \cdots \pm t^2$。

解答　我们将证明过程分成两部分。首先,我们证明每个数都至少可以被表示为给定形式中的一种。我们要证明如果一个数至少可以被表示为给定形式中的一种,那么该数就可以有无限多种表示形式。本次证明的关键部分是方程式 $(t+1)^2-(t+2)^2-(t+3)^2+(t+4)^2=4$。这表明若 n 可以被表示为 t 个项之和,则 $n+4$ 可以被表示为 $t+4$ 个项之和。这是第一部分中的归纳步骤(从 n 到 $n+4$)。剩下的就是证明基线条件 $n=0, n=1, n=2$ 和 $n=3$ 时的情况。我们已知

$$0 = 1^2+2^2-3^2+4^2-5^2-6^2+7^2$$
$$1 = 1^2$$
$$2 = -1^2-2^2-3^2+4^2$$
$$3 = -1^2+2^2$$

至此,第一部分的归纳证明已完成。

对于第二部分的证明,我们可以从方程 $(t+1)^2-(t+2)^2-(t+3)^2+(t+4)^2=4$ 推得,即 $(t+1)^2-(t+2)^2-(t+3)^2+(t+4)^2-(t+5)^2+(t+6)^2+(t+7)^2-(t+8)^2=0$。因此,若 n 可以被表示为 t 个平方数之和,则 n 也可以被表示为 $t+8$ 个平方数之和。由此,第二部分的证明也完成了。结论得证。

习题 6.25(罗马尼亚 TST 2013)　请求出所有可以被表示为 $n = \dfrac{(a_1^2+a_1-1)(a_2^2+a_2-1)\cdots(a_k^2+a_k-1)}{(b_1^2+b_1-1)(b_2^2+b_2-1)\cdots(b_k^2+b_k-1)}$ 的正整数 n。其中,正整数 $a_i, b_i \in \mathbb{N}_+$ 且 $k \in \mathbb{N}_+$。

解答　首先,请注意,$a^2=a-1$ 永远为奇数,所以任意 n 必定为奇数。其次,还需注意对于任意奇质数 $p \neq 5$($p \mid a^2+a-1$)存在 $p \mid (2a+1)^2-5$,所以 5 是 $\bmod\ p$ 的二次剩余。因此,$p \equiv 1,4 \pmod 5$。

我们现在断言质因数为 0,1 或 4 模 5 的所有奇整数都可以以这种形式来表示。我们称之为"优质的"。我们可以根据归纳法来证明该结论。基线条件已经包含在 $1 = \dfrac{1^2+1-1}{1^2+1-1}$ 和 $5 = \dfrac{2^2+2-1}{1^2+1-1}$ 中。我们假定所有优质数都严格小于 k，其中 $k>5$ 且为优质数。若 k 不是质数，则 k 为两个优质数的乘积（这两个优质数都可以被表示为给定的形式，所以其乘积也是优质的）。否则，若 k 为质数且优质，则可以求得一个 $0<a\leqslant k-1$ 使得 $k\,|\,a^2-5$。由于我们还知道 $k\,|\,(k-a)^2-5$，通过用 $k-a$ 取代 a，所以我们可以认为 $a=2b+1$ 为奇数。因此，$k\,|\,b^2+b-1$。由于 $\dfrac{b^2+b-1}{k}<k$，且该数显然也是优质的，所以该数可以被表示为所要求的形式，并且其倒数 $\dfrac{k}{b^2+b-1}$ 也同样可以。因此，将 k 表示为 $k=\dfrac{k}{b^2+b-1}\cdot\dfrac{1^2+1-1}{b^2+b-1}$ 就完成了本题的证明。

习题 6.26（美国 TST 2006） 令 n 为正整数。请求出并证明不能被表示为 $\sum\limits_{i=1}^{n}(-1)^{a_i}2^{b_i}$ 这一形式的最小正整数 d_n。其中，a_i 和 b_i 对于每个 i 都是非负整数。

解答 答案为 $d_n=2\dfrac{4^n-1}{3}+1$。我们先来考察不能获得 d_n 的情况。对于任意 p，令 $t(p)$ 为 p 的所求表达形式所需的最小项数 n，并将得到该最小值的表达式称为 p 的"最小表达式"。若 p 为偶数，则得到 p 的 b_i 的任意序列都包含偶数个零。

如果这个数字不是零，那么互相消除一项或用一个 $b_i=1$ 的项替换两项将会减少总和中的项数。因此，最小表达式中不能包含 $b_i=0$ 的项，通过将每个项除以 2，我们可以看到 $t(2m)=t(m)$。如果 p 是奇数，那么必定至少存在一个 $b_i=0$，且将其移除会得到一个产生 $p-1$ 或 $p+1$ 的序列。因此，我们得到

$$t(2m-1)=1+\min\{t(2m-2),t(2m)\}=1+\min\{t(m-1),t(m)\}$$

将 d_n 进行上述定义，而 $c_n=\dfrac{2^{2n}-1}{3}$，我们得到 $d_0=c_1=1$，所以 $t(d_0)=t(c_1)=1$，并且 $t(d_n)=1+\min\{t(d_{n-1}),t(c_n)\}$，$t(c_n)=1+\min\{t(d_{n-1}),t(c_{n-1})\}$。因此，通过归纳可知 $t(c_n)=n$，$t(d_n)=n+1$，且 d_n 不能通过 n 项之和获得。

接下来，我们通过对 n 进行归纳来证明任何小于 d_n 的正整数都可以用 n 个项来得到。根据归纳假设和关于零的对称性，我们只需证明通过添加一个求和项可以从 $-d_{n-1}<q<d_{n-1}$ 范围内的整数 q 获得 $d_{n-1}\leqslant p<d_n$ 范围内的整数 p。假定 $c_n+1\leqslant p\leqslant d_n-1$。通过 2^{2n-1} 这一项我们观察到 $t(p)\leqslant 1+t(|p-2^{2n-1}|)$。由于 $d_n-1-2^{2n-1}=2^{2n-1}-(c_n+1)=d_{n-1}-1$，所以根据归纳假设，我们可以得到 $t(p)\leqslant n$。现在，假定 $d_{n-1}\leqslant p\leqslant c_n$。通过 2^{2n-2} 这一项，我们观察到 $t(p)\leqslant 1+t(|p-2^{2n-2}|)$。由于 $c_n-2^{2n-2}=2^{2n-2}-d_{n-1}=c_{n-1}<d_{n-1}$，所以再一次得到了 $t(p)\leqslant n$。

习题 6.27（USAMO 2003） 请证明，对于每一个正整数 n 都存在一个可以被 5^n 整除

的 n 位数,其所有数位数字都为奇数。

解答 我们将通过对 $n \geq 1$ 的归纳来证明该结论。对于基线条件 $n=1$ 我们可以取数字 5。

关于归纳步骤,假设我们已经构建了一个由 k 个奇数数字构成且可以被 5^k 整除的数。请注意,取 1,3,5,7,9 关于 5 的模会得到不同的余数。由于只存在 5 个关于 5 的模的余数,所以必定可以涵盖这 5 个关于 5 的模的余数。因此,存在 $c \in \{1,3,5,7,9\}$ 使得

$$c \cdot 2^k \equiv -\frac{A}{5^k} \pmod{5} \quad \text{或} \quad c \cdot 10^k \equiv -A \pmod{5^{k+1}}$$

于是,$10^k c + A$ 即为所求数。所以该论断对于 $n=k+1$ 也为真。证毕。

习题 6.28(IMO 2004) 我们称一个正整数是"交替的",如果它在十进制表达式中每两个连续数位都具有不同的奇偶性。请求出所有正整数 n 使得 n 有一个交替的倍数。

解答 答案取决于十进制数字系统的特性,进而取决于能够整除 n 的 2 的幂次。例如,如果 10 能够整除 n,那么 n 的任意倍数的个位数字为 0。因此,如果交替数能够被 n 整除,那么它的十位数字必是奇数,这意味着 n 不能被 20 整除。让我们来证明这也是一个充分条件,即不是 20 的倍数的数都有一个交替数作为它的倍数。

不能被 20 整除的数可以分为以下四种:m,$2^k \cdot m$,$5^k \cdot m$ 和 $2 \cdot 5^k \cdot m$,其中 $\gcd(m,10)=1$。

我们首先考虑满足 $\gcd(m,10)=1$ 的情况。在形如 101010101…01 的数字中,有两个数字在除以 m 后得到了相同的余数。用较大的数字减去较小的数字,并去除无意义的零,我们得到一个形如 1010…01(交替数字)且可被 m 整除的数字。上述方法可以推广到构造一个形如 100…100…0…100…01 的数字,其中在任意两个连续的 1 之间有 k 个零。这个数字不是交替数字,但我们在接下来的情况中会用到它。

现在转到其他情况。我们先对 k 进行归纳,证明 2^k 具有一个交替的 $k+1$ 位数的倍数。基线条件清晰自明。

假设我们已经构建了一个具有 $k+1$ 位数的 2^k 的交替倍数 M。如果 M 能被 2^{k+1} 整除,那么只需添加 10^{k+1} 或者 $2 \cdot 10^{k+1}$,使其成为具有 $k+2$ 位数的 2^{k+1} 的交替倍数。如果不能被 2^{k+1} 整除,我们可以从 10^{k-1} 在 M 的十进制表达式中所对应的数字添加 2 或者减去 2(如果数字大于 1,则减去 2,否则加上 2),从而将其转换为能被 2^{k+1} 整除的交替数。然后,我们再添加 10^{k+1} 或者 $2 \cdot 10^{k+1}$,确保归纳步骤的证明。

通过对 k 进行归纳,我们也可以证明 $2 \cdot 5^k$(因此也是 5^k)具有 $k+1$ 位数的交替倍数。基线条件清晰自明。现在,让我们考察一个具有 $k+1$ 位数的 $2 \cdot 5^k$ 的倍数 M。如果 M 也能被 5^{k+1} 整除,则在它前面加 1 或 2 进行归纳。否则,看一下 M 的第二位数(即与 10^k 相伴的数字)。该数字的重要性仅在于奇偶性,所以我们可以代入另外四个可能的值之一,而且很明显这些变体中的一个会使 M 变成 5^{k+1} 的倍数。同样,在结果数前面添加 1 或 2,这样我们就完成了归纳证明。

我们已经证明了可以找到一个具有 $k+1$ 位数的 2^k 和 $2 \cdot 5^k$ 的交替倍数。我们可以

假设它具有偶数位数,否则,我们可以在开头再添加一位数字,使得倍数仍然是交替的。因此,它的最高位数字是奇数。如果它有 d 位数,那么将它乘以形如 $10^{k(d+1)}+10^{(k-1)(d+1)}+\cdots+1$ 的 m 的倍数(我们在上面已经证明其存在),我们就构造了一个交替的 $2^k \cdot m$ 或 $2 \cdot 5^k m$ 的倍数。

因此,对于形如 $2^k \cdot m$,$2 \cdot 5^k \cdot m$ 或者 $5^k \cdot m$ 的 n,存在一个交替倍数。所以我们的答案是除了 20 的倍数的所有数。

习题 6.29(IMO 2000 候选) 是否存在一个正整数 n 使得 n 恰好有 2 000 个质因数且 n 可以整除 2^n+1?

解答 我们将通过对 k 的归纳来证明存在一个可以被 3 整除的正奇数,该数恰好有 k 个质因数且能够整除 2^n+1。基线条件为 $k=1$,此时可以取 $n=3$。

假设我们已经得到包含 k 个质因数的 n,且 $n \mid 2^n+1$。由于 $(x^2-x+1, x+1) \mid 3$(因为 $x^2-x+1-(x+1)(x-2)=3$),所以我们可以将其简化为 $2^{2n}-2^n+1$ 是 3 的一个幂数,或者 $2^{2n}-2^n+1$ 包含一个不能整除 2^n+1 也不能整除 n 的质因数 p。

第一种情况是不可能存在的,因为基于 $2^{2n}=2^{6k} \equiv 1 \pmod 9$ 和 $2^n=2^{6m+3} \equiv -1 \pmod 9$ 可知,$2^{2n}-2^n+1$ 不能被 9 整除,即 $2^{2n}-2^n+1 \equiv 3 \pmod 9$。因此,存在一个不能整除 n 的质因数 p,$p \mid 2^{2n}-2^n+1$。于是,$p \mid 2^{3n}+1$,并且由于 $2^{3n}+1 \mid 2^{3np}+1$,所以我们得到 $3np$ 即为所求数。

习题 6.30(IMO 2002 候选) 令 $p_1, p_2, \cdots, p_n$ 为大于 3 的不同质数。请证明,$2^{p_1 p_2 \cdots p_n}+1$ 至少有 4^n 个约数。

解答 我们将通过对 n 的归纳来证明该结论。我们先证明几个预备性的结论。

引理 1 若 $\gcd(a,b)=1$,且 b 是奇数,则 $\gcd(2^a+1, 2^b+1)=3$。

证明 令 $d=\gcd(2^a+1, 2^b+1)$。由于 $3 \mid d$ 且 $d \mid \gcd(2^{2a}-1, 2^{2b}-1)=2^{\gcd(2a,2b)}-1=2^2-1=3$,所以 $d=3$。

引理 2 若 a 是一个正奇数且 $3 \nmid a$,则 $9 \nmid 2^a+1$。

证明 若 $a=3k+1$,则存在 $2^a+1=2(2^{3k}+1)-1=9t-1$;若 $a=3k+2$,则存在 $2^a+1=4(2^{3k}+1)-3=9t-3$。

现回到原题,令 $N=p_1 p_2 \cdots p_n$,$N'=\dfrac{N}{p_n}$。基线条件 $n=1$ 很容易得到证明,因为 2^p+1 包含因数 $1, 3, \dfrac{2^p+1}{3}$ 和 2^p+1,且 $p>3$,所以我们得到 $3 \neq \dfrac{2^p+1}{3}$。

假定我们已经证明了结论对于 $n-1$($n \geqslant 2$)成立,这意味着 $2^{N'}+1$ 至少有 4^{n-1} 个因数。我们注意到 $2^{N'}+1 \mid 2^N+1$,$2^{p_n}+1 \mid 2^N+1$,所以应用引理 1,$a=p_n$,$b=N'$,我们得到 $\dfrac{2^{p_n}+1}{3} \mid \dfrac{2^N+1}{2^{N'}+1}$。另外,我们显然可以得到 $p_n<\dfrac{2^{p_n}+1}{3}$ 和 $p_n\left(\dfrac{2^{p_n}+1}{3}\right)^2<\dfrac{2^N+1}{2^{N'}+1}$,这意味着 $\dfrac{2^N+1}{2^{N'}+1}$ 至少有

四个因数

$$d_1 = 1, d_2 = \frac{2^{p_n}+1}{3}, d_3 = \frac{3}{2^{p_n}+1} \cdot \frac{2^N+1}{2^{N'}+1}, d_4 = \frac{2^N+1}{2^{N'}+1}$$

且根据上述不等式可以得到 $p_n d_k < d_{k+1}$。对于每个 $d \mid 2^{N'}+1$，每个 $d_i d$ 都是 2^N+1 的因数。因为

$$\gcd\left(2^{N'}+1, \frac{2^N+1}{2^{N'}+1}\right) = \gcd\left(2^{N'}+1, 2^{N'(p_n-1)} - 2^{N'(p_n-2)} + \cdots + 1\right)$$

$$= \gcd\left(2^{N'}+1, p_n\right) \mid p_n$$

并且由于 $\gcd(d_j, d) \mid p_n$ 迫使 $d_j \mid d_i p_n$，所以我们不可能得到 $d_i d = d_j d'$ $(i < j)$，于是得到 $d_j \le d_i p_n$，这与我们的假设相矛盾。因此，因数 $d_i d$ 是互异的。

由此知，2^N+1 至少有 $4 \cdot 4^{n-1} = 4^n$ 个因数。

习题 6.31（IMO 1988） 请证明，如果 a, b 和 $q = \frac{a^2+b^2}{ab+1}$ 为非负整数，那么 $q = \gcd(a, b)^2$。

解答 我们将对 ab 进行归纳来证明该结论。$ab = 0$ 的情况清晰自明。

当 $ab > 0$ 时，根据对称原则，我们可以不失一般性地假设 $a \le b$，并假设该结论对于所有小于 ab 的值都成立。为了利用归纳假设，我们需要求得一个整数 $0 \le c < b$ 使得

$$q = \frac{a^2+c^2}{ac+1}, 0 \le c < b$$

由于

$$\frac{a^2+b^2}{ab+1} = \frac{a^2+c^2}{ac+1} = q$$

所以我们可以明确求得 c 的值。于是，得到

$$\frac{b^2-c^2}{ab-ac} = q \Leftrightarrow \frac{b+c}{a} = q \Leftrightarrow c = aq - b$$

由于 $c = aq - b$ 且 $q = (a, b)$，所以我们也可以得到 $q = (a, c)$。因此，根据关于 $q = (a, c)^2$ 的归纳假设可以推得关于 $q = (a, b)^2$ 的结论。剩下需要证明的是确实存在 $0 \le c < b$。我们注意到

$$q = \frac{a^2+b^2}{ab+1} < \frac{a^2+b^2}{ab} = \frac{a}{b} + \frac{b}{a}$$

所以

$$aq < \frac{a^2}{b} + b \le \frac{b^2}{b} + b = 2b \Rightarrow aq - b < b \Rightarrow c < b$$

并且

$$q = \frac{a^2+c^2}{ac+1} \Rightarrow ac+1 > 0 \Rightarrow c > \frac{-1}{a} \Rightarrow c \ge 0$$

证毕。

习题 6.32（IMO 1999 候选） 请证明，存在两个严格的递增数列 (a_n) 和 (b_n)，使得对于每一个自然数 n，$a_n(a_n+1)$ 都可以整除 b_n^2+1。

解答 我们从注意到以下这一点开始解答本题,即只需找到正整数 c_n 和 d_n 使得 $a_n|c_n^2+1$ 和 $a_n+1|d_n^2+1$。因为那样的话,由于 $(a_n, a_n+1)=1$,所以我们就可以求得 $b_n \equiv c_n(\text{mod } a_n)$ 和 $b_n \equiv d_n(\text{mod } a_n+1)$。

我们现在来证明 $a_n=5^{2^n}$ 可行。我们已知 $a_n+1=5^{2^n}+1=(5^n)^2+1$,所以只需证明存在某个 c_n 使得 $5^{2^n}|c_n^2+1$。

我们可以证明更为一般性的结论:若 p 是一个形如 $4k+1$ 的质数,则存在一个 t_n 使得 $p^n|t_n^2+1$。

我们通过归纳构造一个 t_n。由于 $p \equiv 1(\text{mod } 4)$,勒让德符号 $\left(\dfrac{-1}{p}\right)=1$,因此 t_1 存在。

至于归纳步骤,假定 $p^{n-1}|t_{n-1}^2+1$,我们必须求得 $k \in \{0,1,\cdots,p-1\}$,使得 $p^n|(t_{n-1}+kp^{n-1})^2+1$。经过简化,得到 $p|\dfrac{t_{n-1}^2+1}{p^{n-1}}+2kt_{n-1}$。显然,我们可以求得这样的 k 值。

习题 6.33 请证明,对于任意两个正整数 n 和 m,我们都可以得到 $\gcd(F_n, F_m)=F_{\gcd(n,m)}$。

解答 我们首先注意到有两种特殊情况为平凡解。若 $n=m$,则等式变成 $\gcd(F_m, F_m)=F_m$,这显然成立。若 $n=m+1$,则等式变成 $\gcd(F_{m+1}, F_m)=1$。由于 $\gcd(F_{m+1}, F_m)=\gcd(F_{m+1}-F_m, F_m)=\gcd(F_{m-1}, F_m)=1$,所以归纳步骤得证。

现在,我们通过对 $n+m$ 的归纳来证明一般性的结论。

若 $n+m=2$,则由于 n 和 m 都是正整数,所以我们必定可以得到 $n=m=1$,而这种情况已经在上面得到了证明。

现在,令 k 为正整数,假设关系式 $\gcd(F_n, F_m)=F_{\gcd(n,m)}$ 对于任意两个正整数 n 和 m 且 $n+m<k$ 都成立,那么我们将证明它对于任意两个正整数 n 和 m 且 $n+m=k$ 也都成立。

令 n 和 m 为两个这样的整数。$n=m$ 的情况已经在上面得到证明,于是我们可以不失一般性地假设 $n>m$,则 $n-m$ 是正整数。现在,应用卡西尼等式

$$F_{m+n}=F_{m+1}F_n+F_mF_{n-1}$$

(其中 $n-m$ 和 m 皆为正整数),我们得到

$$F_n=F_{(n-m)+m}=F_{n-m}F_{m+1}+F_{(n-m)-1}F_m$$

于是

$$\gcd(F_n, F_m)=\gcd(F_{n-m}F_{m+1}+F_{n-m-1}F_m, F_m)=\gcd(F_{n-m}F_{m+1}, F_m)$$

但是,由于 F_{m+1} 和 F_m 互素,所以

$$\gcd(F_n, F_m)=\gcd(F_{n-m}, F_m)=F_{\gcd(n-m,m)}=F_{\gcd(n,m)}$$

其中第二个等式就是归纳假设。

习题 6.34 令 n 是一个不能被 3 整除的正整数。请证明,$x^3+y^3=z^n$ 至少有一个解 (x,y,z),其中,x,y,z 为正整数。

解答 我们将在 $n \not\equiv 0(\text{mod } 3)$ 时通过对 n 的归纳来证明该结论。基线条件是 $n=1$ 和 $n=2$ 的情况。当 $n=1$ 时,得到 $1^3+2^3=9$,当 $n=2$ 时,得到 $1^3+2^3=3^2$。

至于归纳步骤,假设我们已知 $x_n^3+y_n^3=z_n^n$,其中 $n \not\equiv 0(\text{mod } 3)$。取 $x_{n+3}=z_nx_n$,$y_{n+3}=z_ny_n$,

$z_{n+3}=z_n$，我们得到

$$x_{n+3}^3+y_{n+3}^3=z_n^3(x_n^3+y_n^3)=z_n^3z_n^n=z_n^{n+3}=z_{n+3}^{n+3}$$

证毕。

习题 6.35　令 n 为正整数。从集合 $A=\{1,2,\cdots,2n\}$ 中选出元素使得任意两个选定的数字之和是一个合数。请问我们可以选出的元素个数最大是多少？

解答　我们将通过对 n 进行归纳来求解。如果我们从集合 A 中选择 $n+1$ 个数，则存在两个数的和是素数。

当 $n=1$ 时，没有什么是需要证明的，因为 $1+2=3$ 是素数。

现在，假设该命题对所有整数 $1\leqslant n\leqslant m-1$（$m\geqslant2$）成立，我们将证明它对 $n=m$ 也成立。

根据切比雪夫定理，在区间 $(2m,4m)$ 中存在一个素数 p。令 $p=2m+k$，其中 $k>0$。则 k 是奇数，且 $k-1\leqslant2(m-1)$。请注意，如果我们从集合 $\{1,2,\cdots,2m\}$ 中选择 $m+1$ 个数，那么我们要么选择了集合 $\{1,2,\cdots,k-1\}$ 中超过一半的元素，要么根据鸽笼原理选择了以下数对之一中的两个元素

$$(k,2m),(k,2m-1),\cdots,\left(\frac{k+2m-1}{2},\frac{k+2m+1}{2}\right)$$

在第一种情况下，结论可以通过将归纳假设应用于 $n=(k-1)/2$ 得到，而在第二种情况下，结论成立是因为上述每个数对中的元素之和为 p。这样就完成了我们的归纳证明。

为了完成本题证明，我们需要注意到选择 $2,4,6,\cdots,2n$ 这些元素就构成了一个包含 n 个元素的示例。

习题 6.36（保加利亚 1999）　请求出正整数 n 的个数。其中，$4\leqslant n\leqslant2^k-1$，且 n 的二进制表达式不包含三个连续的相等数字。

解答　令 a_k 表示二进制中具有 k 位且不包含三个连续数字的数的数量。那么本题的答案就是 $a_3+a_4+\cdots+a_k$。为了建立 a_k 的递推关系，我们使用一种对许多类似问题都非常有用的方法，即将序列分成更容易研究的多个子序列。

更具体地说，我们定义 $a(00)_n,a(01)_n,a(10)_n$ 和 $a(11)_n$ 分别表示具有 n 位二进制数且不包含三个连续相等数字的数，以及以 $00,01,10$ 和 11 结尾的数的数量（二进制表示）。通过观察倒数第三位数，我们可以得到以下关系式

$$a(00)_n=a(10)_{n-1}$$
$$a(01)_n=a(00)_{n-1}+a(10)_{n-1}$$
$$a(10)_n=a(11)_{n-1}+a(01)_{n-1}$$
$$a(11)_n=a(01)_{n-1}$$

据此可得到

$$a(00)_n+a(11)_n=a(10)_{n-1}+a(01)_{n-1}$$

和

$$a(10)_n+a(01)_n=a(00)_{n-1}+a(11)_{n-1}+a(10)_{n-1}+a(01)_{n-1}=a_{n-1}$$

因此

$$a(00)_n + a(11)_n = a_{n-2}$$

于是，得到

$$a(00)_n + a(11)_n + a(10)_n + a(01)_n = a_{n-1} + a_{n-2}$$

由于 $a_3 = 3, a_4 = 5$，所以根据对 n 的归纳我们可以得到结论：$a_n = F_{n+1}$。因此，所求数即为 $F_4 + F_5 + \cdots + F_k$。现在，我们可以由关系式 $F_1 + F_2 + \cdots + F_k = F_{k+2} - 1$（通过对 k 的简单归纳）得到本题的答案为 $F_{k+2} - 1 - F_1 - F_2 - F_3 = F_{k+2} - 5$。

习题 6.37 请证明，每一个正整数都是一个或者多个形如 $2^r 3^s$ 的数之和（例如，$23 = 9 + 8 + 6$）。其中，r 和 s 为非负整数，且所有加数都不能互相整除。

解答 我们使用强归纳法来证明这个命题。基线条件 $n = 1, n = 2$ 和 $n = 3$ 是显然成立的。

对于归纳步骤，假设对于所有小于 $n(n \geq 4)$ 的整数结论都成立。我们分两种情况来讨论。

如果 n 是偶数，那么 $\dfrac{n}{2}$ 可以得到恰当表示。通过将表达式中的每个幂乘以 2，我们可以得到 n 的一个表达式。

如果 n 是奇数，那么令 $3^k \leq n < 3^{k+1}$。如果 $n = 3^k$，那么显然存在一种表示法。如果 $n > 3^k$，那么 $\dfrac{n - 3^k}{2}$ 是一个可以表示为所求和的整数。

将 $\dfrac{n - 3^k}{2}$ 表达式中的每一项乘以 2 并加上 3^k。我们断言可以得到 n 的一个优质表示法。显然，来自 $\dfrac{n - 3^k}{2}$ 表达式的任何一项都不能被另一项整除。由于所有这些项都是偶数，所以它们不能整除 3^k。由于 $\dfrac{n - 3^k}{2}$ 小于 3^k，所以来自 $\dfrac{n - 3^k}{2}$ 表达式的任何一项都不能被 3^k 整除。

习题 6.38 令 $p \geq 3$ 为质数。同时，令 $a_1, a_2, \cdots, a_{p-2}$ 是一个正整数数列，使得 p 不能整除 a_k 或者 $a_k^k - 1(k = 1, 2, \cdots, p-2)$。请证明，该数列部分元素之积恒等于 2 对 p 的模。

解答 显然，对于模 p，2 并不是真正相关的，因此我们可以推测模 p 的任何非零余数可以表示为该数列中一些元素的乘积。通过归纳，一般的方法是证明如下命题：

集合 $\{1, a_1, a_2, \cdots, a_k\}$ 的元素乘积包含至少 $k + 1$ 个模 p 的互异余数（我们在集合中加上 1，因为我们需要一个包含 $k + 1$ 个数字的集合来构建 $k + 1$ 个不同的余数，而条件 $p \nmid a_k^k - 1$ 意味着 a_i 中的任何一个数都不等于 1）。

基线条件 $k = 1$ 为真，因为 a_1 和 1 对于模 p 有不同的余数。

现在，假设存在 j 个元素 $b_1, b_2, \cdots, b_j$，它们对于模 p 有不同的非零余数，并且可以表示为集合 $\{1, a_1, \cdots, a_{j-1}\}$ 的一些元素的乘积。数字 $b_1 a_j, b_2 a_j, \cdots, b_j a_j$ 也对于模 p 有不同

的非零余数。这些余数不能是 $b_1, b_2, \cdots, b_j$ 的一个排列,否则通过相乘我们会得到 $b_1 b_2 \cdots b_j \equiv (a_j b_1)(a_j b_2) \cdots (a_j b_j) \pmod{p}$,于是 $a_j^j \equiv 1 \pmod{p}$,矛盾。

所以,其中一个数字 $a_j b_i$ 对于模 p 的余数与集合 $\{b_1, b_2, \cdots, b_j\}$ 中的任何元素都不同。因此,集合 $\{b_1, b_2, \cdots, b_j, a_j b_i\}$ 就是所需的包含 $j+1$ 个数字的集合。由此便证明了归纳步骤。

根据上述结论,集合 $\{1, a_1, \cdots, a_{p-2}\}$ 中一些元素的乘积与模 p 同余于 2,因为所有 $p-1$ 个不同的非零模 p 余数都被证明可以表示为这样的乘积。

我们可以从集合中去除 1,因为对于乘积而言它是无关紧要的,这样我们就得到了一些来自 $\{a_1, a_2, \cdots, a_{p-2}\}$ 的数字的乘积对于模 p 为 2。

习题 6.39   令 n 为正整数。请证明,n 的互素质质因数有序数对 (a, b) 的个数等于 n^2 约数的个数。

解答   我们将通过对 n 的互异质因数个数的归纳来证明该结论。我们照常用 $|S|$ 表示集合 S 的基数,用 $\tau(n)$ 表示整数 n 的正因数的个数。

基线条件 $n=1$ 不证自明。现在,假定 n 只有一个质因数,$n = p^k$。于是,$\tau(n^2) = \tau(p^{2k}) = 2k+1$,并且

$$|\{(a, b): a \mid n, b \mid n, \gcd(a, b) = 1\}|$$
$$= |\{(p^i, 1): 1 \le i \le k\}| + |\{(1, p^i): 1 \le i \le k\}| + |\{(1, 1)\}|$$
$$= 2k+1$$

关于归纳步骤,假定 $n = mp^k$,其中质数 p 不是 m 的因数。由于函数 τ 是一个乘法函数,并且 $\gcd(m^2, p^{2k}) = 1$,所以 $\tau(n^2) = \tau(p^{2k}) = 2k+1$。根据归纳假设,我们可以得到

$$|\{(a, b): a \mid m, b \mid m, \gcd(a, b) = 1\}| = \tau(m^2)$$

现在,我们有

$$|\{(c, d): c \mid n, b \mid n, \gcd(c, d) = 1\}|$$
$$= |\{(a, b): a \mid m, b \mid m, \gcd(a, b) = 1\}| +$$
$$|\{(ap^i, b): a \mid m, b \mid m, \gcd(a, b) = 1, 1 \le i \le k\}| +$$
$$|\{(a, bp^i): a \mid m, b \mid m, \gcd(a, b) = 1, 1 \le i \le k\}|$$
$$= \tau(m^2)(2k+1)$$

证毕。

习题 6.40   请证明,对于每一个整数 $n(n \ge 3)$,存在 n 个成对的不同正整数使得每一个都能整除剩下的 $n-1$ 个数之和。

解答   我们将通过对 $n \ge 3$ 进行归纳来证明。基线条件是 $n=3$,此时我们可以取 $(3, 6, 9)$ 作为一个例子。现在,假定该论断对于某个 $n \ge 3$ 成立,并令 $(x_1, x_2, \cdots, x_n)$ 是 n 个具有这一特性的互异的正整数组,其和为 s。于是,该论断对于 $(x_1, x_2, \cdots, x_n, s)$ 也成立。根据归纳假设,可得

$$x_i \Big| \Big(\sum_{\substack{j=1 \\ j \ne i}}^{n} x_j + s \Big) = \sum_{\substack{j=1 \\ j \ne i}}^{n} x_j + x_i + \sum_{\substack{j=1 \\ j \ne i}}^{n} x_j, \forall i \in \{1, \cdots, n\}$$

验证过程显而易见。由此,归纳步骤以及本题的证明也就完成了。

习题 6.41(USAMO 2008) 请证明,对于所有正整数 n,我们都能求得不同的正整数 $a_1, a_2, \cdots, a_n$ 使得 $a_1 a_2 \cdots a_n - 1$ 为两个连续整数的乘积。

解答 我们将通过对 n 的归纳来证明该结论。对于 $n=1$,取 $a_1=3$,得到 $a_1-1=1(1+1)$。对于 $n=2$,取 $a_1=1, a_2=7$,得到 $a_1 a_2 - 1 = 2(2+1)$。

现在,假定结论对于某个 $n \geq 2$ 成立,即存在互异正整数 $a_1, \cdots, a_n$ 使得 $a_1 a_2 \cdots a_n - 1 = k(k+1)$($k$ 为正整数)。这表明

$$a_1 a_2 \cdots a_n = k^2 + k + 1$$

所以

$$(k^2-k+1) a_1 a_2 \cdots a_n = (k^2-k+1)(k^2+k+1) = k^4 + k^2 + 1$$

取 $a_{n+1} = k^2 - k + 1$,得到

$$a_1 a_2 \cdots a_{n+1} - 1 = k^2(k^2+1)$$

同样地,根据 $a_1 a_2 \cdots a_n - 1 = k(k+1)$ 可知,由于 $2(k^2-k+1) > k^2+k$ 对于任意 $k \geq 3$ 成立,所以 $a_1, a_2, \cdots, a_n$ 等价于 k^2-k+1。因此,$a_1, a_2, \cdots, a_{n+1}$ 皆互异。证毕。

习题 6.42 我们从正实数 $a, b, c (a \leq b \leq c)$ 的一个三联数组 (a, b, c) 开始,每一步都进行一次下列转换:$(x, y, z) \rightarrow (|x-y|, |y-z|, |z-x|)$。请证明,当且仅当存在正整数 $n \geq k \geq 0$ 使得 $nb = ka + (n-k)c$ 时,我们最终取得的三联数组中会有一个数为 0。

解答 令

$$nb = ka + (n-k)c \tag{1}$$

其中,$n \in \mathbb{N}, k \in \mathbb{Z}, n \geq k \geq 0$。

我们通过对 n 的归纳来证明最终可以在其中一个三联数组中得到 0。若 $n=1$,则 $b=a$ 或 $b=c$。于是,我们可以得到 $|a-b|=0$ 或 $|b-c|=0$。

对于归纳步骤,我们将证明,如果命题对于 $1 \leq n \leq S-1 (S \geq 2, S \in \mathbb{N})$ 为真,那么它对于 $n=S$ 也为真。

若 $0 < p < \dfrac{S}{2}$,则存在 $(S-p)(a-b) = p(b-c) + (S-2p)(a-c)$。因此,0 将出现在由三联数组 $(|a-b|, |b-c|, |c-a|)$ 得到的众多三联数组之一中。

若 $\dfrac{S}{2} \leq p < S$,则结论可以由以下事实得到:$p(b-c) = (S-p)(a-b) + (2p-S)(a-c)$。

若 $p=0$ 或 $p=S$,则显然也可以得到结论。

我们现在反过来证明,如果 0 出现在一个三联数组中,那么式(1)成立。我们注意到,如果对于某个三联数组式(1)成立,那么它对于从该三联数组之前得到的任意三联数组也都成立。假定我们已经从三联数组 (x, y, z) 得到三联数组 $(x-y, y-z, x-z)$,其中 $x \geq y \geq z \geq 0$。令 $y-z \geq x-y$,我们已知 $n(y-z) = k(x-y) + (n-k)(x-z)$,因此,$(n+k)y = nx + kz$。于是,如果 0 是从三联数组 (a, b, c) 得到的三联数组中的一个数,那么在变换序列中包含 0 的三联数组之前,存在一个三联数组 (d, d, e),其中 $1 \cdot d = 1 \cdot d + 0 \cdot e$。因此,式(1)对

于该三联数组成立,于是对于 (a,b,c) 也成立。由此便完成了本题的证明。

习题 6.43(波兰 2000) 一个质数列 $p_1,p_2,\cdots$ 满足下列条件:对于 $n\geqslant 3$,p_n 是 $p_{n-1}+p_{n-2}+2\,000$ 的最大质因数。请证明,该数列有界。

解答 令 $b_n=\max\{p_n,p_{n+1}\}$ 对于 $n\geqslant 1$ 成立。

我们首先证明 $b_{n+1}\leqslant b_n+2\,002$ 对于所有 n 都成立。$p_{n+1}\leqslant b_n$ 必定成立,所以只需证明 $p_{n+2}\leqslant b_n+2\,002$ 即可。如果 p_n 或者 p_{n+1} 等于 2,那么存在 $p_{n+2}\leqslant p_n+p_{n+1}+2\,000=b_n+2\,002$。否则,$p_n$ 和 p_{n+1} 都是奇数,于是 $p_n+p_{n+1}+2\,000$ 就是偶数。因为 $p_{n+2}\neq2$ 可以整除该数,所以存在 $p_{n+2}\leqslant\dfrac{p_n+p_{n+1}+2\,000}{2}=\dfrac{p_n+p_{n+1}}{2}+1\,000\leqslant b_n+1\,000$。断言得证。

选择一个足够大的 k 使得 $b_1\leqslant k\cdot2\,003!+1$。我们利用归纳法证明 $b_n\leqslant k\cdot2\,003!+1$ 对于所有 n 都成立。如果该命题对于某个 n 成立,那么 $b_{n+1}\leqslant b_n+2\,002\leqslant k\cdot2\,003!+2\,003$。如果 $b_{n+1}>k\cdot2\,003!+1$,那么令 $m=b_{n+1}-k\cdot2\,003!$。我们已知 $1<m\leqslant2\,003$,这表明 $m\mid2\,003!$。因此,m 是 $k\cdot2\,003!+m=b_{n+1}$ 的一个真因数。但这是不可能的,因为 b_{n+1} 是质数。因此,$p_n\leqslant b_n\leqslant k\cdot2\,003!+1$ 对于所有 n 都成立,由此便证实了所要证明的结论。

习题 6.44 请证明,对于所有正整数 m,存在一个整数 n 使得 $\varphi(n)=m!$。

解答 当 $k\geqslant1$ 时,令 p_k 为第 k 个质数。我们将通过对 m 的归纳来证明:若 $p_k\leqslant m<p_{k+1}$,则存在一个数 n 的质因数为 $p_1,\cdots,p_k$(具有一定的正重复度),使得 $\varphi(n)=m$。

基线条件为 $1!=\varphi(1),2!=\varphi(4),3!=\varphi(18),4!=\varphi(72)$。

现在,假定该结论对于所有小于 m 的值都成立,那么根据归纳假设,可得 $(p_k-2)!=\varphi(p_1^{e_1}p_2^{e_2}\cdots p_{k-1}^{e_{k-1}})$ 对于正整数 $e_1,\cdots,e_{k-1}$ 成立。根据 φ 的可乘特性可知

$$p_k!=p_k(p_k-1)(p_k-2)!$$
$$=\varphi(p_k^2)(p_k-2)!$$
$$=\varphi(p_k^2)\varphi(p_1^{e_1}p_2^{e_2}\cdots p_{k-1}^{e_{k-1}})$$
$$=\varphi(p_1^{e_1}p_2^{e_2}\cdots p_{k-1}^{e_{k-1}}p_k^2)$$

由此便证明了该结论对于 $m=p_k$ 成立。

现在,假定 $p_k<m<p_{k+1}$,于是 $m=\displaystyle\prod_{i=1}^{k}p_i^{\alpha_i}$。同样地,根据归纳假设可知,$\varphi(p_1^{\beta_1}p_2^{\beta_2}\cdots p_k^{\beta_k})=(m-1)!$ 对于正整数 $\beta_1,\cdots,\beta_k$ 成立。由于 β_i 为正,所以

$$m!=m(m-1)!$$
$$=p_1^{\alpha_1}p_2^{\alpha_2}\cdots p_k^{\alpha_k}\varphi(p_1^{\beta_1}p_2^{\beta_2}\cdots p_k^{\beta_k})$$
$$=\varphi(p_1^{\beta_1+\alpha_1}p_2^{\beta_2+\alpha_2}\cdots p_k^{\beta_k+\alpha_k})$$

至此,归纳步骤以及本题的证明也就完成了。

习题 6.45(保加利亚 2012) 令 p 为奇质数。同时,令 $a_1,\cdots,a_{2p-1}$ 是位于区间 $[1,p^2]$ 内的不同整数,使其和可以被 p 整除。请证明,存在全部都不能被 p 整除的正整数

$b_1, \cdots, b_{2p-1}$，使得它们的 p 进制表达式只包含 1 和 0，并且 $\sum\limits_{j=1}^{2p-1} a_j b_j$ 能被 p^{2012} 整除。

解答 我们来证明该命题对于 p 的任意指数 $n(n \geq 1)$（而非仅仅 2012）都成立。我们从证明以下引理开始。

引理 如果 $x_1, \cdots, x_{p-1}$ 为正整数且都不被 p 整除，那么对于所有 $1 \leq r \leq p-1$，我们可以选择某个 x_i，使得它们的和为 r 模 p。

证明 令 $1 \leq k \leq p-2$，使得 $r_1, \cdots, r_k$ 对模 p 的余数各不相同。将每项都加上 x_{k+1} 后，我们得到以下数列 $x_{k+1}+r_1, x_{k+1}+r_2, \cdots, x_{k+1}+r_k$。请注意，新数列中的任意两项对模 p 求余将不会产生相同的余数。另外，请注意，第二个数列给出的余数不会是第一个数列的余数的排列组合，否则我们就会得到
$$r_1+r_2+\cdots+r_k \equiv (r_1+x_{k+1})+(r_2+x_{k+1})+\cdots+(r_k+x_{k+1}) \pmod{p}$$
由此求得 $kx_{k+1} \equiv 0 \pmod{p}$，与 $p \nmid x_{k+1}$ 这一事实相矛盾。因此，通过这种构造，我们至少获得了一个新的余数，并且利用归纳法，我们可以获得所有的非零余数。由此便证明了我们的引理。

现回到原题，我们通过对 n 进行归纳来证明：可以选择在 p 进制下具有最多 n 位数的数字（并且所有的 p 进制数要么是 0，要么是 1）使得 $\sum\limits_{j=1}^{2p-1} a_j b_j$ 是 p^n 的倍数。

基线条件是 $n=1$。此时，我们已知 $p \mid \sum\limits_{i=1}^{2p-1} a_i$，所以可以选择 $b_1=b_2=\cdots=b_{2p-1}=1$。关于归纳步骤，假定存在 n 位正整数 $b_1, \cdots, b_{2p-1}$（都不能被 p 整除），使其在 p 进制下的表达式仅包含 1 和 0，并且使得
$$\sum\limits_{j=1}^{2p-1} a_j b_j = p^n \cdot A$$
其中 $A \in \mathbb{N}_+$。我们可以假定 A 不能被 p 整除（否则证明就可以结束了）。由于 $a_1, \cdots, a_{2p-1} \in [1, p^2]$，所以该数列中至少存在 $p-1$ 个数不能被 p 整除。不失一般性，令这些数为 $a_1, \cdots, a_p$。根据引理，我们可以求得 $a_1, \cdots, a_k$ 使得 $a_1+a_2+\cdots+a_k+A \equiv 0 \pmod{p}$。现在，设 $b_i'=b_i+p^n$ 对于 $i=1, \cdots, k$ 成立，$b_j'=b_j$ 对于 $j=k+1, \cdots, 2p-1$ 成立。这些数都满足条件，并且根据上述论证可知，$\sum\limits_{l=1}^{2p-1} a_l b_l'$ 可被 p^{n+1} 整除。证毕。

习题 6.46（波兰 2010） 请证明，存在一个包含 2010 个正整数的集合 A，使得对于任意非空子集 $B \subset A$，B 中元素之和是一个大于 1 的累乘数。

解答 我们通过对 t 的归纳来证明，对于每一个 $0 \leq t \leq 2^{2010}-1$ 都存在一个由 2010 个正整数构成的集合 U_t，使得至少 t 个非空子集的各元素之和是大于 1 的累乘数。由于我们可以取任意一个由 2010 个正整数构成的集合，所以基线条件 $t=0$ 是平凡的。

现在，假定我们已经构建了一个集合 $U_t (0 \leq t < 2^{2010}-1)$。已知，存在 U_t 的 t 个子集的各元素之和为累乘数，令这些子集的各元素之和分别为 $n_1^{m_1}, \cdots, n_t^{m_t}$。令 V 为 U_t 的任意其他子集，c 为 V 的各元素之和。我们定义 U_{t+1} 为 U_t 的所有元素乘以 $c^{\mathrm{lcm}(m_1, \cdots, m_t)}$ 组成的一

个集合,即

$$U_{t+1} = \left\{ a \cdot c^{\text{lcm}(m_1, \cdots, m_t)} \mid a \in U_t \right\}$$

请注意,由 U_t 的 t 个各元素之和为累乘数的子集可以得到 U_{t+1} 的各元素之和为累乘数的子集。而且,与 V 相对应的 U_{t+1} 的子集中各元素之和现在是 $c^{1+\text{lcm}(m_1, \cdots, m_t)}$,因此是一个累乘数。至此,归纳步骤的证明也就完成了。集合 $U_{2^{2010}-1}$ 即为所求集合 A。

习题 6.47(AMM)　对于一个正整数 m,我们令 $\sigma(m)$ 为加和

$$\sigma(m) = \sum_{\substack{1 \leqslant d < m \\ d \mid m}} d$$

请证明,对于每一个整数 $t \geqslant 1$ 都存在一个 m,使得 $m < \sigma(m) < \sigma(\sigma(m)) < \cdots < \sigma^t(m)$,其中 $\sigma^k = \underbrace{\sigma \circ \sigma \circ \cdots \circ \sigma}_{k\text{项}}$。

解答　我们来证明下面这个更强的命题:对于所有正整数 t 都存在 a 个正整数 n_t,使得对于所有正整数 m($n_t \mid m$, $\gcd\left(n_t, \dfrac{m}{n_t}\right) = 1$)都存在 $m < \sigma(m) < \sigma(\sigma(m)) < \cdots < \sigma^t(m)$。我们通过对 t 的归纳来证明该结论。基线条件为 $t = 1$,此时可以取 $n_1 = 12$。

现在,假定已经构建了一个 n_t($t \geqslant 1$)。选取一个不能整除 n_t 的质数 p,同时,令 $k \geqslant 1$,使得 $p^k \equiv 1 \pmod{n_t^2(p-1)}$(我们可以取 $k = \varphi(n_t^2(p-1))$ 作为一个例子)。我们可以断言,$n_{t+1} = p^{k-1} \cdot n_t$ 满足归纳步骤的要求。事实上,可以令 m 满足要求,使得 $n_{t+1} \mid m$,$\gcd\left(n_{t+1}, \dfrac{m}{n_{t+1}}\right) = 1$。同样,令 $A(m) = m + \sigma(m)$。请注意,$\nu_p(m) = k-1$,且 $A(p^{k-1}) \mid A(m)$,所以我们得到 $n_t^2 \mid \dfrac{p^k - 1}{p - 1} \mid A(m)$。因此

$$\sigma(m) = A(m) - m \equiv -m \pmod{n_t^2} \Rightarrow \gcd\left(n_t, \frac{\sigma(m)}{n_t}\right) = 1$$

根据归纳假设可知,$\sigma(m)$ 满足本题条件,所以 $\sigma(m) < \sigma^2(m) < \cdots < \sigma^t(\sigma(m)) = \sigma^{t+1}(m)$。由于 $\gcd\left(n_t, \dfrac{m}{n_t}\right) = 1$,所以我们也可以得到 $m < \sigma(m)$。证毕。

习题 6.48(莫斯科 2013)　对于一个正整数 m,我们以 $S(m)$ 表示 m 各数位数字之和。请证明,对于任意正整数 n,存在一个整数 k,使得 $S(k) = n$,$S(k^2) = n^2$,$S(k^3) = n^3$。

解答　我们将通过对 n 的归纳来证明以下更强的命题:对于任意正整数 n,存在一个正整数 k,使得 k 的十进制表示只包含数字 1 和 0,k^2 的十进制表示只包含数字 0,1 和 2,并且 $S(k) = n$,$S(k^2) = n^2$,$S(k^3) = n^3$。

当 $n = 1$ 时,我们只需要取 $k = 1$ 即可。现在,假定该结论对于某个 $n \geqslant 1$ 成立,令 k_n 为所求数,d 为 k_n 的位数。取 $k_{n+1} = k_n + 10^{10d}$。我们来证明该数对于 $n+1$ 也满足条件。显然,存在

$$S(k_{n+1}) = 1 + S(k_n) = n + 1$$

和

$$S(k_{n+1}^2) = S(k_n^2 + 2k_n 10^{10d} + 10^{20d}) = S(k_n^2) + 2S(k_n) + 1 = (n+1)^2$$

因为 $k_n^2 < 10^{2d}$，$2k_n 10^{10d} < 10^{20d}$，所以 k_n^2，$2k_n 10^{10d}$ 和 10^{20d} 这 3 个数不包含会影响其加和的相同数字。由于 k_n^2 只包含数字 $0,1,2$，所以相同的结论对于 k_{n+1}^2 也成立。通过类似的论证过程，我们得到

$$k_{n+1}^3 = k_n^3 + 3k_n^2 10^{10d} + 3k_n 10^{20d} + 10^{30d}$$

这个数满足 $S(k_{n+1}^3) = (n+1)^3$。证毕。

习题 6.49 请证明，是否存在正整数 $a_1 < a_2 < \cdots < a_n < \cdots$，使得数列 $a_1^2, a_1^2 + a_2^2, \cdots,$ $a_1^2 + a_2^2 + \cdots + a_n^2 \cdots$ 中的每一个数都是正整数的平方？

解答 我们取 $a_1 = 3$，且设对于 $k \geqslant 1$ 存在

$$a_{k+1} = \frac{a_1^2 + a_2^2 + \cdots + a_k^2 - 1}{2}$$

我们首先通过对 n 的归纳来证明 $a_n(n \geqslant 2)$ 是一个偶数。当 $n = 2$ 时，得到 $a_2 = \dfrac{3^2 - 1}{2} = 4$。

现在，假定该结论对于所有 $a_2, \cdots, a_n(n \geqslant 2)$ 都成立。根据定义可知

$$a_{n+1} = \frac{a_1^2 + a_2^2 + \cdots + a_n^2 - 1}{2}$$

由于 $a_2, \cdots, a_n$ 都能被 2 整除，所以 $a_2^2 + \cdots + a_n^2$ 可以被 4 整除。加上 $a_1^2 - 1 = 8$ 后，我们得到一个可以被 4 整除的数。因此

$$a_{n+1} = \frac{a_1^2 + a_2^2 + \cdots + a_n^2 - 1}{2}$$

是偶数，此即为所求。

请注意，因为对于任意 $k \geqslant 1$ 都存在

$$a_{k+1} - a_k = \frac{a_1^2 - 2 + \cdots + a_{k+1}^2 + (a_k - 1)^2}{2} > 0$$

所以，$a_{k+1} > a_k$。

另一方面，我们可以得到

$$a_1^2 + a_2^2 + \cdots + a_k^2 + a_{k+1}^2 = \left(\frac{a_1^2 + a_2^2 + \cdots + a_k^2 + 1}{2} \right)^2$$

根据上述已经证明的结论可知，$\dfrac{a_1^2 + a_2^2 + \cdots + a_k^2 + 1}{2}$ 对于任意 $k \geqslant 1$ 都是一个正整数。因此，我们所构建的数列满足本题所有条件。

习题 6.50 哪对正整数 (a,b) 可以保证只存在有限多个正整数 n 使得 $n^2 \mid a^n + b^n$？

解答 令 (a,b) 表示一对正整数，其中只有有限多个正整数 n 满足 $n^2 \mid a^n + b^n$。

我们首先证明，如果 a 和 b 的奇偶性不同，那么 $a = 2, b = 1$（反之亦然）。

假设 $a \geqslant 3$。我们通过对 k 进行归纳来证明,通过 $n_1 = 1$ 和 $n_{k+1} = \dfrac{a^{n_k} + b^{n_k}}{n_k}$($\forall k \geqslant 1$)定义的 $(n_k)_{k \geqslant 1}$ 满足 $n_k \in \mathbb{N}$,$n_k^2 \mid a^{n_k} + b^{n_k}$,且 $n_1 < n_2 < \cdots$。

若 $k = 1$,由于 $n_1 = 1$ 且 $1 \mid a + b$,所以该结论显然成立。

关于归纳步骤,我们证明如果该结论对于 $k(k \geqslant 1)$ 成立,那么其对于 $k+1$ 也成立。

根据归纳假设可知,对于 $n_k \in \mathbb{N}$ 存在 $n_k^2 \mid a^{n_k} + b^{n_k}$ 和 $n_1 < n_2 < \cdots < n_k$。

请注意,$a^{n_k} + b^{n_k}$ 是一个奇数,所以 n_k 也为奇数。令 $a^{n_k} + b^{n_k} = n_k^2 \cdot m_k$,其中 m_k 是一个奇数。由此,我们得到

$$n_{k+1} = \frac{a^{n_k} + b^{n_k}}{n_k} > \frac{3^{n_k}}{n_k} > n_k$$

事实上,数列 $\sqrt{3}, \sqrt{3}^2, \cdots, \sqrt{3}^{n_k}$ 中的项数等于 n_k,且

$$\sqrt{3}^{m+1} - \sqrt{3}^m = \sqrt{3}^m(\sqrt{3} - 1) \geqslant \sqrt{3}(\sqrt{3} - 1) > 1$$

其中 $m \in \mathbb{N}$。于是,$\sqrt{3}^{n_k} > n_k$,所以 $3^{n_k} > n_k^2$。进而,我们得到

$$m_k = \frac{a^{n_k} + b^{n_k}}{n_k^2} > 1$$

已知 m_k 是一个奇数,所以

$$
\begin{aligned}
a^{n_{k+1}} + b^{n_{k+1}} &= a^{n_k \cdot m_k} + b^{n_k \cdot m_k} \\
&= (a^{n_k} + b^{n_k})((a^{n_k})^{m_k - 1} - (a^{n_k})^{m_k - 2} b^{n_k} + \cdots + (b^{n_k})^{m_k - 1}) \\
&= n_k n_{k+1}(n_{k+1} \cdot A_k + m_k (b^{n_k})^{m_k - 1}) \\
&= n_{k+1}^2(A_k \cdot n_k + (b^{n_k})^{m_k - 1})
\end{aligned}
$$

其中 $A_k \in \mathbb{Z}$。于是,$n_{k+1}^2 \mid a^{n_{k+1}} + b^{n_{k+1}}$ 且 $n_1 < n_2 < \cdots < n_k < n_{k+1}$。

这表明我们不能得到 $a \geqslant 3$。同样的证明也适用于假设 $b \geqslant 3$ 的情况。因此,我们可以得到 $a = 2, b = 1$(反之亦然)。当 $a = 2, b = 1$ 时,我们得到 $n^2 \mid 2^n + 1$。这是一次很好的练习,可以证明这种情况只会在 $n = 1$ 或 $n = 3$ 时发生。

我们现在来处理 a 和 b 都是偶数的情况。给定 $n_k = 2^k$,我们考察数列 $(n_k)_{k \geqslant 1}$。根据伯努利不等式,可得 $2^{k-1} \geqslant k$。于是,对于任意 $k \geqslant 1$ 存在 $(2^k)^2 \mid a^{2^k} + b^{2^k}$。

利用同样的方法我们可以证明,如果 $p \in \mathbb{N}$ 且 $p > 1, p \mid a, p \mid b$,那么 $(p^k)^2 \mid a^{p^k} + b^{p^k}$。

现在,我们只剩下 a 和 b 为互素奇数的情况了。令 $a + b = 2^k \cdot m$,其中 $k \in \mathbb{N}$ 且 m 为奇数。

首先,假定 $m > 1$。我们通过对 l 的归纳来证明以下命题:如果考察数列 $n_1 = 1$,$n_{l+1} = \dfrac{a^{n_l} + b^{n_l}}{2^k \cdot n_l}$,其中 $l \geqslant 1$,那么对于 $n_l \in \mathbb{N}$ 存在 $2^k \cdot (n_l)^2 \mid a^{n_l} + b^{n_l}$,$2^{k+1} \nmid a^{n_l} + b^{n_l}$ 和 $n_1 < n_2 < \cdots < n_l$。

若 $l = 1$,则 $2^k \cdot 1^2 \mid a + b$ 且 $2^{k+1} \nmid a + b$。

关于归纳步骤,我们需要证明:如果命题对于 l 成立,那么其对于 $l+1$ 也成立。我们

已知 $a+b \geqslant 3 \cdot 2^k$，所以

$$n_{l+1}=\frac{a^{n_l}+b^{n_l}}{2^k \cdot n_l} \geqslant \frac{\left(\frac{a+b}{2}\right)^{n_l}}{2^{k-1} \cdot n_l} \geqslant \frac{2^{k-1} \cdot 3^{n_l}}{2^{k-1} \cdot n_l} \geqslant n_l$$

另一方面，我们知道 $n_{l+1}>1$ 是奇数。令 $n_{l+1}=n_l \cdot m_l$，其中 $m_l>1$ 为奇数。由此，得到

$$a^{n_{l+1}}+b^{n_{l+1}}=\left(a^{n_l}\right)^{m_l}+\left(b^{n_l}\right)^{m_l}$$
$$=2^k n_l n_{l+1}\left(\left(2^k n_l n_{l+1}-b^{n_l}\right)^{m_l-1}-\left(2^k n_l n_{l+1}-b^{n_l}\right)^{m_l-2} \cdot b^{n_l}+\cdots+\left(b^{n_l}\right)^{m_l-1}\right)$$
$$=2^k n_l n_{l+1}\left(2^k n_l n_{l+1} A_l+m_l b^{n_l(m_l-1)}\right)$$

其中 $A_l \in \mathbb{Z}$。因此，$a^{n_{l+1}}+b^{n_{l+1}}=2^k n_{l+1}^2\left(2^k n_l^2 A_l+b^{n_l(m_l-1)}\right)$ 可以被 $2^k \cdot n_{l+1}^2$ 整除而不能被 2^{k+1} 整除。

这表明我们必定会得到 $m=1$。于是，$a+b=2^k$，且 a 和 b 互素。

令 $n>1$ 且

$$n^2 \mid a^n+b^n \tag{1}$$

请注意，此时 n 是奇数，与 n 为偶数一样，我们将得到 $4 \nmid a^n+b^n$，而 a^n 和 b^n 对 4 取模都等于 1。

令 p 为 n 的最小质因数。则 p 为奇数，并且我们可以根据式（1）推得 $p \nmid a$，$p \nmid b$（因为如果它能整除其中一个，那么它也必定能整除另一个）。

根据费马小定理，我们得到

$$p \mid \left(a^{p-1}-1\right)-\left(b^{p-1}-1\right)=a^{p-1}-b^{p-1}$$

另一方面，我们知道 $a^n+b^n \mid a^{2n}-b^{2n}$，所以 $p \mid a^{2n}-b^{2n}$。若 $a=b$，则 $a=1$，$b=1$，并且这些值满足本题条件。

若 $a>b$，则

$$p \mid \left(a^{2n}-b^{2n}, a^{p-1}-b^{p-1}\right)=a^{(2n,p-1)}-b^{(2n,p-1)}=a^2-b^2$$

我们还知道 $a+b=2^k$，所以 $p \mid a-b$ 且 $p \mid a^n-b^n$。另一方面，$p \mid a^n+b^n$。因此，$p \mid a$ 且 $p \mid b$，矛盾。

于是，在重新排列 a 和 b 的情况下，满足本题条件的数对 (a,b) 为 $(2,1)$，$(1,1)$ 和 $(2^k-2l+1, 2l-1)$，其中 $k \in \mathbb{N}$，$k \geqslant 2$，且 $l=1,2,\cdots,2^{k-2}$。

10.7 组合数学

习题 7.1（IMO 2002） 令 n 为正整数，S 为平面上点 (x,y) 的集合，其中 x 和 y 为非负整数，使得 $x+y<n$。将 S 中的点标记为红色和蓝色，如果 (x,y) 为红色，那么只要 $x' \leqslant x$ 且 $y' \leqslant y$，则 (x',y') 也为红色。令 A 为选择 n 个蓝色点且所有这些点的 x 轴都各不相同的方法种数，B 为选择 n 个蓝色点且所有这些点的 y 轴都各不相同的方法种数。请证明 $A=B$。

解答　令 a_k 为 x 坐标等于 k 的蓝色点个数，b_k 为 y 坐标等于 k 的蓝色点个数。应用 $n-1$ 次乘法律，可以得到 $A=a_0a_1\cdots a_{n-1}$。应用同样的方法可以得到 $B=b_0b_1\cdots b_{n-1}$。我们利用强归纳法来证明 $a_0,a_1,\cdots,a_{n-1}$ 各数是 $b_0,b_1,\cdots,b_{n-1}$ 各数的一个排列组合。一旦得证，我们就可以建立其乘积的等量关系了，即 $A=B$。

若 $n=1$，则 S 只包含一个点。于是，a_0 和 b_0 都是 1 或者 0（这取决于该点被标记为蓝色还是红色），所以 $a_0=b_0$。

现在，假定该论断对于每一个 $k\leq n$ 都成立，我们来证明其对于 $n+1$ 也成立。

存在如下两种情况。

(1) 满足 $x+y=n$ 的每一个点 (x,y) 都为蓝色。如果这种情况发生，我们就令 S' 为满足 $x+y<n$ 的点 (x,y) 的集合，令 a_k' 为 S' 中 k 在 x 轴上的点的个数，b_k' 为 S' 中 k 在 y 轴上的点的个数。于是，通过归纳假设可知，$a_0',a_1',\cdots,a_{n-1}'$ 是 $b_0',b_1',\cdots,b_{n-1}'$ 的一个排列组合。而且，我们知道 $a_n=b_n=1$ 和 $a_k=a_k'+1$，于是，$b_k=b_k'+1$ 对于每一个 $k<n$ 都成立。所以，$b_0,b_1,\cdots,b_{n-1}$ 是 $a_0,a_1,\cdots,a_{n-1}$ 的一个排列组合。

(2) 满足 $x+y=n$ 的点 (x,y) 中至少有一个为红色，假定点 $(k,n-k)$ 为红色。令 S_1 为满足 $x+y<n+1$，$x<k$ 且 $y>n-k$ 的点集 (x,y)。请注意，$a_0,a_1,\cdots,a_{k-1}$ 和 $b_{n-k+1},b_{n-k+2},\cdots,b_n$ 分别是与 S_1 相关的 a_i 和 b_i。所以，根据归纳假设，其中一个必为另一个的排列组合。通过类似的方法，我们可以得到 $a_{k+1},a_{k+2},\cdots,a_n$ 是 $b_0,b_1,\cdots,b_{n-k+1}$ 的一个排列组合。最终，我们可以得到 $a_k=b_{n-k}=0$。

综上所述，我们就可以得到结论：$a_0,a_1,\cdots,a_{n-1}$ 是 $b_0,b_1,\cdots,b_{n-1}$ 的一个排列组合。

习题 7.2（IMO 2013 候选）　令 n 为正整数。请求出满足以下特性的最小整数 k：给定任意实数 $a_1,a_2,\cdots,a_d$，使得 $a_1+a_2+\cdots+a_d=n$，且 $0\leq a_i\leq 1$ 对于 $i=1,2,\cdots,d$ 成立。请证明，可以将这些数分成 k 组（有几组可能为空集），使得每组中各数之和最大为 1。

解答　本题答案为 $k=2n-1$。若 $d=2n-1$ 且 $a_1=\cdots=a_{2n-1}=\dfrac{n}{2n-1}$，则该分组法中的各组最多包含一个数，因为 $\dfrac{2n}{2n-1}>1$。因此，$k\geq 2n-1$。剩下需要证明的就是总是存在一种适当的分组法将这些数分成 $2n-1$ 组。

我们通过对 d 的归纳继续证明。对于 $d\leq 2n-1$，该结论是平凡的。若 $d\geq 2n$，则由于 $(a_1+a_2)+\cdots+(a_{2n-1}+a_{2n})\leq n$，我们可以找到两个数 a_i 和 a_{i+1} 使得 $a_i+a_{i+1}\leq 1$。我们将这两个数"融合"为一个数 a_i+a_{i+1}。根据归纳假设，存在一种适合 $d-1$ 个数 $a_1,\cdots,a_{i-1},a_i+a_{i+1},a_{i+2},\cdots,a_d$ 的分组法。这样就得出了一种适合 $a_1,a_2,\cdots,a_d$ 的分组法。

习题 7.3（TOT 2002）　观众们坐成一排，不留空位。每个人坐的位置都与观众的票号不匹配。一名引座员只能让邻座的两名观众调换位置除非有一名观众已经坐在了正确的位置上。从任意初始排列开始，该引座员能否让所有观众都坐在正确的位置上？

解答　答案是肯定的。我们通过对引座员数量 n 的归纳来证明该结论。

条件 $n=2$ 显然成立，通过一次转换就可以确定位置。现在，假定该结论对于所有不

大于正整数 $n(n \geq 2)$ 的数在拥有 $n+1$ 个观众的情况下都成立。用 S_k 表示拥有座位号为 k 的票的观众。

假定 S_{n+1} 坐在座位号 m 上 $(m \leq n)$。若坐在座位 m 到 $n+1$ 上的观众依次为 $S_{n+1}, S_n, S_{m+1}, \cdots, S_n$，则我们可以依次替换 S_{n+1}，直到他坐到正确的位置。于是，我们将归纳假设应用于前 $m-1$ 个座位即可解决问题。否则，就至少存在一个 $l(l > m)$，使得座位 l 被某个 $S_x(x \neq l-1)$ 所占据。根据以上建构，对于 $m < k < l$，座位 k 由 S_{k-1} 所占据。所以，我们可知，在座位 m 到 l 上的观众依次为 $S_{n+1}, S_m, \cdots, S_{l-2}, S_x$。我们进行一系列代换将 S_x 从座位 l 移动到 $m+1$，进而得到另一种错位排列 $S_{n+1}, S_x, S_m, \cdots, S_{l-2}$，其中 S_x 现在坐在座位 $k+2(m \leq k < l-1)$ 上。这使得 S_x 坐在座位 $m+1$ 上，现在我们可以将其与 S_{n+1} 交换位置，使得 S_{n+1} 距离其真正的位置更近了一位，而不会将其他人安排在这个正确的位置上。我们重复这个步骤，直到让 S_{n+1} 坐在座位 $n+1$ 上，进而应用归纳假设完成证明。

习题 7.4（USSR 1991）　黑板上写有一些（大于两个）连续正整数 $1, 2, \cdots, n$。在每一步中允许擦去任意一对数（记为 p 和 q）并用 $p+q$ 和 $|p-q|$ 的值取代。在经过几步转换后，某学生能够使黑板上的所有数之和等于 k。请求出所有可能的 k 值。

解答　本题的答案是，对于满足不等式 $2^s \geq n$ 的任意 s，k 可以是形如 2^s 的任意数。

首先，请注意，在任意移动一步后，黑板上只剩下非负整数。如果两个整数的和与差都能被奇数 d 整除，那么这些整数本身也能被 d 整除。由于初始数中包括 1，所以 k 没有奇质数因数。因此，$k = 2^s$。由于在任何一步移动中，黑板上的最大数不会减小，所以 $k = 2^s \geq n$。

为了证明可以得到每个数 $k = 2^s \geq n$，我们将使用归纳法。我们可以观察到，如果在某个阶段黑板上出现了 0，那么每个数可以在两步后加倍：$(0, a) \to (a, a) \to (0, 2a)$。

于是，如果下面的 0 和 2 的幂都在黑板上：$0, \cdots, 0, 2^{k_1}, \cdots, 2^{k_m}$，其中至少有一个 0，那么在几步之后，我们可能会得到 $0, 2^k, \cdots, 2^k, k = \max\{k_1, \cdots, k_m\}$。

引理　存在一种移动序列可以将 $1, 2, \cdots, n(n \geq 3)$ 转换成 $0, 2^{s+1}, \cdots, 2^{s+1}$，其中 s 是满足不等式 $2^s < n$ 的最大整数。

证明　很容易确认引理对于 $3 \leq n \leq 6$ 成立。例如

$$1, 2, 3, 4, 5 \to 1, 2, 2, 4, 8 \to 0, 1, 4, 4, 8 \to 0, 8, 8, 8, 8$$

现在，假设 $n > 6$，并假设对于 $n' < n$，引理的陈述为真。我们将 n 表示为 $n = 2^s + b$ 的形式，其中 $0 < b \leq 2^s$。如果 $b = 2^s$，那么 $n = 2^{s+1}$，归纳步骤是平凡的，因为根据归纳假设，$1, 2, \cdots, n-1$ 可以变换成 $0, 2^{s+1}, \cdots, 2^{s+1}$。假设 $0 < b < 2^s$（这意味着要么 $n = 7$，要么 $n > 8$），将 $1, 2, \cdots, n$ 分为如下四组：

（a）$1, 2, \cdots, 2^s - b - 1$。

（b）2^s。

（c）$2^s - 1, \cdots, 2^s - b$。

（d）$2^s + 1, \cdots, 2^s + b$。

经过对 $(2^s + i, 2^s - i)$ 这些数对进行 b 步操作后，我们得到以下四组数：

(a)$1,2,\cdots,2^{s}-b-1$。

(b)2^{s}。

(c)$2,4,6,\cdots,2b$。

(d)$2^{s+1},2^{s+1},\cdots,2^{s+1}$。

由于 $n=7$ 时 $b=3$,而对于 $n>8$,存在 $(2^{s}-b-1)+b=2^{s}-1\geqslant7$,所以在第一组或第三组中,存在两个以上的数字。因此,归纳假设可以应用于该组,并至少得到一个 0。对于另一组,要么它至少有 3 个元素(我们也可以应用归纳假设),要么该组仅包含 2 的幂次。在这两种情况下,我们只能得到 0 和 2 的幂次数。由此便证明了引理。

现在让我们回到原题。假设我们想要在黑板上得到数字 $2^{m},2^{m},\cdots,2^{m}$,其中 $2^{m}\geqslant n$。首先,使用引理,我们得到数字 $0,2^{s+1},\cdots,2^{s+1}$。然后,必要时通过翻倍操作,我们可以得到 $0,2^{m},\cdots,2^{m}$,并最终得到 $2^{m},2^{m},\cdots,2^{m}$。

习题 7.5(USSR 1990) 我们有 $4m$ 枚硬币,其中恰好有一半是仿制品。所有真币的重量相同,所有假币的重量也相同,但是假币比真币轻。如何用一台没有砝码的天平在不多于 $3m$ 次的称量后鉴别出所有假币?

解答 我们通过归纳证明以下更强的论断:对于一个偶数 n,如果给出 n 枚硬币,并且知道其中有多少枚是假币,那么可以在 $[3n/4]$ 次称重中确定所有的假币。

对于 $n=2$,该论断为真,因为一次称重就可以确定一切。假设 $n\geqslant4$。让我们比较两个任意的硬币。如果它们的重量不同,那么我们可以对它们进行分类。并且,由于

$$\left[\frac{3(n-2)}{4}\right]+1\leqslant\left[\frac{3n}{4}\right]$$

所以该题可以简化为针对 $n-2$ 枚硬币的问题。

假设相互比较的硬币重量相同。然后,我们将比较这对硬币与另一对硬币。如果重量不同,我们将比较第二对硬币中的两个硬币,然后对之后的所有四枚硬币进行分类。由于

$$\left[\frac{3(n-4)}{4}\right]+3\leqslant\left[\frac{3n}{4}\right]$$

所以问题简化为 $n-4$ 枚硬币的问题。如果两对硬币的重量相同,我们将这四枚硬币与另外四枚进行比较。如果这两组硬币在重量上不同,那么可以对第一组进行分类,问题再次简化为 $n-4$ 枚硬币的问题。如果这两组硬币重量相同,那么我们将这八枚硬币与另外八枚进行比较,依此类推。

如果在这个过程中的某个步骤中,一组 2^{m} 枚硬币不同于另一组 2^{m} 枚硬币,那么第一组的硬币(都相同)可以归为一类。由于

$$\left[\frac{3(n-2^{m})}{4}\right]+(m-1)\leqslant\left[\frac{3n}{4}\right]$$

所以该问题可以简化为针对 $n-2^{m}$ 枚硬币的问题。最后,如果不够 2^{m} 枚硬币组成另一组,那么存在 $2^{m}>\dfrac{n}{2}$,且可以通过选取其中的 $n-2^{m}$ 枚硬币并将其与剩下的 $n-2^{m}$ 枚硬币

比较后对 2^m 枚硬币进行分类。证毕。

习题 7.6(IMO 2006 候选) 一场 (n,k) 锦标赛是指一场有 n 个选手参加需要经过 k 轮角逐的竞赛,使得:

(a)每个选手在每轮中都要参赛,且每两个选手在整场比赛中最多碰到一次。

(b)若选手 A 在第 i 轮碰到选手 B,选手 C 在第 i 轮碰到选手 D,选手 A 在第 j 轮碰到选手 C,则选手 B 在第 j 轮会碰到选手 D。

请求出能保证 (n,k) 锦标赛存在的所有数对 (n,k)。

解答 令 t 是满足使 2^t 能整除 n 的最大整数。我们来证明存在一场 (n,k) 比赛当且仅当 $k \leq 2^t - 1$。

首先,我们证明,如果 $k \leq 2^t - 1$,那么存在一场 (n,k) 比赛。由于我们可以将 n 个选手分成大小为 2^t 的 $\dfrac{n}{2^t}$ 个不同组,所以我们只需要证明 $n = 2^t$ 的情况。

为了方便起见,我们用 $(\mathbb{Z}/2\mathbb{Z})^t$ 的各个元素为 2^t 个选手进行标记,并用其中互异的非零元素为不同的轮次进行标记。在标记为 j 的轮次中,选手 a 会与选手 $a+j$ 相遇。这样,我们就得到了一场 $(2^t, k)$ 比赛,因为如果 $a - b = c - d = i$,那么 $a - c = b - d$ 对于所有的 $a, b, c, d \in (\mathbb{Z}/2\mathbb{Z})^t$ 都成立。

接下来,我们证明,如果 $k > 2^t - 1$,那么就不存在一场 (n,k) 比赛。为此,我们先来证明一个中间结论。

引理 在任何 (n,k) 比赛的最小子比赛中的选手数量都是 2 的幂次。

证明 我们对 k 进行归纳。$k = 0$ 是平凡解。假设对于任何 $(n, k-1)$ 比赛,所有最小的子比赛的规模都是 2 的幂次。那么在任何 (n,k) 比赛中,忽略最后一轮,最小的子比赛的规模也是 2 的幂次。设 S 是这样一个最小比赛的选手集合,对于 (n,k) 比赛中的任何选手 a,令 $K(a)$ 是 a 在第 k 轮遇到的选手。那么,要么 $K(S) = S$,要么 $K(S)$ 和 S 是不相交的。此外,K 从 S 到 $K(S)$ 之间建立了一个双射,因此 S 和 $K(S)$ 具有相同的基数。由此可知,包含 S 中任何一个元素的 (n,k) 比赛的最小子比赛的规模要么是 $|S|$,要么是 $2|S|$,由此便完成了归纳步骤并证明了引理。

为了完成本题的证明,我们还要证明当 $k > 2^t - 1$ 时,我们不能举行一场 (n,k) 比赛。假设相反的情况成立。那么因为每个最小子比赛的规模都必须是 2 的幂次,并且没有两个选手会多次碰面,所以我们比赛的每个最小子比赛都有 2^{t+1} 的倍数的选手。这意味着,2^{t+1} 能整除 n,这与前提矛盾。由此就完成了我们最初要证明的论断。

习题 7.7 在一个由 mn 个单元方格组成的 $m \times n$ 矩形板上,"相邻"方格指的是有公共边的方格,一条"路径"指的是任意两个方格都相邻的方格列。用黑色或者白色对板上的每个方格上色。N 表示使板上从左到右至少存在一条黑色路径的上色方案的数量,M 表示使板上从左到右至少存在两条不相交黑色路径的上色方案的数量。请证明,$N^2 \geq 2^{mn} M$。

解答 考虑一个双面的 $m \times n$ 棋盘 T,其中恰好有 k 个方格是透明的。透明方格只在一面上着色(从另一面看是一样的),而不透明的方格需要在两面上着色(不一定是相同的颜色)。

设 $C = C(T)$ 是棋盘的着色方案集合,其中棋盘上从左到右存在两条黑色通路(一条在上方,一条在下方)且这两条通路在任何透明方格处不相交。如果 $k = 0$,那么 $|C| = N^2$。我们通过对 k 进行归纳来证明 $2^k|C| \leq N^2$。根据这个不等式将推导出本题的论断,因为当 $k = mn$ 时,$|C| = M$。

设 q 是一个固定的透明方格。我们来考察 C 中的任意着色方案 B。如果将 q 转换为一个不透明方格,那么就得到了一个包含 $k-1$ 个透明方格的新棋盘 T'。于是,根据归纳假设,$2^{k-1}|C(T')| < N^2$。由于 B 最多包含两条黑色路径,其中只有一条经过 q,所以将 q 的另一面着色为任意颜色都将得到着色 C'。因此,$|C(T')| \geq 2|C(T)|$,这意味着 $2^k|C(T)| \leq N^2$,归纳证明完毕。

习题 7.8(IMO 1998 候选) 令 $U = \{1, 2, \cdots, n\}$,其中 $n \geq 3$。如果一个不在 S 中的元素在某个排列中出现在 S 的两个元素之间,那么我们就称 U 的一个子集 S 被 U 中元素的一个排列所"分裂"。比如说,13542 分裂 $\{1, 2, 3\}$ 但不分裂 $\{3, 4, 5\}$。U 的任意 $n-2$ 个子集中每个子集包含至少 2 个、至多 $n-1$ 个元素,请证明,U 中元素存在一个可以分裂上述所有子集的排列。

解答 我们将通过对 n 的归纳来进行证明。基线条件 $n = 3$ 显然成立。

对于归纳步骤,假设结论对于所有小于 $n(n \geq 4)$ 的整数都成立。我们考察集合 S 的子集 $U_1, U_2, \cdots, U_{n-2}$。我们希望从 S 中移除一个元素 x,并对 $U_1 \setminus \{x\}, U_2 \setminus \{x\}, \cdots, U_{n-2} \setminus \{x\}$ 的 $n-3$ 个子集应用归纳假设。假设其中 k 个集合有 $n-1$ 个元素。我们希望在进行移除操作后,它们剩下 $n-2$ 个元素,这样我们就可以使用归纳假设了。这给出了 k 个被禁止的 x 值,每个集合一个。接下来,我们希望确保包含两个元素的集合在进行移除操作后不会成为单个元素的集合。不幸的是,这并不总是可能的,但我们可以确保最多只有一个这样的集合会成为单个元素的集合。这是因为我们有 $n-k$ 个元素且最多有 $n-2-k$ 个包含两个元素的集合,因此我们不能让每个元素都同时属于至少两个这样的集合。

因此,执行我们上面描述的移除操作。接下来,我们忽略一个已知的集合。如果有单个元素,那么忽略它;如果没有单个元素,那么忽略任意一个集合。假设我们移除了 $U_{n-2} \setminus \{x\}$。根据归纳假设,存在一个 $\{1, 2, \cdots, n\} \setminus \{x\}$ 的排列将 $U_1 \setminus \{x\}, U_2 \setminus \{x\}, \cdots, U_{n-3} \setminus \{x\}$ 分开。很明显,无论我们如何插入 x 到这个排列中,集合 $U_1, U_2, \cdots, U_{n-3}$ 都将被分开。所以现在只需要确保 U_{n-2} 也被分开,而这很容易实现:如果 $x \in U_{n-2}$,我们将 x 放在排列的开头或结尾,其中一个变体将满足我们的要求;如果 $x \notin U_{n-2}$,则将 x 放在 U_{n-2} 的两个元素之间,这样就完成了证明。

习题 7.9 令 $n \neq 4$ 为正整数。考察一个集合 $S \subset \{1, 2, \cdots, n\}$,$|S| > \left\lceil \dfrac{n}{2} \right\rceil$。请证明,存在 $x, y, z \in S$,使得 $x + y = 3z$。

解答 我们将通过对 n 的归纳来进行证明。当 $n \leq 15$ 时,我们可以直接证明结论。

关于归纳步骤,假设该结论对于所有小于 $n(n \geq 16)$ 的整数都成立。令 A 为一个不包含三联数组 x, y, z 使得 $x+y=3z$ 的集合。我们需要证明 $|A| \leq \left\lceil \dfrac{n}{2} \right\rceil$。

首先,假定 A 包含某个元素 t,其中 $\dfrac{n+5}{3} < t \leq \dfrac{2n}{3}$。所以,$3t-n-1 \geq 5$,根据归纳假设,$A \cap \{1, 2, \cdots, 3t-n-1\}$ 最多包含 $\left\lceil \dfrac{3t-n-1}{2} \right\rceil$ 个元素。将大于 $3t-n-1$ 的数按照数对 $(3t-n, n)$,$(3t-n+1, n-1)$,$\cdots$ 进行归类,使得每个数对中各数之和为 $3t$。由于 $t \in A$,所以 A 最多可以包含每个数对中的一个数(如果 t 是偶数那么 A 不能包含 $3t/2$)。于是,A 最多包含 $\left\lfloor \dfrac{2n+1-3t}{2} \right\rfloor$ 个大于 $3t-n-1$ 的元素。因此

$$|A| \leq \left\lceil \frac{3t-n-1}{2} \right\rceil + \left\lfloor \frac{2n+1-3t}{2} \right\rfloor \leq \frac{3t-n}{2} + \frac{2n+1-3t}{2} = \frac{n+1}{2}$$

由此得 $|A| \leq \left\lceil \dfrac{n}{2} \right\rceil$,此即为所求。

于是,我们可以假定 A 不包含在这个值域中的任意元素。令 $B = A \cap \left[1, \dfrac{n+5}{3}\right]$,$C = A \cap \left[\dfrac{2n+1}{3}, n\right]$,由于 $n \geq 16$,所以 $\left\lfloor \dfrac{n+5}{3} \right\rfloor \geq 7$。因此,根据归纳假设,可得

$$|B| \leq \left\lceil \frac{1}{2} \left\lfloor \frac{n+5}{3} \right\rfloor \right\rceil$$

我们显然还知道 $|C| \leq n - \left\lfloor \dfrac{2n}{3} \right\rfloor$。于是,得到

$$|A| \leq \left\lceil \frac{1}{2} \left\lfloor \frac{n+5}{3} \right\rfloor \right\rceil + \left(n - \left\lfloor \frac{2n}{3} \right\rfloor\right)$$

这个上界的最大值只有在 $n = 6k+3$ 时才可行,此时不等式变成 $|A| \leq (k+1) + (2k+1) = 3k+2 = \left\lceil \dfrac{n}{2} \right\rceil$。我们再通过考察一个小例子就可以排除其他的可能结果了。如果 $n \neq 6k+4$,那么我们求得上述界限值为 $|A| \leq \left\lceil \dfrac{n}{2} \right\rceil + 1$。于是,我们只需要证明在上述所有界限值中我们都不能得到等量关系即可。对于 $|C|$ 中的等量关系,C 需要包含所有大于 $\left\lfloor \dfrac{2n}{3} \right\rfloor$ 的数。但是,由于 $x + 2x = 3x$,所以 A 不可能同时包含 x 和 $2x$(x 为任意值)。于是,B 中最大元素的最大值为 $\left\lceil \dfrac{1}{2}\left(\left\lfloor \dfrac{2n}{3} \right\rfloor + 1\right) \right\rceil - 1 = \left\lfloor \dfrac{n}{3} \right\rfloor$。因此,$|B|$ 的上界变成 $\left\lceil \dfrac{1}{2} \left\lfloor \dfrac{n}{3} \right\rfloor \right\rceil$,所以 $|A|$ 的上界

变成 $|A| \leqslant \left\lceil \frac{1}{2} \left\lfloor \frac{n}{3} \right\rfloor \right\rceil + \left(n - \left\lfloor \frac{2n}{3} \right\rfloor \right)$,这表明 $|A| \leqslant \left\lceil \frac{n}{2} \right\rceil (n \neq 6k+4)$ 。现在就剩下 $n = 6k+4$ 的情况了。此时, $B = A \cap \{1, 2, \cdots, 2k+3\}$, $C = A \cap \{4k+3, \cdots, 6k+4\}$ 。此时, $|A|$ 的上界为

$$|A| \leqslant (k+2) + (2k+2) = 3k+4 = \left\lceil \frac{n}{2} \right\rceil + 2$$

若 $2k+3 \in B$,则 $4k+6$ 不可能在 C 中,且不等式转变为 $|A| \leqslant \left\lceil \frac{n}{2} \right\rceil + 1$ 。因此,除非在所有剩下的位置上都有相等关系,否则我们的证明就结束了。具体而言, C 必须包含以下所有数字 $4k+7, \cdots, 6k+4$ 。因此, B 不能包含以下任何数字 $3(2k+3) - (4k+7), \cdots$, $3(2k+3) - (6k+4)$ 。而所有这些数字都来自 5 到 $2k+2$ 。这样, B 就只剩下 $k+2$ 个数字,这些数字必须来自 $\{1, 2, 3, 4\}$ 和 $2k+3$ 的某个子集。除了 $k=2$ 且 $n=16$ 这种情况,因为这明显是一个矛盾的假设(如果 2 在 B 中,那么 1 和 4 就不在 B 中)。对于 $n=16$,只存在可能性 $A = \{1, 3, 4, 7, 11, 12, 13, 15, 16\}$,但这种情况不可能实现,因为 $1 + 11 = 3 \cdot 4$ 。

若 $2k+3 \notin B$,则根据归纳假设, B 最多有 $k+1$ 个元素,我们可以进一步得到 $|A| \leqslant \left\lceil \frac{n}{2} \right\rceil + 1$ 。因此,除非在剩下的位置上有相等关系,否则我们的证明就结束了。于是, C 必须包含以下所有数字 $4k+3, \cdots, 6k+4$,故 B 不能包含 $2k+2$ 。如果 $n \neq 16$,那么根据归纳假设,我们有 $2k+1 \in B$ 。但是, B 不能包含任何形式为 $3(2k+1) - c(c \in C)$ 的数字,这样 B 就只剩下 $2k+1$ 个数字,这与前提矛盾。如果 $n=16$,我们得到另一种可能性 $A = \{1, 3, 4, 11, 12, 13, 14, 15, 16\}$,但这种情况同样不可能实现,因为 $1 + 11 = 3 \cdot 4$ 。

习题 7.10 由 n 个从字母表 $\{a, b, c, d\}$ 中选取的字母构成一个单词。如果该单词包含两个连续相同的字母块,那么就称其为"卷绕的"。例如, $caab$ 和 $cababdc$ 都是卷绕的,而 $abcab$ 则不是。请证明,由 n 个字母构成的非卷绕单词数大于 2^n 。

解答 我们通过对 n 进行归纳来证明该结论。对于 $n \leqslant 3$,我们可以亲自检查这些情况。

对于归纳步骤,假设 $n \geqslant 4$,并且结论对于所有小于 n 的正整数都成立。为了证明本题,我们先尝试建立一个卷绕单词数量 a_n 的递归关系,并用 b_n 表示非卷绕(简单)单词的数量。显然存在 $a_n + b_n = 4^n$ 。由于我们想使用递归关系,所以让我们从一个由 n 个字母组成的单词中删除最后一个字母。如果剩下的 $n-1$ 个字母的单词是卷绕的,那么原始单词也是卷绕的。如果不是,那么连续的两个字母块必定出现在末尾,所以单词的形式是 AXX 。此外, AX 是一个简单的单词,因此我们可以按照以下方式获得这样的单词:选择一个长度至少为 $n/2$ 的简单单词 T ,并将原单词的最后 $n-1$ 个字母添加到末尾。然而,需要注意的是,有些卷绕单词可能被计了两次,例如 $abacabcabc$,但每个单词都被列了出来。由于这个原因,我们只能推得不等式 $a_n \leqslant 4a_{n-1} + (b_{\lfloor \frac{n}{2} \rfloor} + \cdots + b_{n-1})$ 。我们可以将其表示为 $b_n \geqslant 4b_{n-1} - (b_{\lfloor \frac{n}{2} \rfloor} + \cdots + b_{n-1})$ 。现在,通过一次简单归纳就可以证得 $b_n \geqslant 2b_{n-1}$ 。基线条件是

容易证明的,因为 $b_1 = 4$ 且 $b_2 = 12$。至于归纳步骤,我们根据归纳假设注意到

$$b_{\left[\frac{n}{2}\right]} + \cdots + b_{n-1} \leq b_{n-1}\left(1 + \frac{1}{2} + \frac{1}{4} + \cdots\right) = 2b_{n-1}$$

因此,$b_n \geq 4b_{n-1} - 2b_{n-1} = 2b_{n-1}$。于是,$b_n > 2^n$ 的证明就是一个平凡的归纳。

习题 7.11(IMO 2006 候选) 有 $n(n \geq 2)$ 盏灯 $L_1, \cdots, L_n$ 排成一排,每一盏灯或开或关。我们按照以下规则在每一秒同时对每一盏灯的状态进行调整:若灯 L_i 和相邻两灯(对于 $i = 1$ 或者 $i = n$,只有一盏灯相邻;对于其他 i,有两盏灯相邻)的状态一致,则关掉 L_i,否则打开 L_i。

一开始,除了最左端的一盏灯亮着,其他灯都是关着的。

(1)请证明,存在无限多个整数 n 能使所有灯最终全都被关上。
(2)请证明,存在无限多个整数 n 能使所有灯最终不会全部被关上。

解答 我们将灯按照 L_1 作为最左边的灯进行排序。

对于(1),我们证明对于 $n = 2^k$,所有的灯在 $n-1$ 步时会被打开,在 n 步时会被关闭。我们通过对 k 进行归纳来完成这一证明,其中基线条件 $k = 1$ 的情况是显然成立的。

现在,假设对于 $k \geq 1$,结论成立。令 $n = 2^{k+1}$,$A = \{L_1, \cdots, L_{2^k}\}$,$B = \{L_{2^k+1}, \cdots, L_{2^{k+1}}\}$。我们注意到,前 $2^k - 1$ 步并没有影响 B 中灯的状态。因此,在经过 $2^k - 1$ 步之后,A 中的灯将全部打开,B 中的灯将全部关闭。在第 2^k 步之后,L_{2^k} 和 L_{2^k+1} 均会处于相反的状态,而其他的灯都会关闭。关键的事实是,从这一点开始,灯 L_i 和 $L_{2^{k+1}-i}(i = 1, \cdots, 2^k - 1)$ 将处于相同的状态,并且 A 中的灯与 B 中的灯之间不受其他干扰。由于 B 中只有最左边的灯处于打开状态,根据归纳假设,它在 2^k 步之后会全部关闭。根据之前的观察,A 也将具有相同的状态。因此,总共需要 $2^k + 2^k = 2^{k+1}$ 步,由此便完成了本题这一部分的证明。

对于(2),我们证明如果 $n = 2^k + 1$,那么灯将永远不会全部关闭。在第一步之后,只有 L_1 和 L_2 会打开。根据我们证明(1)的内容,经过 $2^k - 1$ 步之后,除了 L_n 的所有灯都会打开,所以在第 2^k 步之后,除了 L_{n-1} 和 L_n,所有的灯都会关闭。这个位置与我们在第一步之后的位置对称,因此根据周期性,灯将永远不会全部关闭。

习题 7.12(IMO 2005 候选) 令 k 为某个确定的正整数。一家公司以一种特别的方法来卖阔边帽。每位顾客在他(她)买下一顶阔边帽之后可以将该产品推销给最多两名其他顾客,推销给已经得到推销的人不算数。这些新顾客每人又可以将该产品推销给最多两名其他顾客,依此类推。如果一名顾客将阔边帽推销给了两个人,而反过来这两个人每人又将该产品至少推销了 k 个人(直接或者间接),那么这名顾客就可以赢得一个免费的说明视频。请证明,如果 n 个人买了阔边帽,那么其中最多有 $\dfrac{n}{k+2}$ 个人得到视频。

解答 假设有 m 个人收到了视频。我们希望证明 $n \geq m(k+2)$。由于结论对于 $m = 0$ 显然成立,所以让我们不失一般性地假设 m 为正数。在这个假设下,我们将通过对 m 进行归纳来证明更强的界 $n \geq (m+1)(k+1) + m$。

如果 B 直接说服 A 购买了一顶阔边帽,那么我们称 A 是 B 的直接下线。如果 B 直接

或间接地导致 A 购买了一项阔边帽,那么我们称 A 是 B 的间接下线。我们将收到视频的人称为花朵。我们将花朵的直接下线中不是花朵本身的人称为芽。

对于本归纳的基线条件,当只有一个花朵收到视频时,这个花朵必须至少有两个芽,每个芽必须有至少 k 个间接下线。因此,$n \geq 2k+3=(m+1)(k+1)+m$。

现在,假设有 m 个花朵收到了视频。由于只有有限个花朵收到视频,所以至少存在一个花朵没有发展其他花朵作为间接下线。我们移除这个花朵,它的一个芽,以及这个芽的所有间接下线;然后,我们断开连接的芽变成移除花朵的直接下线(如果存在)的直接下线。所有其他花朵仍然是花朵;所有其他芽仍然是芽。因此,我们至少移除了 $2+k$ 个人,而只移除了一个花朵。如果还剩下 n' 个人,那么根据归纳假设可知

$$n-(2+k) \geq n' \geq m(k+1)+(m-1)$$

或

$$n \geq n'+k+2 \geq (m+1)(k+1)+m$$

因此,对于所有 m 都存在

$$n \geq (m+1)(k+1)+m = m(k+2)+k+1 > m(k+2)$$

此即为所求。

我们注意到界 $n \geq (m+1)(k+1)+m$ 是锐利且清晰的,因为存在这样的可能性:在花朵 $A_1, \cdots, A_m$ 中,A_{i+1} 是 A_i 的直接下线,所有的芽都恰好有 k 个间接下线。

习题 7.13 令 r 为正整数。我们来考察一个无限集合群,其中每个集合都包含 r 个元素且保证这些集合中的任意两个都不相交。请证明,存在一个包含 $r-1$ 个元素的集合,其与该集合群中的其他任意成员都有交集。

解答 假设结论不成立,即对于任意 $r-1$ 个元素,集合中存在一个不包含其中任何元素的集合。让我们通过对 $j \leq r-1$ 进行归纳证明,我们可以找到一组有限数量的集合 $A_1, A_2, \cdots, A_m$,使得任意 j 个元素的集合都不能同时与 $A_1, A_2, \cdots, A_m$ 相交。基线条件 $j=0$ 是显然成立的。

现在,假设我们已经证明了 $j=k$ 的情况,也就是说我们找到了集合 $A_1, A_2, \cdots, A_m$,使得任何 k 个元素的集合都不能与它们相交。如果没有一个包含 $k+1$ 个元素的集合与它们相交,则归纳步骤成立。但如果存在这样一个集合 B,其中 $|B|=k+1$,那么 $B \subset A_1 \cup A_2 \cup \cdots \cup A_m$,否则 B 将包含一个不在 $A_1, A_2, \cdots, A_m$ 中的元素,那么我们可以将其移除,并且剩下的包含 k 个元素的集合将与归纳假设矛盾。由于 $A_1 \cup A_2 \cup \cdots \cup A_m$ 包含有限个子集,因此存在有限个这样的集合:$B_1, B_2, \cdots, B_l$。但是,由于 $|B_i| \leq r-1$,所以集合中存在一个不与 B_i 相交的集合 C_i。

考察集合 $A_1, A_2, \cdots, A_m, C_1, C_2, \cdots, C_l$。如果存在一个包含 $k+1$ 个元素的集合同时与所有这些集合相交,那么它必定是 $B_1, B_2, \cdots, B_l$ 中的一个,但它将不会与对应的集合 $C_1, C_2, \cdots, C_l$ 相交,而这是不可能发生的。因此,通过集合 $A_1, A_2, \cdots, A_m, C_1, C_2, \cdots, C_l$ 验证了归纳步骤成立。

因此,我们可以找到一组有限集合 $A_1, A_2, \cdots, A_m$,使得任何具有 $r-1$ 个元素的集合都

不能与它们相交,而这意味着集合中的任何一个元素都包含在 $A_1 \cup A_2 \cup \cdots \cup A_m$ 中。否则,它将包含一个不属于 $A_1, A_2, \cdots, A_m$ 的元素,将其移除后会产生一个与 $A_1, A_2, \cdots, A_m$ 相交的由 $r-1$ 个元素组成的集合。但是,$A_1 \cup A_2 \cup \cdots \cup A_m$ 是有限的,因此它具有有限个子集,这与问题中集合是无限的事实相矛盾。

习题 7.14 存在 n 个有限集合 $A_1, A_2, \cdots, A_n$,其任意群的交集都有偶数个元素,但是其所有子集的交集则不然,包含奇数个元素。请求出 $A_1 \cup A_2 \cup \cdots \cup A_n$ 可能包含的最小元素的个数。

解答 设 $\overline{A_i} = (A_1 \cup A_2 \cup \cdots \cup A_n) \setminus A_i$。对于 $\{1, 2, \cdots, n\}$ 的一个非空子集 J,令

$$X_J = \bigcap_{j \in J} A_j \cap \bigcap_{k \notin J} \overline{A_k}$$

其中,X_J 表示在集合 $A_j (j \in J)$ 中而不在 A_k 中的所有元素。由此可知,集合 X_J 两两不相交。另外,$\bigcap_{i \in I} A_i$ 中的任意元素必定在 X_J 中(J 是 I 的超级集合),即

$$\bigcup_{J \supseteq I} X_J = \bigcap_{i \in I} A_i$$

现在,我们通过对 $|I|$ 的向下归纳来证明 $|X_I|$ 对于所有非空集合 I 为奇数。基线条件 $|I| = n$ 正是以下命题:所有 A_i 的交集包含奇数个元素。至于归纳步骤,假定我们已知 $|X_J|$ 对于所有大于 I 的集合 J 为奇数。前述公式表明,根据条件包含偶数个元素的 $\bigcap_{i \in I} A_i$ 是一个由所有集合 X_J 中的 $2^{n-|I|}$ 组成的互不相交的并集。根据归纳假设,除 X_I 之外,所有这些集合都具有奇数个元素。由于 $2^{n-|I|}$ 是偶数,因此可以得出 X_I 也具有奇数个元素。

于是,每个集合 X_J 都具有奇数个元素,因此至少存在一个元素。由于在 X_J 中的每个点都在 A_i 中,所以我们得到

$$\bigcup_{i=1}^{n} A_i = \bigcup_{J \neq \emptyset}^{n} X_J$$

上述等式可以通过以下构造来实现(受到本解决方案的启发):如果我们令 A_i 为介于 1 和 $2^n - 1$ 之间的所有数字,其二进制表示的第 i 位为 1,那么我们可以看到每个集合 X_J 都是单元素集。由此,很容易就能验证这个例子满足所有条件。

习题 7.15(USSR 1991) 一个 $n \times n$ 网格的 $k \times l$ 子网格由位于任意 k 行和任意 l 列交界处的格子构成。$k+l$ 这个数被称为该子网格的半周长。已知半周长不小于 n 的一些子网格覆盖了该网格的主对角线。请证明,这些子网格至少覆盖了所有格子的一半。

解答 我们通过对 n 进行归纳来证明这个结果。我们用 $P(n)$ 表示本题结论在 $n \times n$ 网格中的表述。我们将通过证明 $P(1)$,$P(2)$ 和 $P(n-2)$ 蕴含 $P(n)$ 来证明 $P(n)$ 为真。

对于 $P(1)$ 和 $P(2)$ 没有什么是需要证明的,因为对于 1×1 的网格,唯一的格子是一个对角线格子,而对于 2×2 的网格,对角线格子的数量恰好是所有格子数量的一半。

网格中的一个格子用一对整数 (i, j) 表示,其中 i 是行号,j 是列号,表示该格子所属的行和列。

我们可以观察到,在某种情况下,我们实际上不需要运用归纳法。考察所有关于主

对角线对称的格子对,它们的坐标分别为 (i,j) 和 (j,i),其中 $i \neq j$。如果在每个这样的格子对中至少有一个格子被覆盖,那么这些格子共同覆盖了至少 $n+(n^2-n)/2=(n^2+n)/2>n^2/2$ 个格子,因此 $P(n)$ 为真。

现在,假设对于 $n \geq 3$,$P(n-2)$ 成立,并考察一个 $n \times n$ 网格。我们只需考虑一种情况,即存在某个 i,j,既不覆盖格子 (i,j) 也不覆盖格子 (j,i)。删除第 i 行、第 j 行、第 i 列和第 j 列,并相应地减少相关的子行列,我们得到一个 $(n-2) \times (n-2)$ 的网格和一些删减后的子行列,它们再次共同覆盖主对角线。删减后的子行列不可能同时包含第 i 行和第 j 列(否则该子行列将覆盖格子 (i,j))。类似地,删减后的子行列不可能同时包含第 j 行和第 i 列。因此,删减后的子行列的半周长至少为 $n-2$。现在,我们可以应用归纳假设来证明删减后的子行列至少覆盖删减后网格的一半。

为了完成归纳,我们只需证明在删除的 $4n-4$ 个格子中,至少有 $2n-2$ 个被子行列覆盖。考察覆盖格子 (i,i) 的子行列。由于其半周长至少为 n,所以它至少覆盖第 i 行和第 i 列中的 $n-1$ 个被删除的格子。覆盖格子 (j,j) 的子行列(注意,这可能是相同的子行列)同样覆盖第 j 行和第 j 列中的 $n-1$ 个被删除的格子。但是,由于 (i,j) 和 (j,i) 未被覆盖,所以这两个子行列共同覆盖了至少 $2(n-1)$ 个格子。证毕。

习题 7.16(IMO 2013 候选)　令 $n(n \geq 2)$ 是一个整数。考察数字 $0,1,\cdots,n$ 的所有环形排列,一个排列的 $n+1$ 种旋转被认为是等价的。如果对于任意 4 个不同数字 $0 \leq a,b,c,d \leq n(a+c=b+d)$,连接数字 a 和 c 的弦与连接数字 b 和 d 的弦不相交,那么我们就称这个环形排列是"优美的"。令 M 为 $0,1,\cdots,n$ 的优美排列个数,N 为使 $x+y \leq n$ 且 $\gcd(x,y)=1$ 的正整数对 (x,y) 的个数。请证明,$M=N+1$。

解答　给定一个 $[0,n]=\{0,1,\cdots,n\}$ 的环形排列,我们定义 k-弦为一条弦(可能是退化的),其端点共有 k 个(可能是相同的)。如果圆上的三条弦中的一条弦将其他两条弦分开,那么我们就说它们是对齐的。如果 $m \geq 3$ 条弦中任意三条弦都对齐,那么我们就说有 $m \geq 3$ 条弦对齐。例如,在图 10.1 中,A,B,C 是对齐的,但 B,C,D 并不对齐。

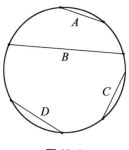

图 10.1

断言　在一个优美排列中,k-弦(k 为任意整数)都是对齐的。

证明　我们采用归纳法进行证明。对于 $n \leq 3$,该断言显然是成立的。现在,假设 $n \geq 4$,并采用反证法。我们考察一个优美的排列 S,其中三条 k-弦 A,B,C 并不对齐。如果 n 不在 A,B,C 的端点上,那么从 S 中删除 n,我们将得到一个在 $[0,n-1]$ 区间上的优

美排列 $S\setminus\{n\}$。根据归纳假设，A,B,C 是对齐的。类似地，如果 0 不在这些端点中，那么删除 0 并将所有数字减去 1，我们将得到一个优美排列 $S\setminus\{0\}$，其中 A,B,C 是对齐的。因此，0 和 n 是这些弦线段的端点。如果 x 和 y 是它们各自的同伴，那么存在 $n \geqslant 0+x = k = n+y \geqslant n$。因此，0 和 n 是其中一条弦的端点，计为 C。

令 D 是由数字 u 和 v 形成的弦，它们与 0 和 n 相邻，并且在 C 的同一侧，就像 A 和 B 一样，如图 10.2 所示。

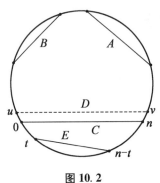

图 10.2

设 $t=u+v$。如果 $t=n$，那么在优美排列 $S\setminus\{0,n\}$ 中，n-弦 A,B,D 将不会对齐，这与归纳假设矛盾。如果 $t<n$，那么从 0 到 t 的 t-弦不能与 D 相交，因此弦 C 分隔 t 和 D。从 t 到 $n-t$ 的弦 E 与 C 在同一侧。但是，在 $S\setminus\{0,n\}$ 中，弦 A,B,E 并不对齐，这与前提矛盾。最后，当 $t>n$ 时，通过保留美感地重新标记 $x\to n-x$ $(0\leqslant x\leqslant n)$，我们可以将其等价于 $t<n$ 的情况，这会将 t-弦转换为 $(2n-t)$-弦。由此便完成了断言的证明。

在证实了上述断言之后，我们通过归纳来证明所求结论。$n=2$ 的情况是显然成立的。现在，假设 $n\geqslant 3$。设 S 是 $[0,n]$ 的一个优美排列，删除 n，得到 $[0,n-1]$ 的优美排列 T。T 的各条 n-弦是对齐的，并且它们包含除 0 之外的每个点。如果 0 位于这些 n-弦的中间，则称 T 为 1 型排列，否则称其为 2 型排列（即如果 0 与这些 n-弦对齐）。我们来证明每个 $[0,n-1]$ 的 1 型排列都对应唯一的 $[0,n]$ 排列，而每个 2 型排列都对应 $[0,n]$ 的两个优美排列。

如果 T 是 1 型的话，让 0 位于弦 A 和弦 B 之间。由于从 0 到 n 的弦必须与 A 和 B 对齐，所以 n 必须在 A 和 B 之间的另一段弧上。因此，可以唯一地从 T 恢复 S。在另一个方向上，如果 T 是 1 型的并且按照上述方法插入 n，那么我们断言所得的排列 S 是优美的。对于 $0<k\leqslant n$，S 的 k-弦是平行的。存在一个反对称轴 l，使得对于所有的 x,x 关于 l 对称于 $n-x$。如果我们有两个 k-弦在某个 $k>n$ 的位置相交，那么它们关于 l 的反射将是两条 $(2n-k)$-弦相交，其中 $0<2n-k<n$，矛盾。

如果 T 是 2 型的话，那么在 S 中 n 有两个可能的位置，一个在 0 的一侧，另一个在 0 的另一侧。与上述情况类似，我们所考察的位置都会得到 $[0,n]$ 的优美排列。

因此，如果我们令 M_n 表示 $[0,n]$ 的优美排列的数量，令 L_n 表示 $[0,n-1]$ 中 2 型优美排列的数量，则存在 $M_n = M_{n-1} - L_{n-1} + 2L_{n-1} = M_{n-1} + L_{n-1}$。

剩下需要证明的是，L_{n-1} 为正整数对 (x,y) 的数量（其中 $x+y=n$ 且 $\gcd(x,y)=1$）。由于 $n \geq 3$，所以这个数量等于 $\varphi(n)=\#\{x:1 \leq x \leq n, \gcd(x,n)=1\}$。

为了证明这一点，考察一个 $[0,n-1]$ 的 2 型优美排列。在圆周上按顺时针方向标记位置 $0,\cdots,n-1 (\bmod n)$，使得数字 0 位于位置 0。设 $f(i)$ 是位置 i 上的数字。请注意，f 是 $[0,n-1]$ 的排列。设 a 是满足 $f(a)=n-1$ 的位置。

由于 n-弦与 0 以及 n-弦上的每个点都对齐，所以这些弦都平行，且 $f(i)+f(-i)=n$ 对于所有 i 都成立。类似地，由于各条 $(n-1)$-弦都对齐且每个点都是一条 $(n-1)$-弦，所以这些弦也都平行，且 $f(i)+f(a-i)=n-1$ 对于所有 i 都成立。因此，$f(a-i)=f(-i)-1$ 对于所有 i 都成立。由于 $f(0)=0$，所以

$$f(-ak)=k（对于所有 k 都成立）\tag{1}$$

需要记住，这是一个关于模 n 的等式。由于 f 是一个排列，所以我们必定会得到 $(a,n)=1$。因此，$L_{n-1} \leq \varphi(n)$。

为了证明这个等式，我们需要注意到式(1)是优美的。为了弄清这一点，我们考察圆周上满足 $w+y=x+z$ 的 4 个数字 w,x,y,z。它们在圆周上的位置满足 $(-aw)+(-ay)=(-ax)+(-az)$，这意味着，从 w 到 y 的弦和从 x 到 z 的弦是平行的。因此，式(1)是优美的，并且根据构造它属于 2 型。由此，我们就得到了所求结论。

习题 7.17 请证明，在最大绝对值为 $2k-1$ 的任意 $2k+1$ 个整数中，我们总是可以选出加和为 0 的三个数。

解答 我们通过对 k 进行归纳来证明这个结论。基线条件 $k=1$ 成立，因为在这种情况下，这些数字必定是 $-1,0$ 和 1，因此它们的和为 0。

现在，假设结论对于某个 $k \geq 1$ 成立。然后考察一个包含在 $[-(2k+1),2k+1]$ 范围内的 $2k+2$ 个整数的集合。我们需要证明其中 3 个整数的和为 0。假设相反的情况成立。如果选择了 0，那么我们可以将每个数与其相应的负数配对，根据鸽笼原理，我们必须从一对中选择 2 个数，与 0 一起得到一个和为 0 的集合。如果没有选择 0，则必须选择集合 $\{-(2k+1),-2k,2k,2k+1\}$ 中至少 3 个整数，否则至少从 $[-(2k-1),2k-1]$ 中选择 $2k+1$ 个整数。进而，根据归纳假设可知，它们的和为 0。

因此，我们可以不失一般性地选择 $2k$ 和 $2k+1$，否则我们可以用对应的负数替换每个数而不改变我们感兴趣的和为 0 的事实。现在，我们分两种情况进行讨论。

情况 1 如果选择了 $-(2k+1)$，那么不能选择 1，因为会存在以下 3 个数的组合 $\{-(2k+1),1,2k\}$。将不包括 $-(2k+1)$ 的负整数配对，使得每个数对之和为 $-(2k+1)$，并将不包括 $2k+1$ 和 $2k$ 的正整数配对，使得每个数对之和为 $2k+1$。根据鸽笼原理，我们至少从某一对中选择了 2 个数。此对数与 $2k+1$ 或 $-(2k+1)$ 中的任意一个相加，得到一个和为 0。

情况 2 如果没有选择 $-(2k+1)$，那么必定选择了 $-2k$，因此不能选择 -1，因为会存在以下 3 个数的组合 $\{-2k,-1,2k+1\}$。将不包括 $-2k$ 和 $-(2k+1)$ 的负整数配对，使得每个数对之和为 $-2k-1$，并将不包括 $2k$ 和 $2k+1$ 的正整数配对，使得每个数对之和为 $2k$（k 为

单元数）。根据鸽笼原理,我们必定选择了某数对中的两个不同的数。因此,我们得到了一对不同的整数,它们的和为 $2k$ 或 $-(2k+1)$。这对数与 $-2k$ 或 $2k+1$ 中的任意一个相加,得到一个和为 0 的集合。由此便完成了我们的证明。

习题 7.18 请证明,对于 $n \geq 55$,一个立方体 C 可以被分割成 n 个小立方体。

解答 本题是将一个正方形分成 n 个正方形一题的三维版本,可以用同样的方法来解答。只是在这里我们有更多的情形需要考虑,具体的例子也更难构建。

同样地,一个立方体可以被分成 3 个立方体这一命题对于任意 $k \in \mathbb{N}$ 都成立。具体而言,若 C 被分成 n 个立方体,那么我们可以将其中一个分成 8 个,从而形成 $n+7$ 个立方体的分法。于是,我们需要验证基线条件 $n = 55, 56, 57, 58, 59, 60, 61$。

当 $n = 55$ 时:将 C 分成 27 个立方体,将其中 4 个分别分割成 8 个小立方体,于是我们总共得到 $27 + 4 \cdot 7 = 55$ 个立方体。

当 $n = 56$ 时:将 C 分成 8 个立方体,将其中 4 个分别分割成 27 个小立方体。C 的上表面现在被分割成 6×6 的网格。将其看作 9 个 $2 \cdot 2$ 的正方形,并将这 9 个正方形中的 8 个分别与下方的部分连接成 8 个立方体,于是我们总共得到 $8 + 4 \cdot 26 - 8 \cdot 7 = 56$ 个立方体。

当 $n = 57$ 时:将 C 分成 64 个立方体,将其中 8 个相连后形成一个新的立方体。

当 $n = 58$ 时:将 C 分成 27 个立方体,将其中 8 个相连后形成一个新的立方体。接着,以同样的方法对这种分割法中的其他两个立方体进行处理。

当 $n = 59$ 时:将 C 分成 64 个立方体,将其中 27 个相连后形成一个新的立方体。接着,分别将剩下的 3 个立方体分割成 8 个小立方体。

当 $n = 60$ 时:将 C 分成 8 个立方体,然后将其中两个分别分割成 27 个小立方体。

当 $n = 61$ 时:将 C 分成 27 个立方体,将其中 8 个相连后形成一个新的立方体。接着,我们考察剩余立方体中共享 C 的同一平面 P 的 4 个立方体,并分别将其分割成 27 个小立方体。通过将其中 8 个小立方体合并成一个立方体,我们可以继续考察其中有一个面共享 P 的第九部分的 9 个小立方体。

习题 7.19 对于数字 $1, 2, \cdots, n$ 的一个排列 $a_1, a_2, \cdots, a_n$,我们可以改变任意连续组块的位置。也就是说,我们可以从 $a_1, \cdots, a_i, a_{i+1}, \cdots, a_{i+p}, a_{i+p+1}, \cdots, a_{i+q}, a_{i+q+1}, \cdots, a_n$ 得到 $a_1, \cdots, a_i, a_{i+p+1}, \cdots, a_{i+q}, a_{i+1}, \cdots, a_{i+p}, a_{i+q+1}, \cdots, a_n$。请问至少经过多少次这种转换可以让我们从 $1, 2, \cdots, n$ 得到 $n, n-1, \cdots, 2, 1$?

解答 这里的第一部分并没有使用归纳法,即估计部分。我们证明至少需要 $\left[\dfrac{n}{2}\right] + 1$ 步。如果其中左边的数字小于右边的数字,那么我们称排列中两个连续数字的对为正常对。最初有 $n-1$ 个正常对,最后变为零个。显然,第一步和最后一步最多只能将正常对的数量减少 1。现在,我们来证明其他所有的步骤最多可以将正常对的数量减少 2。事实上,如果我们选择连续的三对 $(a, b), (c, d), (e, f)$ 并交换区间 $b \cdots c$ 和 $d \cdots e$,那么会有三对被修改,即 $(a, b), (c, d), (e, f)$ 变成 $(a, d), (e, b), (c, f)$。不可能所有初始的对都是正常对而最终的对都不是,因为这将意味着 $a<b,c<d,e<f$,从一方面得到 $ace<bdf$,从另一方面又得到 $a>d,e>b,c>f$,从而 $ace>bdf$。因此,如果我们进行了 k 步,那么正常对的数量最多减少 $1+2(k-2)+1=2k-2$。所以,$2k-2 \geqslant n-1$,由此我们得到 $k \geqslant \left[\dfrac{n}{2}\right]+1$。

现在,我们通过归纳来证明经过 $\left[\dfrac{n}{2}\right]+1$ 步操作可以逆转序列顺序,即我们可以在 k 步内逆转 $1,2,\cdots,2k-1$,也可以在 $k+1$ 步内逆转 $1,2,\cdots,2k$。我们只需证明前者即可,因为后者可以直接由前者推导而来:如果我们在 k 步内逆转前 $2k-1$ 个数,再经过一步操作我们就可以将 $2k$ 放到前面。

我们通过对 k 进行归纳来证明这一点。当 $k=2$ 时,情况很简单。当 $k=3$ 时,可以通过以下示例进行说明:$(1,2,3,4,5) \rightarrow (1,4,5,2,3) \rightarrow (5,2,1,4,3) \rightarrow (5,4,3,2,1)$。接下来,我们利用归纳法证明以下命题:

"对于 $k \geqslant 3$,存在一个 k 步操作的序列可以逆转一个由 $2k-1$ 个数组成的序列,使得其中第一步交换了 $2,3,\cdots,k$ 和 $k+1,k+2,\cdots,2k-1$ 位置上的块。"

基线条件已经在前面得到证明。现在,我们证明 $k-1 \rightarrow k$ 的步骤。我们考察第一步,这一步将 $1,2,\cdots,2k+1$ 转换为 $1,k+2,k+3,\cdots,2k+1,2,\cdots,k,k+1$。

现在,我们可以将 1 和 $k+2$ "黏合"在一起,即在接下来的操作中将它们视为一个单独的实体,并且我们可以忽略末尾的 $k+1$。由此,我们得到一个由 $2k-1$ 个对象组成的序列,其中第一步已经完成。根据归纳假设,我们可以再进行 $k-1$ 步操作来完全逆转它,即得到 $2k+1,2k,\cdots,2,[1,k+2]$。那么,通过这些操作将我们的初始序列变为 $2k+1,2k,\cdots,k+3,k,k-1,\cdots,2,1,k+2,k+1$。再进行一次操作,将 $[k+2,k+1]$ 放置在 $k+3$ 和 k 之间。这样,我们就完成了证明。

习题7.20 令 m 个圆相交于点 A 和 B。我们用下列方法来标记数字:在 A 和 B 旁标记 1,在每一条开放弧 AB 的中点旁标记 2,然后在标有数字的两点间弧的中点旁写上这两个数的和,这样重复 n 次。令 $r(n,m)$ 表示在将所有数字都标记到这 m 个圆上之后数字 n 出现的次数。

(1)请求出 $r(n,m)$ 的值。

(2)对于 $n=2\,006$,请求出使 $r(n,m)$ 为完全平方数的最小 m 值。

示例 对于某条弧 AB,陆续标记在各圆上的数字为:$1-1;1-2-1;1-3-2-3-1;1-4-3-5-2-5-3-4-1;1-5-4-7-3-8-5-7-2-7-5-8-3-7-4-5-1$。

解答 我们可以观察到只需考察一个圆环(甚至只看 A 和 B 之间的一段弧)并将结果乘以 $2m$ 得到 $r(n,m)$ 即可证明结论。更重要的是,我们可以将这段圆弧分为两半并只看其中一半,因为在这两个半段上的构造是对称的。现在,我们来研究这种情况。从 a 和 b 得到 $a+b$ 可以让我们想到欧几里得算法的逆运算。根据欧几里得算法可以求得最大公约数,于是我们可以考察连续两个数的最大公约数。由于 $(a+b,a)=(a+b,b)=(a,b)$,并且初始值为 $(1,1)=1$,于是我们可以通过归纳法证得圆环上连续的两个数互质。

进而,如果在标记了一步之后,k 和 $l(k<l)$ 是圆环上相邻的点,那么很明显 l 是在上一步中通过 k 和 $l-k$ 相加得到的。这使我们能够从给定的配置向前进行推导。因此,如果在某个时刻圆环上出现了 (n,m) 数对,那么在下一个时刻圆环上会出现 $(n,n+m)$ 数对,再在下一个时刻会出现 $(n,n+2m)$ 数对,依此类推,经过 k 步后,在圆环上会出现 $(n,n+km)$ 数对。反之,如果 $(n,n+km)$ 数对出现在圆环上,那么 $(n,n+m)$ 数对会在第 k 步之前出现。

令 H_1 代表 (1-2) 这一步之后的弧段,H_2 代表 (1-3-2) 这两步后的弧段,依此类推。

现在,通过仔细观察,我们可以推测本题的一般结论:经过 n 步后,在考察的半个圆环上,所有最大值不超过 n 的数对 (u,v) 使得 $(u,v)=1$ 恰好出现在 $H_1,H_2,\cdots,H_n$ 中的一个里,并且在其中仅出现一次。

我们通过对 n 的归纳来进行证明。基线条件是清楚自明的。首先,我们证明显性部分:如果 $(u,v)=1$,并且 $u<v\leqslant n$,那么 $\max\{u,v-u\}<n$。因此,根据归纳假设,$(u,v-u)$ 恰好出现在 $H_1,H_2,\cdots,H_{n-1}$ 中的一个里。所以,(u,v) 恰好出现在 $H_2,H_3,\cdots,H_n$ 中的一个里,这样就证实了断言(请注意,(u,v) 不能出现在 H_1 中,因为 H_1 由 1-2 这一数对组成,这个组合在更高的级别上不会出现,因为所有新添加的数字都大于 2)。

因此,根据对任意 $0<j<n((j,n)=1)$ 的归纳,数对 (n,j) 只在一个 $H_k(1\leqslant k\leqslant n)$ 中出现一次。相应地,$(n,j+(n-k)n)$ 将出现在 H_n 中。因此,它包含一个满足 $m\equiv j\pmod{n}$ 的数对 (n,m)。这个数对应该是唯一的,因为正如我们之前所证明的那样,每个 (n,m) 数对都源于其原型 (n,j),而且 (n,j) 只在 $H_1,H_2,\cdots,H_n$ 中出现一次。因此,对于与 $n(n$ 不牵涉任何数对)互质的模 n 的余数 j,存在满足 $m\equiv j\pmod{n}$ 的唯一数对 (n,m)。因此,它们的总数是 $\varphi(n)$。如果 n 出现 k 次,那么它涉及 $2k$ 个数对,所以 $k=\dfrac{\varphi(n)}{2}$。因此,

$$r(n,m)=4m\frac{\varphi(n)}{2}=2m\varphi(n)。$$

由于 $\varphi(2\,006)=\varphi(2\cdot17\cdot59)=2^5\cdot29$,而 $2m\varphi(2\,006)$ 是一个完全平方数,所以需要 m 为 29 乘以一个完全平方数,因此 $m=29$ 是最小值。

习题 7.21(匈牙利 2000) 给定一个正整数 k 和多于 2^k 个整数,请证明,我们可以选择一个由其中的 $k+2$ 个数字构成的集合 S,使得对于任意正整数 $m\leqslant k+2$,S 的所有 m 元子集的各元素之和都各不相同。

解答 首先,我们引入一些术语:给定正整数 m,如果一个集合的 m 元子集具有不同的元素和,那么我们称其为弱 m-有效集;如果对于 $1\leqslant i\leqslant m$,它是弱 i-有效的,则称其为强 m-有效集。另外,对于任意的整数集合 T,令 $\sigma(T)$ 表示 T 中元素的和。

在这个设定下,我们通过对 k 进行归纳来证明本题结论。当 $k=1$ 时,我们可以让 S 包含给定整数中的任意 3 个,这很容易验证。

现在,假设对于 $k=n$ 命题成立,我们来证明它对于 $k=n+1$ 也成立。给定超过 2^{n+1} 个不同的整数 $a_1,a_2,\cdots,a_t$,设 2^α 是最大的 2 的幂,满足对每个 $i=1,2,\cdots,t$ 都存在 $a_1\equiv$

$a_i(\bmod 2^\alpha)$。令 $b_i=\dfrac{a_i-a_1}{2^\alpha}$，对于 $1\leqslant i\leqslant t$，得到 t 个不同的整数 $b_1,b_2,\cdots,b_t$。将鸽笼原理应用于 b_i，存在超过 2^n 个具有相同奇偶性的整数。根据归纳假设，从这些整数中我们可以选择一个 $n+2$ 元、强 $(n+2)$-有效集合 S_1。此外，存在一个具有相反奇偶性的 b_{i_0}，因为 b_i 的奇偶性不全都相同：$b_1=0$ 是偶数，根据 α 的最大性知，至少有一个 b_i 是奇数。

我们断言 $n+3$ 元集合 $S_2=S_1\cup\{b_{i_0}\}$ 是强 $(n+3)$-有效的。为了推出矛盾，假设存在 X 和 Y 是 S 的两个不同的 m 元子集，它们的元素和相等，其中 $1\leqslant m\leqslant n+3$。因为 $X\neq Y$，所以 $m>1$。注意，X 和 Y 不能同时是 S_1 的子集，因为 S_1 是弱 m-有效的。它们也不能同时包含 b_{i_0}，因为那样的话 $X\backslash\{b_{i_0}\}$ 和 $Y\backslash\{b_{i_0}\}$ 将成为 S_1 的两个不同的 $m-1$ 元子集，它们的元素和相等，而这是不可能的，因为 S_1 是弱 $(m-1)$-有效的。因此，X 和 Y 有一个包含 b_{i_0}，另一个则不包含。这反过来又意味着 $\sigma(X)$ 和 $\sigma(Y)$ 的奇偶性相反，矛盾。

令 Φ 是一个映射，将任意实数集合 A 映射为 $\left\{\dfrac{a-a_1}{2^\alpha}\mid a\in A\right\}$。存在一个 $n+3$ 元子集 $S\subset\{a_1,a_2,\cdots,a_t\}$，使得 $\Phi(S)=S_2$。假设存在 $X,Y\subset S$，使得 $X\neq Y$，$|X|=|Y|=m$，$\sigma(X)=\sigma(Y)$。则我们还可以得到

$$\Phi(X),\Phi(Y)\subset\Phi(S)=S_2,\Phi(X)\neq\Phi(Y),|\Phi(X)|=m=|\Phi(Y)|$$

和

$$\sigma(\Phi(X))=\frac{\sigma(X)-ma_1}{2^\alpha}=\frac{\sigma(Y)-ma_1}{2^\alpha}=\sigma(\Phi(Y))$$

然而，这是不可能的，因为 S_2 是弱 m-有效的。因此，S 是强 $(n+3)$-有效的。由此便完成了归纳步骤和本题证明。

习题 7.22（俄罗斯 2000） 存在一个由全等方形卡片构成的有限集合，这些卡片被放在一个矩形桌面上，其边与桌面的边平行。用 k 种颜色中的一种对每张卡片上色。对于任意 k 张不同颜色的卡片，我们可以用一个别针将其中任意两张卡片穿在一起。请证明，某种颜色的所有卡片会被 $2k-2$ 个别针刺穿。

解答 我们将通过对 k 进行归纳来证明这个命题。如果 $k=1$，那么我们会被告知在任意包含一张卡片（同一种颜色）的集合中，可以用一根别针穿过其中的两张卡片。这在没有卡片的情况下是没有意义的，因此我们假设最初没有卡片，那么所有卡片都可以被 $0=2k-2$ 根别针穿过。

假设当 $k=n-1$ 时该命题成立（对于 $n\geqslant2$），考察一个包含 n 种颜色的卡片集合。我们旋转桌面，使得卡片的边缘水平或垂直。设 X 是一张其顶边距离桌子顶边最小的卡片。由于所有的卡片都全等且方向相同的，所以与 X 重叠的任何卡片必定与 X 的左下角或右下角重叠。我们用别针 P_1 和 P_2 穿过这两个角。

设 S 是没有被这两根别针穿过且颜色与 X 不同的卡片的集合。S 中的卡片都不与 X 相交，并且它们中的每张卡片都由 $n-1$ 种颜色之一着色。对于 S 中任意 $n-1$ 张不同颜色的卡片的集合 T，我们可以用一根别针同时穿过 $T\cup\{X\}$ 中的两张卡片。由于 T 中的

卡片都不与 X 重叠,所以这根别针实际上会穿过 T 中的两张卡片。因此,我们可以对 S 应用归纳假设,在 S 用 $2n-4$ 别针穿过某个颜色为 c 的所有卡片。加上别针 P_1 和 P_2,我们发现所有颜色为 c 的卡片都可以用 $2n-2$ 根别针穿过。由此便完成了我们的证明。

习题 7.23(俄罗斯 2000) 将 $1,2,\cdots,N$ 中的每个数用黑白两色标记。我们允许每一次同时改变等差数列中任意 3 个数的颜色。请问,N 为哪些数时,我们总是可以将所有数字都变为白色?

解答 对于 $N=1$,我们显然无法总是将所有数字变为白色。假设 $2 \leqslant N \leqslant 7$,并且只有数字 2 被涂成黑色。如果一个数字在 $\{1,\cdots,N\}$ 中不与 1 模 3 同余,则称其为"重数"。设 X 为黑色重数的数量,当我们改变颜色时,X 也会相应改变。假设我们改变以下数字的颜色:$\{a-d,a,a+d\}$,其中 $1 \leqslant a-d < a < a+d \leqslant N$。如果 d 不是 3 的倍数,那么 $a-d$,$a,a+d$ 对于模 3 而言是互不相同的,因此其中恰好有两个是重数。如果 d 是 3 的倍数,那么 $a-d,a,a+d$ 必须等于 $1,4,7$,而这些数字都不是重数。无论哪种情况,改变这 3 个数字的颜色都会改变偶数个重数的颜色。因此,X 总是奇数,我们无法将所有数字都变为白色。

接下来,我们证明对于 $N \geqslant 8$,我们总是可以将所有数字变为白色。为了证明这一点,我们只需证明我们可以反转任意单个数字 n 的颜色。我们利用强归纳法来证明这一点。如果 $n \in \{1,2\}$,那么我们可以通过改变以下数字的颜色来反转 n 的颜色:$\{n,n+3,n+6\}$,$\{n+3,n+4,n+5\}$ 和 $\{n+4,n+5,n+6\}$。假设我们可以反转 $n-2$ 和 $n-1$ 的颜色($3 \leqslant n \leqslant N$),那么我们可以首先反转 $n-2$ 和 $n-1$ 的颜色,然后改变以下数字的颜色:$\{n-2,n-1,n\}$。

因此,当且仅当 $N \geqslant 8$ 时,我们总是可以将所有数字变为白色。

习题 7.24 对于 $n \geqslant 1$,令 O_n 为 $2n$ 元素组 $(x_1,\cdots,x_n,y_1,\cdots,y_n)$ 的数量,该元素组中的元素要么是 0 要么是 1,$x_1 y_1 + \cdots + x_n y_n$ 的和为奇数。E_n 是同类 $2n$ 元素组的数量,对应加和为偶数。请证明,$\dfrac{O_n}{E_n} = \dfrac{2^n - 1}{2^n + 1}$。

解答 我们通过对 n 的归纳来证明结论。基线条件为 $n=1$,此时 $O_n = 1$,$E_n = 3$。

关于归纳步骤,只需要求得关于 O_n 和 E_n 的递归关系就够了。对于由 O_{n+1} 得到的任意数列,$\sum_{i=1}^{n} x_i y_i$ 要么是奇数要么是偶数。若为偶数,则我们最后需要得到 $x_{n+1} = y_{n+1} = 1$。否则,我们最后会得到 $x_{n+1} y_{n+1} = 0$,而这可以通过三种方法得到。因此,$O_{n+1} = E_n + 3O_n$。

类似地,$E_{n+1} = 3E_n + O_n$。因此,我们得到

$$\frac{O_{n+1}}{E_{n+1}} = \frac{E_n + 3O_n}{3E_n + O_n}$$

现在,根据归纳假设即可证明结论。

习题 7.25(TOT 2001) 有 23 个盒子排成一排,其中有一个盒子恰好包含 k 个球,

$1 \leqslant k \leqslant 23$。我们每次都可以通过从另一个包含更多球的盒子中取球的方式来将某一个盒子中的球数加倍。请问,对于 $1 \leqslant k \leqslant 23$,最终是否总会出现第 k 个盒子中包含 k 个球的情况?

解答　我们更为一般地证明,对于任意数量为 $n(n \geqslant 1)$ 的盒子,我们总是可以完成任务。我们通过对 n 进行归纳来证明这一点。当 $n=1$ 时,结论是显然成立的。

假设对于 $n \geqslant 1$ 结论成立。我们可以按照盒子中球的数量的递增顺序(从左到右)将盒子排成一行,不考虑盒子编号。现在我们执行以下操作:从最右边的盒子开始,将每个盒子中的球移动到它左边的盒子中,使得左边盒子最初的球数是右边盒子的 2 倍(通过对选中盒子的排序,这是可能的)。这可以通过以下排列形式进行说明:

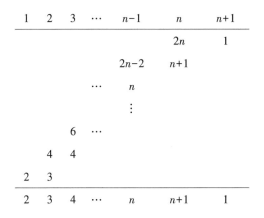

注意,在这种排列方式下,我们最终得到了一个从我们所做的初始排列中球的数量的循环排列。这意味着,如果我们继续执行这个操作(从球数最多的盒子开始,向左移动),最终我们必定会使编号为 $n+1$ 的盒子中有 $n+1$ 个球。根据归纳假设,我们可以对剩下的 n 个盒子中的球进行排序,这样就完成了证明。

习题 7.26　考察一个 $2^n \times 2^n$ 的正方形。请证明,在其四角都移除一个 1×1 的小方格后,剩下的区域可以用"隅角"铺砌(一个隅角就是四角之一缺失一个单元方格的 2×2 正方形)。

解答　基线条件 $n=1$ 显然成立,因为所得区域本身就是一个隅角。

假设我们可以用去掉一个隅角的方式铺设一个 $2^k \times 2^k$ 的区域。考察一个 $2^{k+1} \times 2^{k+1}$ 的区域。我们可以不失一般性地假设被移除的方格在右下角。如果我们通过大正方形的中心画两条与边平行的线,那么我们将把 $2^{k+1} \times 2^{k+1}$ 的区域分成 4 个 $2^k \times 2^k$ 的区域,称其为 S_1, S_2, S_3, S_4。被移除的方格来自 S_4。现在,我们看看中心的 2×2 方格。它包含来自 S_1, S_2, S_3, S_4 中的一个单位方格。因此,我们可以放置一个角来覆盖分别属于 S_1, S_2, S_3 的单位方格,这也会使 S_1, S_2, S_3 的角缺失一个单位方格。因此,我们可以对 S_1, S_2, S_3, S_4 应用归纳假设来实现所需的铺设。

习题 7.27 考察一个 10×10 网格,在其部分方格中写有 10 个 1,10 个 2,……,10 个 9 和一个 10(每个方格中最多写一个数字)。请证明,我们可以从不同的行中选出 10 个方格,使得我们选定的方格包含数字 $1,2,\cdots,10$。

解答 本题可以通过霍尔定理的应用来解决:图形的顶点是行和数字,如果一个数字出现在某一行中,则该行与该数字相连。由于任意 k 行的集合中至少有 $10k-9$ 个数字在其中,所以它们必定包含至少 k 个不同的值。因此,根据霍尔定理,存在一个匹配,此即为所求。我们通过证明以下更一般的结论来给出一个完整的证明。

考察一个矩形网格,每一行有 n 个方格。我们来证明如果在某些方格中写有 n 个 1,在某些方格中写有 n 个 2,……,在某些方格中写有 n 个 $m-1$,并且在一个方格中写有 m,其中 $m \geq 2$(每个方格中至多写一个数字),那么我们可以选择 m 行,并从每行选择一个数字,使得在这 m 个选定的方格中我们可以得到数字 $1,2,\cdots,m$。

我们通过对 $m \geq 2$ 进行归纳来证明这个命题。基线条件是 $m=2$。

注意,在包含数字 2 的行中,至多有 $n-1$ 个 1。因此,必定存在另一行包含数字 1。因此,我们可以选择这一行中写有数字 1 的一个方格。

接下来,我们需要证明如果对于 $m=2,\cdots,k$($k \in \mathbb{N}$)命题成立,那么对于 $m=k+1$($k \geq 2$)命题也成立。

在整个网格中只考察写有数字 $2,3,\cdots,k,k+1$ 的方格。根据对 $m=k$ 的归纳假设,存在 k 行,其中写有数字 $2,3,\cdots,k+1$。让我们用 $\langle 2 \rangle,\langle 3 \rangle,\cdots,\langle k+1 \rangle$ 表示相应的行。行 $\langle 2 \rangle,\langle 3 \rangle,\cdots,\langle k+1 \rangle$ 中写的数字总数不超过 nk,而整个网格中有 $nk+1$ 个数字被写入。因此,除了行 $\langle 2 \rangle,\langle 3 \rangle,\cdots,\langle k+1 \rangle$,必定还有至少一行额外的数字被写在其方格中。

让我们用 M_1 表示在行 $\langle 2 \rangle,\langle 3 \rangle,\cdots,\langle k+1 \rangle$ 之外的行中所写的数字的集合。显然,如果 $1 \in M_1$,那么命题得证。如果 $a \in M_1$ 并且在行 $\langle a \rangle$ 中我们有数字 1,那么命题得证。考察所有行 $\langle a \rangle$,其中 $a \in M_1$。用 M_2 表示在所有行 $\langle a \rangle$($a \in M_1$)中出现但不属于 M_1 的数字的集合。我们知道 $1 \notin M_2$。现在,让我们考察所有行 $\langle a \rangle$,其中 $a \in M_2$。用 M_3 表示在考察的行中出现但不属于集合 $M_1 \cup M_2$ 的所有数字的集合。

通过迭代这个构造过程,要么命题被证明,要么我们得到以下集合 $M_1 \cup M_2 \cup \cdots \cup M_l$,其中 $M_{l+1}=\varnothing$ 且 $1 \notin M_i$,$i=1,2,\cdots,l$。

注意,在行 $\langle a \rangle$ 中($a \in M_1 \cup M_2 \cup \cdots \cup M_l$)只写入集合 $M_1 \cup M_2 \cup \cdots \cup M_l$ 中的元素。

现在,如果我们考察所有行 $\langle a \rangle$($a \notin M_1 \cup M_2 \cup \cdots \cup M_l$),那么根据归纳假设我们可以选择不同的行,其中写入所有数字 a($a \notin M_1 \cup M_2 \cup \cdots \cup M_l$)。

关于所有数字 a($a \in M_1 \cup M_2 \cup \cdots \cup M_l$)的选择显然成立。由此,本题的论证也就结束了。

习题 7.28(IMO 2009) 令 $a_1,a_2,\cdots,a_n$ 为不同的正整数,M 是一个由 $n-1$ 个正整数组成但不包含数字 $s=a_1+a_2+\cdots+a_n$ 的集合。一只蚱蜢沿着实数轴跳跃。它从 0 点开始以某种顺序的步长 $a_1,a_2,\cdots,a_n$ 向右跳了 n 步。请证明,该蚱蜢以这样的方式进行跳跃的话可以永远不落在 M 的任意一点上。

解答 我们将通过对 n 的强归纳来证明这个命题。对于 $n=1$,没有什么是需要证明的。对于归纳步骤,我们可以不失一般性地将步骤安排为 $a_1 < a_2 < \cdots < a_n$,并将 M 的元素排序为 $b_1 < b_2 < \cdots < b_{n-1}$。设 $s' = a_1 + a_2 + \cdots + a_{n-1}$。若我们移除 a_n 和 b_{n-1},则存在两种情况。

(1) s' 不在 M 的前 $n-2$ 个元素中。在这种情况下,根据归纳法,我们可以将前 $n-1$ 个元素跳跃排序直到到达 s'。如果在任何时刻我们落在 b_{n-1} 上,那么我们将最后一步改为 a_n,然后继续以任意方式到达 s。根据归纳假设可知,我们从未落在 $b_1, b_2, \cdots, b_{n-2}$ 上。此外,如果我们不得不使用这个改变,由于在 b_{n-1} 之后不存在 M 的元素,所以我们不必担心在剩下的跳跃中会落在 b_k 上。

(2) s' 是 M 的前 $n-2$ 个元素之一。如果发生这种情况,由于 $s' = s - a_n$ 在 M 中,对于形如 $(s-a_i, s-a_i-a_n)$ $(1 \leqslant i \leqslant n-1)$ 的 $2(n-1)$ 个数字,M 中最多有 $n-2$ 个元素。如果我们看一下数对 $(s-a_i, s-a_i-a_n)$,由于我们有 $n-1$ 个这样的数对,并且它们最多包含 M 中的 $n-2$ 个元素,所以存在一个数字 a_i,使得 M 既不包含 $s-a_i$,也不包含 $s-a_i-a_n$。注意,在 $s-a_i-a_n$ 之后,存在 s' 和 b_{n-1},这是 M 的两个元素。因此,在 $s-a_i-a_n$ 之前,M 中最多有 $n-3$ 个元素。于是,根据归纳假设,我们可以使用其他 $n-2$ 个跳跃到达 $s-a_i-a_n$,接着使用 a_n,继而使用 a_i 到达 s,而不会落在 M 的任何点上。至此,归纳步骤和本题解答就完成了。

习题 7.29(IMO 2004 候选) 对于一个有限图形 G,令 $f(G)$ 为三角形的个数,$g(G)$ 为由 G 的边构成的四面体个数。请求出满足 $g(G)^3 \leqslant c \cdot f(G)^4$ 对于每一个图形 G 都成立的最小常数 c。

解答 若 $|G| = n$,则我们可以尝试对 n 进行归纳来证明。首先,请注意,如果 G 是一个完全图,那么我们可以得到

$$g(G) = \binom{n}{4} \sim \frac{n^4}{24}, \quad f(G) = \binom{n}{3} \sim \frac{n^3}{6}$$

所以

$$\frac{g(G)^3}{f(G)^4} \sim \frac{6^4}{24^3} = \frac{3}{32}$$

我们自然会怀疑这是最优的常数 c,因为每个四面体包含 4 个三角形,而一个三角形甚至可以不属于任何四面体,而且一个三角形所属的四面体的最大数量是在完全图中实现的。

最常见的归纳方法是选择一个顶点 A,考察由 A 的相邻点所引出的子图 G_1 和由除 A 之外的所有顶点所引出的子图 G_2,并尝试对 G_1 和 G_2 应用归纳步骤。但是,现在面临一个问题,我们无法真正了解在计算中产生的 G_1 的三角形和边之间的关系。

因此,让我们先来降级尝试建立图 G 中边的数量 $e(G)$ 和三角形的数量 $f(G)$ 之间的关系。根据上述推导,我们有理由怀疑 $f(G)^2 \leqslant \frac{2}{9} e(G)^3$。基线条件 $|G| \leqslant 3$ 是显而易见的。

现在让我们进行归纳步骤的证明。选择一个顶点 A,并考察由 A 的相邻点引导出的

子图 G_1 和由 A 的非相邻点引导出的子图 G_2。设 $|G_1|=k, e(G_1)=l, e(G_2)=s, f(G_2)=t$。我们要证明 $e(G)=k+s, f(G)=t+l$。根据归纳假设，我们知道 $t^2 \le \frac{2}{9}s^3$，并且很明显 $l \le \frac{k^2}{2}$，$l \le s$。所以，$f(G)^2=(t+l)^2=t^2+2tl+l^2$。此外，我们还知道

$$\frac{2}{9}e(G)^3=\frac{2}{9}(s+k)^3=\frac{2}{9}s^3+\frac{2}{3}s^2k+\frac{2}{3}sk^2+\frac{2}{9}k^3$$

但是，$t^2 \le \frac{2}{9}s^3$，所以 $l \le \sqrt{ls} \le \frac{1}{\sqrt{2}}\sqrt{s}k$，因此 $2tl \le 2\sqrt{\frac{2}{9}s}\sqrt{s}\frac{1}{\sqrt{2}}\sqrt{s}k=\frac{2}{3}s^2k$ 且 $l^2 \le ls \le \frac{sk^2}{2} \le \frac{2}{3}sk^2$。于是，我们得到结论 $f(G)^2 \le \frac{2}{9}e(G)^3$。

我们现在将该结论应用于本题的归纳，并按上述方法定义 G_1 和 G_2。令 $f(G_2)=s$，$g(G_2)=t, e(G_1)=k, f(G_1)=l$。已知 $t^3 \le \frac{3}{32}s^4, l^2 \le \frac{2}{9}k^3, l \le s$。

现在，我们得到 $f(G)=s+k, g(G)=t+l$。所以

$$g(G)^3=(t+l)^3=t^3+3t^2l+3tl^2+l^3$$

$$\frac{3}{32}f(G)^4=\frac{3}{32}(s+k)^4=\frac{3}{32}s^4+\frac{3}{8}s^3k+\frac{9}{16}s^2k^2+\frac{3}{2}sk^3+\frac{3}{32}k^4$$

将其化简后得到

$$t^3 \le \frac{3}{32}s^4, l \le s^{\frac{1}{3}}l^{\frac{2}{3}} \le \left(\frac{2}{9}\right)^{\frac{1}{3}}s^{\frac{1}{3}}k$$

进而得到

$$3t^2l \le 3\left(\frac{3}{32}\right)^{\frac{2}{3}}s^{\frac{8}{3}}\left(\frac{2}{9}\right)^{\frac{1}{3}}s^{\frac{1}{3}}k=\frac{3}{8}s^3k$$

于是

$$3tl^2 \le 3\left(\frac{3}{32}\right)^{\frac{1}{3}}s^{\frac{4}{3}}\left(\frac{2}{9}\right)^{\frac{2}{3}}s^{\frac{2}{3}}k^2=\frac{1}{2}s^2k^2 \le \frac{9}{16}s^2k^2$$

最终，我们可以得到

$$l^3 \le \frac{2}{9}sk^3 \le \frac{3}{8}sk^3$$

因此

$$g(G)^3 \le \frac{3}{32}f(G)^4$$

完全图的案例表明 $\frac{3}{32}$ 是最优常数解。

备注 利用以上描述的方法，我们可以通过对 $n+k$ 的归纳来证明以下一般化的结论：

如果设 $\|G\|_k$ 是包含 G 的 k 个顶点的完全图的数量,那么存在 $\|G\|_{k+1}^k \leqslant c\|G\|_k^{k+1}$,其中 $c = \dfrac{(k!)^{k+1}}{(k+1)!^k} = \dfrac{k!}{k^k}$。正如完全图所示,该常数是最优解。

习题 7.30　请证明,一个具有 $\dbinom{n+k-2}{k-1}$ 个顶点的图形包含一个 K_n 或一个 $\overline{K_k}$,即包含 n 个相互联结的顶点或 k 个不相互联结的顶点。

解答　我们通过对 $n+k$ 的归纳来进行证明。若 $n+k=2$,则具有至少一个顶点的图形满足条件。如果 n 或 k 中至少有一个为 0,则结论同样成立。

假设 $n+k<m(m\geqslant 3)$ 时结论成立,且令 $n+k=m$。取一个顶点 A,并令 S_1 为其相邻点的集合,S_2 为其非相邻点的集合。那么

$$|S_1| + |S_2| \geqslant \binom{n+k-2}{k-1} - 1 = \binom{n+k-3}{k-1} + \binom{n+k-3}{k-2} - 1$$

所以,要么 $|S_1| \geqslant \dbinom{n+k-2}{k-1}$,要么 $|S_2| \geqslant \dbinom{n+k-2}{k-2}$。在第一种情况下,根据归纳假设,$S_1$ 包含一个 K_{n-1} 或者一个 $\overline{K_k}$。若包含一个 $\overline{K_k}$,则结论得证;若包含一个 K_{n-1},由于我们可以加上一个 A,所以结论同样可以得到证明。在第二种情况下,根据归纳假设可知,S_2 要么包含 K_n,要么包含 $\overline{K_{k-1}}$。同样,若它包含 K_n,则证毕;若它包含 $\overline{K_{k-1}}$,则我们加上一个 A,进而可以建立归纳步骤。

习题 7.31　在一个具有有限个顶点的简单图形中,每一个顶点的度数至少为 3。请证明,该图形包含一个偶数闭环。

解答　我们将通过对顶点数量 n 的归纳来证明该结论。基线条件 $n=4$ 为真,因为我们已知一个长度为 4 的闭环。

现在,假设我们已经证明结论对于所有具有少于 n 个顶点的图形都成立。取一个具有 n 个顶点的图形 G。我们假设通过反证法,该图形并不满足我们的条件。我们来考察一个最小的闭环 $X_1X_2\cdots X_{2k+1}$。顶点 X_i 和 X_j 除非是闭环上的相邻点否则不相互联结,所以从这两点的任一点出发必定会出现至少一条位于该闭环外的边。这些边指向不同的顶点。因为如果 X_i 和 X_j 与相同顶点 Y 相连,那么闭环 $YX_iX_{i+1}\cdots X_j$ 和 $YX_iX_{i-1}\cdots X_j$ 的长度总和为 $2k+5$。于是,其中一个闭环的长度必定为偶数。所以,我们可以把 $X_1,X_2,\cdots,X_{2k+1}$ 并入顶点 X,将 X 与 Y 相连,其中只有 Y 与 G 中的一个 X_i 相连。在新图形 G' 中,X 的度数至少是 $2k+1$,并且其他顶点将从 G 保留它们的度数。根据归纳假设,G' 必定包含一个偶数闭环。若 X 不在该闭环内,则该闭环也会出现在 G 内,所以 G 包含一个偶数闭环,前后矛盾。若 X 在该闭环内,即该闭环为 $XA_1A_2\cdots A_{2l-1}$,则 A_1 和 A_{2l-1} 是与 G 中的不同顶点 X_i 和 X_j 相连的。于是,我们得到闭环 $X_jX_{j+1}\cdots X_iA_1A_2\cdots A_{2l-1}$ 和 $X_jX_{j-1}\cdots X_iA_1A_2\cdots A_{2l-1}$。其长度之和为 $2k+4l+1$,所以其中之一的长度必定为偶数。前后矛盾,证毕。

习题 7.32　对于正整数 n,令 S 是一个由 2^n+1 个元素构成的集合,f 是一个从 S 的各

二元子集集合到 $\{0,\cdots,2^{n-1}-1\}$ 的函数。假设对于 S 的任意元素 $x,y,z,f(\{x,y\}),f(\{y,z\}),f(\{z,x\})$ 中有一个函数是另外两个的和。请证明,S 中存在 a,b,c,使得 $f(\{a,b\})$,$f(\{b,c\}),f(\{c,a\})$ 都等于 0。

解答 我们可以用更方便的语言来重新表述这个问题:对于包含 2^n+1 个顶点的完全图的边,从集合 $\{0,1,\cdots,2^{n-1}-1\}$ 中选择数值为各边赋值,使得在每个三角形中,两条边上的赋值之和等于第三条边上的赋值。我们必须证明存在一个三角形,其所有边上的赋值均为零。我们将通过对 $n\geqslant 1$ 进行归纳来完成证明。基线条件 $n=1$ 是显然成立的。

为了使用归纳假设,我们希望找到一个包含 $2^{n-1}+1$ 个顶点的子图,使其所有边上的赋值都在 0 到 $2^{n-2}-1$ 之间。不幸的是,这种方法不可能实现。然而,我们可以尝试另一种方法:找到一个包含 $2^{n-1}+1$ 个顶点的子图,使其所有边上的赋值都为偶数。然后我们可以将归纳假设应用于该子图,因为其边上的赋值是集合 $\{0,1,\cdots,2^{n-2}-1\}$ 中某个数的 2 倍。我们可以实现这一点。

事实上,我们可以观察到每个三角形都包含偶数条赋值为奇数的边。那么任何一个环都是如此,因为环 $A_1 A_2 \cdots A_n$ 的边可以被分成 $n-2$ 个三角形的边:$\triangle A_1 A_2 A_3$,$\triangle A_1 A_3 A_4, \cdots, \triangle A_1 A_{n-1} A_n$(其中,$A_1 A_3, A_3 A_4, \cdots, A_1 A_{n-1}$ 这些边被计数了两次,所以不影响奇偶性)。具体而言,不存在各边赋值皆为奇数的奇数环。当且仅当在原图中联结两个顶点的边上的数值为奇数时,由这两个顶点所得到的图不包含奇数环,所以根据著名的图论原理,该图是二分图。于是,其中的一部分至少包含 $2^{n-1}+1$ 个顶点,而这正是我们所需要的子图。

习题 7.33 令 G 为一个具有 n 个顶点的图形,使其内部不存在 K_4 个子图。请证明,G 最多包含 $\left(\dfrac{n}{3}\right)^3$ 个三角形。

解答 我们利用归纳法来证明该结论。对于 $n=2,n=3$ 和 $n=4$ 的情况,该结论显然成立。

现在,假定结论对于所有小于 $n(n\geqslant 5)$ 的整数都成立。令 G 为具有 n 个顶点而没有 4-邻域的图形。我们观察到可以向 G 添加边直到它包含一个 $\triangle ABC$。设 $G\backslash\triangle ABC$ 是由剩余的 $n-3$ 个顶点构成的子图。

根据图兰定理,由于 $G\backslash\triangle ABC$ 不包含 K_4 子图,所以它最多有 $\dfrac{(n-3)^2}{3}$ 条边。根据归纳假设,我们还知道它最多包含 $\left(\dfrac{n-3}{3}\right)^3$ 个三角形。G 中剩余的三角形要么由属于 $\triangle ABC$ 的一个顶点和 $G\backslash\triangle ABC$ 中的一条边组成,要么由来自 $\triangle ABC$ 的一条边和属于 $G\backslash\triangle ABC$ 的一个顶点组成,要么是 $\triangle ABC$ 本身。

$G\backslash\triangle ABC$ 中的各条边构成一个三角形,其顶点中最多只有一个属于 $\triangle ABC$。$G\backslash\triangle ABC$ 中的各个顶点构成一个三角形,其顶点中最多有一对属于 $\triangle ABC$。否则,在这两种情况下,都会形成一个 K_4 子图。因此,三角形的总数最多为

$$\left(\frac{n-3}{3}\right)^3+\frac{(n-3)^2}{3}+(n-3)+1=\left(\frac{n-3}{3}+1\right)^3=\left(\frac{n}{3}\right)^3$$

至此,归纳证明就完成了。相等关系在一个三方图形 $K_{\frac{n}{3},\frac{n}{3},\frac{n}{3}}$ 的情况中成立。

习题 7.34(莫斯科 2000)　在某个国家,每个城市都有一条出城的路(每条路都恰好连接两个城市)。如果一个城市只有一条出城的路,那么我们称该城市是"边缘"的。已知不可能从一个城市出去再经过一个闭回路回到该城市。这些城市被分为两个集合,使得属于同一个集合的任意两个城市之间没有道路相连。假设第一个集合中的城市数量的最小值与第二个集合中的城市数量相等。请证明,第一个集合中必定包含一个边缘城市。

解答　我们首先证明这个国家存在一个边缘城市。实际上,考察通过每个城市恰好一次的最长城市路径,我们可以看出这条路径的第一个和最后一个城市是边缘城市。

现在,我们通过对国家中城市数量 n 进行归纳来证明本题结论。对于 $n=2$,结论是显然的。

假设我们已经证明了对于所有 $n\leqslant m-1$ 的值结论成立。我们来证明其对于 $n=m$ 的情况也成立。考察一个边缘城市。如果它属于第一组,那么我们就已经完成了证明。否则,它必定属于第二组。如果我们移除这个城市,那么有两种可能的情况。

情况 1　我们移除的城市与我们得到的国家中不是边缘化的城市相连。那么在我们得到的国家中,第二组的城市数量必定少于第一组。根据归纳假设,第一组中存在一个边缘城市,即初始国家中的边缘城市。

情况 2　我们移除的城市与我们得到的国家中的一个边缘城市 A 相连。那么城市 A 只与第二组中的城市相连。我们现在也移除城市 A。通过这个过程,我们从每组中都移除了一个城市,因此归纳假设适用于通过这些移除操作得到的国家。因此,第一组中必定存在一个边缘城市。而这个城市在初始国家中也是边缘的。因此,在这种情况下,归纳步骤也得到了证明。

习题 7.35(莫斯科 2001)　有 20 支队伍一起参加足球比赛。每支队伍属于不同城市,且参加一场主场比赛和最多两场客场比赛。请证明,我们可以按照以下方法来安排比赛日程:每支队伍一天内最多参加一场比赛,且所有比赛在三天内比完。

解答　我们通过对球队数量 n 进行归纳来证明这个命题。当 $n=2$ 时,结论是显然成立的。

假设存在一个球队 A 只进行主场比赛,且其对手是球队 B。那么如果我们移除球队 A 和它与球队 B 的比赛,那么本题条件对于其余的球队仍然成立。根据归纳假设,我们可以为其余的球队安排比赛,使得比赛日程仅需要 3 天。根据假设,球队 B 在精简后的比赛日程中只能进行两场比赛,因此我们可以将球队 A 与 B 的比赛安排在 B 没有比赛的那一天。由此,我们就证明了这种情况下的归纳步骤。

现在,假设每个球队至少进行了一场客场比赛。因此,每个球队必定进行了一场主场比赛和一场客场比赛。这意味着,我们可以将球队分成若干组,对于每一组中的球队

$A_1, A_2, \cdots, A_k$,球队 A_1 在主场与 A_2 比赛,A_2 在主场与 A_3 比赛,依此类推,A_{k-1} 在主场与 A_k 比赛,A_k 在主场与 A_1 比赛。然后,对于每一组,我们将 A_1 和 A_2 之间的比赛安排在第一天,A_2 和 A_3 之间的比赛安排在第二天,A_3 和 A_4 之间的比赛安排在第一天,依此类推。如果 k 是偶数,那么所有比赛可以在两天内完成,如果 k 是奇数,则最后一场比赛(A_k 和 A_1 之间的比赛)安排在第三天进行。这样就完成了这种情况下的证明。

习题 7.36(五色定理)   请证明,每一个平面图形的顶点都可以用 5 种颜色着色,使得每条边对应的两个顶点不同色。

解答   为了解答本问题,我们需要欧拉公式(例题 7.12)的两个推论。欧拉公式指出,如果一个具有 V 个顶点和 E 条边的连通平面图将平面分为 F 个面,那么 $V-E+F=2$。我们首先需要的事实是,任何平面图必须有度数不超过 5 的顶点。显然,我们只需要对连通平面图证明这一点即可。由于每个面由至少 3 条边界构成,并且每条边至多在两个面中计数,所以我们得到 $3F \leqslant 2E$。因此,根据欧拉公式,我们得出结论 $E \leqslant 3V-6$。如果每个顶点的度数至少为 6,那么根据握手引理 $\sum_{v \in V(G)} \deg(v) = 2E$,我们会得到 $E \geqslant 3V$。但这是不可能的,因此必定存在度数不超过 5 的顶点。我们需要的第二个事实是,完全图 K_5(具有 5 个顶点)不能是平面图。这是由上述边界推得的,因为 K_5 有 10 条边和 5 个顶点。但由于 $10 > 3 \cdot 5-6=9$,所以这些边和顶点违反了上述不等式。

请注意,一旦我们证明了存在度数至多为 5 的顶点,那么我们就可以轻松地利用归纳法来证明六色定理了。我们对顶点数量进行归纳。基线条件是显而易见的。对于归纳步骤,我们只需删除一个度数至多为 5 的顶点。这会导出一个具有较少顶点的图,因此根据归纳假设,我们可以用 6 种颜色对其进行着色。由于被删除顶点的相邻点只使用其中的 5 种颜色,因此会有一种颜色可供该顶点使用。

五色定理的证明与上述证明类似,但我们需要确保有一种颜色可用。同样地,我们对顶点数量进行归纳,基线条件是显而易见的。选择一个度数至多为 5 的顶点 v。如果 v 的度数不超过 4,那么我们只需删除 v。所得到的平面图具有较少的顶点,因此我们可以用 5 种颜色进行着色。由于 v 至多有 4 个相邻点,所以必定存在一种颜色没有被任何相邻点使用,我们可以将 v 着上该颜色。

因此,我们可以假设顶点 v 的度数为 5,假设其相邻点为 A,B,C,D,E,并按顺时针顺序排列。注意,我们可以沿着边 Av 和 vB 绘制一条从 A 到 B 的边,它不会与其他边相交。因此,我们可以假设 A 和 B 是相邻的,对于其他连续的顶点对也是如此。如果剩下的顶点对 $(A,C),(B,D),\cdots,(E,B)$ 都是相邻的,那么我们将得到一个完全图 K_5,但我们已经知道这是不可能的。因此,我们可以假设 A 和 C 不相邻。在删除顶点 v 后,我们可以用一根橡皮筋联结 A 和 C,该橡皮筋沿着边 Av 和 vC 走,并且不经过其他边。将这根橡皮筋拉紧后,我们可以将 A 和 C 合并成一个单独的顶点,称为 w。顶点 x 与 w 相邻,当且仅当它在原图中与 A 或 C 相邻。

这个新的平面图具有较少的顶点,因此根据归纳假设,我们可以用 5 种颜色对其进行着色。当我们在心里切断联结 A 和 C 的橡皮筋时,我们得到了除 v 之外每个顶点的着色,其中 A 和 $C(w$ 的两半)具有相同的颜色。由于 A 和 C 不相邻,这是给移除 v 之后的图着色的一种可行方案。由于 A 和 C 具有相同的颜色,v 的相邻点最多使用 5 种颜色中的 4 种,因此有一种颜色可供 v 着色。这样就完成了归纳步骤。

习题 7.37 在一个具有有限顶点数的简单图形中,每个顶点的度数至少为 3。请证明,该图形包含一个长度不能被 3 整除的闭环。

解答 我们通过对图形的顶点数量进行归纳来证明这个结论。最小可能的顶点数是 4,对应于一个完全图,其中包含一个长度为 4 的闭环。

假设我们已经证明了该命题对于所有顶点数少于 $k(k\geqslant 5)$ 的图形的情况,我们来证明其对于所有顶点数为 k 的图形的情况。假设我们有一个具有 k 个顶点的反例。选择一个最小的闭环 $X_1X_2\cdots X_m$(我们确实有这样一个闭环,因为至少有 $\frac{3k}{2}>k-1$ 条边)。那么 m 可被 3 整除。另外,除非顶点 X_i 和 X_j 在闭环上相邻,否则它们之间不联结,因为否则的话它们将把闭环分割为两个较小的闭环。此外,没有其他顶点 Y 与两个不同的顶点 X_i 和 X_j 联结,因为这样一来,闭环 $YX_iX_{i+1}\cdots X_j$ 和 $YX_jX_{j+1}\cdots X_i$ 的长度之和不可被 3 整除(因为它们的长度之和为 $m+4$,不可被 3 整除)。将 $X_1,X_2,\cdots,X_m$ 折叠成一个顶点 X,并且当且仅当原图中的顶点 Y 与 $X_1,X_2,\cdots,X_m$ 中的一个顶点联结时,才将 X 与顶点 Y 联结。在这个新图中,除 X 之外每个顶点的度数保持不变,而 X 的度数至少为 m(因为从 $X_1,X_2,\cdots,X_m$ 中至少还有 m 条边与闭环外的其他顶点相连),因此也至少为 3。最后,如果这个新图中包含一个长度不可被 3 整除的闭环,那么它必定包含 X,否则它将是原图中一个长度不可被 3 整除的闭环。如果我们令闭环为 $XA_1A_2\cdots A_{r-1}$,其中 r 不可被 3 整除,那么 A_1 与原图中的某个顶点 X_i 相连,而 A_{r-1} 与原图中的某个顶点 X_j 相连。因此,原图中存在闭环 $X_jX_{j+1}\cdots X_iA_1A_2\cdots A_{r-1}$ 和 $X_jX_{j-1}\cdots X_iA_1A_2\cdots A_{r-1}$。它们长度之和为 $r+m$,不可被 3 整除,因此其中一个闭环的长度不可被 3 整除,矛盾。于是,我们得出结论,新构造的图具有小于 k 的顶点数,并且没有长度可被 3 整除的闭环。但这与归纳假设相矛盾。证毕。

习题 7.38(中国 2000) 一个乒乓球俱乐部想要组织一次由一系列比赛构成的锦标赛,在每场比赛中,一队双人组合要对抗由来自不同队伍的两个选手组成的双人组合。令一个选手在这次锦标赛中的"比赛数"为他所参加的比赛场数。给定一个由可以被 6 整除的不同正整数构成的集合 $A=\{a_1,a_2,\cdots,a_k\}$,请求出并证明允许我们安排一次双人锦标赛的选手人数的最小值,使得:

(a)每一个参赛者最多属于两个双人组合。

(b)任意两个不同的双人组合相互之间最多有一场比赛。

(c)如果两个参赛者属于同一个双人组合,那么他们之间永远不会相互对抗。

(d)参赛者比赛数的集合恰好为 A。

解答 我们从证明以下辅助结论开始。

引理 假定 $k\geqslant 1$ 且 $1\leqslant b_1<b_2<\cdots<b_k$。那么,存在 b_k+1 个顶点的图形使得集合 $\{b_1,$

$b_2,\cdots,b_k\}$ 包含 b_k+1 个顶点的度数。

证明 我们通过对 k 进行强归纳来证明引理。如果 $k=1$，那么完全图上的 b_1 个顶点就够了。如果 $k=2$，那么取 b_2+1 个顶点，其中有 b_1 个顶点被标记区分出来，并且只有当两个顶点中有一个顶点被标记时才用一条边联结这两个顶点。

现在，我们来证明当 $k=i\geq 3$ 时该断言为真，此时假定在 $k<i$ 时该断言成立。我们构造一个有 b_i+1 个顶点的图 G，并分两步建立边，从而"改变"每一步中顶点的度数。取 b_i+1 个顶点，并将它们分成三个集合 S_1,S_2,S_3，其中 $|S_1|=b_1$，$|S_2|=b_{i-1}-b_1+1$，$|S_3|=b_i-(b_{i-1}+1)$。根据归纳假设，我们可以构造联结 S_2 中的顶点的边，使得这些顶点的度数形成集合 $\{b_2-b_1,\cdots,b_{i-1}-b_1\}$。然后构造以 S_1 中的某个顶点为端点的每条边。现在，S_1 中每个顶点的度数为 b_i，S_3 中每个顶点的度数为 b_1，而 S_2 中的顶点度数形成集合 $\{b_2,\cdots,b_{i-1}\}$。因此，G 中 b_i+1 个顶点的度数形成集合 $\{b_1,b_2,\cdots,b_i\}$。这样就完成了归纳步骤的证明。

现在，回到我们的原题，假设我们有 n 名满足给定条件的选手进行双打比赛。至少有一名选手（我们称之为 X）参加了最多的比赛，我们将其记为 $\max(A)$。设 m 为 X 与其他选手对阵的不同次数。X 的每场比赛涉及两名对手，因此共有 $2m$ 场比赛。每个选手在这种方式下最多被计数两次，因为每个选手最多属于两个对。因此，选手 X 必须与至少 m 名不同的选手进行比赛。如果 X 属于 j 个对（其中 $j=1$ 或 $j=2$），那么总共至少有 $m+j+1$ 名选手（X、与 X 比赛的 j 名选手，以及至少 m 名与 X 对阵的选手）。此外，X 最多参加 jm 场比赛，这表明 $jm\geq\max(A)$。于是

$$n\geq m+j+1\geq \max(A)/j+j+1\geq \min\{\max(A)+2,\max(A)/2+3\}$$

由于 $\max(A)\geq 6$，所以我们得到 $\max(A)+2>\max(A)/2+3$，这表明 $n\geq\max(A)/2+3$。

现在我们证明可以得到 $n=\max(A)/2+3$。根据引理，我们可以构造一个具有 $\max(A)/6+1$ 个顶点的图 G，其顶点的度数形成集合 $\left\{\dfrac{a_1}{6},\dfrac{a_2}{6},\cdots,\dfrac{a_k}{6}\right\}$。将 n 名选手分成 $\max(A)/6+1$ 个三人组，当且仅当两名选手属于同一个三人组时，将他们组成一对。将每个三人组（同时也是由对应选手组成的三个对）分配给 G 中的一个顶点，当且仅当他们对应的顶点相邻时，让两对选手进行比赛。假设我们有一对分配给度数为 $\dfrac{a_i}{6}$ 的顶点 v。

对于与 v 相邻的 $\dfrac{a_i}{6}$ 个顶点 w，该对与分配给 w 的三个对进行比赛，总共进行 $\dfrac{a_i}{2}$ 场比赛。

分配给 v 的每个选手都属于两个对，因此比赛数为 $2\cdot\dfrac{a_i}{2}=a_i$。所以，参赛者比赛数的集合为 $\{a_1,a_2,\cdots,a_k\}$，此即为所求。

习题 7.39（波兰 2000） 给定一个自然数 $n(n\geq 2)$，请求出具有如下特性的最小 k 值：每一个由 $n\times n$ 网格中的 k 个格子构成的集合包含一个非空子集 S，使得该网格的每行每列都存在偶数个属于 S 的格子。

解答 答案是 $2n$。要证明 $2n-1$ 个单元格是不足够的,需要考察由主对角线和紧邻其下方的对角线组成的"楼梯"形状的单元格。将这些单元格从左上到右下进行编号。对于楼梯的任意子集 S,考察其中编号最小的单元格,该单元格要么是 S 行上唯一的单元格,要么是 S 中列上唯一的单元格,因此 S 不具有所求的性质。

要证明 $2n$ 是足够的,我们利用以下引理。

引理 如果以 $m \times n$ 网格的单元格为顶点绘制图形,其中两个顶点仅在它们位于同一行或同一列时联结,那么任何包含至少 $m+n$ 个顶点的集合 T 都包括某个顶点形成的循环,该循环的边交替为水平边和垂直边。

证明 我们对 $m+n$ 进行归纳。如果 $m=1$ 或 $n=1$,则命题显然成立。否则,我们将按照以下方式构造一个路径。我们在 T 中任意选择一个起始顶点,将其水平移动到 T 中的另一个顶点。然后,我们将其垂直移动到 T 中的另一个顶点。我们继续这个过程,水平和垂直移动交替进行。最终,我们要么(a)无法继续前进,要么(b)返回到先前访问过的顶点。在情况(a)中,我们必定到达的顶点是其行或列中 T 的唯一元素;然后从网格中删除该行或该列,从 T 中删除相应的顶点,并应用归纳假设。在情况(b)中,形成了一个循环。如果有两条连续的水平边(或垂直边),也就是说,如果我们的循环包含奇数个顶点,那么将这两条边替换为一条水平边(或垂直边)。因此,我们得到一个交替水平边和垂直边的循环。根据构造,我们的循环不会重复访问任何顶点。

为了看到引理的结论可以解决我们的原题,我们假设从 $n \times n$ 网格中得到一个包含 $2n$ 个单元格的集合。它包含一个循环,令 S 为该循环的顶点集。考察网格的任意一行。S 中在该行的每个方格都恰好属于一条水平边,如果该行包含 m 条水平边,那么它包含 S 中 $2m$ 个单元格。因此,每一行(或每一列)都包含 S 中偶数个单元格。

习题 7.40(奥地利-波兰 MO 2000) 给定一个由平面上 27 个不同的点构成的集合,其中任意三点不共线。来自该集合的 4 个点是一个单位正方形的顶点,另外 23 个点则位于该正方形内部。请证明,该集合中存在 3 个不同的点 X, Y, Z 使得 $[XYZ] \leqslant \dfrac{1}{48}$。

解答 我们通过对 n 的归纳来进行证明。假定正方形内有 $n(n \geqslant 1)$ 个点(其中任意三点不共线)。该正方形可以被分割成 $2n+2$ 个三角形,这些三角形的每个顶点要么是上述 n 个点中的一个,要么是该正方形的一个顶点。对于基线条件 $n=1$,由于该正方形为凸形,所以我们可以通过画线段联结该内部点与正方形各顶点的方式将其分割成 4 个三角形。

关于归纳步骤,假设该断言对于 $n(n \geqslant 1)$ 成立。那么,对于 $n+1$ 个点的情况,取这些点中的任意 n 个并将该正方形分割成 $2n+2$ 个三角形,使其顶点要么是该正方形的顶点,要么是选取的 n 个点中的一个。我们将剩下的点称为 P。因为这个集合中任意三点不共线,所以 P 位于这 $2n+2$ 个三角形中某一个 $\triangle ABC$ 的内部。我们可以进一步将该三角形分割成 $\triangle APB$,$\triangle BPC$ 和 $\triangle CPA$。这样,就得到了一种将该正方形分割成 $2(n+1)+2=2n+4$ 个三角形的方法。该归纳证毕。

对于 $n=23$ 的特殊情况,我们可以将正方形分割成 48 个三角形,其总面积为 1。这些三角形的最大面积只能是 $\dfrac{1}{48}$,此即为所要求证的结论。

习题 7.41(莫斯科 1999) 我们来考察平面上的一个凸多边形,其每条边都是一条(相对于多边形)外侧被染色的线段(即认为线段有一部分被染色而另一部分没有)。我们在这个多边形内部画一些对角线,并且同样是一端染色而另一端不染色。请证明,在划分初始多边形过程中所形成的多边形中有一个多边形的各边也是外侧部分染色的。

解答 我们通过对所画对角线数量 n 的归纳来证明该结论。当 $n=0$ 时,根据归纳假设可知该结论成立。我们现在假设该结论对于 $n(n\geq0)$ 成立。在我们画上 $n+1$ 条对角线之前,存在一个多边形 P。根据归纳假设,该多边形外侧被染色。当我们画最后一条对角线时,该线要么截断 P,要么不截断 P。若该线不截断 P,则在最终形成的图形中,P 的外侧仍旧被染色。若该线截断 P,则它将 P 分割成两个凸多边形,位于该对角线未染色一侧的图形现在其外侧将被染色。这样就完成了归纳步骤的证明。

习题 7.42(USSR 1989) 一只苍蝇和一只蜘蛛在一块 1×1 平方米的天花板上。蜘蛛每秒可以从其所在位置跳向联结该位置与天花板 4 个顶点的 4 条线段中任意一条线段的中点,而苍蝇不移动。请证明,蜘蛛在移动 8 次后可以到达相距苍蝇 1 cm 以内的地方。

解答 我们将证明一个更一般的命题。首先,我们引入天花板的一个矩形坐标系,其中原点位于其中一个角落,坐标轴沿着相应的边延伸。我们以 1 米作为长度单位。

令 (x,y) 为蜘蛛的初始坐标。我们考察点集

$$A_k=\left\{\left(\frac{x+i}{2^k},\frac{y+j}{2^k}\right),i,j\in\mathbb{Z},0\leq i,j<2^k\right\}$$

该集合给我们提供了一个由边长为 2^{-k} 的单元格组成的网络。显然,A_0 只包含一个点 (x,y),而 A_1 中的 4 个点如图 10.3 所示。

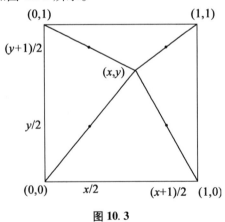

图 10.3

我们观察到,当蜘蛛从点 (x,y) 跳跃时,它可以将其位置的第一个坐标 x 更改为 $x/2$ 或 $(x+1)/2$,并且它可以独立地将第二个坐标更改为 $y/2$ 或 $(y+1)/2$。我们通过对 k 进

行归纳来证明,在 k 次跳跃后,蜘蛛可以跳到集合 A_k 中的任意点。

对于 $k=0$,这是显而易见的。假设蜘蛛在 k 次跳跃后可以跳到 A_k 中的任意点。取 A_{k+1} 中的任意点 $M=\left(\dfrac{x+i}{2^{k+1}},\dfrac{y+j}{2^{k+1}}\right)$。

我们必须求得 A_k 中的一个点 $N=(x_1,y_1)$,蜘蛛可以从该点跳跃到 M。取 $x_1=\begin{cases}\dfrac{x+i}{2^k},i<2^k\\[2mm]\dfrac{x+i}{2^k}-1,i\geqslant 2^k\end{cases}$,类似地,$y_1=\begin{cases}\dfrac{y+j}{2^k},j<2^k\\[2mm]\dfrac{y+j}{2^k}-1,j\geqslant 2^k\end{cases}$。具有这些坐标的点 N 位于 A_k 中,蜘蛛可以从点 N 跳到点 M。

现在观察一下,对于天花板上的任意点 P,存在一个在 A_k 中的点,它与 P 的距离不大于 $\sqrt{2}\cdot 2^{-k}$。具体而言,对于 $k=8$,存在 $\sqrt{2}\cdot 2^{-8}<\dfrac{1}{100}$。由此,原题得到解答。

习题 7.43 请证明,如果某平面可以被线和圆划分成几个部分("国家"),那么所得到的地图可以被涂成两种颜色,使得这些被一条弧或者一条线段分开的部分异色。

解答 我们通过对线和圆的总数进行归纳来证明该命题。对于一条线或一个圆,命题是显然成立的。

假设我们可以按照要求对给定的由 n 条线和圆构成的地图进行着色。我们想要展示如何对给定的由 $n+1$ 条线和圆构成的地图进行着色。让我们删除其中一条线(或圆),并使用归纳假设对剩余的 n 条线和圆构成的地图进行着色。然后,我们保留删除线(或圆)一侧的所有区域的颜色,并将删除线(或圆)另一侧的所有区域的颜色替换为相反的颜色。通过这种方式,我们为 $n+1$ 条线和圆实现了一种着色方案,由此便完成了归纳步骤以及本题的证明。

习题 7.44(IMO 2006 候选) 令 S 是一个平面上的有限点集,其中任意三点不共线。对于每一个顶点在 S 中的凸多边形 P,令 $a(P)$ 为 P 的顶点数,$b(P)$ 为 S 中在 P 外的点的个数。一条线段、一个点和空集分别被认为是具有 $2,1$ 和 0 个点的凸多边形。请证明,对于每一个实数 x 都存在 $\sum_P x^{a(P)}(1-x)^{b(P)}=1$(该和所涉及的都是顶点在 S 中的凸多边形)。

解答 我们通过对 $|S|$ 的强归纳来进行证明,其中基线条件 $|S|=0$ 显然成立。考察 S 的凸壳,设其有 n 个顶点 $Q_1,Q_2,\cdots,Q_n$。那么,根据归纳假设(令 $S'=S-\{Q_{i_1},Q_{i_2},\cdots,Q_{i_k}\}$)可知

$$f(S')=\sum_{P\in S'}x^{a(P)}(1-x)^{b_{S'}(P)}=1$$

利用容斥原理对所有凸多边形 $P\in S$ 中的 $x^{a(P)}(1-x)^{b_S(P)}$ 求和,其中排除至少有一个点在凸壳 $Q_1Q_2\cdots Q_n$ 上的凸多边形(请注意,被排除的 k 个点在 P 的外边),我们得到

$$f(S)-x^n(1-x)^0=-\sum_{k=1}^n(-1)^k\binom{n}{k}(1-x)^k f(S')=-\left((1-(1-x))^n-(1-x)^0\right)$$

于是，$f(S)=1$，此即为所求。

习题 7.45（IMO 2006 候选） 一个多孔三角形是指一个边长为 n 的向上等边三角形，其中有 n 个向上单位三角形被挖除。一个钻石是指一个 $60°$-$120°$ 的单位菱形。请证明，当且仅当下列条件成立时，一个多孔三角形 T 可以用钻石来铺砌：T 中每一个边长为 k 的向上等边三角形最多包含 k 个孔，其中 $1 \leqslant k \leqslant n$。

解答 每个菱形都包含一个向上和一个向下的三角形，它们有一个共同的边。现在，在每个边长为 k 的向上三角形 T 中，我们有 $\dfrac{k^2+k}{2}$ 个向上的三角形和 $\dfrac{k^2-k}{2}$ 个向下的三角形。向下的三角形仅与 T 中向上的三角形相邻，因此如果移除超过 k 个向上三角形，则没有足够的三角形与之相匹配。这证明了问题的较简单部分。现在，让我们通过对 n 的归纳来证明其逆否命题。

将同一行中连续向上和向下的三角形序列（以向上三角形开头和结尾）称为一个"块"。它上面的由 $2k-1$ 个三角形组成的块被称为"上方块"。我们希望用菱形覆盖大三角形 T 的最后一行的所有三角形。可以有水平的菱形，也可以有垂直的菱形，对于这些菱形，我们需要从上一行借用向上的三角形。完成后，我们可以很容易地推断出在剩余的边长为 $n-1$ 的三角形 T' 中将有 $n-1$ 个孔。我们只需要选择菱形，以使归纳假设得以成立。将包含底边一部分的三角形称为"底部"三角形。将包含与边长数量相同的孔的三角形称为"完整"三角形，而包含超过边长数量的孔的三角形称为"致命"三角形。在切割最后一行后，我们不能产生"致命"三角形。显然，"致命"三角形只可能作为 T' 的"底部"三角形出现。

我们断言，如果来自底边的一个"块"包含 r 个孔，那么在移除最后一行后，在它上面的"块"中最多添加 r 个孔。我们进行以下步骤：除了一个必须与上方的三角形相连的向下三角形（显然至少有一个向下的三角形可以匹配，否则会产生过多的孔，违反条件），可以将最后一行中两个连续孔之间的空间填充菱形。在得出这样的结论后，很容易验证这一断言。此外，任何排列都符合上述类型，否则我们将在 T' 中创建过多的孔（在任何两个连续的孔之间，我们必须在 T' 中创建一个孔，如果我们在某处创建更多的孔，就会超过孔的数量）。现在，我们断言，一个"致命"三角形来自一个"完整"三角形。实际上，如果我们有一个底部边长为 j 并有 $j+l$ 个孔的"致命"三角形，那么我们可以以向下扩展一个单位。这个三角形的边长为 $j+1$，根据我们的断言，它最初也至少有 $j+l$ 个孔。所以 $l=1$，并且这个三角形在开始时是完整的。现在我们只需要处理完整的"底部"三角形即可。

如果边长为 k,l 的两个"完整"三角形在一个边长为 m 的三角形中相交，那么我们可以推断这个小三角形也是完整的，而边长为 $k+l-m$ 的大三角形也是完整的。因此，我们可以进行合并，除非 $k+l-m$ 不等于 n。当完成时，有两种可能的情况。

（1）我们有一些不相交的"完整"三角形。那么每个完整的基础三角形都包含在其中一个三角形中，否则我们仍然可以将其与一个三角形合并。对它们应用归纳假设，我们可以使用菱形瓦片铺设它们的底部行，而不会使它们失去完整性。完成铺设后，即实现目标。

（2）我们有相交的三角形，但将它们合并会形成大三角形 T，而这使我们无法应用归纳步骤。很容易看出，这只有在两个边长为 k, l 的三角形中存在一个边长为 m 的相交三角形，并且 $k+l-m=n$ 时才可能发生。那么我们在共同部分最多有 m 个孔。因此，在这两个三角形的并集中至少有 $k+l-m=n$ 个孔。这意味着，顶部剩余的平行四边形中没有孔，因此可以用菱形瓦片铺设。这两个三角形也可以用菱形瓦片铺设。此外，任何一种铺设方式都会完全铺设边长为 m 的公共部分。因此，我们可以铺设一个三角形，然后铺设第二个三角形的剩余部分。这就是所需的 T 的铺设方式。

习题 7.46（IMO 2005 候选） 令 $n(n \geqslant 3)$ 为给定的正整数，我们想用小于或等于 r 的正整数来标记一个正 n 边形 $P_1 \cdots P_n$ 的每一条边和每一条对角线，使得：

（a）介于 1 和 r 之间的每一个整数都会作为一个标记出现。

（b）在每一个 $\triangle P_i P_j P_k$ 中，有两个标记数相等且大于第三个标记数。

基于上述条件：

（1）请求出使上述条件成立的最大正整数 r。

（2）基于 r 的值，请问存在多少个这样的标记数？

解答 令 $[XY]$ 表示线段 XY 的标记，其中 X 和 Y 是多边形的顶点。考察具有最大标记 $[MN]=r$ 的线段 MN。根据条件（b），对于任何 $P_i \neq M, N, P_iM$ 和 P_iN 中恰好有一个被标记为 r。因此，n 边形的所有顶点分为两个互补的组：$\mathcal{A}=\{P_i \mid [P_iM]=r\}$ 和 $\mathcal{B}=\{P_i \mid [P_iN]=r\}$。

我们断言，当且仅当一条线段 XY 联结一个在 $\mathcal{A}$ 中的点和一个在 $\mathcal{B}$ 中的点时，它的标记为 r。不失一般性，假设 $X \in \mathcal{A}$。如果 $Y \in \mathcal{A}$，那么 $[XM]=[YM]=r$，所以 $[XY]<r$。如果 $Y \in \mathcal{B}$，那么 $[XM]=r$ 且 $[YM]<r$，根据条件（b），$[XY]=r$，此即为所求。

我们得出结论，满足条件（b）的标记是由组 $\mathcal{A}$ 和组 $\mathcal{B}$，以及在 $\mathcal{A}$ 和 $\mathcal{B}$ 内满足条件（b）的标记唯一确定的。

①我们通过对 n 进行归纳来证明，r 的最大可能值是 $n-1$。当 $n=1$ 或 $n=2$ 时，这显然是平凡解的情况。如果 $n \geqslant 3$，那么联结顶点在 $\mathcal{A}$（或 $\mathcal{B}$）中的线段的不同标记数量不超过 $|\mathcal{A}|-1$（或 $|\mathcal{B}|-1$），而联结 $\mathcal{A}$ 中一个顶点和 $\mathcal{B}$ 中一个顶点的所有线段都被标记为 r。所以，$r \leqslant (|\mathcal{A}|-1)+(|\mathcal{B}|-1)+1=n-1$。如果上述提及的所有标记都互异，那么就可以得到相等的情况。

②设 a_n 为取得 $r=n-1$ 时的标记数量。我们通过归纳来证明 $a_n=\dfrac{n!\ (n-1)!}{2^{n-1}}$。对于 $n=1$，这显然成立，所以假设 $n \geqslant 2$。如果 $|\mathcal{A}|=k$ 是确定的，那么组 $\mathcal{A}$ 和组 $\mathcal{B}$ 可以有 $\dbinom{n}{k}$ 种选择方式。在组 $\mathcal{A}$ 中使用的标记集合可以有 $\dbinom{n-2}{k-1}$ 种方式在 $1, 2, \cdots, n-2$ 中选择。现在可以对组 $\mathcal{A}$ 和组 $\mathcal{B}$ 中的线段进行标记，以满足条件（ii），分别有 a_k 和 a_{n-k} 种方式。这样每种标记都被计数了两次，因为选择 $\mathcal{A}$ 等价于选择 $\mathcal{B}$。进而，我们得到

$$a_n = \frac{1}{2} \sum_{k=1}^{n-1} \binom{n}{k} \binom{n-2}{k-1} a_k a_{n-k}$$

$$= \frac{n!\,(n-1)!}{2(n-1)} \sum_{k=1}^{n-1} \frac{a_k}{k!\,(k-1)!} \cdot \frac{a_{n-k}}{(n-k)!\,(n-k-1)!}$$

$$= \frac{n!\,(n-1)!}{2(n-1)} \sum_{k=1}^{n-1} \frac{1}{2^{k-1}} \cdot \frac{1}{2^{n-k-1}}$$

$$= \frac{n!\,(n-1)!}{2^{n-1}}$$

习题 7.47 在一个凸 n 边形($n \geq 403$)中画有 $200n$ 条对角线。请证明,其中一条至少与其他 $10\,000$ 条对角线相交。

解答 我们可以更为一般地证明,如果 $n>150$,并且没有对角线与其他对角线相交超过 $10\,000$ 次,那么我们最多可以画出 $200(n-51)$ 条对角线。我们使用归纳法证明这一点,归纳变量是 n。

若 $n<343$,我们得到 $\frac{n(n-3)}{2} \leq 200(n-51)$,这显然成立。

在归纳步骤中,假设我们已经证明了对于所有小于 n 的整数结论成立,且 $n>343$。假设我们画出了超过 $200(n-51)$ 条对角线。那么必定存在一个顶点,从该顶点出发至少有 343 条对角线。我们选取第 170 条对角线。它将多边形分割为两个小多边形。假设这两个小多边形的边数分别为 k 和 l,满足 $k+l=n+2$。我们注意到 k 和 l 均大于 150。根据归纳假设,第一个多边形中的对角线数量最多为 $200(k-51)$,第二个多边形中的对角线数量最多为 $200(l-51)$。总的来说,由于我们至少有 $200(n-51)$ 条对角线,所以至少有 $10\,000$ 条对角线与第 170 条对角线相交,这与前提矛盾。

习题 7.48 考察一个不存在三条对角线相交的凸 n 边形,请问这个 n 边形被这些对角线分割成多少部分?

解答 我们来证明对角线将 n 边形分割成 $\frac{(n-1)(n-2)(n^2-3n+12)}{24}$ 部分。基线条件 $n=3$ 显然成立。假设对于所有的 n 边形该命题成立,我们来证明其对于 $n+1$ 边形也成立。考察一个 $n+1$ 边形 $A_1A_2\cdots A_{n+1}$,它被对角线 A_1A_n 分割成 n 边形 $A_1A_2\cdots A_n$ 和 $\triangle A_1A_nA_{n+1}$。在 n 边形 $A_1A_2\cdots A_n$ 中,对角线将其分割成 $F(n)$ 个区域。当我们添加 $\triangle A_1A_nA_{n+1}$ 时,我们得到一个额外的区域。现在,考虑逐条添加对角线 A_kA_{n+1},其中 $2 \leq k \leq n-1$。如果我们添加的对角线被 m 条其他对角线所交割,那就意味着它将分割出 $m+1$ 个区域。由于 A_kA_{n+1} 与所有对角线 A_iA_j($1 \leq i<k$ 且 $k<j\leq n$)相交,我们可以看出 A_kA_{n+1} 将分割 $(k-1)(n-k)$ 条其他对角线,因此增加了 $(k-1)(n-k)+1$ 个区域。对于 $\triangle A_1A_nA_{n+1}$ 和这 $n-2$ 条对角线,我们总共得到了 $n-1$ 次 $+1$ 的贡献,因此我们得到以下递归公式

$$F(n+1) = F(n)+(n-1)+1 \cdot (n-2)+2 \cdot (n-3)+\cdots+(n-3) \cdot 2+(n-2) \cdot 1$$

该公式可以简化为

$$F(n+1) = F(n) + \frac{n^3}{6} - \frac{n^2}{2} + \frac{4n}{3} - 1$$

通过直接计算即可得到所求结论。

习题 7.49 平面上存在一些相互之间平移得到的单位方格,使得在任意 $n+1$ 个方格中至少有两个相交。请证明,我们在平面上最多可以放置 $2n-1$ 根针,使得每一个方格至少被一根针刺中。

解答 我们引入一个坐标系,使坐标轴与方格的边平行。我们通过对 n 的归纳来进行证明。对于 $n=1$,任意两个方格相交。为了看到这一点,我们考察最左边的方格(如果有多个最左边的方格,则选择其中一个),那么其他每个方格都必须与它相交。我们得出结论,其他每个方格都必须与通过其右侧的直线相交。将每个方格与这条直线相交,我们得到一组单位区间,其中任意两个区间相交。取最上面的一个区间。那么我们的任意单位区间都包含该区间中最低的点。因此,放置在该点的针将与每个方格相交。

现在,让我们使用 $n=k$ 的结果来证明 $n=k+1$ 的情况,其中 $k \geqslant 1$。设 $ABCD$ 是最左边的方格,其中 A 和 B 是该方格的左下顶点和左上顶点。显然,与 $ABCD$ 相交的所有方格都必须包含 C 或 D,因此我们可以在它们附近放置两根针,使得所有与 $ABCD$ 相交的方格都被指示出来(包括 $ABCD$)。接下来,不与 $ABCD$ 相交的方格必须满足假设中的条件,即如果我们选择其中 $k+1$ 个方格和 $ABCD$,那么其中两个方格必定相交。由于 $ABCD$ 不与其他方格相交,所以我们得到结论:$k+1$ 个方格中的两个方格必定相交。因此,应用归纳假设,我们可以用 $2k-1$ 根针指示所有不与 $ABCD$ 相交的方格。加上之前放置的两根针,我们一共使用了 $2k+1 = 2(k+1)-1$ 根针。这样,我们的证明就完成了。

10.8 数学游戏

习题 8.1 有三个玩家玩下列游戏。玩家们轮流(一个接着另一个)拿桌上的 54 颗糖果。每一步允许玩家拿 1,3,或 5 颗糖果,且连续两步不能拿同样数量的糖果。拿走最后一组糖果的玩家为胜者。假定所有玩家都以最佳状态玩游戏,谁会取胜?

解答 我们通过数学归纳法来证明:如果糖果数的表示法形如 $9n(n \in \mathbb{N}_+)$,那么第三个玩家获胜。

若 $n=1$,则第三个玩家可以拿走剩下的全部糖果并赢得游戏。现在,假定该论断对于 $n(n \geqslant 1)$ 为真,我们需要证明其对于 $n+1$ 也为真。已知有 $9(n+1)$ 颗糖果,如果第一个玩家拿 a 颗糖果而第二个玩家拿 b 颗糖果,那么第三个玩家就拿 $9-a-b$ 颗糖果(也就是说,a 和 b 都不可能是 $1,3,5$)。我们现在处理 $9n$ 颗糖果的情况,根据归纳假设可知第三个玩家获胜。由于 $9|54$,所以第三个玩家将赢得本题中的游戏。

习题 8.2 令 $a_0, a_1, a_2, \cdots, a_{2016}$ 为互不相同的整数。我们来看下面这个两人游戏:玩家轮流用 $a_0, a_1, a_2, \cdots, a_{2016}$ 这些数代换多项式 $* x^{2016} + * x^{2015} + \cdots + *$ 中的 $*$(每次用

一个数代换一个 $*$)。如果最后得到的多项式有一个整数根，那么第二个玩家取胜；否则，第一个玩家取胜。假定双方玩家都以最佳状态玩游戏，谁会取胜？

解答 我们证明第一个玩家会获胜。我们从证明以下结论开始。

引理 若 $\max\{|b_1|,|b_2|,\cdots,|b_n|\}=|b_n|$，且 $|k|\geq 2,n\geq 2$，则
$$|b_n k^{n-1}|-|b_{n-1}k^{n-2}|-\cdots-|b_1|\geq|b_n|$$

证明 我们通过对 n 的归纳来进行证明。基线条件为 $n=2$，此时存在 $|b_2 k|-|b_1|\geq 2|b_2|-|b_1|\geq|b_2|$。

假定该命题对于 $n(n\geq 2)$ 为真，我们需要证明其对于 $n+1$ 也为真。已知
$$|b_{m+1}k^m|-|b_m k^{m-1}|-\cdots-|b_1|\geq 2|b_{m+1}||k^{m-1}|-|b_m||k^{m-1}|-\cdots-|b_1|$$
$$\geq|b_{m+1}||k^{m-1}|-|b_{m-1}||k^{m-2}|-\cdots-|b_1|$$
$$\geq|b_{m+1}|$$

由此，我们就可以得到
$$|b_{m+1}||k^m|-|b_m||k^{m-1}|-\cdots-|b_1|\geq|b_{m+1}|$$

至此，引理的证明也就完成了。

现回到原题，我们可以不失一般性地假定 $\max\{a_0,a_1,\cdots,a_{2016}\}=a_{2016}$。如果第一个玩家在第一轮中将 a_{2016} 表示为 x^{2016} 的系数，那么所得多项式不会有小于或等于 -2 的根。事实上，如果 $|k|\geq 2$ 且 $a_{2016}k^{2016}+a_{i_1}k^{2015}+\cdots+a_{i_{2015}}=0$，那么根据上述引理，可得
$$|a_{i_{2015}}|=|a_{2016}k^{2015}+\cdots+a_{i_{2014}}||k|\geq 2(|a_{2016}k^{2015}|-\cdots-|a_{i_{2014}}|)\geq 2|a_{2016}|$$
因此，$a_{2016}\geq a_{i_{2015}}\geq 2a_{2016}$，这将导致矛盾。

请注意，由于 $a_0,a_1,\cdots,a_{2016}$ 这些数都是正整数，所以游戏最后我们所得到的多项式不会有一个大于或等于 0 的根。

根据我们到目前为止所做的工作可知，第一个玩家可以通过他的第一步确保只有 -1 可能是所得多项式的根。我们将剩余的系数分为两组：一组是 x^k 的系数，其中 k 为偶数，另一组是 k 为奇数的系数。我们将这种系数分组的选择称为系数的奇偶性（因为在 $x=-1$ 时，偶数组的系数将乘以 $+1$，而奇数组的系数将乘以 -1）。在接下来的 1 006 步中，第一个玩家总是引入与第二个玩家上一步的奇偶性相反的系数。因此，当我们到达最后 4 步时，将剩下每个具有奇偶性的项的两个系数。

假定在倒数第 4 步，第二个玩家选择了一个具有奇偶性的 p 的系数。那么第一个玩家将剩下 3 个数，其中一个将被分配奇偶性 p，另外两个将被分配相反的奇偶性。首先，需要注意的是，无论哪个值被分配给具有奇偶性 p 的唯一剩余系数，都将确定多项式在 -1 处的值。其次，需要注意的是，不同的分配方式会使多项式在 -1 处的值不同。由于最多只有一种分配方式可以使值等于 0，所以第一个玩家可以选择这种分配方式来保证 -1 不是多项式的根。这样，我们的证明就完成了。

习题 8.3 将一副由 52 张牌（26 张红牌和 26 张黑牌）组成的标准扑克牌进行洗牌，然后一次给你发一张牌。在任何时候，你都可以基于目前所看到的牌说"我预测下一张

牌将会是红色的",但是只能做一次这样的预测。什么策略可以让你有最大的概率得到正确的预测?

解答 首先,让我们引入一些术语,根据策略,我们可以理解为以下内容:对于牌堆的每种可能洗牌方式,我们构造一个对应的由 26 个 R(红色)和 26 个 B(黑色)字母组成的单词,并用 W 表示所有这样的单词的集合。所谓的策略,我们指的是一组由 R 和 B 组成、长度在 0 到 51 之间的单词集合 S,使得 W 中的每个单词都恰好有 S 中的一个单词作为其"开头",即以该单词开头。此外,S 中的每个元素必须是 W 中某个元素的开头。根据你已经看到的牌(基本上是一个单词 w),这将决定你在每一步选择预测($w \in S$)还是等待($w \notin S$)。我们还会很自然地假设所有可能的牌堆配置具有相同的概率。基于对本题的这种理解,我们可以证明每个策略都为我们提供了 50% 的获胜机会。

让我们使用归纳法在 x 张红牌和 y 张黑牌的更为一般的背景下来证明每个策略都提供 $\dfrac{x}{x+y}$ 的概率。我们对 $x+y$ 进行归纳。对于 $x+y=2$,假设 $x=y=1$(其他情况很容易验证)。那么我们可以从一开始就预测红色,或者在看到第一张翻开的牌后才喊红色。显然,所有可能性要么是 $'RB'$ 要么是 $'BR'$。第一个策略仅在第一种情况下可行,而第二个策略仅在第二种情况下可行。因此,这两种策略都有 50% 的概率。

现在,假设对于 $x+y$ 张牌,我们得到的概率是 $\dfrac{x}{x+y}$。我们来证明对于 X 张红牌和 Y 张黑牌(其中 $X+Y=x+y+1$),相应的概率是 $\dfrac{X}{X+Y}$。如果策略 S 包含空词,并且没有其他单词,那么它的获胜概率是 $\dfrac{X}{X+Y}$。否则,玩家会看到第一张牌。在这种情况下,将 S 分成两个子集:以 R 开头的单词组成的集合 SR 和以 B 开头的单词组成的集合 SB。在假设第一张牌是红色的条件下,SR 自身成为一个新的策略,用于处理 $X-1$ 张红牌和 Y 张黑牌的牌组,只需忽略 SR 中每个单词的第一个字母。根据归纳,SR 的获胜概率是 $\dfrac{X-1}{X+Y-1}$。类似地,SB 的获胜概率是 $\dfrac{X}{X+Y-1}$。因此,S 获胜的总概率为

$$\frac{XY}{(X+Y)(X+Y-1)} + \frac{X(X-1)}{(X+Y)(X+Y-1)} = \frac{X(X+Y-1)}{(X+Y)(X+Y-1)} = \frac{X}{X+Y}$$

此即为所求。由此,确定性策略的证明就完成了,其中玩家在最后一张牌之前的任何步骤都会做出预测。

习题 8.4 在一个由单位方格 (x,y)($x,y \geq 0$)构成的无限大棋盘上,两名玩家在玩下列游戏:一开始,棋盘某处放有一个王,但不在 $(0,0)$ 上。两名玩家交替着将该王向下、向左或向左下方移动,将该王移动到 $(0,0)$ 处的玩家为失败者。在第一个玩家获胜的情况下,请求出该王的初始位置。

解答 我们通过对 $x+y$($x+y \geq 1$)的归纳来证明,第一个玩家有获胜策略当且仅当满

足以下情况之一：$x=0$ 且 y 是偶数，或者 $y=0$ 且 x 是偶数，或者 $x,y\geq1$ 且 x 和 y 不全为偶数。

显然，对于 $x+y=1$，第一个玩家被迫将王移动到 $(0,0)$ 并失败。由于点对 $(0,1)$ 和 $(1,0)$ 不满足上述形式，所以基线条件得证。

对于 $x+y>1$，如果 x 和 y 中的一个为 0，那么我们可以不失一般性地假设 $x=0$。第一个玩家必须移动到 $(0,y-1)$，根据归纳，只有当 y 是偶数时他才能获胜。

如果 $x=1$ 或 $y=1$，不失一般性，假设 $x=1$，那么第一个玩家可以移动到 $(0,y)$ 或 $(0,y-1)$，从而取得获胜策略。

假设 $x,y\geq2$。如果 x 和 y 都是偶数，那么第一个玩家必须移动到 $(x-1,y),(x-1,y-1)$ 或 $(x,y-1)$ 中的一个，这些点的坐标都是正的且不全为偶数，所以根据归纳，他会失败。否则，$(x-1,y),(x-1,y-1)$ 和 $(x,y-1)$ 中有一个是偶数且是非负坐标，所以他可以移动到其中的一个点，并根据归纳取得胜利。

习题 8.5（TOT 2003） 在一局游戏中，鲍里斯有 1 000 张牌，分别标记为 $2,4,\cdots,$ 2 000；安娜有 1 001 张牌，分别标记为 $1,3,\cdots,2$ 001。该游戏持续 1 000 轮。在奇数轮中，鲍里斯任意打出他的一张牌，而安娜在看到这张牌后打出她的一张牌，谁的牌大谁就赢得该轮，同时弃掉这两张牌；在偶数轮中，还是以同样的方式玩牌，只是安娜变成了第一个出牌者。在游戏的最后，安娜弃掉她没有使用的最后一张牌。确保有一个玩家在不管对手如何出牌的情况下都能够取胜的最大轮数是多少？

解答 我们通过对 n 进行归纳来证明，如果有 $4n+1$ 张牌，那么在最优策略下，安娜将赢得 $n+1$ 轮，鲍里斯将赢得 $n-1$ 轮。

我们将反复用到两个事实。首先，游戏的结果并不取决于牌的具体数值，而只取决于牌的顺序，从高到低交替出牌，安娜拥有最高和最低的牌。其次，假设在某一轮中，后手玩家有两种选择，而这两种选择都会让该轮有相同的赢家。那么对于后手玩家来说，选择打出较小的牌总是不会比打出较大的牌差。这是显然的，因为该轮的结果是相同的，并且在之后的回合中，他将拥有更好的牌。

现在，我们通过对 n 进行归纳来证明，安娜可以确保至少赢得 $n+1$ 轮。对于基线条件，假设 $n=1$，即有 5 张牌。无论鲍里斯首先打出哪张牌，安娜都会以牌 $k+1$ 回应，从而赢得第一轮。然后，她打出她手中最大的牌（即未打出的最大牌），由此赢得第二轮。

对于归纳步骤，假设鲍里斯首先打出牌 k。然后安娜打出牌 $k+1$ 并赢得这一轮。接下来，安娜打出 1。由于鲍里斯肯定会赢得这一轮，根据前面的第二个事实，他应该打出他最小的牌（如果 $k\neq2$，则为牌 2；如果 $k=2$，则为牌 4）。在这些回合结束后，我们剩下了 $4(n-1)+1$ 张牌，这些牌在安娜和鲍里斯之间交替轮转。因此，根据上面的第一个事实和归纳假设，安娜可以赢得剩余回合中的 n 轮，总共赢得 $n+1$ 轮。

接下来，我们证明鲍里斯可以确保至少赢得 $n-1$ 轮。鲍里斯首先打出牌 2。根据上面的第二个事实，安娜应该打出牌 1（失败）或牌 3（以最小的牌获胜）。由于无论怎样她都会剩下最小未打出的牌，所以我们可以假设她打出牌 3 并获胜。于是，在第一轮结束后,我们剩下了 $4n-1$ 张牌,并在安娜和鲍里斯之间交替轮转,但现在安娜是先手。

我们通过对 n 进行归纳来证明,在这个稍微修改过的游戏中,鲍里斯可以保证赢得 $n-1$ 轮。基线条件 $n=1$ 很容易证明,因为鲍里斯肯定可以保证至少赢得 0 轮。

对于归纳步骤,首先假设安娜打出一张小于 $4n-1$ 的牌 k,然后鲍里斯回应打出牌 $k+1$,赢得这一轮,并返还牌 2。与前面类似,我们可以假设安娜打出牌 3 并获胜。这将使游戏简化为与 $4(n-1)-1$ 张牌等价的游戏,因此根据归纳假设,鲍里斯可以保证赢得剩余回合中的 $n-2$ 轮,总共 $n-1$ 轮。

现在,假设安娜打出她的前 $4n-1$ 张牌。然后鲍里斯打出牌 2,输掉这一轮。接下来,他在下一轮打出第 $4n-2$ 张牌。由于安娜将输掉这一轮,所以我们可以假设她打出她最小的牌 1。于是,鲍里斯再次赢得一轮,我们将游戏简化为与 $4(n-1)-1$ 张牌等价的游戏。因此,根据归纳假设,鲍里斯可以保证赢得剩余回合中的 $n-2$ 轮,总共赢得 $n-1$ 轮。

由于安娜可以保证赢得 $n+1$ 轮,鲍里斯可以保证赢得 $n-1$ 轮(总共 $2n$ 轮),所以这对于双方都必定是最佳方案。

习题8.6 一个箱子里装有 $n(n>1)$ 个球。现在两个玩家 A 和 B 开始玩一个游戏:首先 A 取出 $k(1\leq k<n)$ 个球;当一个玩家取出 m 个球时,下一个玩家可以取出 $\ell(1\leq \ell\leq 2m)$ 个球;取得最后一个球的玩家获胜。请求出所有正整数 n,使得 B 有一个取胜策略。

解答 令 $F_0=0$,$F_1=1$,并且对于 $n\geq2$,有 $F_n=F_{n-1}+F_{n-2}$。本题的答案是,当且仅当 n 为 F_k 的形式($k\geq3$)时第二个玩家才能获胜。

令 (n,m) 表示剩下 n 个球的位置,且最后一步取出了 m 个球。令 $n=F_{i_1}+F_{i_2}+\cdots+F_{i_r}$ 为 n 的泽肯多夫表达式,其中 $i_1>i_2>\cdots>i_r\geq2$,并且不存在两个连续的 i_j。我们将通过对 n 的强归纳来证明,当且仅当 $m<F_{i_r}/2$ 时,第一个玩家在 (n,m) 处会输掉游戏。

基线条件 $n=1$ 是显而易见的。假设该结论对于所有小于或等于 n 的值都成立,并考察 (n,m)。按照上述方式将 n 写成 $n=F_{i_1}+F_{i_2}+\cdots+F_{i_r}$。如果 $m\geq F_{i_r}/2$,那么我们取走 F_{i_r} 个球。因为 $i_{r-1}>i_r+1$,所以存在 $F_{i_{r-1}}>2F_{i_r}$,因此根据归纳假设,这将使我们的对手处于失败的位置。因此,初始位置是一个获胜的位置。

剩下需要证明的是,如果 $m<F_{i_r}/2$,那么我们不能使对手处于失败的位置。假设我们取走 x 个球。令

$$n-x=F_{i_1}+F_{i_2}+\cdots+F_{i_{r-1}}+F_{j_1}+F_{j_2}+\cdots+F_{j_s}$$

泽肯多夫表达式确保我们可以仅仅使用 $F_2,F_3,\cdots,F_{j_s-2}$ 中的项来表示 $1,2,\cdots,F_{j_s-1}-1$ 这些数。所以,$n-x+1,n-x+2,\cdots,n-x+F_{j_s-1}-1$ 这些数的表达式都是以 $n-x$ 所具有的项起始的。这对于 n 不成立,因此有 $n>n-x+F_{j_s-1}-1$,这等价于 $x\geq F_{j_s-1}$。但是这大于 $F_{j_s}/2$,所以根据归纳假设,这是一个获胜的位置,归纳证明完毕。

想要完成本题的证明,需要注意到初始位置就像我们已知 $m=\dfrac{n-1}{2}$ 的情况。很容易看出 $\dfrac{n-1}{2}<F_{i_r}/2$,这意味着 $n=F_{i_r}$,这给出了我们在前文中所断言的答案。

习题 8.7（俄罗斯 2002） 给定一个红色单元格，$k(k>1)$ 个蓝色单元格，以及包含 $2n$ 张卡片且以 1 到 20 编号的一组卡片。一开始，这组卡片位于红色单元格内并以任意序列排序。在每一轮中，我们允许将某格内顶端的一张卡片移动到另一个顶端卡片号大于 1 的格子内并置顶，或者移动到一个空格内。给定 k 值，请求出使得所有卡片都被移动到一个蓝色单元格内总是可能的最大 n 值。

解答 我们来证明答案为 $n=k-1$。首先，我们给出 $n=k$ 时的一个反例。

假设开始时在红色单元格上，卡片的顺序（从上到下）为 $1,3,\cdots,2k-1,2k$，其余卡片的顺序随意。按照游戏规则，1 到 $2k-1$ 之间的奇数不能放在彼此之上。因此，在 k 步后，每个蓝色单元格都含有 1 到 $2k-1$ 之间的一个奇数。但是，我们剩下编号为 $2k$ 的卡片，无法放置在任何单元格中。

现在，我们证明当 $n=k-1$ 时，总是能够实现我们的目标。我们将通过对 k 进行归纳来证明这一点。

首先，如果从 1 到 $k-1$ 的卡片位于一个单元格中，而从 k 到 $2k-2$ 的卡片位于另一个单元格中，那么我们将这个过程中的这个位置称为良好位置。一旦我们有了一个良好位置，那么我们依次将卡片 $1,2,\cdots,k-2$ 移动到剩下的 $k-2$ 个空单元格中，使每个卡片占据一个单元格。然后，在包含卡片从 k 到 $2k-2$ 的单元格中，我们将 $k-1$ 放在顶部，然后是 $k-2$，依此类推，直到我们将所有卡片堆叠在一起，游戏就完成了。

因此，我们只需要归纳地证明对于任何 k 和 $n=k-1$ 都可以获得一个良好位置。基线条件是 $k=1$，当只有两张卡片时，我们将它们放在不同的单元格中，无论它们的顺序如何。然后，我们将 1 放在 2 的顶部，游戏完成。

现在，假定对于 $k(k\geqslant 1)$ 结论成立，我们来证明 $k+1$ 的情况。我们证明可以获得一个位置，其中卡片 $2k-1$ 和 $2k$ 位于一个单元格中，而不干扰剩下的 k 个单元格达到 $n=k-1$ 的良好位置的过程。为了做到这一点，我们只需要按归纳假设的方法取得 $n=k-1$ 的良好位置：每当遇到卡片 $2k-1$ 和 $2k$ 时，将它们分别放在可用的额外单元格中。唯一无法这样做的情况是当卡片 $2k-1$ 出现在卡片 $2k$ 之前，而在我们到达卡片 $2k$ 时，所有的（k 个）蓝色单元格都已被占据。如果是这种情况，我们采取以下步骤：

当我们到达编号为 $2k$ 的卡片时，我们查看这 k 个此时已经装满的单元格（不包括含有 $2k-1$ 的单元格）并考察每个单元格的顶部卡片。现在有 $2k-2$ 种可能的卡片编号和 k 个单元格，所以根据鸽笼原理，这些卡片编号中的任意两个必定是连续的。假设连续的卡片编号是 l 和 $l+1$。由于 l 只能放在 $l+1$ 的顶部或者一个空单元格上，所以 l 必定是它所在单元格中唯一的卡片。因此，我们将 l 放在 $l+1$ 的顶部，然后将 $2k$ 放在 l 所在的单元格中，将 $2k-1$ 放在其顶部，现在我们将 l 放在 $2k-1$ 所在的单元格中。通过这一系列的移动，我们得到了一个含有 $2k-1$ 和 $2k$ 的单元格，并且剩下的卡片配置与我们到达卡片 $2k$ 时的配置相同，因此我们没有干扰剩下的 $2k-2$ 张卡片的过程。

这表明我们可以得到一个位置，使得卡片 $2k-1$ 和 $2k$ 在一个单元格中，卡片从 1 到 $k-1$ 在另一个单元格中，卡片从 k 到 $2k-2$ 在第三个单独的单元格中。为了完成归纳步骤,我们必须证明这个配置会得到一个良好位置。我们依次将卡片从 k 到 $2k-3$ 放置在剩下的 $k-2$ 个空单元格中。现在 $2k-2$ 单独在一个单元格中,我们将它放在包含卡片 $2k$ 和 $2k-1$ 的单元格的顶部。然后,我们依次将从 $2k-3$ 到 $k+1$ 的卡片放在同一个卡片堆中。现在,我们有一个包含从 $k+1$ 到 $2k$ 的卡片堆,一个包含 1 到 $k-1$ 的卡片堆,一个包含 k 的单元格和其余的空单元格。我们依次将从 1 到 $k-2$ 的卡片放置在 $k-2$ 个空单元格中。最后,我们依次将从 $k-1$ 到 1 的卡片放在包含编号为 k 的卡片的堆叠上。通过这种方式,我们获得了一个良好位置,由此便完成了归纳证明。

习题 8.8(《数学反思》)　A 和 B 在一个 $(2n+1)\times(2m+1)$ 的棋盘上玩下列游戏:A 在左下角(方格 $(1,1)$)有一个兵,他想将其移动到右上角(方格 $(2n+1,2m+1)$)。在每一轮中,A 将兵移动到相邻(有公共边的)方格内,B 要么什么都不做,要么挡住该游戏中其他方格中的一格,但是这样的话,A 仍然可以到达右上角。请证明,B 能够迫使 A 在到达右上角之前至少移动 $(2n+1)(2m+1)-1$ 步。

解答　我们将通过对 $m+n$ 的归纳来证明该结论。当 $m=0$ 或 $n=0$ 时,该结论显然成立。

现在,假定 $m\geqslant 1$ 且 $n\geqslant 1$。B 可以采用以下策略:(按顺序)挡住下列方格 $(2,2)$,$(3,2)$,$\cdots$,$(2n,2)$,$(2n,3)$,$\cdots$,$(2n,2m)$。请注意,这将要求 A 玩家移动 $k+1$ 步后到达其中第 k 个方格。所以,B 玩家可以挡住这些方格而不干扰 A。并且,这将让 B 移动 $2n+2m-3$ 步。一旦 B 挡住了这些方格,A 就只能经由 $(2n+1,2m-1)$ 或 $(2n-1,2m+1)$ 中的一个方格进行移动。这将使得 A 至少移动 $2n+2m-2$ 步后才能到达这些方格中的某一个,所以 A 不可能到达。

接下来,我们按照 A 首先到达上述两个方格中的某一个来分两种情况进行讨论。

情况 1　至少 $2n+2m-2$ 步后 A 首先到达 $(2n+1,2m-1)$。B 可以挡住方格 $(2n+1,2m)$,然后 A 在至少 $2n+2m-2$ 步后将不得不回到 $(1,1)$ 并在至少 2 步后到达 $(1,3)$。接下来,该游戏必然简化为类似于在 $(2n-1)\times(2m-1)$ 棋盘上进行的游戏。根据归纳,B 可以迫使 A 在至少 $(2n-1)(2m-1)-1$ 步后从 $(1,3)$ 移动到 $(2n-1,2m+1)$,然后再移动 2 步到达 $(2n+1,2m+1)$。于是,总步数至少是

$$(2n+2m-2)+(2n+2m-2)+2+(2n-1)(2m-1)-1+2=(2n+1)(2m+1)-1$$

情况 2　至少 $2n+2m-2$ 步后 A 首先移动到 $(2n-1,2m+1)$。B 可以挡住方格 $(2n,2m+1)$,而为了到达右上角,A 必须首先回到方格 $(1,3)$。这又等同于在 $(2n-1)\times(2m-1)$ 棋盘上进行的游戏。根据归纳,B 可以迫使 A 至少移动 $(2n-1)(2m-1)-1$ 步后到达 $(1,3)$。于是,A 将至少再移动 2 步后到达 $(1,1)$,然后至少再移动 $2n+2m$ 步到达 $(2n+1,2m+1)$。因此,我们得到的总步数至少是

$$(2n+2m-2)+(2n-1)(2m-1)-1+2+(2n+2m)=(2n+1)(2m+1)-1$$

综上,归纳得证,该结论的证明也就结束了。

习题 8.9(第 44 届乌拉尔锦标赛,第 4 场巡回赛)　我们来看下列两人游戏:有两堆石头,一堆包含 1 914 颗石头,另一堆包含 2 014 颗石头。允许每位玩家每轮拿走大石堆

中的两颗石头或者小石堆中的一颗石头。如果两堆石头在某个时刻包含相等数量的石头,那么玩家在该轮中可以从任意一个石堆中拿走一到两颗石头。当某个玩家不能继续再按上述规则进行操作时,他就输了。假定双方玩家以最佳状态玩这个游戏,谁将取胜?

解答 我们来证明第二个玩家会获胜。如果第一个玩家拿走一颗石头,那么第二个玩家就拿走两颗石头。否则,如果第一个玩家拿走两颗石头,那么第二个玩家就拿走一颗石头。以这种方式每进行两轮后,大石堆石头数量减少 2,小石堆石头数量减少 1。于是,每过两轮,剩余石头的总数都是 1 模 3。并且,在 99 个两轮过后,一堆剩下 1 816 颗石头,而另一堆则剩下 1 815 颗石头。

现在,我们利用数学归纳法来证明从这个节点开始,每次第二个玩家拿完石头后,两堆石头之间的数量差小于或等于 3。我们利用对 $a+b$(a 和 b 分别代表这两堆石头包含的石头数量)的向下归纳法来进行证明。

请注意,该结论对于 $(1\ 816, 1\ 815)$ 为真,此即为基线条件。

关于归纳步骤,假定该结论对于 $a+b \equiv 1 \pmod 3$($a+b \leqslant 1\ 816+1\ 815$)成立,我们来证明其对于 $a+b-3$ 也成立。请注意,从构形 (n, n) 我们可以得到 $(n-1, n-2)$;从 $(n, n+1)$ 我们要么得到 $(n-1, n-1)$,要么得到 $(n, n-2)$;从 $(n, n+2)$ 我们得到 $(n-1, n)$;最后,从 $(n, n+3)$ 我们得到 $(n-1, n+1)$。根据对称性,所有的情况都已被涵盖。

在某个时刻,小石堆中的石头数量将等于 0,1 或 2 中的一个数。我们将以下列情况中的一种来结束游戏:$(0,1)$,$(1,3)$,$(2,2)$,$(2,5)$。对于情况 $(2,5)$,再经过一个两轮之后,我们就可以得到 $(1,3)$。在其余情况中,我们很容易就能看出第二个玩家获胜。

10.9 各 论

10.9.1 几何中的归纳法

习题 9.1.1 (1)请证明,任意 n 角形都可以被不相交的对角线切割成一些三角形。

(2)请证明,任意 n 角形的内角和等于 $(n-2)180°$。进而证明,一个 n 角形被不相交的对角线切割成三角形的数量等于 $n-2$。

解答 我们先来证明以下引理。

引理 任意 $n(n \geqslant 4)$ 边形至少包含一条完全位于多边形内的对角线。

证明 若多边形为凸多边形,则结论不证自明。相反的情况是,多边形在某个顶点 P 的外角大于 $180°$。由于任意边的可见部分都对应一个顶点在 P 上且小于 $180°$ 的角,所以至少有两条边的一部分对应一个顶点在 P 上的角。因此,存在从点 P 出发的射线使得在这些射线上会出现从点 P(部分)可见的边的转向(图 10.4)。这些射线每一条都可以确定一条完全位于多边形内的对角线。

(1)我们通过对 n 的归纳来证明该命题。当 $n=3$ 时,结论显然成立。假设我们已经证明了该结论对于所有 k($k<n$,其中 $n \geqslant 4$)边形都成立,我们来证明其对于 n 边形也成

立。根据引理我们已经证明:任意 n 边形可以被一条对角线分割成两个多边形,每一个小多边形的顶点数都严格小于 n。根据归纳假设,这两个小多边形可以被分割成三角形,所以结论得证。

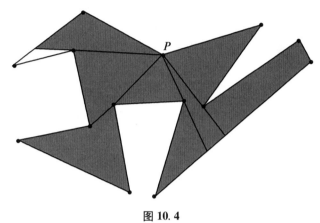

图 10.4

(2)我们仍然通过对 n 的归纳来进行证明。当 $n=3$ 时,该结论立即就能得到证明。假定我们已经证明了该结论对于所有 $k(k<n$,其中 $n \geqslant 4)$ 边形都成立,我们来证明其对于 n 边形也成立。根据引理,我们可以得到:任意 n 边形可以被分割成两个多边形,若一个小多边形的边数等于 $k+1$,则另一个小多边形的边数等于 $n-k+1$,且两者都小于 n。所以,这两个多边形的内角和分别等于 $(k-1)180°$ 和 $(n-k-1)180°$。并且,这个 n 边形的内角和等于上述两个小多边形的内角和之和,即等于 $(k-1+n-k-1)180° = (n-2)180°$。

习题 9.1.2 对于任意正整数 $n(n>1)$,平面上存在任意三点不共线的 2^n 个点。请证明,不存在由其中 $2n$ 个点构成的凸多边形。

解答 我们用数学归纳法来证明。对于 $n=2$ 的情况,我们可以取一个三角形和一个位于其内部的点,这 4 个点不能构建一个凸四边形。

至于归纳步骤,假定我们已经找到了一个集合 $S_n(n \geqslant 2)$。画出 S_n 中各点间形成的所有线段,然后选择一个足够小的向量 v 使其联结 S_n 中的任意一点且该点经 v 平移时与上述任意一条线段都不相交,我们将该平移表示为 T。我们将证明:由 S_n 各点及其平移 (S'_n) 所组成的集合 S_{n+1} 是 $n+1$ 的一个例子。假定我们已经找到了一个 $2n+2$ 边凸多边形,那么我们可以用 S_n 中各点替换 S'_n 中对应各点,以保持该多边形的凸性。由于一个凸多边形不可能有三条平行边,所以 S'_n 中最多有两个点(及其在 S_n 中的原像)会出现在该多边形的各顶点中。因此,这个新的凸多边形至少包含 S_n 中的 $2n+2-2=2n$ 个点,这与归纳假设相矛盾。

习题 9.1.3 令 $A_1 A_2 \cdots A_n$ 为内接于圆的一个凸多边形,其中任意两个顶点都不构成该圆的一条直径。请证明,如果在 $\triangle A_p A_q A_r$ 中(p,q,r 的值域大于 $1,2,\cdots,n$)至少存在一个锐角三角形,那么也就至少存在 $n-2$ 个这样的锐角三角形。

解答 我们通过对 n 的归纳来证明该结论。对于 $n=3$,该结论显然成立。令 $n \geqslant 4$,

设定一个锐角 $\triangle A_p A_q A_r$，并从 n 边形 $A_1 A_2 \cdots A_n$ 中去掉一个不同于 A_p, A_q 和 A_r 的顶点 A_k。那么，归纳假设就可以被应用于所得到的 $n-1$ 边形中了。而且，如果某个 A_k 位于 $\overset{\frown}{A_p A_q}$ 上，且 $\angle A_k A_p A_r \leqslant \angle A_k A_q A_r$，那么 $\triangle A_k A_p A_r$ 是一个锐角三角形，因为 $\angle A_p A_k A_r = \angle A_p A_q A_r$，$\angle A_p A_r A_k < \angle A_p A_r A_q$，$\angle A_k A_p A_r \leqslant 90°$，所以 $\angle A_k A_p A_r < 90°$。

习题 9.1.4 （1）请证明，一个圆内接四边形 $ABCD$ 外接圆上的一点 P 在该点关于 $\triangle BCD, \triangle CDA, \triangle DAB, \triangle BAC$ 的各西姆松线上的投影共线（该线被称为 P 关于内接四边形的西姆松线）。

（2）请用归纳法证明，我们可以类似地定义一个点关于一个内接 n 边形的西姆松线为具有以下特点的一条线：该线包含点 P 在通过移除 n 边形某个顶点后得到的所有 $n-1$ 边形的西姆松线上的投影。

解答 请注意，本题第（1）部分是用归纳法证明第（2）部分的基线条件。所以，我们从证明该部分的论断开始。令 B_1, C_1, D_1 为点 P 分别在 AB, AC 和 AD 上的投影，点 B_1, C_1 和 D_1 都在以 AP 为直径的圆上，直线 $B_1 C_1, C_1 D_1$ 和 $D_1 B_1$ 分别是点 P 关于 $\triangle ABC, \triangle ACD$ 和 $\triangle ADB$ 的西姆松线。于是，点 P 在这些三角形的西姆松线上的投影在一条直线上，即 $\triangle B_1 C_1 D_1$ 的西姆松线。更全面地说，我们会发现 P 在这 4 条西姆松线中任意 3 条上的投影都共线。因此，这 4 个投影都共线。

（2）令 P 为 n 边形 $A_1 A_2 \cdots A_n$ 外接圆上的一点，$B_2, B_3, \cdots, B_n$ 为 P 分别在直线 $A_1 A_2, A_2 A_3, \cdots, A_1 A_n$ 上的投影。请注意，点 $B_2, \cdots, B_n$ 在以 $A_1 P$ 为直径的圆上。我们利用归纳法来证明 P 关于 n 边形 $A_1 A_2 \cdots A_n$ 的西姆松线与 P 关于 $n-1$ 边形 $B_2 B_3 \cdots B_n$ 的西姆松线重合。基线条件 $n=4$ 已经在第（1）部分得证。

根据归纳假设，$n-1$ 边形 $A_1 A_3 \cdots A_n$ 的西姆松线与 $n-2$ 边形 $B_3 B_4 \cdots B_n$ 的西姆松线重合。所以，P 在 $n-1$ 边形（其顶点通过将点集 $A_1, \cdots, A_n$ 陆续删除 $A_2, \cdots, A_n$ 而得到的）的西姆松线上的投影位于 $n-1$ 边形 $B_2 B_3 \cdots B_n$ 的西姆松线上。由于我们已经证明，在已知 n 个投影中的任意 $n-1$ 个共线，所以点 P 在 $n-1$ 边形 $A_2 A_3 \cdots A_n$ 的西姆松线上的投影在同一条直线上。

习题 9.1.5 在一个以 1 为半径、O 为圆心的圆上，已知存在 $2n+1$ 个点 $P_1, P_2, \cdots, P_{2n+1}$，这些点位于直径的一侧。请证明，$|\overrightarrow{OP_1} + \cdots + \overrightarrow{OP_{2n+1}}| \geqslant 1$。

解答 我们将通过对 n 的归纳来证明该结论。对于 $n=0$，结论显然成立。

现在，假定该结论对于 $2n+1$ 个向量成立。在一个由 $2n+3$ 个向量组成的系统中，我们来考察夹角最大的两个向量。不失一般性，假定这些向量为 $\overrightarrow{OP_1}$ 和 $\overrightarrow{OP_{2n+3}}$。根据归纳假设可知，$\overrightarrow{OR} = \overrightarrow{OP_2} + \cdots + \overrightarrow{OP_{2n+2}}$ 的长度不小于 1。向量 $\overrightarrow{OR}$ 在 $\angle P_1 O P_{2n+3}$ 的内侧，所以它与将 $\angle P_1 O P_{2n+3}$ 平分的向量 $\overrightarrow{OS} = \overrightarrow{OP_1} + \overrightarrow{OP_{2n+3}}$ 构成一个锐角。因此，$|\overrightarrow{OS} + \overrightarrow{OR}| \geqslant |\overrightarrow{OR}| \geqslant 1$。

习题 9.1.6 令 l_1 和 l_2 为两条平行线，且 $A, B \in l_i$，$A \neq B$。只用一把尺，请将线段 AB

分成 $n(n \geqslant 2)$ 等份。

解答 我们将通过对 n 的归纳来证明该结论。请注意,要想得到所求的构形,只需要在线段 AB 上找到一个点 P_n 使得 $AP_n = \dfrac{1}{n}AB$ 就够了。然后,应用相同的方法到线段 P_nB 上,我们就可以找到下一个分割点 $P_n^{(2)}$,接着是应用到线段 $P_n^{(2)}B$ 上再来找到下一个分割点,如此循环往复即可。

对于 $n=2$ 的情况,令 S 是位于一个由 l_2 确定而不包含 l_1 的半平面上的任意点。令 $\{C\}=AS \cap l_2$,$\{D\}=BS \cap l_2$,并且令 $AD \cap BC=\{T_2\}$,$ST_2 \cap l_1=\{P_2\}$。我们断言,P_2 是 AB 的中点:令 $ST_2 \cap l_2=\{Q_2\}$,则 $\triangle T_2P_2B \backsim \triangle T_2Q_2C$,$\triangle ABT_2 \backsim \triangle DCT_2$,$\triangle SAP_2 \backsim \triangle SCQ_2$,$\triangle SAB \backsim \triangle SCD$,因此

$$\frac{P_2B}{Q_2C}=\frac{T_2B}{T_2C}=\frac{AB}{CD},\ \frac{P_2A}{Q_2C}=\frac{SA}{SC}=\frac{AB}{CD}$$

于是,得到

$$\frac{P_2B}{Q_2C}=\frac{P_2A}{Q_2C}$$

所以,$P_2A=P_2B$,此即为所求。

假设对于某个 $n(n \geqslant 2)$ 我们可以在线段 AB 上构建一个点 P_n 使得 $AP_n=\dfrac{1}{n}AB$。令 S,C,D 等同于前述情况,$\{T_n\}=SP_n \cap AD$,$\{Q_n\}=SP_n \cap l_2$,且 $T_{n+1}=AD \cap CP_n$。同时,令 $\{Q_{n+1}\}=ST_{n+1} \cap l_2$,$\{P_{n+1}\}=ST_{n+1} \cap l_1$。我们断言 $AP_{n+1}=\dfrac{1}{n+1}AB$:已知 $\triangle CQ_{n+1}T_{n+1} \backsim \triangle P_nP_{n+1}T_{n+1}$,$\triangle CT_{n+1}D \backsim \triangle P_nT_{n+1}A$,所以

$$\frac{P_{n+1}P_n}{CQ_{n+1}}=\frac{P_nT_{n+1}}{CT_{n+1}}=\frac{AP_n}{CD}$$

我们还知道,$\triangle SAP_{n+1} \backsim \triangle SCQ_{n+1}$ 和 $\triangle SAB \backsim \triangle SCD$,据此可得

$$\frac{AP_{n+1}}{CQ_{n+1}}=\frac{SA}{SC}=\frac{AB}{CD}$$

将前述两个推得的等式相结合,我们得到

$$\frac{P_{n+1}P_n}{AP_{n+1}}=\frac{AP_n}{AB}$$

现在,$P_{n+1}P_n=AP_n-AP_{n+1}$,且 $AP_n=\dfrac{1}{n}AB$,于是得到

$$AP_{n+1}=\frac{1}{n+1}AB$$

此即为所求。

习题 9.1.7 平面上给定 $2n+1$ 个点,任意三点不共线,请构建一个 $2n+1$ 边形(允许自我相交的多边形),使得给定点是该多边形各边的中点。

解答 我们将通过对 n 的归纳来证明该结论。

当 $n=1$ 时，我们需要构建一个已知各边中点的三角形，这可以通过在这三点中的每一个点上画一条另外两点连线的平行线来实现。

关于归纳步骤，假设我们已经证明该结论对于 $2n-1$ 个点的情况成立，我们来证明其对于 $2n+1$ 个点的情况也成立。令这 $2n+1$ 个点为 $M_1,\cdots,M_{2n+1}$。我们将想要构建的 $2n+1$ 边形称为 $A_1A_2\cdots A_{2n+1}$。

考察四边形 $A_1A_{2n-1}A_{2n}A_{2n+1}$，我们必定可以得到 M_{2n-1},M_{2n} 和 M_{2n+1} 分别为 $A_{2n-1}A_{2n}$，$A_{2n}A_{2n+1}$ 和 $A_{2n+1}A_1$ 的中点。令 M 为边 A_1A_{2n-1} 的中点，那么 $M_{2n-1}M_{2n}M_{2n+1}M$ 就是一个平行四边形。由于 M_{2n-1},M_{2n} 和 M_{2n+1} 是已知的，所以在这种情况下 M 是一个确定的点。

现在，$M_1,M_2,\cdots,M_{2n-2},M$ 为 $2n-1$ 边形 $A_1A_2\cdots A_{2n-1}$ 各边的中点，这可以通过归纳假设进行构建。为了完成归纳步骤的证明，我们构建线段 A_1A_{2n+1} 和 $A_{2n-1}A_n$（其中 A_1 和 A_{2n-1} 已经确定），使得 M_{2n+1} 和 M_{2n-1} 为对应的中点。通过这种方法我们构建了 M，于是另一个点 M_{2n} 将会是 $A_{2n}A_{2n+1}$ 的中点，此即为所求。

习题 9.1.8 平面上给定一个凸多边形。请证明，我们可以从其顶点中选出三个构造一个三角形，使得三角形边长的平方和至少等于该多边形边长的平方和。

解答 我们通过对边数 $n(n\geq 3)$ 的归纳来证明该结论。若该多边形为三角形，则无须证明。

若 $n>3$，则该多边形有 n 个角，其和为 $(n-2)\pi\geq n\dfrac{\pi}{2}$，故该多边形包含一个钝角。不失一般性，令此多边形为 $A_1A_2\cdots A_n$，$\angle A_{n-1}A_nA_1$ 为钝角。于是，$(A_{n-1}A_1)^2\geq (A_1A_n)^2+(A_nA_{n-1})^2$，所以多边形 $A_1A_2\cdots A_{n-1}$ 各边边长的平方和至少与 $A_1A_2\cdots A_n$ 各边边长的平方和相等。现在，利用关于 $A_1A_2\cdots A_{n-1}$ 的归纳假设，我们就可以证明本题的结论了。

习题 9.1.9(TOT 2001) 请证明，存在 2 001 个凸多面体，其中任意 3 个都没有公共点，而任意两个相互接触（即它们至少有一个公共边界点而没有公共内点）。

解答 我们将描述一种构建 n 个凸多面体以满足本题条件的更为一般的情况（在我们的案例中，$n=2$ 001）。

我们从考察一个三维坐标系统开始，其中包括标准的 Ox,Oy 和 Oz 轴。在这个系统中，我们考察一个顶点位于原点、轴沿着 Oz 方向的无限直圆锥体 K。令 $C(t)$ 为 K 与平面 $z=t$ 相交得到的圆，其圆心为 $O(t)=(0,0,t)$。现在，考察一个内接于 $C(1)$ 的正 n 边形，并将其顶点标记为 $A_1,\cdots,A_n$。令 B_i 为 $\overset{\frown}{A_iA_{i+1}}$ 的中点，其中 $i=1,\cdots,n$，我们将考察各标记数对 n 取模。此外，令 $A_i^t,B_i^t\in C(t)$ 为直线 OA_i 和 OB_i 与平面 $z=t$ 相交的点，其中 $t>0$，$i=1,2,\cdots,n$。

为了进一步推进我们的构造，我们需要一个小引理。

引理 对于任意 $t_0>0$ 和任意 $i(1\leq i\leq n)$，存在 $T>t_0$，使得对于所有 $t\geq T$，$C(t_0)$ 关于向量 $\overrightarrow{B_i^{t_0}B_i^t}$ 的平移位于由一段弧线和一条直线段限定的区域 $S_i(t)=A_i^tB_i^tA_{i+1}^t$ 内部。

证明　可以立即证得这个结论,因为从 B_i^t 到 $A_i^t A_{i+1}^t$ 的距离与 t 成比例。

现在,我们利用归纳法来构造满足本题条件的多面体。我们从任意 $t_1>0$ 开始。我们在圆 $C(t_1)$ 内选择任意凸多边形 M_1,并形成一个无限的"向上的棱柱"P_1,其底面为 M_1,侧边平行于 OB_1。

假设 $n\geq1$,并定义 $0<t_1<\cdots<t_n$,则我们构建了包含在 $C(t_1),\cdots,C(t_n)$ 这些圆内的凸多边形 $M_1,\cdots,M_n$,并且形成了无限棱柱 $P_1,\cdots,P_n$,其底面为 $M_1,\cdots,M_n$,侧边平行于 $OB_1,\cdots,OB_n$,满足本题条件。

根据我们上面提到的引理,存在 $t_{n+1}>t_n$,使得 $M_n(t_{n+1})$ 位于区域 $S_n(t_{n+1})$ 内,并且所有先前的多边形仍然位于它们的区域内。为了定义 M_{n+1},我们按照以下步骤进行:

由于它必须接触先前的每个棱柱,为了找到接触点,我们将每条线段 $A_i^{t_{n+1}} A_{i+1}^{t_{n+1}}$ 平移,直到它接触多边形 $M_i(t_{n+1})$,其中 $1\leq i\leq n$。如果我们联结接触点(如果一个接触包含多个点,那么我们只选择一个),那么我们就得到了一个凸多边形 $M_{n+1}(t_{n+1})$。

为了使后续的论证更容易,我们引入平移线 $l_i(t_{n+1})$,它们将点 M_i 和 M_{n+1} 分隔开。

现在,我们可以形成一个无限的"向上的棱柱"P_{n+1},其底面为 $M_{n+1}(t_{n+1})$,侧边平行于 OB_n。我们通过平面 $z=T>t_{n+1}$ 来切割棱柱。

我们需要证明所得到的棱柱满足本题的假设条件。根据归纳假设,我们只需要检查 P_{n+1} 只在平面 $z=t_{n+1}$ 处与 $P_i(1\leq i\leq n)$ 相交。利用反证法,假设这种情况不存在。这意味着,存在一个公共点 C,它位于所有这些棱柱的平面 $z=t$ 上,其中 $t>t_{n+1}$。考察一条通过 C 且与 OB_{n+1} 和 OB_i 平行的直线。分别用 $C_{n+1}^{t_{n+1}}$ 和 $C_i^{t_{n+1}}$ 表示这些线与平面 $z=t_{n+1}$ 的交点。请注意,$C_{n+1}^{t_{n+1}}\in M_{n+1}(t_{n+1})$,$C_i^{t_{n+1}}\in M_i(t_{n+1})$。并且,向量 $\overrightarrow{C_i^{t_{n+1}} C_{n+1}^{t_{n+1}}}$ 和 $\overrightarrow{B_i^{t_{n+1}} B_{n+1}^{t_{n+1}}}$ 的方向相反且不是 $\mathbf{0}$ 向量。然而,这是不可能发生的,因为 $C_i^{t_{n+1}}$ 和 $B_i^{t_{n+1}}$ 位于 $l_i(t_{n+1})$ 的同一侧,而 $C_{n+1}^{t_{n+1}}$ 和 $B_{n+1}^{t_{n+1}}$ 位于另一侧。这就是我们所希望得到的矛盾结论,归纳证明完毕。

习题 9.1.10(IMO 1992)　令 S 为三维空间中的有限点集。令 S_x,S_y,S_z 分别是由 S 中各点在 yz 平面、zx 平面和 xy 平面上的正交投影组成的集合。请证明,$|S|^2\leq|S_x|\cdot|S_y|\cdot|S_z|$,其中 $|A|$ 表示有限集合 A 中的元素个数(注:一个点在一个平面上的正交投影是指从该点到该平面的垂足的投影)。

解答　我们将通过对 $|S|$ 的归纳来证明该命题。令 $|S_x|=a$,$|S_y|=b$,$|S_z|=c$。

对于一个集合 S 只包含一个点的情况,该命题为真。

假设该命题对于所有包含少于 n 个点的集合都为真。现在,我们来考察集合 S($|S|=n$)。选定一个平面,使其平行于题中给定的某一个平面,该选定平面不包含 S 中的任何一点,并将 S 分割为两个非零子集 S_1 和 S_2。于是,$n=|S_1|+|S_2|$,其中 $|S_1|<n$,$|S_2|<n$。根据归纳假设,$|S_1|<a_1 b_1 c_1$,$|S_2|^2<a_2 b_2 c_2$,其中 a_i,b_i,c_i 分别是 $S_i(i=1,2)$ 在坐标平面 yz,zx 和 xy 上的投影个数。我们可以不失一般性地假设上述分割平面平行于坐标平面 xy,于是 $a_1+a_2=a$,$b_1+b_2=b$,$c_1<c,c_2<c$,根据柯西-施瓦茨不等式可知

$$|S|^2 = (|S_1| + |S_2|)^2$$
$$\leqslant (\sqrt{a_1 b_1 c_1} + \sqrt{a_2 b_2 c_2})^2$$
$$\leqslant (\sqrt{a_1 b_1}\sqrt{c} + \sqrt{a_2 b_2}\sqrt{c})^2$$
$$\leqslant c(a_1 + a_2)(b_1 + b_2)$$
$$= abc$$

习题 9.1.11 请证明,任意非平行四边形的凸 n 边形可以被一个三角形包围,该三角形的三条边与给定 n 边形中的三条边一致。

解答 我们首先证明以下的弱命题。

引理 任意凸 n 边形都可以由某个三角形(或平行四边形)的三条(或四条)边围成。

证明 我们将通过对 $n \geqslant 3$ 的归纳来证明该结论。当 $n=3$ 时,结论不证自明。当 $n=4$ 时,该四边形要么是一个平行四边形,要么包含两条不互相平行的对边。在后一种情况下,这两条对边,以及其与另外两条边交点间距离较长的一条边,共同构成一个内含该四边形的三角形。

现在,假定 $n \geqslant 5$,并且我们已经证明了该结论对于所有 $k (k<n)$ 边形都成立。令 M 为一个凸 n 边形,AB 为 M 的任意一条边。由于 $n \geqslant 5$,所以存在另一条与 AB 既不相邻也不平行的边,记为 CD。我们延长 AB 和 CD 直至其相交于点 O。不失一般性,假设 BC 位于 $\triangle AOD$ 的内部(另一种情况也是一样的)。由于 $n \geqslant 5$,所以 M 中 B 和 C 之间的折线长至少是 2。因此,如果我们将该折线替换为折线 BOC,就可以得到另一个边数小于 n 且包含多边形 M 的多边形 M_1,M_1 的边同时也是 M 的边。

根据归纳假设可知,存在一个由 M_1 的边构成并包含 M_1 的三角形或平行四边形。由于 M_1 包含 M 且 M_1 的边同时也是 M 的边,这表明该结论对于 M 也成立。于是,归纳步骤得证,本引理的证明也就完成了。

证明了前述引理后,我们需要考察两种情形:若包含 M 的多边形是一个三角形,则结论不证自明,所以我们假设多边形是一个平行四边形 $ABCD$ 而 M 自身不是一个平行四边形。不失一般性,令 A 为平行四边形的顶点但不是 M 的顶点。令 P 是在平行四边形边 AB 上离 A 最近的 M 中的一个顶点。通过构建,在平行四边形内存在 M 的一条边 PQ。M 为凸多边形,所以 M 整体位于以 PQ 为边界且包含 B,C,D 的一个半平面上。因此,M 必定整体位于由直线 PQ,BC,CD 确定的一个三角形内。由此,本命题的证明也就完成了。

习题 9.1.12 已知平面中有一个圆和 n 个点,请证明,可以建构一个内接于给定圆的 n 边形(允许自我相交的多边形存在),使得由各边确定的直线穿过给定点。

解答 我们从以下更一般的问题开始。

给定平面上的一个圆,我们可以构造一个内接于该圆的 n 边形,使得由其连续的 k 条边确定的 k 条直线($1 \leqslant k \leqslant n$)通过平面上 k 个给定的点,并且剩余的 $n-k$ 条边与给定的某些直线平行。

请注意,当 $k=n$ 时,这个结论就已经包含了本题的情况。

我们通过对 k 进行归纳来证明上述结论。在证明过程中,我们将逐步调整上述问题的陈述,并对给定的 $n-k$ 条线施加一些限制,以使我们的归纳成立(请注意,即使对于给定的 $n-k$ 条线有进一步的限制,本题的陈述也仍然成立,因为我们关心的是 $k=n$ 的情况)。当 $k=1$ 时,我们需要构造一个内切于给定圆的 n 边形 $A_1A_2\cdots A_n$,使得线段 A_1A_n 通过给定点 P,并且剩下的 $n-1$ 条边 $A_1A_2,A_2A_3,\cdots,A_{n-1}A_n$ 平行于给定的线 $l_1,l_2,\cdots,l_{n-1}$。

令 B_1 为圆上的任意点。构造一个内接多边形 $B_1B_2\cdots B_n$,其边 $B_1B_2,B_2B_3,\cdots,B_{n-1}B_n$ 平行于线段 $l_1,l_2,\cdots,l_{n-1}$。基本几何学表明,我们需要构造的多边形 $A_1A_2\cdots A_n$ 应满足以下条件:弧段 $\overparen{A_1B_1},\overparen{A_2B_2},\cdots,\overparen{A_nB_n}$ 都相等,并且,弧段对 $\overparen{A_1B_1}$ 和 $\overparen{A_2B_2}$,$\overparen{A_2B_2}$ 和 $\overparen{A_3B_3}$ 具有相反的方向(例如,若 $\overparen{A_1B_1}$ 是顺时针方向,则 $\overparen{A_2B_2}$ 为逆时针方向)。

这意味着,当 n 为偶数时,$\overparen{A_1B_1}$ 和 $\overparen{A_nB_n}$ 应具有相反的方向,并且 $A_1B_1B_nA_n$ 是一个等腰梯形,其底边为 A_1A_n 和 B_1B_n。因此,A_1A_n 应与 B_1B_n 平行。此外,它应通过点 P,该点唯一地确定了 A_1 和 A_n(为了使这种构造可能存在,我们需要 P 位于由两条与 B_1B_n 平行的、圆的切线所确定的带状区域内。我们在上面通过相同的论证已经表明,无论选择哪个 B_1,B_1B_n 都将与相同的固定方向平行。因此,为了使我们的论证成立,我们需要选择直线 $l_1,\cdots,l_{n-1}$ 的一组配置,使得 P 位于所需的带状区域内)。一旦我们确定了 A_1 和 A_n,其余的点 $A_2,\cdots,A_{n-1}$ 就唯一地由我们指定的条件来确定。

当 n 为奇数时,$\overparen{A_1B_1}$ 和 $\overparen{A_nB_n}$ 同向,且四边形 $A_1B_1A_nB_n$ 是一个等腰梯形,其底边为 A_1B_n 和 B_1A_n。由于对角线 A_1A_n 和 B_1B_n 相等,所以我们需要通过点 P 画一条直线,通过给定的圆切出一个与已知弦 B_1B_n 相等的弦 A_1A_n。这条直线是与给定圆具有相同中心并与 B_1B_n 相切的直线(我们对 $l_1,\cdots,l_{n-1}$ 再次施加适当的条件,以使得这种构造成为可能)。

现在,假设我们已经证明了本题对于某个 $1\leqslant k<n$ 成立。我们想要在给定的圆内内接一个 n 边形 $A_1\cdots A_n$,其中 $k+1$ 条连续边 $A_1A_2,A_2A_3,\cdots,A_{k+1}A_{k+2}$ 经过 $k+1$ 个给定点 $P_1,P_2,\cdots,P_{k+1}$,而剩下的 $n-k-1$ 条边平行于某些给定的 $n-k-1$ 条直线。同样,我们假设 $n-k-1$ 条直线使得我们进行的所有构造都是可能的。

与 $k=1$ 的情况类似,我们寻找一些条件来唯一地确定点 $A_1,\cdots,A_n$。如果 $A_1\cdots A_n$ 是所需的多边形,则考虑进行以下操作:

我们通过 A_1 画一条与 P_1P_2 平行的直线,并将其与圆的交点标记为 A_2'。我们还将线段 $A_2'A_3$ 和 P_1P_2 的交点标记为 P_2'。然后,我们有 $\angle A_2P_1P_2=\angle A_2A_1A_2'=\angle A_2A_3P_2'$,以及 $\angle A_2P_2P_1=\angle P_2'P_2A_3$。因此,$\triangle P_1A_2P_2$ 和 $\triangle P_2'P_2A_3$ 相似,由此得到

$$\frac{P_1P_2}{A_3P_2}=\frac{A_2P_2}{P_2'P_2}\Rightarrow P_2'P_2=\frac{A_3P_2\cdot A_2P_2}{P_1P_2}$$

现在,乘积 $A_3P_2\cdot A_2P_2$ 仅取决于 P_2 和圆(根据点的特性可知其不在 A_2 和 A_3 上),所以显然可以确定。因此,可以明确求得线段 $P_2'P_2$ 的长度,从而可以构造出点 P_2'。现在,n 边形 $A_1A_2'A_3\cdots A_n$ 的 k 条连续边 $A_2'A_3,A_3A_4,\cdots,A_{k+1}A_{k+2}$ 通过 k 个点 $P_2',P_3,\cdots,P_{k+1}$,而其余的 $n-k$ 条边平行于已知直线。根据归纳假设,我们可以构造满足这些条件的多边形

$A_1 A_2' A_3 \cdots A_n$。于是,上述条件唯一地确定点 A_2,由此便完成了归纳步骤的证明。

10.9.2 微积分中的归纳法

习题 9.2.1 令 $f: \mathbb{R} \to \left(-\frac{\pi}{2}, \frac{\pi}{2}\right)$, $f(x) = \arctan x$。请证明,如果 n 为正整数,那么我们就得到

$$f^{(n)}(0) = \begin{cases} 0, & n = 2k \\ (-1)^k (2k)!, & n = 2k+1 \end{cases}$$

其中,$f^{(n)}$ 表示 f 的 n 阶导数。

解答 我们已知

$$f'(x) = \frac{1}{1+x^2}, \quad f''(x) = \frac{-2x}{(1+x^2)^2}$$

由于 $f'(0) = 1, f''(0) = 0$,所以该结论对于 $n = 1$ 和 $n = 2$ 成立。

我们利用归纳法来证明本题结论。基线条件 $n = 1$ 和 $n = 2$ 已经在前面得到证明。要证明归纳步骤,我们需要求得一个将 $f^{(n+1)}(0)$ 与低阶导数联系起来的递归关系。要得到这样一个递归关系,我们需要从前述得到的 $f'(x)(1+x^2) = 1$ 开始。我们对该方程进行 n 次微分并利用莱布尼茨公式,得到

$$\binom{n}{0} f^{(n+1)}(x)(1+x^2) + \binom{n}{1} f^{(n)}(x) \cdot 2x + \binom{n}{2} f^{(n-1)}(x) \cdot 2 = 0$$

进而得到 $f^{(n+1)}(0) = -n(n-1)f^{(n-1)}(0)$。

现在,假定 $f^{(n)}(0) = 0$ 对于偶数 $n \geq 2$ 成立,我们得到

$$f^{(n+2)}(0) = -(n+1)n f^{(n)}(0) = 0$$

如果我们假定 $f^{(2k-1)}(0) = (-1)^{k-1}(2k-2)!$ 对于某个 $k \geq 1$ 成立,根据前述递归关系,我们可以得到

$$f^{(2k+1)}(0) = -(2k)(2k-1)f^{(2k-1)}(0) = (-1)^k (2k)!$$

所以,在上述两种情况下,归纳步骤都可以得到证明,因此本题的证明也就完成了。

习题 9.2.2 令 $f: [-1,1] \to \left(-\frac{\pi}{2}, \frac{\pi}{2}\right)$, $f(x) = \arcsin x$。请证明,若 $n = 2k$,则 $f^{(n)}(0) = 0$;若 $n = 2k+1$,则 $f^{(n)}(0) = (1 \cdot 3 \cdot 5 \cdot \cdots \cdot (2k-1))^2$。其中,$f^{(n)}$ 表示 f 的 n 阶导数。

解答 我们已知

$$f'(x) = \frac{1}{\sqrt{1-x^2}}, \quad f''(x) = \frac{x}{(1-x^2)\sqrt{1-x^2}} = \frac{x}{1-x^2} f'(x)$$

由于 $f'(0) = 1, f''(0) = 0$,所以可以证明该结论对于 $n = 1$ 和 $n = 2$ 成立。

对 $f''(x)(1-x^2) = f'(x)x$ 进行 n 次微分,同时应用莱布尼茨公式可以得到

$$\binom{n}{0} f^{(n+2)}(x)(1-x^2) + \binom{n}{1} f^{(n+1)}(x)(-2x) + \binom{n}{2} f^{(n)}(x)(-2) = \binom{n}{0} f^{(n+1)}(x)x + \binom{n}{1} f^{(n)}(x)$$

这表明 $f^{(n+2)}(0) = n^2 f^{(n)}(0)$。根据该递归关系式及基线条件 $f'(0) = 1$ 和 $f''(0) = 0$,我们立即可以通过归纳法得到

$$f^{(n)}(0) = \begin{cases} 0, n = 2k \\ (1 \cdot 3 \cdot 5 \cdot \cdots \cdot (2k-1))^2, n = 2k+1 \end{cases}$$

此即为所求。

习题 9.2.3 令 $f:[0,+\infty) \to \mathbb{R}$ 被定义为 $f(x) = \int_0^1 e^{-t} t^{x-1} dt$。请证明,对于任意非负整数 n,我们都可以得到 $f(n+1) = n! \ - \dfrac{1}{e} \displaystyle\sum_{k=0}^{n} \dfrac{n!}{(n-k)!}$。

解答 我们通过对 n 的归纳来证明该结论。对于 $n = 0$,我们得到

$$f(1) = \int_0^1 e^{-t} dt = - e^{-t} \big|_0^1 = 1 - \frac{1}{e}$$

所以该等式对于 $n = 0$ 成立。

假设该关系式对于某个 $n \geq 0$ 成立。要证明归纳步骤,我们需要求得关于 $f(x+1)$ 和 $f(x)$ 的一个适当的关系式

$$\begin{aligned} f(x + 1) &= \int_0^1 e^{-t} t^x dt \\ &= \int_0^1 (- e^{-t})' t^x dt \\ &= - e^{-t} t^x \big|_0^1 + x \int_0^1 e^{-t} t^{x-1} dt \quad (\text{将各部分整合}) \\ &= - \frac{1}{e} + x f(x) \end{aligned}$$

由此得到

$$f(n+1) = -\frac{1}{e} + n f(n)$$

现在,假定

$$f(n + 1) = n! \ - \frac{1}{e} \sum_{k=0}^{n} \left(\frac{n!}{(n-k)!} \right)$$

于是

$$\begin{aligned} f(n + 2) &= -\frac{1}{e} + (n + 1) f(n + 1) \\ &= -\frac{1}{e} + (n + 1) \left(n! \ - \frac{1}{e} \sum_{k=0}^{n} \left(\frac{n!}{(n-k)!} \right) \right) \\ &= -\frac{1}{e} + (n + 1)! \ - \frac{1}{e} \sum_{k=0}^{n} (n + 1) \frac{n!}{(n-k)!} \\ &= (n + 1)! \ - \frac{1}{e} \left((n + 1)! \ + \sum_{k=0}^{n} \frac{(n+1)!}{(n-k)!} \right) \end{aligned}$$

$$= (n+1)! - \frac{1}{e} \sum_{k=0}^{n+1} \frac{(n+1)!}{(n+1-k)!}$$

由此,归纳步骤得证。

习题 9.2.4 请证明,对于任意 $n \in \mathbb{Z}$, $n \geq 1$,我们可以得到

$$\lim_{x \to 0} \frac{n! \, x^n - \sin x \sin 2x \cdots \sin nx}{x^{n+2}} = \frac{n(2n+1)}{36} \cdot n!$$

解答 我们将求一个适当的递归关系式来证明该极限的定义对于每一个 $n \geq 1$ 都成立。令 L_n 为对应于 $n \geq 1$ 的极限值。对于 $n = 1$,我们通过反复应用洛必达法则得到

$$L_1 = \lim_{x \to 0} \frac{x - \sin x}{x^3} = \frac{1}{6}$$

我们还可以得到

$$L_n - nL_{n-1} = \lim_{x \to 0} \frac{nx \sin x \cdots \sin(n-1)x - \sin x \sin 2x \cdots \sin nx}{x^{n+2}}$$

$$= \lim_{x \to 0} \frac{\sin x}{x} \cdot \frac{\sin 2x}{x} \cdot \cdots \cdot \frac{\sin(n-1)x}{x} \lim_{x \to 0} \frac{nx - \sin nx}{x^3}$$

$$= (n-1)! \lim_{x \to 0} \frac{n - n\cos nx}{3n^2}$$

$$= n! \lim_{x \to 0} \frac{n \sin nx}{6n}$$

$$= n! \cdot \frac{n^2}{6}$$

于是,得到

$$L_n = nL_{n-1} + n! \cdot \frac{n^2}{6}$$

我们现在利用归纳法来证明以下结论

$$P(n): L_n = \frac{n(2n+1)}{36} \cdot (n+1)!$$

对于 $n = 1$,由于 $\frac{1 \cdot 3 \cdot 2!}{36} = \frac{1}{6}$,所以我们已经证明了上述结论。

假定 $P(n-1)$ 为真,根据前述递归关系,我们可以得到

$$L_n = n \cdot \frac{(n-1)(2n-1) \cdot n!}{36} + \frac{n^2 \cdot n!}{6}$$

$$= \frac{n! \cdot n}{36} [(n-1)(2n-1) + 6n]$$

$$= \frac{n! \cdot n(n+1)(2n+1)}{36}$$

$$= \frac{n(2n+1)}{36} (n+1)!$$

这样就证明了归纳步骤,本题的证明也就完成了。

习题 9.2.5 请证明,若 m 和 n 为非负整数,且 $m>n$,则 $\int_0^\pi \cos^n x \cos mx \, dx = 0$。 据此,请推导出下式的值: $J_n = \int_0^\pi \cos^n x \cos nx \, dx$ (n 为非负整数)。

解答 令 $I_n = \int_0^\pi \cos^n x \cos mx \, dx$,$P(n)$ 表示 $I_n = 0$ 对于任意 $m>n \geq 0$ 都成立。对于 $n=0$ 存在

$$I_0 = \int_0^\pi \cos mx \, dx = \frac{\sin mx}{m}\Big|_0^\pi = 0$$

假定 $P(n)$ 对于某个 $n \geq 0$ 成立。于是,得到

$$I_{n+1} = \int_0^\pi \cos^{n+1} x \cos mx \, dx$$

$$= \frac{1}{2}\int_0^\pi \cos^n x (\cos(m+1)x + \cos(m-1)x) \, dx$$

$$= \frac{1}{2}\int_0^\pi \cos^n x \cos(m+1)x \, dx + \frac{1}{2}\int_0^\pi \cos^n x \cos(m-1)x \, dx$$

$$= 0$$

(由于 $m>n+1 \Rightarrow m-1>n$,所以可以利用归纳假设来得到该结果)。所以 $P(n+1)$ 为真,根据归纳原则,$P(n)$ 对于所有非负整数 n 都成立。此即为所求。

请注意

$$J_0 = \int_0^\pi dx = \pi, \quad J_1 = \int_0^\pi \cos^2 x \, dx = \int_0^\pi \frac{1+\cos 2x}{2} \, dx = \frac{1}{2}(x + \sin 2x)\Big|_0^\pi = \frac{\pi}{2}$$

我们通过对 n 的归纳来证明 $J_n = \frac{\pi}{2^n}$ 对于所有 $n \geq 0$ 都成立。我们已经证明了基线条件。通过假定该结论对于某个 $n \geq 0$ 成立,我们可以得到

$$J_{n+1} - \frac{1}{2}J_n = \int_0^\pi \cos^n x \Big(\cos(n+1)x\cos x - \frac{1}{2}\cos nx\Big) \, dx$$

$$= \frac{1}{2}\int_0^\pi \cos^n x \cos(n+2)x \, dx$$

我们已知

$$\int_0^\pi \cos^n x \cos(n+2)x \, dx = 0$$

所以得到 $J_{n+1} = \frac{1}{2}J_n$,归纳步骤得证。

习题 9.2.6 令 $a_1, a_2, \cdots, a_{2001}$ 为非零实数。请证明,存在一个实数 x,使得
$$\sin a_1 x + \sin a_2 x + \cdots + \sin a_{2001} x < 0$$

解答 我们从证明以下普遍性的结论开始。

引理 令 $f_1(x), \cdots, f_n(x)$ 是定义域为 $\mathbb{R}$ 的周期函数,使得 $f(x) = f_1(x) + \cdots + f_n(x)$ 在

$x \to +\infty$ 时有一个极值。那么，$f(x)$ 是一个常数函数。

证明 我们通过对 n 的归纳来证明该引理。基线条件是 $n=1$。假设 T_1 是一个关于函数 $f_1(x)$ 的周期函数。如果函数 $f(x)=f_1(x)$ 不是一个常数函数，那么存在 x_1 和 x_2 使得 $f(x_1) \neq f(x_2)$。于是，得到 $f(x_i+nT_1)=f(x_i) \to f(x_i)$（$i=1,2$）对于 $n \in \mathbb{N}$，$n \to +\infty$ 成立。所以，若 $x \to +\infty$，则函数 $f(x)$ 没有极值，这与前文相矛盾。

现在，假定该论断对于 $n=k \geq 1$（$k \in \mathbb{N}$）成立，我们来证明其对于 $n=k+1$ 也成立。令 $f(x)=f_1(x)+\cdots+f_{k+1}(x)$，$T_i$ 是一个关于 $f_i(x)$（$i=1,\cdots,k+1$）的周期函数，我们来考察以下函数

$$f(x+T_{k+1})-f(x)=(f_1(x+T_{k+1})-f_1(x))+\cdots+(f_k(x+T_{k+1})-f_k(x))$$

请注意，T_i 是一个关于 $f_i(x+T_{k+1})-f_i(x)$（$i=1,\cdots,k+1$）的周期函数。另一方面，当 $x \to +\infty$ 时，$f(x+T_{k+1})-f(x) \to 0$。根据归纳假设，$f(x+T_{k+1})-f(x)$ 将会是一个常数函数。显然，若该常数函数的极值等于 0，则该函数等于 0。所以，我们已经证得函数 $f(x)$ 是一个周期函数。于是，根据在 $n=1$ 时的论断，我们可以得到 $f(x)$ 是一个常数函数。由此，引理的证明就完成了。

现回到原题，假定我们通过反证法已经证明了对于任意 $x>0$ 存在 $\sin a_1 x+\sin a_2 x+\cdots+\sin a_{2\,001} x \geq 0$。请注意，这就意味着函数

$$f(x)=-\frac{1}{a_1}\cos a_1 x-\frac{1}{a_2}\cos a_2 x-\cdots-\frac{1}{a_{2\,001}}\cos a_{2\,001} x$$

不是递增函数。事实上，我们可以得到

$$f'(x)=\sin a_1 x+\sin a_2 x+\cdots+\sin a_{2\,001} x \geq 0$$

另一方面，函数 $f(x)$ 有界。由于 $f(x)$ 有界且不是递增函数，因此其在 $x \to +\infty$ 时有极值。所以，$f(x)$ 满足前述引理的论断。于是，$f(x)$ 是一个常数函数。我们可以推得

$$f''(x)=a_1 \cos a_1 x+a_2 \cos a_2 x+\cdots+a_{2\,001} \cos a_{2\,001} x \equiv 0$$

所以

$$a_1+a_2+\cdots+a_{2\,001}=f''(0)=0$$

具体而言，我们可以得到

$$a_1^n+a_2^n+\cdots+a_{2\,001}^n=(-1)^{\frac{n-1}{2}} \cdot f^{n+1}(0)=0$$

其中 n 是任意正奇数。我们可以不失一般性地假设 $|a_1| \leq |a_2| \leq \cdots \leq |a_{2\,001}|$。因此，我们可以推得，当 $n \to +\infty$（n 为奇数）时

$$0=\left(\frac{a_1}{a_{2\,001}}\right)^n+\left(\frac{a_2}{a_{2\,001}}\right)^n+\cdots+\left(\frac{a_{2\,000}}{a_{2\,001}}\right)^n+1 \to 0$$

现在，若 $x \in (0,1)$，则当 $n \to +\infty$ 时，$x^n \to 0$。所以，如果所有 $a_1,\cdots,a_{2\,000}$ 都严格小于 $a_{2\,001}$，那么我们可以得到

$$\left(\frac{a_1}{a_{2\,001}}\right)^n+\left(\frac{a_2}{a_{2\,001}}\right)^n+\cdots+\left(\frac{a_{2\,000}}{a_{2\,001}}\right)^n+1 \to 0$$

这与前述关系式相矛盾。由于 n 为奇数,这表明 $a_1,a_2,\cdots,a_{2\,000}$ 各数中有一个将等于 $-a_{2\,001}$。于是,可以删去 $a_{2\,001}$ 以及与其异号的数,我们以同样的方式处理同样存在异号数的其他剩余各数。继续这些操作,我们推得这些数中有一个等于 0(由于我们是从 2 001 个数开始的,而 2 001 为奇数),这与前文相矛盾。由此,我们所要求的结论就得到了证明。

习题 9.2.7　令函数 $f:\mathbb{R}\to\mathbb{R}$ 的定义为若 $x\neq0$,则 $f(x)=\mathrm{e}^{-\frac{1}{x^2}}$;若 $x=0$,则 $f(x)=0$。请证明,f 在 0 处是无限可微的,且 $f^{(n)}(0)=0$。其中,$f^{(n)}$ 表示 f 的 n 阶导数。

解答　首先,请注意,f 是分别在 $(-\infty,0)$ 和 $(0,+\infty)$ 上的无限微分函数。对于 $x\neq0$,我们可以得到

$$f'(x)=\frac{2}{x^3}\mathrm{e}^{-\frac{1}{x^2}},f''(x)=\frac{6x^2+4}{x^6}\mathrm{e}^{-\frac{1}{x^2}}$$

我们先对 $x\neq0$ 进行归纳来证明

$$f^{(n)}(x)=\frac{P_n(x)\mathrm{e}^{-\frac{1}{x^2}}}{x^{3n}}$$

其中 $P_n(x)$ 是一个二次系数为实数的多项式 。对于 $n=1$ 和 $n=2$ 的基线条件,我们可以通过前文的论证来证明。

假设该结论对于某个 $n\geq1$ 成立,于是

$$f^{(n+1)}(x)=P_n'(x)x^{-3n}\mathrm{e}^{-\frac{1}{x^2}}-3n\cdot P_n(x)x^{-3n-1}\mathrm{e}^{-\frac{1}{x^2}}+P_n(x)x^{-3n}\cdot\frac{2}{x^3}\cdot\mathrm{e}^{-\frac{1}{x^2}}$$

$$=\frac{P_{n+1}(x)\mathrm{e}^{-\frac{1}{x^2}}}{x^{3n+3}}$$

其中 $P_{n+1}(x)=P_n'(x)\cdot x^3-3n\cdot P_n(x)\cdot x^2+2P_n(x)$。由于 $P_n(x)$ 是 $2n-2$ 次多项式,根据归纳假设可知,P_{n+1} 为 $2n$ 次多项式。由此,归纳步骤得证。

我们现在证明对于任意正整数 m 都存在 $\lim\limits_{x\to0}\dfrac{\mathrm{e}^{-\frac{1}{x^2}}}{x^m}=0$。

当 $m=2k$ 时,代入 $y=x^{-2}$,得到

$$\lim_{x\to0}\frac{\mathrm{e}^{-\frac{1}{x^2}}}{x^m}=\lim_{y\to\infty}\frac{y^k}{\mathrm{e}^y}$$

$$=\lim_{y\to\infty}\frac{ky^{k-1}}{\mathrm{e}^y}\quad(\text{利用洛必达法则})$$

$$=\lim_{y\to\infty}\frac{k(k-1)y^{k-2}}{\mathrm{e}^y}$$

$$=\cdots$$

$$= \lim_{y \to \infty} \frac{k!}{e^y}$$
$$= 0$$

对于 $m = 2k-1$ 的情况，我们得到

$$\lim_{x \to 0} \frac{e^{-\frac{1}{x^2}}}{x^m} = \lim_{x \to 0} x \cdot \lim_{x \to 0} \frac{e^{-\frac{1}{x^2}}}{x^{2k}} = 0$$

现在，我们可以通过对 n 的归纳求得 $f^{(n)}(0) = 0$。对于基线条件，根据前面关于 $m = 1$ 的极限，我们得到

$$f'(0) = \lim_{h \to 0} \frac{f(h) - f(0)}{h} = \lim_{h \to 0} \frac{e^{-\frac{1}{h^2}}}{h} = 0$$

关于归纳步骤，我们得到

$$f^{(n+1)}(0) = \lim_{h \to 0} \frac{f^{(n)}(h) - f^{(n)}(0)}{h} = \lim_{h \to 0} \frac{f^{(n)}(h)}{h} = \lim_{h \to 0} \frac{P_n(h) e^{-\frac{1}{h^2}}}{h^{3n+1}} = 0$$

该极限是对前文所求极限的线性组合。

习题 9.2.8 令 $n(n>1)$ 为正整数，$0 < a_1 < \cdots < a_n$，并且令 $c_1, \cdots, c_n$ 为非零实数。请证明，方程 $c_1 a_1^x + \cdots + c_n a_n^x = 0$ 的根的个数不大于数列 $c_1 c_2, c_2 c_3, \cdots, c_{n-1} c_n$ 中非负元素的个数。

解答 我们通过对 n 的归纳来证明该论断。

我们从基线条件 $n = 2$ 开始：

若 $c_1 c_2 < 0$，则方程 $c_1 a_1^x + c_2 a_2^x = 0$ 只有一个根，即 $x = \log_{\frac{a_2}{a_1}}\left(-\frac{c_1}{c_2}\right)$。

若 $c_1 c_2 > 0$，则方程 $c_1 a_1^x + c_2 a_2^x = 0$ 没有根。

我们现在证明如果该论断对于 $n = k (k \in \mathbb{Z}, k > 1)$ 成立，那么其对于 $n = k+1$ 也成立。我们利用反证法来证明。

假设 $c_1 a_1^x + \cdots + c_{k+1} a_{k+1}^x = 0$ 的根的个数大于序列 $c_1 c_2, c_2 c_3, \cdots, c_k c_{k+1}$ 中负元素的个数，则我们来考察函数

$$f(x) = c_1 \left(\frac{a_1}{a_{k+1}}\right)^x + \cdots + c_k \left(\frac{a_k}{a_{k+1}}\right)^x + c_{k+1}$$

请注意，下列函数中零的个数大于序列 $c_1 c_2, c_2 c_3, \cdots, c_{k-1} c_k$ 中负元素的个数（这里我们利用了以下事实：函数中任意两个零中至少有一个零会被保留到其导数中，所以如果 f 有 m 个零，那么 f' 至少有 $m-1$ 个零）

$$f'(x) = c_1 \ln \frac{a_1}{a_{k+1}} \left(\frac{a_1}{a_{k+1}}\right)^x + \cdots + c_k \ln \frac{a_k}{a_{k+1}} \left(\frac{a_k}{a_{k+1}}\right)^x$$

另一方面，根据归纳假设，$f'(x) = 0$ 的根的个数不大于以下序列中负元素的个数（等于序列 $c_1 c_2, c_2 c_3, \cdots, c_{k-1} c_k$ 中负元素的个数，因为 $\ln \frac{a_i}{a_{k+1}} < 0, i = 1, \cdots, k$）

$$\left(c_1\ln\frac{a_1}{a_{k+1}}\right)\left(c_2\ln\frac{a_2}{a_{k+1}}\right),\cdots,\left(c_{k-1}\ln\frac{a_{k-1}}{a_{k+1}}\right)\left(c_k\ln\frac{a_k}{a_{k+1}}\right)$$

前后矛盾。由此便完成了归纳步骤的证明,本题结论也就得到了证明。

习题 9.2.9 请证明,对于任意 $|x|<1$ 和任意正整数 k,我们可以得到

$$\sum_{n=0}^{\infty}x^n\binom{n+1}{k}=\frac{x^{k-1}}{(1-x)^{k+1}}$$

解答 我们将通过对 k 的归纳来证明:对于 $k\geq0$,存在

$$\sum_{n=k-1}^{\infty}\binom{n+1}{k}x^{n+1-k}=\frac{1}{(1-x)^{k+1}}$$

这一简单的重排暗含了所要求的特性。基线条件 $k=0$ 就是以下式子的无穷等比级数

$\sum_{r=0}^{\infty}x^r=\frac{1}{1-x}$,其中我们代入了 $r=n+1$。

关于归纳步骤,我们求该式关于 k 的微分,得到

$$\sum_{n=k-1}^{\infty}(n+1-k)\binom{n+1}{k}x^{n+1-k-1}=\frac{k+1}{(1-x)^{k+1}}$$

由于该加和中 $n=k-1$ 项之和等于零,所以我们可以将其忽略。因此,可以得到

$$\sum_{n=k}^{\infty}\binom{n+1}{k+1}x^{n+1-k-1}=\sum_{n=k}^{\infty}\frac{n+1-k}{k+1}\binom{n+1}{k}x^{n+1-k-1}=\frac{1}{(1-x)^{k+2}}$$

由此,归纳步骤以及本题的证明就完成了。

10.9.3 代数中的归纳法

习题 9.3.1(伊朗 1985) 令 α 为一个角,使得 $\cos\alpha=\frac{p}{q}$,其中 p 和 q 是两个整数。

请证明,$q^n\cos n\alpha$ 对于任意 $n\in\mathbb{N}_+$ 是一个整数。

解答 根据余弦加法定则,我们得到

$$\cos(n\pm1)\alpha=\cos\alpha\cos n\alpha\mp\sin\alpha\sin n\alpha$$

两式相加后,得到

$$\cos(n+1)\alpha=2\cos\alpha\cos n\alpha-\cos(n-1)\alpha$$

根据该定则,本题通过一次简单归纳就可以得到结论。对于基线条件 $n=1$ 和 $n=2$,我们得到

$$q\cos\alpha=p\in\mathbb{Z}\ ,q^2\cos2\alpha=q^2(2\cos^2\alpha-1)=2p^2-q^2\in\mathbb{Z}$$

至于归纳步骤,我们有

$$q^{n+1}\cos(n+1)a=2\cdot q\cos a\cdot q^n\cos n\alpha-q^2\cdot q^{n-1}\cos(n-1)\alpha\in\mathbb{Z}$$

习题 9.3.2 请证明,存在一个 n 次单一多项式 $P\in\mathbb{Z}[X]$,使得 $P(2\cos x)=2\cos nx$

且 $P\left(x+\frac{1}{x}\right)=x^n+\frac{1}{x^n}$。

解答 我们通过由 $\cos(x+y)+\cos(x-y)=2\cos x\cos y$ 推得的等式 $2\cos nx\cdot 2\cos x=2\cos(n+1)x+2\cos(n-1)x$ 以及等式 $\left(x^n+\dfrac{1}{x^n}\right)\left(x+\dfrac{1}{x}\right)=\left(x^{n+1}+\dfrac{1}{x^{n+1}}\right)+\left(x^{n-1}+\dfrac{1}{x^{n-1}}\right)$ 来证明。

设 $x=\mathrm{e}^{it}$，由于 $x+\dfrac{1}{x}=2\cos t$，所以上述等式是类似的。因此，我们可以定义 $p_0(x)=1$，$p_1(x)=x,p_{n+1}(x)=xp_n(x)-p_{n-1}(x)$。通过一次关于 n 的简单归纳就能证明 $p_n(2\cos x)=2\cos nx$ 和 $p_n\left(x+\dfrac{1}{x}\right)=x^n+\dfrac{1}{x^n}$ 成立，再进行一次关于 n 的归纳则表明 p_n 是 n 阶首一多项式。

习题 9.3.3 请证明，不存在次数 $n\geq 1$ 的多项式 $P\in\mathbb{R}[X]$，使得 $P(x)\in\mathbb{Q}$ 对于所有 $x\in\mathbb{R}\setminus\mathbb{Q}$ 都成立。

解答 我们将通过对次数 $n\geq 1$ 的归纳来证明本题结论。

对于基线条件 $n=1$。假设 $P(x)=ax+b(a,b\in\mathbb{R}$ 且 $a\neq 0)$，使得 $P(x)\in\mathbb{Q}$ 对于所有 $x\in\mathbb{R}\setminus\mathbb{Q}$ 都成立。关于 $x\in\mathbb{R}\setminus\mathbb{Q}$，我们还知道 $x+1,\dfrac{x}{2}\in\mathbb{R}\setminus\mathbb{Q}$，所以 $P(x),P(x+1)$，$P\left(\dfrac{x}{2}\right)\in\mathbb{Q}$。于是，$a=P(x+1)-P(x)\in\mathbb{Q}$，$b=2P\left(\dfrac{x}{2}\right)-P(x)\in\mathbb{Q}$。因此，$x=\dfrac{P(x)-b}{a}\in\mathbb{Q}$，而这与 $x\in\mathbb{R}\setminus\mathbb{Q}$ 相矛盾。

当 $n\geq 2$ 时。假设本题结论对于次数 $m\in\{1,2,\cdots,n-1\}$ 的多项式成立，则我们来证明使得 $P(x)\in\mathbb{Q}$ 对于所有 $x\in\mathbb{R}\setminus\mathbb{Q}$ 都成立的 n 次多项式 $P\in\mathbb{R}[X]$ 不存在。通过反证法，假定 $P(x)=a_0x^n+a_1x^{n-1}+\cdots+a_{n-1}x+a_n(a_0\neq 0,P(x)\in\mathbb{Q}$ 对于所有 $x\in\mathbb{R}\setminus\mathbb{Q}$ 都成立)。由于 $x+1\in\mathbb{R}\setminus\mathbb{Q}$，于是 $P(x+1)\in\mathbb{Q}$。设 $P_1(x):=P(x+1)-P(x)$，我们得到 $\deg(P_1(x))=n-1<n$，且 $P_1(x)\in\mathbb{Q}$ 对于所有 $x\in\mathbb{R}\setminus\mathbb{Q}$ 都成立。由此，我们就得到了一个与归纳假设相矛盾的结论。证毕。

习题 9.3.4 令 $F(X)$ 和 $G(X)$ 是以实数为系数的两个多项式，使点 $(F(1),G(1))$，$(F(2),G(2)),\cdots,(F(2\,011),G(2\,011))$ 是一个正 2 011 边形的顶点。请证明，$\deg(F)\geq 2\,010$ 或 $\deg(G)\geq 2\,010$。

解答 我们可以不失一般性地假设该 2 011 边形的中心位于原点 $(0,0)$。所以，对于所有 $1\leq k\leq 2\,011$ 和某个定值 $\alpha\in\mathbb{R}$，我们可以得到

$$F(k)=\cos\left(\alpha+\frac{2k\pi}{2\,011}\right),G(k)=\sin\left(\alpha+\frac{2k\pi}{2\,011}\right)\tag{1}$$

现在，我们通过对 $n\geq 1$ 的归纳来证明：若 $F(X)$ 和 $G(X)$ 对于 $k=1,2,\cdots,n$ 都满足式(1)，则其中至少有一个函数的次数大于或等于 $n-1$（所以取 $n=2\,011$ 就可以证明结论）。基线条件显然成立。现在，假设该结论对于所有小于某个 $n\geq 2(n\leq 2\,011)$ 的整数都成立，且 $G(X)$ 对于所有 $k=1,2,\cdots,n$ 都满足式(1)。首先，定义

$$F^*(X)=\frac{F(X+1)-F(X)}{-2\sin\dfrac{\pi}{2\,011}},G^*(X)=\frac{G(X+1)-G(X)}{2\sin\dfrac{\pi}{2\,011}}$$

现在,对于所有 $k=1,2,\cdots,n-1$ 都可以得到

$$F^*(k)=\sin\left(\alpha+\frac{(2k+1)\pi}{2\,011}\right),\ G^*(k)=\cos\left(\alpha+\frac{(2k+1)\pi}{2\,011}\right)$$

请注意,既然 $\deg(F^*)\leqslant\deg(F)-1,\deg(G^*)\leqslant\deg(G)-1,F^*$ 和 G^* 满足题设,那么根据归纳假设就可以证得其中有一个函数的次数至少为 $n-2$,这就表明 F 或者 G 至少有一个的次数大于或等于 $n-1$。

习题 9.3.5 $\cos 1°$是有理数吗?

解答 解答本题需要结合两条策略:反证法和归纳法。也就是说,我们将证明:若 $\cos 1°$是有理数,则 $\cos n°(n\in\mathbb{N})$ 也一样是有理数。由于 $\cos 30°=\frac{\sqrt{3}}{2}$ 为无理数,这就出现了矛盾。

根据我们的假设可知,基线条件 $n=1$ 的情况为真。对于 $n=2$,我们有 $\cos 2°=2\cos^2 1°-1\in\mathbb{Q}$。现在,假设我们已经证明该结论对于某个 $n\geqslant 2$ 成立,利用等式 $\cos(k+1)°+\cos(k-1)°=2\cos k°\cos 1°$ 可知,若 $\cos 1°,\cos(n-1)°,\cos k°$ 为有理数,那么 $\cos(k+1)°$也为有理数。根据归纳,$\cos 30°$也将是有理数,而我们已知该命题为假。

习题 9.3.6(波兰 2000) 令一个奇数次多项式 P 满足等式 $P(x^2-1)=P(x)^2-1$。请证明,$P(x)=x$ 对于所有实数 x 都成立。

解答 分别令等式中的 $x=y$ 和 $x=-y$,我们可以得到对于所有 y 都存在 $P(y)^2=P(-y)^2$。于是,对于无限多 x 或者对于所有 x 而言,$P(x)-P(-x)$ 和 $P(x)+P(-x)$ 中会有一个变成 0。由于 P 是奇数次幂,所以后一种情况才能保证 P 是一个奇数次多项式。具体而言,即 $P(0)=0$,这反过来又表明 $P(-1)=P(0^2-1)=P(0)^2-1=-1$,由此得到 $P(1)=1$。

设 $a_0=1$,并令 $a_n=\sqrt{a_{n-1}+1}$ 对于所有 $n\geqslant 1$ 都成立。请注意,当 $n\geqslant 1$ 时,$a_n>1$。我们通过对 n 的归纳来证明 $P(a_n)=a_n$ 对于所有 $n\geqslant 0$ 都成立。基线条件 $n=0$ 已经在上文得到证明。假设上述结论对于某个 $n\geqslant 0$ 成立,我们得到

$$P(a_{n+1})^2=P(a_{n+1}^2-1)+1=P(a_n)+1=a_n+1$$

这表明 $P(a_{n+1})=\pm a_{n+1}$。若 $P(a_{n+1})=-a_{n+1}$,则

$$P(a_{n+2})^2=P(a_{n+1}+1)=1-a_{n+1}<0$$

前后矛盾。所以,$P(a_{n+1})=a_{n+1}$。由此,该归纳的证明就完成了。

为了完成本题的证明,我们还需注意到,对于 $1<x<\frac{1+\sqrt{5}}{2}$,我们有 $x<\sqrt{x+1}<\frac{1+\sqrt{5}}{2}$,因此,通过一次简单的归纳,可得 $a_0=1<a_1<a_2<\cdots$。这就证明了所有的 a_n 都是互异的。所以,对于无限多个 x 值都存在 $P(x)=x$,即 $P(x)=x$ 对于所有 x 都成立。

习题 9.3.7(保加利亚) 请证明,存在一个二次多项式 $f(X)$,使得 $f(f(X))$ 有 4 个非正实数根,而 $f^n(X)$ 有 2^n 个实数根,其中 f^n 表示 f 自乘 n 次的复合。

解答 按需将 $f(X)$ 替换为 $-f(X)$,我们可以假设 $f(X)$ 的首项系数为正(请注意,这不会影响根的位置)。为了使 $f(f(X))$ 有 4 个实根,显然 $f(X)$ 本身必须有两个实根,设为

$x_1<x_2$。如果 $x_2>0$，那么可以证明存在一个正实数 s 使得 $f(s)=x_2$（因为在 x_1 和 x_2 之间 f 的符号是负的）。但是，那样的话，我们将得到 $f(f(s))=f(x_2)=0$，因此 $f(f(X))$ 将有一个正实根，这与前提矛盾。所以我们必然会得到 $x_1<x_2\leqslant 0$。

现在，我们注意到 $f(f(X))$ 的根是方程 $f(x)=x_1$ 和 $f(x)=x_2$ 的解。这两个方程必定有两个实根。设 m 是 f 在 $\mathbb{R}$ 上取得的最小值（这是存在的，因为 f 的首项是正的）。那么必定存在 $m<x_1<x_2\leqslant 0$。这意味着 $f(f(X))$ 的根位于区间 (x_1,x_2) 中。满足上述条件的 f 的例子很容易构造，例如取 $f(X)=(X+1)(X+9)$。

我们现在证明按照上述方式构造的二次多项式满足本题的所有条件，即我们要证明 $f^n(X)$ 的所有根都在区间 (x_1,x_2) 中。我们将通过对 n 进行归纳来证明该结论。我们已经讨论了 $n=2$ 的情况。对于归纳步骤，假设对于某个 $n\geqslant 1$ 结论成立，并设 $y_1,\cdots,y_{2^n}$ 为 $f^n(X)$ 的根。现在，请注意，$f^{n+1}(X)$ 的根是方程 $f(x)=y_k(1\leqslant k\leqslant 2^n)$ 的解。由于 $m<x_1$，所以所有形如 $f(x)=y_k$ 的方程将有两个实根，它们位于 (x_1,x_2) 中。因此 $f^{n+1}(X)$ 在 (x_1,x_2) 中有 $2n+1$ 个实根。这样就完成了我们的证明。

习题 9.3.8 请证明，如果一个不是多项式的有理函数在所有正整数范围内取有理数值，那么这个有理函数就是两个以整数为系数的互质多项式的商。

解答 令该有理函数为 $R(X)=\dfrac{P(X)}{Q(X)}$，其中 P 和 Q 是互素的多项式。我们来证明一个稍强的命题，只需假设对于所有足够大的正整数 R 都输出有理数值。令 $r=\deg(P)+\deg(Q)$。我们通过对 r 的归纳来证明该结论。基线条件 $r=0$ 立即可以得到证明。

关于归纳步骤，必要时考察 $\dfrac{1}{R(X)}$ 而非 $R(X)$，以保证 $\deg(P)\geqslant\deg(Q)$。此外，令 a 为正整数，使得 $Q(a)\neq 0$。于是，$\dfrac{P(a)}{Q(a)}$ 是一个有理数，且有理函数

$$\frac{1}{X-a}\left(R(X)-\frac{P(a)}{Q(a)}\right)=\frac{P_1(X)}{Q(X)}$$

对于所有正整数 $x>a$ 都输出有理数值。我们还需要注意到

$$P_1(X)=\frac{P(X)Q(a)-Q(X)P(a)}{Q(a)(X-a)}$$

是一个多项式，其度数小于 $P(X)$ 的度数。因此

$$\deg(P_1)+\deg(Q)<\deg(P)+\deg(Q)$$

根据归纳即可完成证明。

习题 9.3.9（IMO 2007 候选） 令 $n(n>1)$ 为整数。我们来看空间中的一个集合 $S=\{(x,y,z)\,|\,x,y,z\in\{0,1,\cdots,n\},x+y+z>0\}$。请求出联合在一起可以包含 S 中所有 $(n+1)^3-1$ 个点而没有一个点经过原点的最少平面的个数。

解答 本题的答案是 $3n$ 个平面。为了找到满足要求的 $3n$ 个平面，我们可以选择平面 $x=i,y=i$ 或 $z=i$（其中 $i=1,2,\cdots,n$），这些平面覆盖了集合 S，但它们都不包含原点。

另一个满足要求的集合包括所有平面 $x+y+z=k$，其中 $k=1,2,\cdots,3n$。

我们来证明 $3n$ 是满足要求的最小数。

引理 考察一个包含 k 个变量的非零多项式 $P(x_1,\cdots,x_k)$。假设 P 在所有满足 $x_1,\cdots,x_k\in\{0,1,\cdots,n\}$ 和 $x_1+\cdots+x_k>0$ 的点 $(x_1,\cdots,x_k)$ 上为零，而 $P(0,0,\cdots,0)\neq0$。那么 $\deg(P)\geqslant kn$。

证明 我们对 k 进行归纳。基线条件 $k=0$ 是显然成立的，因为 $P\neq0$。为了明确这一点，我们记 $y=x_k$。

令 $R(x_1,\cdots,x_{k-1},y)$ 为以 $Q(y)=y(y-1)\cdots(y-n)$ 为模的 P 的余数。多项式 $Q(y)$ 对于每个 $y=0,1,\cdots,n$ 都为零，因此 $P(x_1,\cdots,x_{k-1},y)=R(x_1,\cdots,x_{k-1},y)$ 对于所有 $x_1,\cdots,x_{k-1},y\in\{0,1,\cdots,n\}$ 都成立。所以 R 也满足引理的条件。此外，作为关于 y 的多项式，R 的度数至多为 n。显然，$\deg(R)\leqslant\deg(P)$，因此我们只需证明 $\deg(R)\geqslant nk$。

现在，将多项式 y 展开成 y 的幂的形式，即

$$R(x_1,\cdots,x_{k-1},y)=R_n(x_1,\cdots,x_{k-1})y^n+R_{n-1}(x_1,\cdots,x_{k-1})y^{n-1}+\cdots+R_0(x_1,\cdots,x_{k-1})$$

我们来证明多项式 $R_n(x_1,\cdots,x_{k-1})$ 满足归纳假设的条件。

我们考察多项式 $T(y)=R(0,\cdots,0,y)$，其度数至多为 n。这个多项式有 n 个根：$y=1,\cdots,n$。另一方面，$T(y)\neq0$，因为 $T(0)\neq0$。因此，$\deg(T)=n$，其首项系数为 $R_n(0,\cdots,0)\neq0$。具体而言，在 $k=1$ 的情况下，我们得到 R_n 的系数是非零的。

类似地，取任意的 $a_1,\cdots,a_{k-1}\in\{0,1,\cdots,n\}$，满足 $a_1+\cdots+a_{k-1}>0$。将 $x_i=a_i$ 代入 $R(x_1,\cdots,x_{k-1},y)$，我们得到关于 y 的多项式，其在 $y=0,\cdots,n$ 的所有点上都为零，并且度数至多为 n。因此，这个多项式是零多项式。于是，得到 $R_i(a_1,\cdots,a_{k-1})=0$ 对于所有 $i=0,1,\cdots,n$ 成立。具体而言，$R_n(a_1,\cdots,a_{k-1})=0$。

因此，多项式 $R_n(x_1,\cdots,x_{k-1})$ 满足归纳假设的条件。于是，我们得到 $\deg(R_n)\geqslant(k-1)n$ 和 $\deg(P)\geqslant\deg(R)\geqslant\deg(R_n)+n\geqslant kn$。引理得证。

现在，我们可以完成本题的解答了。假设存在 N 个平面覆盖了 S 的所有点，但不覆盖原点。令其方程为 $a_ix+b_iy+c_iz+d_i=0$。考察以下多项式

$$P(x,y,z)=\prod_{i=1}^{N}(a_ix+b_iy+c_iz+d_i)$$

该多项式总的度数为 N，且 $P(x_0,y_0,z_0)=0$ 对于任意 $(x_0,y_0,z_0)\in S$ 成立，而 $P(0,0,0)\neq0$。因此，根据上述引理可以得到 $N=\deg(P)\geqslant3n$，此即为所求。

习题 9.3.10 请证明，对于每一个正整数 n 都存在一个系数为整数的多项式 $p(x)$，使得 $p(1),p(2),\cdots,p(n)$ 是 2 的不同次幂。

解答 我们将通过对 n 的归纳来证明该结论。当 $n=1$ 时，我们可以取 $p(x)=x$。

现在，假设我们已经求得一个多项式 p，使得 $p(1),p(2),\cdots,p(n)$ 为 2 的不同幂数。我们寻求一个形如 $Q(x)$ 的多项式，$Q(x)=2^ap^j(x)+A(x-1)(x-2)\cdots(x-n)$，其中的 a 使得 2^a 不能整除 $(n+1)!$。可以注意到，$Q(1)=p(1),Q(2)=p(2),\cdots,Q(n)=p(n)$。

为了使 Q 满足归纳步骤，我们希望 $Q(n+1)$ 是 2 的幂中不同于 $p(1),p(2),\cdots,p(n)$

的一个幂。设 $B=p(n+1)$。我们必须要求 $2^aB^j+An!$ 是 2 的幂中与 $p(1),p(2),\cdots,p(n)$ 不同的一个幂。设 2^s 是 2 的幂中能整除 B 的最大幂,2^t 是 2 的幂中能整除 $n!$ 的最大幂。于是,$n! = 2^tK$(其中 K 为奇数)。现在,可以得到 $(K,B)=1$,因为如果一个质数 q 可以同时整除 K 和 B,那么 $q\leqslant n$ 且 $q|p(n+1)-p(n+1-q)$。因此,$q|p(n+1-q)$,而这是不可能的(因为 $p(n+1-q)$ 是 2 的幂)。于是,存在 j 使得 $B^j\equiv 1(\bmod K)$。

我们已知存在无限多个数 m 使得 $2^m\equiv 1(\bmod K)$。因此,$2^{m+a}-2^aB^j$ 可以被 $K,2^a$,以及 $n!$ 整除。所以,我们可以取

$$A=\frac{2^{m+a}-2^aB^j}{n!}$$

于是,多项式 $Q(x)=2^ap(x)+A(x-1)(x-2)\cdots(x-n)$ 满足 $Q(1)=2^ap(1)^j,Q(2)=2^ap(2)^j,\cdots,Q(n)=2^ap(n)^j,Q(n+1)=2^{m+a}$。

由于存在无限多个 m 满足条件,所以我们可以取 m,使得 2^{m+a} 不同于所有的 $2^ap(1)^j,2^ap(2)^j,\cdots,2^ap(n)^j$。该 $Q(x)$ 即为本归纳步骤所求多项式。

习题 9.3.11(莫斯科 2013) 令 $f:\mathbb{R}\rightarrow\mathbb{R}$ 是一个函数,使得 $f(x)\in\mathbb{Z}$ 对于所有 $x\in\mathbb{Z}$ 都成立。对于每一个质数 p 都存在一个多项式次数小于 2 013 且系数为整数的 $Q_p(X)$,使得对于所有正整数 $nf(n)-Q_p(n)$ 都可以被 p 整除。请证明,存在一个多项式 $g(x)\in\mathbb{R}[X]$,使得对于所有正整数都可以得到 $f(n)=g(n)$。

解答 我们将 2 013 替换为 k,并通过对 k 进行归纳来证明,如果 $\deg(Q_p(X))\leqslant k$,则存在多项式 g。对于 $k=0,Q_p(X)$ 必定是一个常数 c,因此 $f(n)-Q_p(n)=f(n)-c$。所以 $p|f(n)-c$,这表明对于所有的 $m,n\in\mathbb{N}_+,f(m)-f(n)$ 可被 p 整除。这对所有的质数 p 都成立,所以通过确定 m,n 并取足够大的质数 p,我们可以得出 f 必定是一个常数整数。由此基线条件成立。

在进行归纳步骤之前,我们需要先证明一些预备性结论。首先,如果 $h(X)$ 是一个度数为 $d\geqslant 1$ 的多项式,那么 $\Delta h=h(X+1)-h(X)$ 是一个度数为 $d-1$ 的多项式。我们现在来证明以下引理。

引理 如果对于所有正整数 n,我们有 $\Delta h(n)=P(n)$,其中 P 是度数小于或等于 $d-1$ 的多项式,则对于所有正整数 x,存在 $h(x)=h_1(x)$,其中 h_1 是度数小于或等于 d 的多项式。

证明 我们通过对 d 进行归纳来证明引理。对于 $d=1$,我们知道对于所有正整数 x 都存在 $h(x)=h(0)+cx$。现在,假设 $\Delta h(x)=x^d+\cdots$,并定义

$$h_0(x)=h(x)-\frac{a}{d+1}x(x-1)\cdots(x-d)$$

那么

$$\Delta h_0=\Delta h(x)-ax(x-1)\cdots(x-d+2)$$

于是

$$\deg(\Delta h_0)\leqslant d-1$$

根据归纳假设,对于所有正整数 x 都存在 $h_0(x) = R(x)$,其中多项式 R 的度数小于或等于 d。现在,根据 $h_0(x) = h(x) - \dfrac{a}{d+1} x(x-1) \cdots (x-d)$,可以得到 $\deg(h) \leqslant d+1$,并由此得到对于所有正整数 x 都存在 $h(x) = R_1(x)$,其中多项式 R_1 的度数最大为 $d+1$。本引理证毕。

现回到原题,对于归纳步骤 $k-1 \to k$,请注意 Δf 满足本题假设(因为当 x 是一个正整数时 $\Delta f(x) - \Delta Q_p(x)$ 可以被 p 整除)。而且,$\Delta Q_p(x)$ 的最大度数是 $k-1$,于是根据归纳假设,$\Delta f(x)$ 在所有正整数处取多项式的值。我们应用上述引理即可证明所求结论。

注解与缩略语

注解

我们默认读者熟悉标准的数学术语。本书所使用的大部分注解已经在各相关章节的理论部分进行了引介,我们在下面只列出一些关键的注解。

- $\mathbb{N}$, $\mathbb{Z}$, $\mathbb{Q}$, $\mathbb{R}$, $\mathbb{C}$ 分别代表非负整数集合、整数集合、有理数集合、实数集合和复数集合。对于 $A \in \{\mathbb{N}, \mathbb{Z}, \mathbb{Q}, \mathbb{R}, \mathbb{C}\}$, A^* 表示集合 $A \backslash \{0\}$。类似地,$A_{<0}$ 或者 A_- 表示 A 中的负元素,$A_{>0}$ 或者 A_+ 代表 A 中的正元素,$A_{\geqslant 0}$ 表示 A 中的非负元素集合,而 $A_{\leqslant 0}$ 表示 A 中的非正元素集合。

- 对于 S 作为一个有限集合,$|S|$ 表示 S 中元素的个数。如果 S 是无限的,那么 $|S|$ 也可以代表 S 的基数(就像在第 1 章中定义的那样)。

- 对于一个实数 x,$\lfloor x \rfloor$ 和 $[x]$ 都表示小于或等于 x 的最大整数,而 $\lceil x \rceil$ 则表示大于或等于 x 的最小整数。$\{x\}$ 表示 x 的分数部分,可以将其定义为 $\{x\} = x - \lfloor x \rfloor$。

- e 表示欧拉常数,$e = \lim\limits_{n \to \infty}\left(n + \dfrac{1}{n}\right)^n \approx 2.718\,28$。

- 对于 $F = \mathbb{Z}$, $\mathbb{Q}$, $\mathbb{R}$, $\mathbb{C}$ 或 $\mathbb{Z}/n\mathbb{Z}$,我们用 $F[X]$ 表示变量 X 中的多项式集合(参数在 F 中),$F(X)$ 表示 X 中的有理函数(参数在 F 中)。一个有理函数是指两个多项式的比。

- 对于平面或者空间上的点 A 和点 B,AB 表示经过 A 和 B 的线、经过 A 和 B 的线段,或者 A 和 B 之间的距离(取决于上下文)。

- 对于 S 作为一个平面图形,$[S]$ 表示 S 的面积,若 S 是一个实体,则 $[S]$ 表示 S 的体积。

缩略语

我们竭尽所能地将算题的来源进行了标记。其中,缩略语的含义解释如下:

- AMM——美国数学月刊
- AoPS——解题的艺术
- APMO——亚太地区数学奥林匹克
- BMO——巴尔干数学奥林匹克
- ELMO——在 MOP 举办的数学奥林匹克年会
- GMA——研究生数学协会

- GMB——数学公报·B 系列
- IMC——国际数学竞赛
- IMO——国际数学奥林匹克
- INMO——印度国家数学奥林匹克
- JBMO——巴尔干初中数学奥林匹克
- OMM——墨西哥数学奥林匹克
- MO——数学奥林匹克
- MOSP——数学奥林匹克夏令营
- MR——数学反思
- RMM——罗马尼亚数学大师
- TOT——城镇锦标赛
- TST——国家队选拔考试
- USAMO——美国数学奥林匹克
- USSR——苏维埃社会主义共和国联盟（简称苏联）

参考文献

［1］ N. Agahanov, 0. Podlipsky, Olimpiade Matematice Rusegti-Moscova 1993-2002, Editura GIL, Zalău, 2004.

［2］ T. Andreescu, Z. Feng, G. Lee Jr. , Mathematical Olympiads 2000-2001 : Problems and Solutions from Around the World, The Mathematical Association of America, 2003.

［3］ T. Andreescu, I. Boreico, O. Mushkarov, N. Nikolov, Topics in FunctionalEquations, XYZ Press, 2012.

［4］ T. Andreescu, D. Andrica 360 Problems for Mathematical Contests, XYZPress, 2015.

［5］ A. Bjorndahl, Puzzles and Paradores in Mathematical Induction.

［6］ D. Djukic, V. Jankovic, I. Matic, N. Petrovic, The IMO Compendium, Springer, 2006.

［7］ Gazeta Matematică, Seria B, electronic edition.

［8］ L. I. Golovina, I. M. Yaglom, Induction in Geometry, Little MathematicsLibrary, 1979.

［9］ A. Engel, Probleme de matematică-strategii de rezolvare, Editura GIL, 2006.

［10］ D. Leites, The 60-odd years of the Moscow Mathematical Olympiads, preprint version. 1997.

［11］ L. Panaitopol, M. E. Panaitopol, M. Lascu, Inductia Matematică, Editura GIL, Zalău, 2001.

［12］ V. Prasolov, Problems in plane and solid Geometry v. 1 Plane Geometry, ebook.

［13］ D. 0. Shklarsky, N. N. Chentzov, I. M. Yaglom, The USSR Olympiad Prob-lem Book, Dover Publications, 1993.

［14］ A. M. Slinko, USSR Mathematical Olympiads 1989-1992, AustralianMathematics Trust, 1997.

［15］ P. Soberon, Problem-Solving Methods in Combinatorics. An approach toolympiad problems, Birkäuser, 2013.

［16］ www. artofproblemsolving. com

［17］ www. awesomemath. org/mathematical-reflections

［18］ www. kvant. mccme. ru

［19］ www. maa. org/press/periodicals/american-mathematical-monthly

刘培杰数学工作室
已出版(即将出版)图书目录——初等数学

书 名	出版时间	定 价	编号
新编中学数学解题方法全书(高中版)上卷(第2版)	2018—08	58.00	951
新编中学数学解题方法全书(高中版)中卷(第2版)	2018—08	68.00	952
新编中学数学解题方法全书(高中版)下卷(一)(第2版)	2018—08	58.00	953
新编中学数学解题方法全书(高中版)下卷(二)(第2版)	2018—08	58.00	954
新编中学数学解题方法全书(高中版)下卷(三)(第2版)	2018—08	68.00	955
新编中学数学解题方法全书(初中版)上卷	2008—01	28.00	29
新编中学数学解题方法全书(初中版)中卷	2010—07	38.00	75
新编中学数学解题方法全书(高考复习卷)	2010—01	48.00	67
新编中学数学解题方法全书(高考真题卷)	2010—01	38.00	62
新编中学数学解题方法全书(高考精华卷)	2011—03	68.00	118
新编平面解析几何解题方法全书(专题讲座卷)	2010—01	18.00	61
新编中学数学解题方法全书(自主招生卷)	2013—08	88.00	261
数学奥林匹克与数学文化(第一辑)	2006—05	48.00	4
数学奥林匹克与数学文化(第二辑)(竞赛卷)	2008—01	48.00	19
数学奥林匹克与数学文化(第二辑)(文化卷)	2008—07	58.00	36'
数学奥林匹克与数学文化(第三辑)(竞赛卷)	2010—01	48.00	59
数学奥林匹克与数学文化(第四辑)(竞赛卷)	2011—08	58.00	87
数学奥林匹克与数学文化(第五辑)	2015—06	98.00	370
世界著名平面几何经典著作钩沉——几何作图专题卷(共3卷)	2022—01	198.00	1460
世界著名平面几何经典著作钩沉(民国平面几何老课本)	2011—03	38.00	113
世界著名平面几何经典著作钩沉(建国初期平面三角老课本)	2015—08	38.00	507
世界著名解析几何经典著作钩沉——平面解析几何卷	2014—01	38.00	264
世界著名数论经典著作钩沉(算术卷)	2012—01	28.00	125
世界著名数学经典著作钩沉——立体几何卷	2011—02	28.00	88
世界著名三角学经典著作钩沉(平面三角卷Ⅰ)	2010—06	28.00	69
世界著名三角学经典著作钩沉(平面三角卷Ⅱ)	2011—01	38.00	78
世界著名初等数论经典著作钩沉(理论和实用算术卷)	2011—07	38.00	126
世界著名几何经典著作钩沉(解析几何卷)	2022—10	68.00	1564
发展你的空间想象力(第3版)	2021—01	98.00	1464
空间想象力进阶	2019—05	68.00	1062
走向国际数学奥林匹克的平面几何试题诠释.第1卷	2019—07	88.00	1043
走向国际数学奥林匹克的平面几何试题诠释.第2卷	2019—09	78.00	1044
走向国际数学奥林匹克的平面几何试题诠释.第3卷	2019—03	78.00	1045
走向国际数学奥林匹克的平面几何试题诠释.第4卷	2019—09	98.00	1046
平面几何证明方法全书	2007—08	48.00	1
平面几何证明方法全书习题解答(第2版)	2006—12	18.00	10
平面几何天天练上卷·基础篇(直线型)	2013—01	58.00	208
平面几何天天练中卷·基础篇(涉及圆)	2013—01	28.00	234
平面几何天天练下卷·提高篇	2013—01	58.00	237
平面几何专题研究	2013—07	98.00	258
平面几何解题之道.第1卷	2022—05	38.00	1494
几何学习题集	2020—10	48.00	1217
通过解题学习代数几何	2021—04	88.00	1301
圆锥曲线的奥秘	2022—06	88.00	1541

刘培杰数学工作室
已出版(即将出版)图书目录——初等数学

书 名	出版时间	定 价	编号
最新世界各国数学奥林匹克中的平面几何试题	2007—09	38.00	14
数学竞赛平面几何典型题及新颖解	2010—07	48.00	74
初等数学复习及研究(平面几何)	2008—09	68.00	38
初等数学复习及研究(立体几何)	2010—06	38.00	71
初等数学复习及研究(平面几何)习题解答	2009—01	58.00	42
几何学教程(平面几何卷)	2011—03	68.00	90
几何学教程(立体几何卷)	2011—07	68.00	130
几何变换与几何证题	2010—06	88.00	70
计算方法与几何证题	2011—06	28.00	129
立体几何技巧与方法(第2版)	2022—10	168.00	1572
几何瑰宝——平面几何500名题暨1500条定理(上、下)	2021—07	168.00	1358
三角形的解法与应用	2012—07	18.00	183
近代的三角形几何学	2012—07	48.00	184
一般折线几何学	2015—08	48.00	503
三角形的五心	2009—06	28.00	51
三角形的六心及其应用	2015—10	68.00	542
三角形趣谈	2012—08	28.00	212
解三角形	2014—01	28.00	265
探秘三角形:一次数学旅行	2021—10	68.00	1387
三角学专门教程	2014—09	28.00	387
图天下几何新题试卷.初中(第2版)	2017—11	58.00	855
圆锥曲线习题集(上册)	2013—06	68.00	255
圆锥曲线习题集(中册)	2015—01	78.00	434
圆锥曲线习题集(下册·第1卷)	2016—10	78.00	683
圆锥曲线习题集(下册·第2卷)	2018—01	98.00	853
圆锥曲线习题集(下册·第3卷)	2019—10	128.00	1113
圆锥曲线的思想方法	2021—08	48.00	1379
圆锥曲线的八个主要问题	2021—10	48.00	1415
论九点圆	2015—05	88.00	645
论圆的几何学	2024—06	48.00	1736
近代欧氏几何学	2012—03	48.00	162
罗巴切夫斯基几何学及几何基础概要	2012—07	28.00	188
罗巴切夫斯基几何学初步	2015—06	28.00	474
用三角、解析几何、复数、向量计算解数学竞赛几何题	2015—03	48.00	455
用解析法研究圆锥曲线的几何理论	2022—05	48.00	1495
美国中学几何教程	2015—04	88.00	458
三线坐标与三角形特征点	2015—04	98.00	460
坐标几何学基础.第1卷,笛卡儿坐标	2021—08	48.00	1398
坐标几何学基础.第2卷,三线坐标	2021—08	28.00	1399
平面解析几何方法与研究(第1卷)	2015—05	28.00	471
平面解析几何方法与研究(第2卷)	2015—06	38.00	472
平面解析几何方法与研究(第3卷)	2015—07	28.00	473
解析几何研究	2015—01	38.00	425
解析几何学教程.上	2016—01	38.00	574
解析几何学教程.下	2016—01	38.00	575
几何学基础	2016—01	58.00	581
初等几何研究	2015—02	58.00	444
十九和二十世纪欧氏几何学中的片段	2017—01	58.00	696
平面几何中考.高考.奥数一本通	2017—07	28.00	820
几何学简史	2017—08	28.00	833
四面体	2018—01	48.00	880
平面几何证明方法思路	2018—12	68.00	913
折纸中的几何练习	2022—09	48.00	1559
中学新几何学(英文)	2022—10	98.00	1562
线性代数与几何	2023—04	68.00	1633

刘培杰数学工作室
已出版(即将出版)图书目录——初等数学

书　名	出版时间	定　价	编号
四面体几何学引论	2023-06	68.00	1648
平面几何图形特性新析.上篇	2019-01	68.00	911
平面几何图形特性新析.下篇	2018-06	88.00	912
平面几何范例多解探究.上篇	2018-04	48.00	910
平面几何范例多解探究.下篇	2018-12	68.00	914
从分析解题过程学解题:竞赛中的几何问题研究	2018-07	68.00	946
从分析解题过程学解题:竞赛中的向量几何与不等式研究(全2册)	2019-06	138.00	1090
从分析解题过程学解题:竞赛中的不等式问题	2021-01	48.00	1249
二维、三维欧氏几何的对偶原理	2018-12	38.00	990
星形大观及闭折线论	2019-03	68.00	1020
立体几何的问题和方法	2019-11	58.00	1127
三角代换论	2021-05	58.00	1313
俄罗斯平面几何问题集	2009-08	88.00	55
俄罗斯立体几何问题集	2014-03	58.00	283
俄罗斯几何大师——沙雷金论数学及其他	2014-01	48.00	271
来自俄罗斯的5000道几何习题及解答	2011-03	58.00	89
俄罗斯初等数学问题集	2012-05	38.00	177
俄罗斯函数问题集	2011-03	38.00	103
俄罗斯组合分析问题集	2011-01	48.00	79
俄罗斯初等数学万题选——三角卷	2012-11	38.00	222
俄罗斯初等数学万题选——代数卷	2013-08	68.00	225
俄罗斯初等数学万题选——几何卷	2014-01	68.00	226
俄罗斯《量子》杂志数学征解问题100题选	2018-08	48.00	969
俄罗斯《量子》杂志数学征解问题又100题选	2018-08	48.00	970
俄罗斯《量子》杂志数学征解问题	2020-05	48.00	1138
463个俄罗斯几何老问题	2012-01	28.00	152
《量子》数学短文精粹	2018-09	38.00	972
用三角、解析几何等计算解来自俄罗斯的几何题	2019-11	88.00	1119
基谢廖夫平面几何	2022-01	48.00	1461
基谢廖夫立体几何	2023-04	48.00	1599
数学:代数、数学分析和几何(10—11年级)	2021-01	48.00	1250
直观几何学:5—6年级	2022-04	58.00	1508
几何学:第2版.7—9年级	2023-08	68.00	1684
平面几何:9—11年级	2022-10	48.00	1571
立体几何.10—11年级	2022-01	58.00	1472
几何快递	2024-05	48.00	1697

书名	出版时间	定价	编号
谈谈素数	2011-03	18.00	91
平方和	2011-03	18.00	92
整数论	2011-05	38.00	120
从整数谈起	2015-10	28.00	538
数与多项式	2016-01	38.00	558
谈谈不定方程	2011-05	28.00	119
质数漫谈	2022-07	68.00	1529

书名	出版时间	定价	编号
解析不等式新论	2009-06	68.00	48
建立不等式的方法	2011-03	98.00	104
数学奥林匹克不等式研究(第2辑)	2020-07	68.00	1181
不等式研究(第三辑)	2023-08	198.00	1673
不等式的秘密(第一卷)(第2版)	2014-02	38.00	286
不等式的秘密(第二卷)	2014-01	38.00	268
初等不等式的证明方法	2010-06	38.00	123
初等不等式的证明方法(第二版)	2014-11	38.00	407
不等式·理论·方法(基础卷)	2015-07	38.00	496
不等式·理论·方法(经典不等式卷)	2015-07	38.00	497
不等式·理论·方法(特殊类型不等式卷)	2015-07	48.00	498
不等式探究	2016-03	38.00	582
不等式探秘	2017-01	88.00	689

刘培杰数学工作室
已出版(即将出版)图书目录——初等数学

书 名	出版时间	定 价	编号
四面体不等式	2017—01	68.00	715
数学奥林匹克中常见重要不等式	2017—09	38.00	845
三正弦不等式	2018—09	98.00	974
函数方程与不等式:解法与稳定性结果	2019—04	68.00	1058
数学不等式.第1卷,对称多项式不等式	2022—05	78.00	1455
数学不等式.第2卷,对称有理不等式与对称无理不等式	2022—05	88.00	1456
数学不等式.第3卷,循环不等式与非循环不等式	2022—05	88.00	1457
数学不等式.第4卷,Jensen不等式的扩展与加细	2022—05	88.00	1458
数学不等式.第5卷,创建不等式与解不等式的其他方法	2022—05	88.00	1459
不定方程及其应用.上	2018—12	58.00	992
不定方程及其应用.中	2019—01	78.00	993
不定方程及其应用.下	2019—02	98.00	994
Nesbitt不等式加强式的研究	2022—06	128.00	1527
最值定理与分析不等式	2023—02	78.00	1567
一类积分不等式	2023—02	88.00	1579
邦费罗尼不等式及概率应用	2023—05	58.00	1637
同余理论	2012—05	38.00	163
[x]与{x}	2015—04	48.00	476
极值与最值.上卷	2015—06	28.00	486
极值与最值.中卷	2015—06	38.00	487
极值与最值.下卷	2015—06	28.00	488
整数的性质	2012—11	38.00	192
完全平方数及其应用	2015—08	78.00	506
多项式理论	2015—10	88.00	541
奇数、偶数、奇偶分析法	2018—01	98.00	876
历届美国中学生数学竞赛试题及解答(第一卷)1950—1954	2014—07	18.00	277
历届美国中学生数学竞赛试题及解答(第二卷)1955—1959	2014—04	18.00	278
历届美国中学生数学竞赛试题及解答(第三卷)1960—1964	2014—04	18.00	279
历届美国中学生数学竞赛试题及解答(第四卷)1965—1969	2014—04	28.00	280
历届美国中学生数学竞赛试题及解答(第五卷)1970—1972	2014—06	18.00	281
历届美国中学生数学竞赛试题及解答(第六卷)1973—1980	2017—07	18.00	768
历届美国中学生数学竞赛试题及解答(第七卷)1981—1986	2015—01	18.00	424
历届美国中学生数学竞赛试题及解答(第八卷)1987—1990	2017—05	18.00	769
历届国际数学奥林匹克试题集	2023—09	158.00	1701
历届中国数学奥林匹克试题集(第3版)	2021—10	58.00	1440
历届加拿大数学奥林匹克试题集	2012—08	38.00	215
历届美国数学奥林匹克试题集	2023—08	98.00	1681
历届波兰数学竞赛试题集.第1卷,1949~1963	2015—03	18.00	453
历届波兰数学竞赛试题集.第2卷,1964~1976	2015—03	18.00	454
历届巴尔干数学奥林匹克试题集	2015—05	38.00	466
历届CGMO试题及解答	2024—03	48.00	1717
保加利亚数学奥林匹克	2014—10	38.00	393
圣彼得堡数学奥林匹克试题集	2015—01	38.00	429
匈牙利奥林匹克数学竞赛题解.第1卷	2016—05	28.00	593
匈牙利奥林匹克数学竞赛题解.第2卷	2016—05	28.00	594
历届美国数学邀请赛试题集(第2版)	2017—10	78.00	851
全美高中数学竞赛:纽约州数学竞赛(1989—1994)	2024—08	48.00	1740
普林斯顿大学数学竞赛	2016—06	38.00	669
亚太地区数学奥林匹克竞赛题	2015—07	18.00	492
日本历届(初级)广中杯数学竞赛试题及解答.第1卷(2000~2007)	2016—05	28.00	641
日本历届(初级)广中杯数学竞赛试题及解答.第2卷(2008~2015)	2016—05	38.00	642
越南数学奥林匹克题选:1962—2009	2021—07	48.00	1370
欧洲女子数学奥林匹克	2024—04	48.00	1723
360个数学竞赛问题	2016—08	58.00	677

刘培杰数学工作室
已出版(即将出版)图书目录——初等数学

书　　　名	出版时间	定　价	编号
奥数最佳实战题.上卷	2017－06	38.00	760
奥数最佳实战题.下卷	2017－05	58.00	761
解决问题的策略	2024－08	48.00	1742
哈尔滨市早期中学数学竞赛试题汇编	2016－07	28.00	672
全国高中数学联赛试题及解答:1981—2019(第4版)	2020－07	138.00	1176
2024年全国高中数学联合竞赛模拟题集	2024－01	38.00	1702
20世纪50年代全国部分城市数学竞赛试题汇编	2017－07	28.00	797
国内外数学竞赛题及精解:2018～2019	2020－08	45.00	1192
国内外数学竞赛题及精解:2019～2020	2021－11	58.00	1439
许康华竞赛优学精选集.第一辑	2018－08	68.00	949
天问叶班数学问题征解100题.Ⅰ,2016－2018	2019－05	88.00	1075
天问叶班数学问题征解100题.Ⅱ,2017－2019	2020－07	98.00	1177
美国初中数学竞赛:AMC8准备(共6卷)	2019－07	138.00	1089
美国高中数学竞赛:AMC10准备(共6卷)	2019－08	158.00	1105
王连笑教你怎样学数学:高考选择题解题策略与客观题实用训练	2014－01	48.00	262
王连笑教你怎样学数学:高考数学高层次讲座	2015－02	48.00	432
高考数学的理论与实践	2009－08	38.00	53
高考数学核心题型解题方法与技巧	2010－01	28.00	86
高考思维新平台	2014－03	38.00	259
高考数学压轴题解题诀窍(上)(第2版)	2018－01	58.00	874
高考数学压轴题解题诀窍(下)(第2版)	2018－01	48.00	875
突破高考数学新定义创新压轴题	2024－08	88.00	1741
北京市五区文科数学三年高考模拟题详解:2013～2015	2015－08	48.00	500
北京市五区理科数学三年高考模拟题详解:2013～2015	2015－09	68.00	505
向量法巧解数学高考题	2009－08	28.00	54
高中数学课堂教学的实践与反思	2021－11	48.00	791
数学高考参考	2016－01	78.00	589
新课程标准高考数学解答题各种题型解法指导	2020－08	78.00	1196
全国及各省市高考数学试题审题要津与解法研究	2015－02	48.00	450
高中数学章节起始课的教学研究与案例设计	2019－05	28.00	1064
新课标高考数学——五年试题分章详解(2007～2011)(上、下)	2011－10	78.00	140,141
全国中考数学压轴题审题要津与解法研究	2013－04	78.00	248
新编全国及各省市中考数学压轴题审题要津与解法研究	2014－05	58.00	342
全国及各省市5年中考数学压轴题审题要津与解法研究(2015版)	2015－04	58.00	462
中考数学专题总复习	2007－04	28.00	6
中考数学较难题常考题型解题方法与技巧	2016－09	48.00	681
中考数学难题常考题型解题方法与技巧	2016－09	48.00	682
中考数学中档题常考题型解题方法与技巧	2017－08	68.00	835
中考数学选择填空压轴好题妙解365	2024－01	80.00	1698
中考数学:三类重点考题的解法例析与习题	2020－04	48.00	1140
中小学数学的历史文化	2019－11	48.00	1124
小升初衔接数学	2024－06	68.00	1734
赢在小升初——数学	2024－08	78.00	1739
初中平面几何百题多思创新解	2020－01	58.00	1125
初中数学中考备考	2020－01	58.00	1126
高考数学之九章演义	2019－08	68.00	1044
高考数学之难题谈笑间	2022－06	68.00	1519
化学可以这样学:高中化学知识方法智慧感悟疑难辨析	2019－07	58.00	1103
如何成为学习高手	2019－09	58.00	1107
高考数学:经典真题分类解析	2020－04	78.00	1134
高考数学解答题破解策略	2020－11	58.00	1221
从分析解题过程学解题:高考压轴题与竞赛题之关系探究	2020－08	88.00	1179
从分析解题过程学解题:数学高考与竞赛的互联互通探究	2024－06	88.00	1735
教学新思考:单元整体视角下的初中数学教学设计	2021－03	58.00	1278
思维再拓展:2020年经典几何题的多解探究与思考	即将出版		1279
中考数学小压轴汇编初讲	2017－07	48.00	788
中考数学大压轴专题微言	2017－09	48.00	846

刘培杰数学工作室
已出版(即将出版)图书目录——初等数学

书　名	出版时间	定　价	编号
怎么解中考平面几何探索题	2019-06	48.00	1093
北京中考数学压轴题解题方法突破(第9版)	2024-01	78.00	1645
助你高考成功的数学解题智慧:知识是智慧的基础	2016-01	58.00	596
助你高考成功的数学解题智慧:错误是智慧的试金石	2016-04	58.00	643
助你高考成功的数学解题智慧:方法是智慧的推手	2016-04	68.00	657
高考数学奇思妙解	2016-04	38.00	610
高考数学解题策略	2016-05	48.00	670
数学解题泄天机(第2版)	2017-10	48.00	850
高中物理教学讲义	2018-01	48.00	871
高中物理教学讲义:全模块	2022-03	98.00	1492
高中物理答疑解惑65篇	2021-11	48.00	1462
中学物理基础问题解析	2020-08	48.00	1183
初中数学、高中数学脱节知识补缺教材	2017-06	48.00	766
高考数学客观题解题方法和技巧	2017-10	38.00	847
十年高考数学精品试题审题要津与解法研究	2021-10	98.00	1427
中国历届高考数学试题及解答.1949-1979	2018-01	38.00	877
历届中国高考数学试题及解答.第二卷,1980—1989	2018-10	28.00	975
历届中国高考数学试题及解答.第三卷,1990—1999	2018-10	48.00	976
跟我学解高中数学题	2018-07	58.00	926
中学数学研究的方法及案例	2018-05	58.00	869
高考数学抢分技能	2018-07	68.00	934
高一新生常用数学方法和重要数学思想提升教材	2018-06	38.00	921
高考数学全国卷六道解答题常考题型解题诀窍:理科(全2册)	2019-07	78.00	1101
高考数学全国卷16道选择、填空题常考题型解题诀窍.理科	2018-09	88.00	971
高考数学全国卷16道选择、填空题常考题型解题诀窍.文科	2020-01	88.00	1123
高中数学一题多解	2019-06	58.00	1087
历届中国高考数学试题及解答:1917-1999	2021-08	98.00	1371
2000~2003年全国及各省市高考数学试题及解答	2022-05	88.00	1499
2004年全国及各省市高考数学试题及解答	2023-08	78.00	1500
2005年全国及各省市高考数学试题及解答	2023-08	78.00	1501
2006年全国及各省市高考数学试题及解答	2023-08	88.00	1502
2007年全国及各省市高考数学试题及解答	2023-08	98.00	1503
2008年全国及各省市高考数学试题及解答	2023-08	88.00	1504
2009年全国及各省市高考数学试题及解答	2023-08	88.00	1505
2010年全国及各省市高考数学试题及解答	2023-08	98.00	1506
2011~2017年全国及各省市高考数学试题及解答	2024-01	78.00	1507
2018~2023年全国及各省市高考数学试题及解答	2024-03	78.00	1709
突破高原:高中数学解题思维探究	2021-08	48.00	1375
高考数学中的"取值范围"	2021-10	48.00	1429
新课程标准高中数学各种题型解法大全.必修一分册	2021-06	58.00	1315
新课程标准高中数学各种题型解法大全.必修二分册	2022-01	68.00	1471
高中数学各种题型解法大全.选择性必修一分册	2022-06	68.00	1525
高中数学各种题型解法大全.选择性必修二分册	2023-01	58.00	1600
高中数学各种题型解法大全.选择性必修三分册	2023-04	48.00	1643
高中数学专题研究	2024-05	88.00	1722
历届全国初中数学竞赛经典试题详解	2023-04	88.00	1624
孟祥礼高考数学精刷精解	2023-06	98.00	1663
新编640个世界著名数学智力趣题	2014-01	88.00	242
500个最新世界著名数学智力趣题	2008-06	48.00	3
400个最新世界著名数学最值问题	2008-09	48.00	36
500个世界著名数学征解问题	2009-06	48.00	52
400个中国最佳初等数学征解老问题	2010-01	48.00	60
500个俄罗斯数学经典老题	2011-01	28.00	81
1000个国外中学物理好题	2012-04	48.00	174
300个日本高考数学题	2012-05	38.00	142
700个早期日本高考数学试题	2017-02	88.00	752

书　　名	出版时间	定　价	编号
500 个前苏联早期高考数学试题及解答	2012—05	28.00	185
546 个早期俄罗斯大学生数学竞赛题	2014—03	38.00	285
548 个来自美苏的数学好问题	2014—11	28.00	396
20 所苏联著名大学早期入学试题	2015—02	18.00	452
161 道德国工科大学生必做的微分方程习题	2015—05	28.00	469
500 个德国工科大学生必做的高数习题	2015—06	28.00	478
360 个数学竞赛问题	2016—08	58.00	677
200 个趣味数学故事	2018—02	48.00	857
470 个数学奥林匹克中的最值问题	2018—10	88.00	985
德国讲义日本考题.微积分卷	2015—04	48.00	456
德国讲义日本考题.微分方程卷	2015—04	38.00	457
二十世纪中叶中、英、美、日、法、俄高考数学试题精选	2017—06	38.00	783
中国初等数学研究　2009 卷(第 1 辑)	2009—05	20.00	45
中国初等数学研究　2010 卷(第 2 辑)	2010—05	30.00	68
中国初等数学研究　2011 卷(第 3 辑)	2011—07	60.00	127
中国初等数学研究　2012 卷(第 4 辑)	2012—07	48.00	190
中国初等数学研究　2014 卷(第 5 辑)	2014—02	48.00	288
中国初等数学研究　2015 卷(第 6 辑)	2015—06	68.00	493
中国初等数学研究　2016 卷(第 7 辑)	2016—04	68.00	609
中国初等数学研究　2017 卷(第 8 辑)	2017—01	98.00	712
初等数学研究在中国.第 1 辑	2019—03	158.00	1024
初等数学研究在中国.第 2 辑	2019—10	158.00	1116
初等数学研究在中国.第 3 辑	2021—05	158.00	1306
初等数学研究在中国.第 4 辑	2022—06	158.00	1520
初等数学研究在中国.第 5 辑	2023—07	158.00	1635
几何变换(Ⅰ)	2014—07	28.00	353
几何变换(Ⅱ)	2015—06	28.00	354
几何变换(Ⅲ)	2015—01	38.00	355
几何变换(Ⅳ)	2015—12	38.00	356
初等数论难题集(第一卷)	2009—05	68.00	44
初等数论难题集(第二卷)(上、下)	2011—02	128.00	82,83
数论概貌	2011—03	18.00	93
代数数论(第二版)	2013—08	58.00	94
代数多项式	2014—06	38.00	289
初等数论的知识与问题	2011—02	28.00	95
超越数论基础	2011—03	28.00	96
数论初等教程	2011—03	28.00	97
数论基础	2011—03	18.00	98
数论基础与维诺格拉多夫	2014—03	18.00	292
解析数论基础	2012—08	28.00	216
解析数论基础(第二版)	2014—01	48.00	287
解析数论问题集(第二版)(原版引进)	2014—05	88.00	343
解析数论问题集(第二版)(中译本)	2016—04	88.00	607
解析数论基础(潘承洞,潘承彪著)	2016—04	98.00	673
解析数论导引	2016—07	58.00	674
数论入门	2011—03	38.00	99
代数数论入门	2015—03	38.00	448

书　名	出版时间	定　价	编号
数论开篇	2012—07	28.00	194
解析数论引论	2011—03	48.00	100
Barban Davenport Halberstam 均值和	2009—01	40.00	33
基础数论	2011—03	28.00	101
初等数论 100 例	2011—05	18.00	122
初等数论经典例题	2012—07	18.00	204
最新世界各国数学奥林匹克中的初等数论试题(上、下)	2012—01	138.00	144,145
初等数论(Ⅰ)	2012—01	18.00	156
初等数论(Ⅱ)	2012—01	18.00	157
初等数论(Ⅲ)	2012—01	28.00	158
平面几何与数论中未解决的新老问题	2013—01	68.00	229
代数数论简史	2014—11	28.00	408
代数数论	2015—09	88.00	532
代数、数论及分析习题集	2016—11	98.00	695
数论导引提要及习题解答	2016—01	48.00	559
素数定理的初等证明.第 2 版	2016—09	48.00	686
数论中的模函数与狄利克雷级数(第二版)	2017—11	78.00	837
数论:数学导引	2018—01	68.00	849
范氏大代数	2019—02	98.00	1016
解析数学讲义.第一卷,导来式及微分、积分、级数	2019—04	88.00	1021
解析数学讲义.第二卷,关于几何的应用	2019—04	68.00	1022
解析数学讲义.第三卷,解析函数论	2019—04	78.00	1023
分析·组合·数论纵横谈	2019—04	58.00	1039
Hall 代数:民国时期的中学数学课本:英文	2019—08	88.00	1106
基谢廖夫初等代数	2022—07	38.00	1531
基谢廖夫算术	2024—05	48.00	1725
数学精神巡礼	2019—01	58.00	731
数学眼光透视(第 2 版)	2017—06	78.00	732
数学思想领悟(第 2 版)	2018—01	68.00	733
数学方法溯源(第 2 版)	2018—08	68.00	734
数学解题引论	2017—05	58.00	735
数学史话览胜(第 2 版)	2017—01	48.00	736
数学应用展观(第 2 版)	2017—08	68.00	737
数学建模尝试	2018—04	48.00	738
数学竞赛采风	2018—01	68.00	739
数学测评探营	2019—05	58.00	740
数学技能操握	2018—03	48.00	741
数学欣赏拾趣	2018—02	48.00	742
从毕达哥拉斯到怀尔斯	2007—10	48.00	9
从迪利克雷到维斯卡尔迪	2008—01	48.00	21
从哥德巴赫到陈景润	2008—05	98.00	35
从庞加莱到佩雷尔曼	2011—08	138.00	136
博弈论精粹	2008—03	58.00	30
博弈论精粹.第二版(精装)	2015—01	88.00	461
数学 我爱你	2008—01	28.00	20
精神的圣徒 别样的人生——60 位中国数学家成长的历程	2008—09	48.00	39
数学史概论	2009—06	78.00	50

刘培杰数学工作室
已出版(即将出版)图书目录——初等数学

书　名	出版时间	定　价	编号
数学史概论(精装)	2013—03	158.00	272
数学史选讲	2016—01	48.00	544
斐波那契数列	2010—02	28.00	65
数学拼盘和斐波那契魔方	2010—07	38.00	72
斐波那契数列欣赏(第2版)	2018—08	58.00	948
Fibonacci数列中的明珠	2018—06	58.00	928
数学的创造	2011—02	48.00	85
数学美与创造力	2016—01	48.00	595
数海拾贝	2016—01	48.00	590
数学中的美(第2版)	2019—04	68.00	1057
数论中的美学	2014—12	38.00	351
数学王者　科学巨人——高斯	2015—01	28.00	428
振兴祖国数学的圆梦之旅:中国初等数学研究史话	2015—06	98.00	490
二十世纪中国数学史料研究	2015—10	48.00	536
《九章算法比类大全》校注	2024—06	198.00	1695
数字谜、数阵图与棋盘覆盖	2016—01	58.00	298
数学概念的进化:一个初步的研究	2023—07	68.00	1683
数学发现的艺术:数学探索中的合情推理	2016—07	58.00	671
活跃在数学中的参数	2016—07	48.00	675
数海趣史	2021—05	98.00	1314
玩转幻中之幻	2023—08	88.00	1682
数学艺术品	2023—09	98.00	1685
数学博弈与游戏	2023—10	68.00	1692
数学解题——靠数学思想给力(上)	2011—07	38.00	131
数学解题——靠数学思想给力(中)	2011—07	48.00	132
数学解题——靠数学思想给力(下)	2011—07	38.00	133
我怎样解题	2013—01	48.00	227
数学解题中的物理方法	2011—06	28.00	114
数学解题的特殊方法	2011—06	48.00	115
中学数学计算技巧(第2版)	2020—10	48.00	1220
中学数学证明方法	2012—01	58.00	117
数学趣题巧解	2012—03	28.00	128
高中数学教学通鉴	2015—05	58.00	479
和高中生漫谈:数学与哲学的故事	2014—08	28.00	369
算术问题集	2017—03	38.00	789
张教授讲数学	2018—07	38.00	933
陈永明实话实说数学教学	2020—04	68.00	1132
中学数学学科知识与教学能力	2020—06	58.00	1155
怎样把课讲好:大罕数学教学随笔	2022—03	58.00	1484
中国高考评价体系下高考数学探秘	2022—03	48.00	1487
数苑漫步	2024—01	58.00	1670
自主招生考试中的参数方程问题	2015—01	28.00	435
自主招生考试中的极坐标问题	2015—04	28.00	463
近年全国重点大学自主招生数学试题全解及研究.华约卷	2015—02	38.00	441
近年全国重点大学自主招生数学试题全解及研究.北约卷	2016—05	38.00	619
自主招生数学解证宝典	2015—09	48.00	535
中国科学技术大学创新班数学真题解析	2022—03	48.00	1488
中国科学技术大学创新班物理真题解析	2022—03	58.00	1489
格点和面积	2012—07	18.00	191
射影几何趣谈	2012—04	28.00	175
斯潘纳尔引理——从一道加拿大数学奥林匹克试题谈起	2014—01	28.00	228
李普希兹条件——从几道近年高考数学试题谈起	2012—10	18.00	221
拉格朗日中值定理——从一道北京高考试题的解法谈起	2015—10	18.00	197

刘培杰数学工作室
已出版(即将出版)图书目录——初等数学

书　名	出版时间	定　价	编号
闵科夫斯基定理——从一道清华大学自主招生试题谈起	2014－01	28.00	198
哈尔测度——从一道冬令营试题的背景谈起	2012－08	28.00	202
切比雪夫逼近问题——从一道中国台北数学奥林匹克试题谈起	2013－04	38.00	238
伯恩斯坦多项式与贝齐尔曲面——从一道全国高中数学联赛试题谈起	2013－03	38.00	236
卡塔兰猜想——从一道普特南竞赛试题谈起	2013－06	18.00	256
麦卡锡函数和阿克曼函数——从一道前南斯拉夫数学奥林匹克试题谈起	2012－08	18.00	201
贝蒂定理与拉姆贝克莫斯尔定理——从一个拣石子游戏谈起	2012－08	18.00	217
皮亚诺曲线和豪斯道夫分球定理——从无限集谈起	2012－08	18.00	211
平面凸图形与凸多面体	2012－10	28.00	218
斯坦因豪斯问题——从一道二十五省市自治区中学数学竞赛试题谈起	2012－07	18.00	196
纽结理论中的亚历山大多项式与琼斯多项式——从一道北京市高一数学竞赛试题谈起	2012－07	28.00	195
原则与策略——从波利亚"解题表"谈起	2013－04	38.00	244
转化与化归——从三大尺规作图不能问题谈起	2012－08	28.00	214
代数几何中的贝祖定理(第一版)——从一道 IMO 试题的解法谈起	2013－08	18.00	193
成功连贯理论与约当块理论——从一道比利时数学竞赛试题谈起	2012－04	18.00	180
素数判定与大数分解	2014－08	18.00	199
置换多项式及其应用	2012－10	18.00	220
椭圆函数与模函数——从一道美国加州大学洛杉矶分校(UCLA)博士资格考题谈起	2012－10	28.00	219
差分方程的拉格朗日方法——从一道 2011 年全国高考理科试题的解法谈起	2012－08	28.00	200
力学在几何中的一些应用	2013－01	38.00	240
从根式解到伽罗华理论	2020－01	48.00	1121
康托洛维奇不等式——从一道全国高中联赛试题谈起	2013－03	28.00	337
西格尔引理——从一道第 18 届 IMO 试题的解法谈起	即将出版		
罗斯定理——从一道前苏联数学竞赛试题谈起	即将出版		
拉克斯定理和阿廷定理——从一道 IMO 试题的解法谈起	2014－01	58.00	246
毕卡大定理——从一道美国大学数学竞赛试题谈起	2014－07	18.00	350
贝齐尔曲线——从一道全国高中联赛试题谈起	即将出版		
拉格朗日乘子定理——从一道 2005 年全国高中联赛试题的高等数学解法谈起	2015－05	28.00	480
雅可比定理——从一道日本数学奥林匹克试题谈起	2013－04	48.00	249
李天岩—约克定理——从一道波兰数学竞赛试题谈起	2014－06	28.00	349
受控理论与初等不等式:从一道 IMO 试题的解法谈起	2023－03	48.00	1601
布劳维不动点定理——从一道前苏联数学奥林匹克试题谈起	2014－01	38.00	273
伯恩赛德定理——从一道英国数学奥林匹克试题谈起	即将出版		
布查特—莫斯特定理——从一道上海市初中竞赛试题谈起	即将出版		
数论中的同余数问题——从一道普特南竞赛试题谈起	即将出版		
范·德蒙行列式——从一道美国数学奥林匹克试题谈起	即将出版		
中国剩余定理:总数法构建中国历史年表	2015－01	28.00	430
牛顿程序与方程求根——从一道全国高考试题解法谈起	即将出版		
库默尔定理——从一道 IMO 预选试题谈起	即将出版		
卢丁定理——从一道冬令营试题的解法谈起	即将出版		
沃斯滕霍姆定理——从一道 IMO 预选试题谈起	即将出版		
卡尔松不等式——从一道莫斯科数学奥林匹克试题谈起	即将出版		
信息论中的香农熵——从一道近年高考压轴题谈起	即将出版		

刘培杰数学工作室
已出版(即将出版)图书目录——初等数学

书　名	出版时间	定　价	编号
约当不等式——从一道希望杯竞赛试题谈起	即将出版		
拉比诺维奇定理	即将出版		
刘维尔定理——从一道《美国数学月刊》征解问题的解法谈起	即将出版		
卡塔兰恒等式与级数求和——从一道 IMO 试题的解法谈起	即将出版		
勒让德猜想与素数分布——从一道爱尔兰竞赛试题谈起	即将出版		
天平称重与信息论——从一道基辅市数学奥林匹克试题谈起	即将出版		
哈密尔顿-凯莱定理:从一道高中数学联赛试题的解法谈起	2014—09	18.00	376
艾思特曼定理——从一道 CMO 试题的解法谈起	即将出版		
阿贝尔恒等式与经典不等式及应用	2018—06	98.00	923
迪利克雷除数问题	2018—07	48.00	930
幻方、幻立方与拉丁方	2019—08	48.00	1092
帕斯卡三角形	2014—03	18.00	294
蒲丰投针问题——从 2009 年清华大学的一道自主招生试题谈起	2014—01	38.00	295
斯图姆定理——从一道"华约"自主招生试题的解法谈起	2014—01	18.00	296
许瓦兹引理——从一道加利福尼亚大学伯克利分校数学系博士生试题谈起	2014—08	18.00	297
拉姆塞定理——从王诗宬院士的一个问题谈起	2016—04	48.00	299
坐标法	2013—12	28.00	332
数论三角形	2014—04	38.00	341
毕克定理	2014—07	18.00	352
数林掠影	2014—09	48.00	389
我们周围的概率	2014—10	38.00	390
凸函数最值定理:从一道华约自主招生题的解法谈起	2014—10	28.00	391
易学与数学奥林匹克	2014—10	38.00	392
生物数学趣谈	2015—01	18.00	409
反演	2015—01	28.00	420
因式分解与圆锥曲线	2015—01	18.00	426
轨迹	2015—01	28.00	427
面积原理:从常庚哲命的一道 CMO 试题的积分解法谈起	2015—01	48.00	431
形形色色的不动点定理:从一道 28 届 IMO 试题谈起	2015—01	38.00	439
柯西函数方程:从一道上海交大自主招生的试题谈起	2015—02	28.00	440
三角恒等式	2015—02	28.00	442
无理性判定:从一道 2014 年"北约"自主招生试题谈起	2015—01	38.00	443
数学归纳法	2015—03	18.00	451
极端原理与解题	2015—04	28.00	464
法雷级数	2014—08	18.00	367
摆线族	2015—01	38.00	438
函数方程及其解法	2015—05	38.00	470
含参数的方程和不等式	2012—09	28.00	213
希尔伯特第十问题	2016—01	38.00	543
无穷小量的求和	2016—01	28.00	545
切比雪夫多项式:从一道清华大学金秋营试题谈起	2016—01	38.00	583
泽肯多夫定理	2016—03	38.00	599
代数等式证题法	2016—01	28.00	600
三角等式证题法	2016—01	28.00	601
吴大任教授藏书中的一个因式分解公式:从一道美国数学邀请赛试题的解法谈起	2016—06	28.00	656
易卦——类万物的数学模型	2017—08	68.00	838
"不可思议"的数与数系可持续发展	2018—01	38.00	878
最短线	2018—01	38.00	879
数学在天文、地理、光学、机械力学中的一些应用	2023—03	88.00	1576
从阿基米德三角形谈起	2023—01	28.00	1578

书　　名	出版时间	定　价	编号
幻方和魔方(第一卷)	2012—05	68.00	173
尘封的经典——初等数学经典文献选读(第一卷)	2012—07	48.00	205
尘封的经典——初等数学经典文献选读(第二卷)	2012—07	38.00	206
初级方程式论	2011—03	28.00	106
初等数学研究(Ⅰ)	2008—09	68.00	37
初等数学研究(Ⅱ)(上、下)	2009—05	118.00	46,47
初等数学专题研究	2022—10	68.00	1568
趣味初等方程妙题集锦	2014—09	48.00	388
趣味初等数论选美与欣赏	2015—02	48.00	445
耕读笔记(上卷):一位农民数学爱好者的初数探索	2015—04	28.00	459
耕读笔记(中卷):一位农民数学爱好者的初数探索	2015—05	28.00	483
耕读笔记(下卷):一位农民数学爱好者的初数探索	2015—05	28.00	484
几何不等式研究与欣赏.上卷	2016—01	88.00	547
几何不等式研究与欣赏.下卷	2016—01	48.00	552
初等数列研究与欣赏·上	2016—01	48.00	570
初等数列研究与欣赏·下	2016—01	48.00	571
趣味初等函数研究与欣赏.上	2016—09	48.00	684
趣味初等函数研究与欣赏.下	2018—09	48.00	685
三角不等式研究与欣赏	2020—10	68.00	1197
新编平面解析几何解题方法研究与欣赏	2021—10	78.00	1426
火柴游戏(第2版)	2022—05	38.00	1493
智力解谜.第1卷	2017—07	38.00	613
智力解谜.第2卷	2017—07	38.00	614
故事智力	2016—07	48.00	615
名人们喜欢的智力问题	2020—01	48.00	616
数学大师的发现、创造与失误	2018—01	48.00	617
异曲同工	2018—09	48.00	618
数学的味道(第2版)	2023—10	68.00	1686
数学千字文	2018—10	68.00	977
数贝偶拾——高考数学题研究	2014—04	28.00	274
数贝偶拾——初等数学研究	2014—04	38.00	275
数贝偶拾——奥数题研究	2014—04	48.00	276
钱昌本教你快乐学数学(上)	2011—12	48.00	155
钱昌本教你快乐学数学(下)	2012—03	58.00	171
集合、函数与方程	2014—01	28.00	300
数列与不等式	2014—01	38.00	301
三角与平面向量	2014—01	28.00	302
平面解析几何	2014—01	38.00	303
立体几何与组合	2014—01	28.00	304
极限与导数、数学归纳法	2014—01	38.00	305
趣味数学	2014—03	28.00	306
教材教法	2014—04	68.00	307
自主招生	2014—05	58.00	308
高考压轴题(上)	2015—01	48.00	309
高考压轴题(下)	2014—10	68.00	310

刘培杰数学工作室
已出版(即将出版)图书目录——初等数学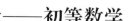

书　名	出版时间	定　价	编号
从费马到怀尔斯——费马大定理的历史	2013—10	198.00	I
从庞加莱到佩雷尔曼——庞加莱猜想的历史	2013—10	298.00	II
从切比雪夫到爱尔特希(上)——素数定理的初等证明	2013—07	48.00	III
从切比雪夫到爱尔特希(下)——素数定理100年	2012—12	98.00	III
从高斯到盖尔方特——二次域的高斯猜想	2013—10	198.00	IV
从库默尔到朗兰兹——朗兰兹猜想的历史	2014—01	98.00	V
从比勃巴赫到德布朗斯——比勃巴赫猜想的历史	2014—02	298.00	VI
从麦比乌斯到陈省身——麦比乌斯变换与麦比乌斯带	2014—02	298.00	VII
从布尔到豪斯道夫——布尔方程与格论漫谈	2013—10	198.00	VIII
从开普勒到阿诺德——三体问题的历史	2014—05	298.00	IX
从华林到华罗庚——华林问题的历史	2013—10	298.00	X
美国高中数学竞赛五十讲.第1卷(英文)	2014—08	28.00	357
美国高中数学竞赛五十讲.第2卷(英文)	2014—08	28.00	358
美国高中数学竞赛五十讲.第3卷(英文)	2014—09	28.00	359
美国高中数学竞赛五十讲.第4卷(英文)	2014—09	28.00	360
美国高中数学竞赛五十讲.第5卷(英文)	2014—10	28.00	361
美国高中数学竞赛五十讲.第6卷(英文)	2014—11	28.00	362
美国高中数学竞赛五十讲.第7卷(英文)	2014—12	28.00	363
美国高中数学竞赛五十讲.第8卷(英文)	2015—01	28.00	364
美国高中数学竞赛五十讲.第9卷(英文)	2015—01	28.00	365
美国高中数学竞赛五十讲.第10卷(英文)	2015—02	38.00	366
三角函数(第2版)	2017—04	38.00	626
不等式	2014—01	38.00	312
数列	2014—01	38.00	313
方程(第2版)	2017—04	38.00	624
排列和组合	2014—01	28.00	315
极限与导数(第2版)	2016—04	38.00	635
向量(第2版)	2018—08	58.00	627
复数及其应用	2014—08	28.00	318
函数	2014—01	38.00	319
集合	2020—01	48.00	320
直线与平面	2014—01	28.00	321
立体几何(第2版)	2016—04	38.00	629
解三角形	即将出版		323
直线与圆(第2版)	2016—11	38.00	631
圆锥曲线(第2版)	2016—09	48.00	632
解题通法(一)	2014—07	38.00	326
解题通法(二)	2014—07	38.00	327
解题通法(三)	2014—05	38.00	328
概率与统计	2014—01	28.00	329
信息迁移与算法	即将出版		330

刘培杰数学工作室
已出版(即将出版)图书目录——初等数学

书　名	出版时间	定　价	编号
IMO 50 年. 第 1 卷(1959—1963)	2014—11	28.00	377
IMO 50 年. 第 2 卷(1964—1968)	2014—11	28.00	378
IMO 50 年. 第 3 卷(1969—1973)	2014—09	28.00	379
IMO 50 年. 第 4 卷(1974—1978)	2016—04	38.00	380
IMO 50 年. 第 5 卷(1979—1984)	2015—04	38.00	381
IMO 50 年. 第 6 卷(1985—1989)	2015—04	58.00	382
IMO 50 年. 第 7 卷(1990—1994)	2016—01	48.00	383
IMO 50 年. 第 8 卷(1995—1999)	2016—06	38.00	384
IMO 50 年. 第 9 卷(2000—2004)	2015—04	58.00	385
IMO 50 年. 第 10 卷(2005—2009)	2016—01	48.00	386
IMO 50 年. 第 11 卷(2010—2015)	2017—03	48.00	646
数学反思(2006—2007)	2020—09	88.00	915
数学反思(2008—2009)	2019—01	68.00	917
数学反思(2010—2011)	2018—05	58.00	916
数学反思(2012—2013)	2019—01	58.00	918
数学反思(2014—2015)	2019—03	78.00	919
数学反思(2016—2017)	2021—03	58.00	1286
数学反思(2018—2019)	2023—01	88.00	1593
历届美国大学生数学竞赛试题集. 第一卷(1938—1949)	2015—01	28.00	397
历届美国大学生数学竞赛试题集. 第二卷(1950—1959)	2015—01	28.00	398
历届美国大学生数学竞赛试题集. 第三卷(1960—1969)	2015—01	28.00	399
历届美国大学生数学竞赛试题集. 第四卷(1970—1979)	2015—01	18.00	400
历届美国大学生数学竞赛试题集. 第五卷(1980—1989)	2015—01	28.00	401
历届美国大学生数学竞赛试题集. 第六卷(1990—1999)	2015—01	28.00	402
历届美国大学生数学竞赛试题集. 第七卷(2000—2009)	2015—08	18.00	403
历届美国大学生数学竞赛试题集. 第八卷(2010—2012)	2015—01	18.00	404
新课标高考数学创新题解题诀窍:总论	2014—09	28.00	372
新课标高考数学创新题解题诀窍:必修 1~5 分册	2014—08	38.00	373
新课标高考数学创新题解题诀窍:选修 2—1,2—2,1—1,1—2分册	2014—09	38.00	374
新课标高考数学创新题解题诀窍:选修 2—3,4—4,4—5分册	2014—09	18.00	375
全国重点大学自主招生英文数学试题全攻略:词汇卷	2015—07	48.00	410
全国重点大学自主招生英文数学试题全攻略:概念卷	2015—01	28.00	411
全国重点大学自主招生英文数学试题全攻略:文章选读卷(上)	2016—09	38.00	412
全国重点大学自主招生英文数学试题全攻略:文章选读卷(下)	2017—01	58.00	413
全国重点大学自主招生英文数学试题全攻略:试题卷	2015—07	38.00	414
全国重点大学自主招生英文数学试题全攻略:名著欣赏卷	2017—03	48.00	415
劳埃德数学趣题大全. 题目卷.1:英文	2016—01	18.00	516
劳埃德数学趣题大全. 题目卷.2:英文	2016—01	18.00	517
劳埃德数学趣题大全. 题目卷.3:英文	2016—01	18.00	518
劳埃德数学趣题大全. 题目卷.4:英文	2016—01	18.00	519
劳埃德数学趣题大全. 题目卷.5:英文	2016—01	18.00	520
劳埃德数学趣题大全. 答案卷:英文	2016—01	18.00	521

刘培杰数学工作室
已出版(即将出版)图书目录——初等数学

书　　名	出版时间	定　价	编号
李成章教练奥数笔记.第1卷	2016—01	48.00	522
李成章教练奥数笔记.第2卷	2016—01	48.00	523
李成章教练奥数笔记.第3卷	2016—01	38.00	524
李成章教练奥数笔记.第4卷	2016—01	38.00	525
李成章教练奥数笔记.第5卷	2016—01	38.00	526
李成章教练奥数笔记.第6卷	2016—01	38.00	527
李成章教练奥数笔记.第7卷	2016—01	38.00	528
李成章教练奥数笔记.第8卷	2016—01	48.00	529
李成章教练奥数笔记.第9卷	2016—01	28.00	530
第19～23届"希望杯"全国数学邀请赛试题审题要津详细评注(初一版)	2014—03	28.00	333
第19～23届"希望杯"全国数学邀请赛试题审题要津详细评注(初二、初三版)	2014—03	38.00	334
第19～23届"希望杯"全国数学邀请赛试题审题要津详细评注(高一版)	2014—03	28.00	335
第19～23届"希望杯"全国数学邀请赛试题审题要津详细评注(高二版)	2014—03	38.00	336
第19～25届"希望杯"全国数学邀请赛试题审题要津详细评注(初一版)	2015—01	38.00	416
第19～25届"希望杯"全国数学邀请赛试题审题要津详细评注(初二、初三版)	2015—01	58.00	417
第19～25届"希望杯"全国数学邀请赛试题审题要津详细评注(高一版)	2015—01	48.00	418
第19～25届"希望杯"全国数学邀请赛试题审题要津详细评注(高二版)	2015—01	48.00	419
物理奥林匹克竞赛大题典——力学卷	2014—11	48.00	405
物理奥林匹克竞赛大题典——热学卷	2014—04	28.00	339
物理奥林匹克竞赛大题典——电磁学卷	2015—07	48.00	406
物理奥林匹克竞赛大题典——光学与近代物理卷	2014—06	28.00	345
历届中国东南地区数学奥林匹克试题及解答	2024—06	68.00	1724
历届中国西部地区数学奥林匹克试题集(2001～2012)	2014—07	18.00	347
历届中国女子数学奥林匹克试题集(2002～2012)	2014—08	18.00	348
数学奥林匹克在中国	2014—06	98.00	344
数学奥林匹克问题集	2014—01	38.00	267
数学奥林匹克不等式散论	2010—06	38.00	124
数学奥林匹克不等式欣赏	2011—09	38.00	138
数学奥林匹克超级题库(初中卷上)	2010—01	58.00	66
数学奥林匹克不等式证明方法和技巧(上、下)	2011—08	158.00	134,135
他们学什么:原民主德国中学数学课本	2016—09	38.00	658
他们学什么:英国中学数学课本	2016—09	38.00	659
他们学什么:法国中学数学课本.1	2016—09	38.00	660
他们学什么:法国中学数学课本.2	2016—09	28.00	661
他们学什么:法国中学数学课本.3	2016—09	38.00	662
他们学什么:苏联中学数学课本	2016—09	28.00	679

书　名	出版时间	定　价	编号
高中数学题典——集合与简易逻辑·函数	2016—07	48.00	647
高中数学题典——导数	2016—07	48.00	648
高中数学题典——三角函数·平面向量	2016—07	48.00	649
高中数学题典——数列	2016—07	58.00	650
高中数学题典——不等式·推理与证明	2016—07	38.00	651
高中数学题典——立体几何	2016—07	48.00	652
高中数学题典——平面解析几何	2016—07	78.00	653
高中数学题典——计数原理·统计·概率·复数	2016—07	48.00	654
高中数学题典——算法·平面几何·初等数论·组合数学·其他	2016—07	68.00	655
台湾地区奥林匹克数学竞赛试题.小学一年级	2017—03	38.00	722
台湾地区奥林匹克数学竞赛试题.小学二年级	2017—03	38.00	723
台湾地区奥林匹克数学竞赛试题.小学三年级	2017—03	38.00	724
台湾地区奥林匹克数学竞赛试题.小学四年级	2017—03	38.00	725
台湾地区奥林匹克数学竞赛试题.小学五年级	2017—03	38.00	726
台湾地区奥林匹克数学竞赛试题.小学六年级	2017—03	38.00	727
台湾地区奥林匹克数学竞赛试题.初中一年级	2017—03	38.00	728
台湾地区奥林匹克数学竞赛试题.初中二年级	2017—03	38.00	729
台湾地区奥林匹克数学竞赛试题.初中三年级	2017—03	28.00	730
不等式证题法	2017—04	28.00	747
平面几何培优教程	2019—08	88.00	748
奥数鼎级培优教程.高一分册	2018—09	88.00	749
奥数鼎级培优教程.高二分册.上	2018—04	68.00	750
奥数鼎级培优教程.高二分册.下	2018—04	68.00	751
高中数学竞赛冲刺宝典	2019—04	68.00	883
初中尖子生数学超级题典.实数	2017—07	58.00	792
初中尖子生数学超级题典.式、方程与不等式	2017—08	58.00	793
初中尖子生数学超级题典.圆、面积	2017—08	38.00	794
初中尖子生数学超级题典.函数、逻辑推理	2017—08	48.00	795
初中尖子生数学超级题典.角、线段、三角形与多边形	2017—07	58.00	796
数学王子——高斯	2018—01	48.00	858
坎坷奇星——阿贝尔	2018—01	48.00	859
闪烁奇星——伽罗瓦	2018—01	58.00	860
无穷统帅——康托尔	2018—01	48.00	861
科学公主——柯瓦列夫斯卡娅	2018—01	48.00	862
抽象代数之母——埃米·诺特	2018—01	48.00	863
电脑先驱——图灵	2018—01	58.00	864
昔日神童——维纳	2018—01	48.00	865
数坛怪侠——爱尔特希	2018—01	68.00	866
传奇数学家徐利治	2019—09	88.00	1110

刘培杰数学工作室
已出版(即将出版)图书目录——初等数学

书　名	出版时间	定　价	编号
当代世界中的数学.数学思想与数学基础	2019—01	38.00	892
当代世界中的数学.数学问题	2019—01	38.00	893
当代世界中的数学.应用数学与数学应用	2019—01	38.00	894
当代世界中的数学.数学王国的新疆域(一)	2019—01	38.00	895
当代世界中的数学.数学王国的新疆域(二)	2019—01	38.00	896
当代世界中的数学.数林撷英(一)	2019—01	38.00	897
当代世界中的数学.数林撷英(二)	2019—01	48.00	898
当代世界中的数学.数学之路	2019—01	38.00	899
105 个代数问题:来自 AwesomeMath 夏季课程	2019—02	58.00	956
106 个几何问题:来自 AwesomeMath 夏季课程	2020—07	58.00	957
107 个几何问题:来自 AwesomeMath 全年课程	2020—07	58.00	958
108 个代数问题:来自 AwesomeMath 全年课程	2019—01	68.00	959
109 个不等式:来自 AwesomeMath 夏季课程	2019—04	58.00	960
110 个几何问题:选自各国数学奥林匹克竞赛	2024—04	58.00	961
111 个代数和数论问题	2019—05	58.00	962
112 个组合问题:来自 AwesomeMath 夏季课程	2019—05	58.00	963
113 个几何不等式:来自 AwesomeMath 夏季课程	2020—08	58.00	964
114 个指数和对数问题:来自 AwesomeMath 夏季课程	2019—09	48.00	965
115 个三角问题:来自 AwesomeMath 夏季课程	2019—09	58.00	966
116 个代数不等式:来自 AwesomeMath 全年课程	2019—04	58.00	967
117 个多项式问题:来自 AwesomeMath 夏季课程	2021—09	58.00	1409
118 个数学竞赛不等式	2022—08	78.00	1526
119 个三角问题	2024—05	58.00	1726
紫色彗星国际数学竞赛试题	2019—02	58.00	999
数学竞赛中的数学:为数学爱好者、父母、教师和教练准备的丰富资源.第一部	2020—04	58.00	1141
数学竞赛中的数学:为数学爱好者、父母、教师和教练准备的丰富资源.第二部	2020—07	48.00	1142
和与积	2020—10	38.00	1219
数论:概念和问题	2020—12	68.00	1257
初等数学问题研究	2021—03	48.00	1270
数学奥林匹克中的欧几里得几何	2021—10	68.00	1413
数学奥林匹克题解新编	2022—01	58.00	1430
图论入门	2022—09	58.00	1554
新的、更新的、最新的不等式	2023—07	58.00	1650
几何不等式相关问题	2024—04	58.00	1721
数学归纳法——一种高效而简捷的证明方法	2024—06	48.00	1738
数学竞赛中奇妙的多项式	2024—01	78.00	1646
120 个奇妙的代数问题及 20 个奖励问题	2024—04	48.00	1647

刘培杰数学工作室

已出版(即将出版)图书目录——初等数学

书　　名	出版时间	定　价	编号
澳大利亚中学数学竞赛试题及解答(初级卷)1978～1984	2019—02	28.00	1002
澳大利亚中学数学竞赛试题及解答(初级卷)1985～1991	2019—02	28.00	1003
澳大利亚中学数学竞赛试题及解答(初级卷)1992～1998	2019—02	28.00	1004
澳大利亚中学数学竞赛试题及解答(初级卷)1999～2005	2019—02	28.00	1005
澳大利亚中学数学竞赛试题及解答(中级卷)1978～1984	2019—03	28.00	1006
澳大利亚中学数学竞赛试题及解答(中级卷)1985～1991	2019—03	28.00	1007
澳大利亚中学数学竞赛试题及解答(中级卷)1992～1998	2019—03	28.00	1008
澳大利亚中学数学竞赛试题及解答(中级卷)1999～2005	2019—03	28.00	1009
澳大利亚中学数学竞赛试题及解答(高级卷)1978～1984	2019—05	28.00	1010
澳大利亚中学数学竞赛试题及解答(高级卷)1985～1991	2019—05	28.00	1011
澳大利亚中学数学竞赛试题及解答(高级卷)1992～1998	2019—05	28.00	1012
澳大利亚中学数学竞赛试题及解答(高级卷)1999～2005	2019—05	28.00	1013
天才中小学生智力测验题.第一卷	2019—03	38.00	1026
天才中小学生智力测验题.第二卷	2019—03	38.00	1027
天才中小学生智力测验题.第三卷	2019—03	38.00	1028
天才中小学生智力测验题.第四卷	2019—03	38.00	1029
天才中小学生智力测验题.第五卷	2019—03	38.00	1030
天才中小学生智力测验题.第六卷	2019—03	38.00	1031
天才中小学生智力测验题.第七卷	2019—03	38.00	1032
天才中小学生智力测验题.第八卷	2019—03	38.00	1033
天才中小学生智力测验题.第九卷	2019—03	38.00	1034
天才中小学生智力测验题.第十卷	2019—03	38.00	1035
天才中小学生智力测验题.第十一卷	2019—03	38.00	1036
天才中小学生智力测验题.第十二卷	2019—03	38.00	1037
天才中小学生智力测验题.第十三卷	2019—03	38.00	1038
重点大学自主招生数学备考全书:函数	2020—05	48.00	1047
重点大学自主招生数学备考全书:导数	2020—05	48.00	1048
重点大学自主招生数学备考全书:数列与不等式	2019—10	78.00	1049
重点大学自主招生数学备考全书:三角函数与平面向量	2020—08	68.00	1050
重点大学自主招生数学备考全书:平面解析几何	2020—07	58.00	1051
重点大学自主招生数学备考全书:立体几何与平面几何	2019—08	48.00	1052
重点大学自主招生数学备考全书:排列组合·概率统计·复数	2019—09	48.00	1053
重点大学自主招生数学备考全书:初等数论与组合数学	2019—08	48.00	1054
重点大学自主招生数学备考全书:重点大学自主招生真题.上	2019—04	68.00	1055
重点大学自主招生数学备考全书:重点大学自主招生真题.下	2019—04	58.00	1056
高中数学竞赛培训教程:平面几何问题的求解方法与策略.上	2018—05	68.00	906
高中数学竞赛培训教程:平面几何问题的求解方法与策略.下	2018—06	78.00	907
高中数学竞赛培训教程:整除与同余以及不定方程	2018—01	88.00	908
高中数学竞赛培训教程:组合计数与组合极值	2018—04	48.00	909
高中数学竞赛培训教程:初等代数	2019—04	78.00	1042
高中数学讲座:数学竞赛基础教程(第一册)	2019—06	48.00	1094
高中数学讲座:数学竞赛基础教程(第二册)	即将出版		1095
高中数学讲座:数学竞赛基础教程(第三册)	即将出版		1096
高中数学讲座:数学竞赛基础教程(第四册)	即将出版		1097

刘培杰数学工作室
已出版(即将出版)图书目录——初等数学

书　名	出版时间	定　价	编号
新编中学数学解题方法 1000 招丛书.实数(初中版)	2022－05	58.00	1291
新编中学数学解题方法 1000 招丛书.式(初中版)	2022－05	48.00	1292
新编中学数学解题方法 1000 招丛书.方程与不等式(初中版)	2021－04	58.00	1293
新编中学数学解题方法 1000 招丛书.函数(初中版)	2022－05	38.00	1294
新编中学数学解题方法 1000 招丛书.角(初中版)	2022－05	48.00	1295
新编中学数学解题方法 1000 招丛书.线段(初中版)	2022－05	48.00	1296
新编中学数学解题方法 1000 招丛书.三角形与多边形(初中版)	2021－04	48.00	1297
新编中学数学解题方法 1000 招丛书.圆(初中版)	2022－05	48.00	1298
新编中学数学解题方法 1000 招丛书.面积(初中版)	2021－07	28.00	1299
新编中学数学解题方法 1000 招丛书.逻辑推理(初中版)	2022－06	48.00	1300
高中数学题典精编.第一辑.函数	2022－01	58.00	1444
高中数学题典精编.第一辑.导数	2022－01	68.00	1445
高中数学题典精编.第一辑.三角函数·平面向量	2022－01	68.00	1446
高中数学题典精编.第一辑.数列	2022－01	58.00	1447
高中数学题典精编.第一辑.不等式·推理与证明	2022－01	58.00	1448
高中数学题典精编.第一辑.立体几何	2022－01	58.00	1449
高中数学题典精编.第一辑.平面解析几何	2022－01	68.00	1450
高中数学题典精编.第一辑.统计·概率·平面几何	2022－01	58.00	1451
高中数学题典精编.第一辑.初等数论·组合数学·数学文化·解题方法	2022－01	58.00	1452
历届全国初中数学竞赛试题分类解析.初等代数	2022－09	98.00	1555
历届全国初中数学竞赛试题分类解析.初等数论	2022－09	48.00	1556
历届全国初中数学竞赛试题分类解析.平面几何	2022－09	38.00	1557
历届全国初中数学竞赛试题分类解析.组合	2022－09	38.00	1558
从三道高三数学模拟题的背景谈起:兼谈傅里叶三角级数	2023－03	48.00	1651
从一道日本东京大学的入学试题谈起:兼谈 π 的方方面面	即将出版		1652
从两道 2021 年福建高三数学测试题谈起:兼谈球面几何学与球面三角学	即将出版		1653
从一道湖南高考数学试题谈起:兼谈有界变差数列	2024－01	48.00	1654
从一道高校自主招生试题谈起:兼谈詹森函数方程	即将出版		1655
从一道上海高考数学试题谈起:兼谈有界变差函数	即将出版		1656
从一道北京大学金秋营数学试题的解法谈起:兼谈伽罗瓦理论	即将出版		1657
从一道北京高考数学试题的解法谈起:兼谈毕克定理	即将出版		1658
从一道北京大学金秋营数学试题的解法谈起:兼谈帕塞瓦尔恒等式	即将出版		1659
从一道高三数学模拟测试题的背景谈起:兼谈等周问题与等周不等式	即将出版		1660
从一道 2020 年全国高考数学试题的解法谈起:兼谈斐波那契数列和纳卡穆拉定理及奥斯图达定理	即将出版		1661
从一道高考数学附加题谈起:兼谈广义斐波那契数列	即将出版		1662

刘培杰数学工作室
已出版(即将出版)图书目录——初等数学

书　　　名	出版时间	定　价	编号
代数学教程.第一卷,集合论	2023-08	58.00	1664
代数学教程.第二卷,抽象代数基础	2023-08	68.00	1665
代数学教程.第三卷,数论原理	2023-08	58.00	1666
代数学教程.第四卷,代数方程式论	2023-08	48.00	1667
代数学教程.第五卷,多项式理论	2023-08	58.00	1668
代数学教程.第六卷,线性代数原理	2024-06	98.00	1669
中考数学培优教程——二次函数卷	2024-05	78.00	1718
中考数学培优教程——平面几何最值卷	2024-05	58.00	1719
中考数学培优教程——专题讲座卷	2024-05	58.00	1720

联系地址:哈尔滨市南岗区复华四道街 10 号　哈尔滨工业大学出版社刘培杰数学工作室
邮　　编:150006
联系电话:0451-86281378　　13904613167
E-mail:lpj1378@163.com